普通高等学校船舶与海洋工程学科精品教材

复合材料力学及其船舶工程应用

Mechanics of Composite Materials and Its Application in Ship Engineering

陈长海　李永清　朱　锡　编著

华中科技大学出版社
中国·武汉

内 容 简 介

本书介绍了复合材料力学基础理论(基础篇)和复合材料力学在船舶工程领域的应用(应用篇)两部分内容。基础篇主要包括复合材料宏观力学,细观力学,层合板的弯曲、屈曲与振动,疲劳与断裂力学等。应用篇主要包括复合材料船体结构设计、承力连接结构设计、装甲功能复合材料动力学、防护结构设计、湿热及老化效应、新兴复合材料在船舶工程领域的应用等。

本书可作为高等院校船舶与海洋工程、复合材料力学方向的研究生教材,也可供船舶、材料等工程领域复合材料结构设计工程技术人员参考。

Introduction

This book introduces the basic theory of composite material mechanics (basic part) and the application of composite material mechanics in the field of ship engineering (application part). The basic part mainly includes the macroscopic mechanics, mesoscopic mechanics, bending, buckling, vibration, fatigue, and fracture mechanics of composite materials. The application part mainly includes the design of composite hull structures, the design of bearing connection structures, armored functional composite material dynamics, protective structure design, hygrothermal and aging effects, etc. At last, the application of emerging composite materials in ship engineering is briefly introduced.

This book can be used as the postgraduate textbook of naval architecture and ocean engineering, and mechanics of composite materials in colleges or universities. This book can also be used as a reference for engineers and technicians engaging in the design of composite material structures in ship, material, and other engineering fields.

图书在版编目(CIP)数据

复合材料力学及其船舶工程应用/陈长海,李永清,朱锡编著. —武汉:华中科技大学出版社,2023.12
ISBN 978-7-5772-0248-8

Ⅰ.①复… Ⅱ.①陈… ②李… ③朱… Ⅲ.①复合材料力学-应用-船舶工程 Ⅳ.①TB301 ②U66

中国国家版本馆 CIP 数据核字(2023)第 237459 号

复合材料力学及其船舶工程应用　　陈长海　李永清　朱　锡　编著
Fuhe Cailiao Lixue ji Qi Chuanbo Gongcheng Yingyong

策划编辑:万亚军
责任编辑:刘　飞
封面设计:原色设计
责任监印:周治超
出版发行:华中科技大学出版社(中国·武汉)　　电话:(027)81321913
　　　　　武汉市东湖新技术开发区华工科技园　　邮编:430223
录　　排:武汉市洪山区佳年华文印部
印　　刷:武汉市籍缘印刷厂
开　　本:787mm×1092mm　1/16
印　　张:18.25
字　　数:476 千字
版　　次:2023 年 12 月第 1 版第 1 次印刷
定　　价:58.00 元

前　言

先进复合材料由于具有高比强度、比刚度和力学等方面的优异性能，在船舶海洋、航空航天、汽车机械和土木建筑等领域得到了越来越广泛的应用。随着我国建设海洋强国战略的实施，船舶工程领域不断朝轻质化、功能化和综合化等方向发展，传统的金属材料已难以满足发展需求。因此，先进复合材料必将在未来船舶工程领域得到广泛应用。目前，关于复合材料和复合材料力学方面的书籍较多，但大多内容较为基础，不能很有效地在船舶工程领域使用。

本书得到了华中科技大学战略前沿学科建设计划项目的资助。本书分为基础篇和应用篇。其中：基础篇包括复合材料简介、复合材料力学基础理论知识等内容；应用篇包括复合材料船体和承力连接结构的设计、舰用装甲功能复合材料动力学及装甲防护结构设计、舰用隐身功能复合材料及其应用、船用复合材料的湿热及老化效应等内容。本书力求突出两个方面：① 将复合材料力学基础理论知识与复合材料在船舶工程中的具体应用进行结合，实现复合材料力学与船舶工程的有机融合；② 体现先进复合材料在船舶工程中的应用现状和最新进展。

本书结合复合材料力学与船舶工程两大领域相关知识，将复合材料力学的基础理论知识有机地运用到船用复合材料的力学机理及特性分析中，对于船舶与海洋工程专业以及其他专业研究生而言，可以更好地认识和把握复合材料在船舶工程中的应用情况，清楚船用复合材料相关力学机理及特性，推动新型复合材料在船舶上的应用。本书内容贴近船舶复合材料的发展趋势。本书可作为高等院校船舶与海洋工程、复合材料力学方向的研究生教材，也可供船舶、材料等工程领域复合材料结构设计工程技术人员参考。

全书共 15 章，分为基础篇和应用篇两大部分，前 6 章为复合材料力学基础理论部分，后 9 章为船舶工程应用部分。本书第 1 章至第 6 章由陈长海编著；第 7 章至第 10 章由陈长海、李永清、朱锡编著；第 11 章至第 15 章由陈长海、朱锡编著。本书编著过程中得到了华中科技大学船舶与海洋工程学院黄威副教授的大力支持和帮助，在此表示感谢。

由于编著者知识结构和水平有限，本书在内容或编排上难免会有不足之处，敬请广大读者批评指正。

编著者

2023 年 6 月于华中科技大学

目　　录

基　础　篇

应 用 篇

基 础 篇

第1章　复合材料概述

1.1　复合材料的概念

复合材料通常是指由两种或两种以上具有不同物理和化学性质的元材料组合而成的一种多相材料。复合材料的定义有多种，《材料大辞典》中给出的定义是这样的——复合材料是由有机高分子、无机非金属或金属等几类不同材料通过复合工艺组合而成的新型材料，它既能保留原组分的主要特色，又通过复合效应获得原组分所不具备的性能。可以通过材料设计使各组分的性能互相补充并彼此关联，从而获得新的优越性能，与一般材料的简单混合有本质的区别。

由于具有不同的组分且与制作工艺等有关，复合材料的性质不同于元材料。一般而言，复合材料的性能要优于组成元材料，并且有些性能是组成元材料所没有的。复合材料不但具有更优越的性能，而且其性能可以随其组成元材料的具体情况而变化，因此它又具有组成元材料所不具备的可设计性。所以说，它是一种不同于普通金属和非金属的独特的工程材料，有着广阔的发展和应用前景。

复合材料是由多种物质组成的，因此具有极复杂的多相结构。为方便起见，一般把复合材料中连续的、韧性的、强度和弹性模量较低的组成相称作基体，而把其中分散的、脆性的、强度和弹性模量较高的组成相称为增强体。在多数情况下，增强体为颗粒状或纤维状，有时也可以是二维的层状物，但基体则是无定形的，只能随制品的形状而变化。现代复合材料理论通常将复合材料的组成分为基体、增强体以及基体与增强体之间形成的界面相三个部分。

1. 基体

基体在复合材料中起连接固定增强体、传递载荷以及保护增强体等作用，它使复合材料各组成部分形成一个整体。

从理论上讲，复合材料的组成物质可以是有机物、无机非金属甚至金属等材料，任何一种与增强体结合良好的材料都可以作为基体。因此，它的研究涉及化工、物理、力学、数学、冶金、机械以及生物等学科。从目前的研究状况看，尽管在工艺方面比较成熟，但基本理论的研究尚未完全令人满意。在实际应用中，基体主要分为以下类型：聚合物基体、金属基体、陶瓷基体、水泥基体等。

2. 增强体

增强体在复合材料中起主要的承载作用，由它提供复合材料的刚度和强度。增强体的种类繁多，表1-1-1列出了常见增强体的主要参数。

表1-1-1　常见增强体的性能参数

生产厂家	商品名及牌号	直径/μm	密度/(g/cm³)	抗拉强度/MPa	弹性模量/GPa
美国杜邦公司	E玻璃纤维	9～15	2.6	3232	72
日本东丽公司	T-300碳纤维	7	1.76	3500	230

续表

生产厂家	商品名及牌号	直径/μm	密度/(g/cm³)	抗拉强度/MPa	弹性模量/GPa
日本东丽公司	T-1000 碳纤维	5	1.82	7060	294
日本东丽公司	M60J 碳纤维	5	1.94	3820	588
3M 公司	Nextel 480 Al_2O_3 纤维	10～12	3.05	2275	224
日本碳素公司	Nicalon SiC 纤维	10～15	2.55	2450～2940	167～176
(美)AVCO	CSC-6SiC 纤维	140	3	>4000	400
(法)SNPE	B_4C 涂敷钨芯硼纤维	140	2.5	3700	400
美国杜邦公司	Kevlar49 芳纶纤维	12	1.44	1760	62
美国杜邦公司	β-SiC 晶须	0.1～1	3.85	～70000	>6000
美国杜邦公司	α-Al_2O_3 晶须	20	3.95	—	379

从表中可知增强体的特点是高强度、高模量。增强体直径较小，含有缺陷的概率小，所以保持了高强度、高模量的特性；由于舰船结构对于重量的限制，用于舰船结构的复合材料增强体密度一般都较低；有的采用短切纤维，很多新的构件则采用三向或径向编织的增强体预制件，如图 1-1-1 所示。

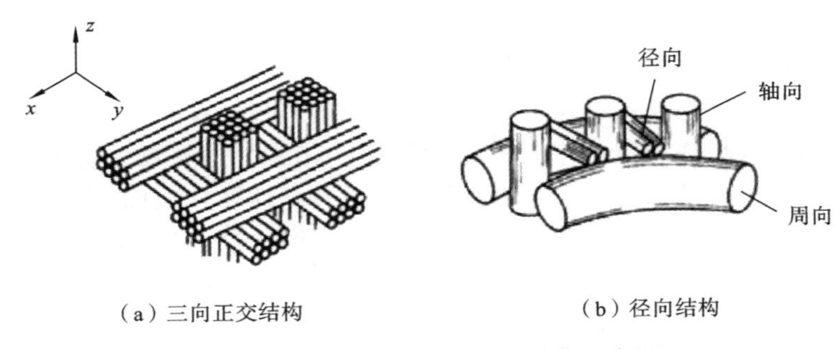

(a) 三向正交结构　　(b) 径向结构

图 1-1-1　两种典型三维织物结构示意图

3. 界面相

界面相是复合材料基体相与增强体接触的部分，其性能对复合材料的性能影响显著。纤维增强复合材料界面的经典定义为“增强相纤维和基体互相接触结合而形成的共同边界，这个边界可进行载荷的传递”。

在纤维增强复合材料中，纤维和基体都保持它们自己的物理和化学特性，然而，由于二组分之间界面的存在，使得复合材料产生组合的力学性能，这个组合的力学性能是二组分单独存在时所不具备的。一般界面通常被认为是具有零厚度或零体积并且结合良好，但二维界面的概念现在已逐渐被三维区域的概念所替代。这个三维区域更准确地可称为“中间相”，这个中间相包括纤维与基体接触的界面，以及化学、物理、金相特征等不同于基体材料的具有确定扩张厚度的区域。施加在这个区域的工艺条件可以允许有化学反应、残余应力和体积变化。因此，界面相涉及异种材料表面问题，研究起来非常复杂，其性能直接影响复合材料的性能，现代复合材料理论将其单独列为复合材料的一个组成部分。

1.2　复合材料的分类

复合材料的种类繁多(见表1-2-1),其分类方法也多种多样,最主要的有以下三种。

(1) 按复合效果分为结构复合材料和功能复合材料两大类。前者主要在工程结构中作为承载构件,后者则具有独特的物理特性,用作功能器件;但现在逐渐呈现结构/功能一体化设计的发展趋向。

(2) 按基体类型分为聚合物基或树脂基复合材料(resin matrix composite,RMC)、金属基复合材料(metal matrix composite,MMC)、陶瓷基复合材料(ceramic matrix composite,CMC)等。

(3) 按增强体的形态与排布方式分为颗粒增强复合材料、连续纤维增强复合材料、短纤维或晶须增强复合材料、单向纤维复合材料、二向织物层复合材料、三向及多向编织复合材料、混杂复合材料等。

表1-2-1　复合材料的种类

增强体＼基体		金属	无机非金属				有机材料		
			陶瓷	玻璃	水泥	炭素	木材	塑料	橡胶
金属		金属基复合材料	陶瓷基复合材料	金属网嵌玻璃	钢筋水泥	无	无	金属丝增强塑料	金属丝增强橡胶
无机非金属	陶瓷纤维 陶瓷颗粒	金属基超硬合金	增强陶瓷	陶瓷增强玻璃	增强水泥	无	无	陶瓷纤维增强塑料	陶瓷纤维增强橡胶
	碳纤维 碳颗粒	碳纤维增强金属	增强陶瓷	陶瓷增强玻璃	增强水泥	碳纤维增强基复合材料	无	碳纤维增强塑料	炭黑增强橡胶
	玻璃纤维 玻璃粒料	无	无	无	增强水泥	无	无	玻璃纤维增强塑料	玻璃纤维增强橡胶
有机材料	木材	无	无	无	水泥木丝板	无	无	纤维板	无
	高聚物纤维	无	无	无	增强水泥	无	塑料复合板	高聚物纤维增强塑料	高聚物纤维增强橡胶
	橡胶胶粒	无	无	无	无	无	橡胶复合板	高聚物合金	高聚物合金

对于有特定用途的复合材料还可进一步划分,如常见的舰船复合材料又可细分为以下几类。

1. 树脂基复合材料

这是以热固性树脂为基体的复合材料,其增强材料种类很多,包括各种纤维(玻璃纤维、碳纤维、硼纤维等)、各种粒子(陶瓷、炭黑等粉末和微球),以及各种片状组分(纸张、云母片等),其中尤以纤维增强复合材料发展最快。

纤维增强复合材料的最大特点是比强度高,容易成型和便于设计,现已应用到各个领域,目前在船舶行业中,玻璃纤维增强复合材料(玻璃钢)获得了较广泛的应用,其他种类的纤维增强复合材料则因为设计理论不成熟、应用成本太高等尚未完全普及。

2. 橡胶基复合材料

这是指以各种橡胶为基体的复合材料，其增强材料为各种纤维(天然纤维、合成纤维、金属纤维等)和各种粒子(炭黑、氧化锌、陶土等)。橡胶基体对增强材料起保护和造型作用，而纤维主要用作骨架和起承力作用，填料则多用作材料的稳定剂和补强剂。

橡胶基复合材料的用途非常广，在船舶工业中可用于制造救生圈、橡皮艇、潜水衣、大型驳船、各种储存容器、增强胶管、橡胶传送带，以及防碰轮胎、各种密封材料等。

3. 金属基复合材料

这是指以各种金属为基体的复合材料，其增强材料为各种纤维(晶须、金属纤维、碳纤维、硼纤维等)和各种粒子(陶瓷、金属粉末、火山岩中空微球等)。此外，其还存在包层金属等复合形式。

金属基复合材料的研制工作比较困难，但这类复合材料具有特别优异的性能，因此，其研制工作正日益受到人们的重视。在船舶工业中，早已开始了包层金属的试验研究工作，其目的是获得不受海水腐蚀的金属船体材料。

4. 陶瓷基复合材料

制造陶瓷基复合材料的目的是得到高温强度好、弹性模量大、耐氧化性强的结构材料。这种复合材料的增强材料主要是各种纤维(石墨纤维、碳纤维、陶瓷纤维等)，也可利用粒子作为增强材料以获得各种特殊的物理性能。

陶瓷基复合材料目前主要应用于航天、航空等领域，在船舶工业中尚未得到广泛应用，但从发展前景看，利用它制造船用汽轮机和燃汽轮机的叶片，将会显著提高其使用性能和寿命。

5. 水泥基复合材料

以水泥为基体的复合材料具有成本低、强度好、变形小等优点，因此得到了极为广泛的应用。目前，钢筋混凝土是现代土木工程的主要材料，而利用钢丝网作为增强材料制造的水泥船已经在内河运输上广泛使用。

除上述复合材料外，还存在碳基复合材料等其他复合材料，由于它们尚不具备在船舶工程中应用的条件，因此就不再逐一介绍。

1.3　装甲防护复合材料

1945 年以后，随着反舰武器的发展，水面舰船面临的威胁越来越严重，舰船结构防护问题亦日益突出。反舰导弹战斗部爆炸会产生冲击波和高速破片。冲击波由于在空气中衰减较快，对于较远距离的接触爆炸情形下，其毁伤能力有限。但是，高速破片的侵彻属于局部集中强冲击载荷，冲击能量、空间密集度很高，空气的衰减作用很小，需要通过波阻抗大的材料或介质耗散并吸收其冲击能量。因此，对于远距离非接触空中爆炸，舰船结构应主要考虑高速破片防护，即舰船装甲防护的主要防御对象是战斗部空中爆炸产生的高速破片。

舰船装甲防护最初采用的是金属装甲材料。1892 年，第一艘全钢质装甲舰在英国建成，标志着舰船防护进入新阶段，钢质装甲极大地提高了舰船的抗毁伤能力。传统的舰用金属装甲材料为中、高碳调质钢，其强度、硬度较高，但韧性、可焊性较差，焊接过程中易产生裂纹。随着高碳化(高硬度)、超细晶粒(超塑性)、激光表面处理等技术的发展，装甲钢材料的强度、硬度、冲击韧性得到极大改善，如性能优异的装甲钢的强度可高达 1.5～2.0 GPa。高强度金属材料主要通过塑性变形吸收能量，但在弹体（破片）冲击下金属材料易发生绝热剪切失效，抗弹效率及耐蚀性尚需进一步提高。

船用结构钢具有明显的可加工性工艺优势，经历几代改进，目前仍是舰船的主结构材料。但是，船用钢的防护效能不高，难以单独作为装甲构件使用，需要和其他质轻、抗弹性能优异的陶瓷、金属或纤维增强复合材料等配合使用。20 世纪 70 年代以来，新材料的出现极大地促进了舰船装甲防护研究的发展，各种高性能材料的发展为舰用新型复合装甲结构的发展提供了可能。目前装甲防护材料进一步朝着强韧化、轻量化、多功能化和高效化的方向发展，其中以纤维增强复合材料和陶瓷复合材料的发展最为突出。

1.3.1　纤维增强复合材料

纤维增强复合材料以其高比强度、高比刚度、高断裂伸长率、无二次杀伤等优点，受到防护工程研究人员的关注。早在 20 世纪 30 年代，美国杜邦公司便成功利用尼龙纤维制作了人体防护装甲。

目前，随着高分子化学和材料技术的飞速发展，高强纤维材料已经历了三代发展，出现了玻璃纤维（玻纤）、碳纤维、芳纶、玄武岩纤维（CBF）、超高分子量聚乙烯（UHMWPE 或 PE）纤维和 PBO 纤维等高性能纤维，其力学性能大幅提高（见表 1-3-1）。

表 1-3-1　典型纤维材料性能对比

纤维种类	密度/(g/cm³)	抗拉强度/GPa	弹性模量/GPa	断裂伸长率/(%)	工作温度/℃	声速/(km/s)
玄武岩纤维	2.6～2.8	3～4.84	79.3～110	3.1～3.3	−260～650	6.2
E-玻纤	2.55～2.62	3.1～3.8	72.5～75.5	4.7	−60～350	5.26
S-玻纤	2.54～2.57	4～4.65	83～86	5.6	300	5.94
碳纤维	1.78	3.5～6	230～600	1.2～2.0	500	14
芳纶	1.45	2.9～3.4	70～140	2.3～3.6	250	7
UHMWPE	0.97	3.6	107	3.7	<100	10.5
PBO	1.56	5.8	1 720	2.5	<650	8.71

1. 玻璃纤维

尼龙纤维（Nylon 6.6）和玻璃纤维是第一代高强纤维材料的代表。玻璃纤维力学性能的最大特点是抗拉强度高，直径为 3～9 μm 的玻璃纤维，其抗拉强度可高达 4 GPa 以上，如 S2 玻纤的抗拉强度达 4.56 GPa。但玻纤的密度相对较高，致使比强度、比模量提高程度有限。

2. 芳纶纤维

芳纶纤维（arylamide fiber）是 1972 年由美国杜邦公司研制成功的（其商品牌号为 Kevlar），被认为是继玻纤材料后的第二代防弹复合材料，以其第一代防弹产品 Kevlar-29 为例，其力学性能与玻纤不相上下，但其密度为 1.44 g/cm³，从而在比强度与比模量上较玻纤有大幅提高，在抗弹过程中其能量耗散范围和吸能能力也大幅增加。1980 年代，芳纶纤维开始实现工业化大规模生产，并广泛应用于防弹领域，其来源有：美国杜邦公司的 Kevlar、Kevlar HT，荷兰阿克苏公司的 Twaron、Twaron CT，日本的帝人公司，俄罗斯的 APMOC 芳纶纤维和 CBM 芳纶纤维等。同时，由于芳纶纤维的耐火特性优异，且化学稳定性较好，因此芳纶纤维目前是世界各国海军复合装甲结构的主要组成部分。

3. 玄武岩纤维(CBF)

玄武岩纤维是以天然玄武岩矿石作为原料，将其破碎后加入熔窑中，在 1450～1500 ℃熔融后，通过铂铑合金拉丝漏板制成的连续纤维。玄武岩纤维采用单组分矿物原料熔体制备而成，在耐高温、绝热、隔声性能方面优于其他纤维，且在空气与水介质中不会释放出有毒物质，属于不燃材料。其缺点是其原料取自天然的玄武岩，制成的复合材料性能分散性较大，但通过表面处理可以使纤维材料性能得到改善；同时，生产工艺对纤维性能影响也较为明显。

一般情况下，玄武岩纤维的抗拉强度是普通钢材的 10～15 倍，其应力-应变关系表现为近似完全弹性。用 CBF 制成的单向增强复合材料在强度方面与玻纤相当，但拉伸模量在各种纤维中具有明显优势。特别是利用万能试验机对正交铺层的 9 μm 树脂基玄武岩纤维层合板进行冲压式剪切试验(GB/T 1450.2—2005)，其抗剪强度为 132.125 MPa，介于同样工艺的 S2 玻纤(112.15 MPa)和碳纤维(175.13 MPa)之间。它的耐高温性能好，可以用于高温环境中，有资料表明 900 ℃高温下 CBF 的质量损失为 12%，且阻燃性能好。未经表面处理的玄武岩纤维表面能高于 S2 玻璃纤维，且其与树脂基体的匹配性与 S2 玻璃纤维相近，与 S2 玻璃纤维相匹配的树脂基体可用于玄武岩纤维。

4. 超高分子量聚乙烯(UHMWPE 或 PE)纤维

超高分子量聚乙烯纤维出现于 1980 年代初，到 1990 年代开始出现商品化的产品(美国 Allied Signal 公司的 Spectra 和荷兰 DSM 公司的 Dyneema)，是典型的第三代纤维增强材料，具有独特的综合性能，其密度(0.97 g/cm^3)是高性能抗弹纤维中最低的。UHMWPE 纤维是目前强度最高的纤维之一，纤维抗拉强度可达 2.5～3.8 GPa；其比强度较芳纶类纤维提高 35%以上，为优质钢的 15 倍；其拉伸模量仅次于特种碳纤维，较芳纶类纤维提高 100%以上；断裂伸长率为 3%～6%，较其他特种纤维高；与碳纤维、玻璃纤维和芳纶纤维相比，断裂功很大。此外，该纤维还具有良好的耐海水腐蚀、耐磨损、电绝缘性、耐老化等特性。

超高分子量聚乙烯纤维是玻璃化转变温度极低(−120 ℃)的一种热塑性纤维，韧性很好，在塑性变形过程中能吸收大量能量。因此，用它增强的复合材料在高应变率和低温下仍具有良好的力学性能。UHMWPE 纤维的冲击强度几乎与尼龙相当，在高速冲击下的吸收能量是芳纶纤维、高强尼龙纤维的两倍，因此其非常适合制作防弹材料。UHMWPE 纤维的冲击韧性良好，比冲击吸收能量是复合材料中最高的。实践证明，UHMWPE 纤维复合装甲的防护能力分别是芳纶纤维和高强玻纤的 1.8 倍和 2.5 倍，同等防护能力的材料重量可减轻 45%和 60%，已广泛应用到车辆、武装直升机、装甲车等防护领域中。目前，商业化的产品有美国 Spectra 以及荷兰 DSM 研究所和日本东洋纺织公司联合开发的 Dyneema 纤维等。国内在超高分子量聚乙烯纤维的研制中也取得了长足进步，目前产品的性能与国外产品相当。

不过，UHMWPE 纤维分子间的相互作用力较弱，分子链为线性结构，缺少极性基团，导致熔点较低(150 ℃左右)，耐火性能差。在环境温度超过 100 ℃时，材料强度会降低到原来的 70%左右；温度继续升高，强度会急剧下降。耐火性能严重影响了 UHMWPE 纤维及复合材料在高温环境中的使用。因此，对 UHMWPE 纤维进行耐火性能改善是进一步拓宽 UHMWPE 纤维应用的关键。

为了改善这一缺点，目前的研究主要从三个途径展开：一是对 UHMWPE 纤维进行处理，这种方法能在一定程度上提高纤维的耐火性，但同时会使纤维表面变得粗糙，降低纤维强度；二是对复合基体进行阻燃改性，包括在基体中加入添加型阻燃剂、反应型阻燃剂；三是将 UHMWPE 纤维和耐火型纤维(如碳纤维、玻纤、玄武岩纤维等)混杂，形成混杂增强复合材料，提高材料的耐火性。UHMWPE 纤维目前已在我国部分舰船防护装甲结构中得到应用。

5. PBO 纤维

PBO 是聚对苯撑苯并二噁唑(poly-p-phenylene benzobisoxazole)的简称，是一种杂环芳香族的液晶高分子，是由科学家从结构与性能关系出发通过分子设计得到的产物。PBO 纤维于 20 世纪 60 年代提出，80 年代初发现。20 世纪 90 年代，随着技术的逐步成熟和工业化，PBO 纤维在世纪之交开始应用于特殊领域等阶段。目前，商品化的产品只有日本 Thyobo 公司的 Zylon，形成了技术垄断的格局，高性能产品只销往美国和日本，仍对中国禁销。

PBO 纤维特殊的结构决定了它具有优异的综合性能。PBO 纤维具有优异的力学性能，其抗拉强度为 5.8 GPa，拉伸模量高达 280～380 GPa，同时其密度仅为 1.56 g/cm^3，比强度和比模量远高于芳纶纤维和碳纤维的。PBO 纤维具有优异的耐热性能，在空气中的分解温度为 650 ℃，而在惰性气体中其分解温度高达 700 ℃，可在 300 ℃下长期使用。PBO 纤维阻燃性能优异，其极限氧指数(LOI)为 68，是芳纶纤维的两倍多，在有机纤维中是最高的。PBO 纤维同时还具有良好的耐环境稳定性，在绝大部分有机溶剂及碱溶液中都是稳定的。PBO 纤维在受冲击时纤维可产生原纤化现象而吸收大量的冲击能，其复合材料的最大冲击载荷和吸收能量均高于芳纶纤维和碳纤维的。除上述优点之外，PBO 纤维还表现出比芳纶纤维更为优异的抗蠕变性能、抗剪性能和耐磨性能。

1.3.2　陶瓷复合材料

陶瓷复合材料因具有高动态强度、高硬度和低密度而成为优异的装甲材料，它不仅对杆式动能弹、聚能破甲射流、高速射弹、爆炸成型弹丸(EFP)等高速和超高速弹体，而且对小口径动能弹、高速破片等都具有优良的防护性能，因而被广泛应用于各种轻、重型防护装甲中。

目前，国内外主要使用的防弹陶瓷材料有 Al_2O_3、B_4C、TiB_2、SiC、Si_3N_4、玻璃陶瓷等(见表 1-3-2)。其中：B_4C 一向被认为是较理想的装甲陶瓷，虽然其价格昂贵，但在保证性能的条件下，以减重为首要前提的装甲系统，仍优先选择 B_4C；虽然 Al_2O_3 抗弹能力略低，密度较大，但其具有烧结性能好、工艺成熟、制品尺寸稳定、生产成本低且原料丰富等优点，得到广泛的使用；防弹性能介于 B_4C 和 Al_2O_3 之间的是 SiC，它的硬度、压缩模量较高，密度和价格居中。

表 1-3-2　陶瓷复合材料的主要性能指标

材料	密度/(g/cm^3)	压缩模量/GPa	HV/(N/mm^2)
Al_2O_3 85%	3.43	224	8800
Al_2O_3 90%	3.58	268	10600
Al_2O_3 96%	3.74	310	12300
Al_2O_3 99.5%	3.90	383	15000
B_4C(碳化硼)	2.5	400	30000
TiB_2(二硼化钛)	4.5	570	33000
SiC(碳化硅)	3.2	370	27000
Si_3N_4(氮化硅)	3.2	310	17000
B_4C/SiC	2.6	340	27500
玻璃陶瓷	2.5	100	6000

1.4　复合材料的原理

复合材料的显著特征是材料性能的可设计性、各向异性及材料和结构一次成型性。工程中根据特定构件性能要求选择基体、纤维及含量，选择复合工艺及纤维排列方式，为优化设计提供了便利的条件。各向异性既是缺点也是优点，我们就是要利用其特点增强材料各方向的刚度和强度。材料和结构件一次成型，避免了烦琐的冷加工和热加工过程。结构复合材料与传统材料相比，有以下优越性：具有高的比强度和比模量、抗疲劳性能好、减振性好等。

复合材料的这些特征形成的内在机制和原理主要包括材料的复合效应、材料的界面等。

1.4.1　材料的复合效应

把不同的材料复合在一起，其目的是使得到的材料具有更优良的力学性能和其他性能，即获得较好的复合效应。然而，由于目前尚未掌握所有的复合规律，而在复合材料某些性能提高的同时，材料的部分性能常常会下降。因此，研究材料的复合效应，对于复合材料的设计和使用具有特别的意义。材料的复合效应主要有以下几种。

1. 平均效应

通常情况下，复合材料的性能接近于各组分的性能乘以各自体积分数之和。弹性模量平均效应的计算式如式(1-4-1)所示，但这种平均效应与界面相结合的状态密切相关。

$$E=(E_1V_1+E_2V_2)/(V_1+V_2) \tag{1-4-1}$$

式中：E_1，E_2 分别为材料各组分的弹性模量；V_1，V_2 分别为材料各组分的体积分数。

2. 并有效应

该效应指复合材料仍保持其组分的原有性能。例如高分子材料耐化学腐蚀，则以它为基体组成的复合材料同样具有耐蚀性。

3. 互补效应

该效应指各组分组成复合材料后可以互相补充并弥补各自的弱点。例如以硬而脆的玻璃纤维和强而韧的纤维混合作为增强剂，则复合材料通过优化设计可以在刚度和韧性方面均获得满意的结果。

4. 相抵效应

该效应指复合后各组分间出现相互制约而使性能比预计的结果差。例如以玻璃纤维和碳纤维混合的增强复合材料，其断裂功小于预计值。

5. 相乘效应

该效应指把一种具有 X/Y 转换性质的材料与另一种具有 Y/Z 转换性质的材料复合，可以得到具有 X/Z 转换性质的材料。例如把“热/压”材料与“压/电”材料复合就获得“热/电”转换材料。

6. 诱导效应

该效应指在复合材料中两组分间的界面上，一相对另一相的诱导作用，例如诱导结晶等。

7. 系统效应

该效应指两组分经复合构成特定的系统时，复合材料将显示出整体的系统功能。

在大多数情况下，材料在复合时可以同时出现上述几种效应。例如当玻璃纤维与基体复合成玻璃钢时，弹性模量 E 表现出平均效应，耐蚀性表现出并有效应，而抗疲劳性则表现出互补效应等。

1.4.2　复合材料的界面

材料复合理论的研究表明，由于增强材料形状的不同，其复合材料的增强机制有明显的差异。一般来说，采用颗粒状材料增强的原理是，增强粒子高度弥散地分布在基体中，阻碍了导致塑性变形的位错运动（对于金属基体）或分子链运动（对于高聚物基体）。纤维状材料增强的复合效应则表现在纤维的存在阻止了裂纹的进一步扩展。然而，无论是颗粒增强还是纤维增强，都离不开基体的结合界面，因此研究界面的结合状态，对了解复合材料的性能是有必要的。

1. 界面的结合状态

界面的结合力存在于两相的界面之间，它的存在使两相之间形成界面强度，便产生了复合效应。

界面的结合状态按作用机理可分为机械结合、物理结合和化学结合三种类型。其中：机械结合是指由于材料的宏观几何因素（表面凹凸不平、裂纹、孔隙等）产生与表面张力有关的结合状态；物理结合是指由范德瓦尔斯力和氢键等物理键构成的结合状态；化学结合则是指通过共价键、离子键和金属键等化学键作用产生的结合状态。

各种结合状态的结合力大小不同，机械结合力最弱，而化学结合力最强。因此，通过增强材料与基体间适当的化学反应在界面上形成化学键，将更有利于复合材料的力学性能的提高，这种在材料复合时采用的产生界面化学反应形成化学键的方法通常称为表面处理。表面处理的方法很多，例如橡胶与金属复合时在金属表面镀黄铜，制造玻璃纤维时进行偶联剂处理等。

2. 界面结合强度与复合材料强度的关系

从大量的研究结果可以看出，界面结合强度对复合材料强度影响较大。一般来说，界面结合强度大，可以保持较高的复合材料强度。然而，界面结合强度过大并不能使材料的强度明显提高，因为此时材料的破坏并不一定发生在界面上。特别值得说明的是，界面结合强度与材料强度之间的关系，还受到诸如弹性模量、热膨胀系数等的影响。因此，若想获得较好的材料强度，应根据特定的条件（应力种类、破坏条件、材料状况等），选择与材料强度相适应的最理想的界面结合状态。

1.4.3　复合材料增强原理

通常按照增强体的种类和形态可以把结构复合材料分为三类，即弥散增强型、粒子增强型和纤维增强型。复合材料中各结构单元所起的作用是不同的，基体主要用于固定和黏结增强体，并将所受的载荷通过界面传递到增强体上，当然自身也承受一定载荷。基体还能起到类似隔膜的作用，将增强体分隔开来。当有的增强体发生损伤或断裂时，裂纹不致从一个增强体扩展到另一个增强体。在复合材料的加工和使用中，基体还能保护增强体免受环境的化学作用和物理损伤等。

从增强体在复合材料结构中主要用来承担载荷的角度看，通常要求增强体具有高强度和高模量。增强体的体积分数与基体的结合性能对复合材料的性能产生很大的影响。增强体、基体和界面的共同作用可以改变复合材料的韧性、抗疲劳性能、抗蠕变性能、抗冲击性能及其他性能。界面能起到协调基体和增强体变形的作用，通过界面可将基体的应力传递到增强体上。基体和增强体通过界面结合，但结合力的大小应适当，既不能过大，也不能过小。结合力过大会使复合材料韧性下降，结合力过小起不到传递应力的作用，界面处容易开裂。

1.5 纤维增强复合材料力学性能

纤维增强复合材料是以各种纤维或其织物增强的一类复合材料，它是复合材料家族中的一大类，也是舰船结构中应用最多的复合材料类型，诸如声呐导流罩、舱室防弹板、雷达罩等都采用高性能纤维增强复合材料。纤维增强复合材料力学性能是我们需要重点讨论和掌握的内容。

1.5.1 典型纤维力学性能

纤维增强复合材料中的增强材料为直径极细的纤维，这种纤维与同材质的块状材料相比，其强度要高得多。例如，块状玻璃的抗拉强度仅为 200 MPa，而玻璃纤维的抗拉强度可达 4500 MPa。虽然纤维比较脆，易折断，但当它们被均匀地分散到韧性好的基体（如树脂）中时，由于基体的保护和支撑作用，它们就不易折断了，从而材料中的纤维增强材料起到了主要承载作用。

复合材料按纤维长短又可分为长纤维（连续纤维）增强复合材料和短纤维（非连续纤维）增强复合材料。纤维增强材料的主要品种有碳纤维、芳纶纤维、硼纤维、碳化硅纤维和玻璃纤维等。不同种类的纤维力学性能差别较大，表 1-5-1 给出了不同类别纤维常见力学性能的对比情况。

表 1-5-1 各种增强纤维力学性能的比较

纤维种类		密度/(g/cm³)	抗拉强度/MPa	拉伸模量/GPa	断裂伸长率/(%)
玻纤	S 型	2.48	3000	85	3.7
	E 型	2.54	2500	70	3.5
碳纤维	T-300	1.76	3500	230	1.5
	T-700	1.81	4800	240	2.1
	T-1000	1.82	>6000	300	2.4
芳纶纤维	Kevlar-29	1.45	2800	60	4.0
	Kevlar-49	1.44	3000	135	2.3
硼纤维		2.67	3500～4000	>400	—
石墨纤维		1.95	>3000	>350	0.5

随着舰船技术的发展，对纤维增强复合材料性能的要求不断提高。而复合材料的性能主要基于高性能纤维的性能、树脂基体的性能以及复合材料制备工艺等方面。本节主要介绍典型增强纤维的力学性能。

1. 碳纤维

从理论上讲，几乎所有的有机纤维都可以被制成碳纤维。但是，原材料不同、碳化过程不同，则形成的产物结构就不同，性能也就各异。在碳化过程中，不同有机纤维的碳原子按石墨结构的排列形态沿纤维轴取向的能力是不同的。通常，碳纤维的结晶取向度越高，其力学性能就越好。表 1-5-2 是常见碳纤维的力学性能。

表 1-5-2　典型碳纤维的种类与力学性能

纤维牌号	每束单丝根数	抗拉强度			拉伸模量			断裂伸长率	1 km 的质量	密度
		ksi	MPa	kgf/mm²	Msi	GPa	kgf/mm²	%	g/1000m	g/cm³
T300	1000 3000 6000 12000	514	3 530	360	33.6	230	23 500	1.5	66 198 396 800	1.76
T300J	3000 6000 12000	643	4 410	450	33.6	230	23 500	1.9	198 396 800	1.82
T400H	3000 6000	643	4410	450	36.4	250	25500	1.8	198 396	1.80
T700S	12 000	700	4 800	490	33.6	230	23500	2.1	800	1.82
T800H	6000 12000	814	5590	570	42.9	294	30000	1.9	223 445	1.81
T1000G	12000	928	6370	650	42.9	294	30000	2.1	485	1.80
T1000	12000	1029	7060	720	42.9	294	30000	2.4	448	1.82
M35J	6000 12000	729	5000	510	50.0	343	35000	1.6	225 450	1.75
M40J	6000 12000	642	4400	450	55.0	377	38500	1.2	225 450	1.77
M46J	6000 12000	613	4200	430	63.5	436	44500	1.0	223 445	1.84
M50J	6000	586	4020	410	69.3	475	48500	0.8	215	1.87
M55J	6000	529	3630	370	78.6	540	55500	0.7	212	1.93
M60J	3000 6000	557	3 820	390	85.8	588	60000	0.7	100 200	1.94
M30	1000 3000 6000 12000	571	3920	400	42.9	294	30000	1.3	53 160 320 640	1.70
M40	1000 3000 6000 12000	400	2 740	280	57.1	392	40000	0.6	61 182 364 728	1.81

续表

纤维牌号	每束单丝根数	抗拉强度			拉伸模量			断裂伸长率	1 km 的质量	密度
		ksi	MPa	kgf/mm²	Msi	GPa	kgf/mm²	%	g/1000m	g/cm³
M46	6000	371	2550	260	65.7	451	46000	0.5	360	1.88
M50	1000 3000	357	2450	250	71.4	490	50000	0.5	60 180	1.91

一般制作碳纤维的原材料主要是聚丙烯氰纤维、粘胶纤维和沥青纤维。粘胶基碳纤维耐烧蚀性好;沥青基纤维结晶取向度高,弹性模量大;聚丙烯氰基碳纤维的综合力学性能好。

复合材料中的碳纤维实际上是碳纤维丝束。常使用的碳纤维复合材料的碳纤维丝束一般含有 1000～12000 根纤维。纤维的根数仅表示每个丝束的粗细,其力学性能一般不受丝束大小的影响。

2. 硼纤维

硼纤维属于陶瓷纤维类,它可以通过这样的方法制造:用直径为 12.5 μm 的钨丝作芯子,通电加热,在氢和三氯化硼的混合气体中,硼沉积在钨丝上,形成硼-钨芯载体纤维。

形成的硼纤维直径通常为 100 μm。这种硼纤维具有强度高、弹性模量高等特点。除用钨丝作载体外,还有用碳芯作为载体的硼-碳芯载体纤维。常见硼纤维的基本性能如表 1-5-3 所示。

表 1-5-3 硼纤维的基本性能

芯材品种	直径/μm	密度/(g/cm³)	抗拉强度/MPa	拉伸模量/GPa
硼-钨芯	100	2.59	3 445	400
	140	2.46	3 583	410
	200	2.40	3 591	420
硼-碳芯	100	2.22	3 560	358
	107	2.23	3 650	400
	140	2.27	3 710	410

3. 芳纶纤维

芳纶纤维是一种聚芳酰胺纤维,具有质轻高强的特点,它首先由美国杜邦化学公司开发生产,主要品种有 Kevlar29、Kevlar129 和 Kevlar49、Kevlar149 等,前两种主要用于轮胎帘子线和防弹材料,后两种主要用于制备高性能复合材料。表 1-5-4 列出了四种常见芳纶纤维的性能。

表 1-5-4 四种常见芳纶纤维的性能

纤维牌号	抗拉强度/MPa	拉伸模量/GPa	断裂伸长率/(%)	密度/(g/cm³)
Kevlar29	2970	36.7	3.6	1.24
Kevlar129	3 430	52.8	3.3	1.24
Kevlar49	2 620	125	2.5	1.24
Kevlar149	3 433	165	1.8	1.24

4. 玻璃纤维

玻璃纤维通常有两种形式:长纤维和短纤维。这两种形式的玻璃纤维都可以用同一种生产方式制作。其生产过程是将硅砂、石英石、硼酸和其他成分(例如黏土、氟石)混合后,经高温炉熔融,熔化后玻璃液直接通过漏丝板就形成了玻璃纤维。

玻璃是无定形的,既不存在固体的结晶组织,也不具有流体的流动行为。从化学上讲,玻璃主要是以二氧化硅为骨架的网状结构。按性能不同,玻璃纤维主要分为下面几种。

① A型玻璃纤维,属于普通有碱(10%以上)玻璃纤维。

② C型玻璃纤维,属于耐酸性低碱(10%以下)玻璃纤维。

③ D型玻璃纤维,属于低介电常数玻璃纤维(透波性好)。

④ E型玻璃纤维,属于普通无碱玻璃纤维,绝缘性能高。

⑤ S型玻璃纤维,属于高强度玻璃纤维。

玻璃纤维具有高的抗拉强度,它的比强度大于钢丝的比强度;玻璃纤维不受大多数化学物品的侵蚀,也不受霉菌等的作用,具有良好的抗化学性;玻璃纤维具有低的热膨胀系数和高的导热系数,而且在热环境下具有极好的热稳定性;玻璃纤维不吸潮,因而遇水后不会溶胀和分解,在潮湿的环境中仍能保持最高的强度和其他力学性能。表1-5-5是几种常见玻璃纤维的性能对比。

表1-5-5　常见玻璃纤维的性能对比

性　　能	玻璃纤维				
	A型	C型	D型	E型	S型
抗拉强度(原纱)/GPa	3.1	3.1	2.5	3.4	4.58
拉伸模量/GPa	73.0	74.0	55.0	71.0	85.0
伸长率/(%)	3.6	3.5	3.8	3.37	4.6
密度/(g/cm^3)	2.46	2.46	2.14	2.55	2.5
比强度/GPa	1.3	1.3	1.2	1.3	1.8
比模量/GPa	30.0	30.0	26.0	28.0	34.0

5. 超高分子量聚乙烯

超高分子量聚乙烯(UHMWPE)纤维是20世纪80年代初研制成功的高性能有机纤维,是继芳纶纤维后又一类具有高度取向伸直链结构的纤维。UHMWPE纤维以十氢萘为溶剂,将超高分子量聚乙烯升温形成凝胶,热拉伸后纺织得到的高性能有机纤维。这种纤维表面呈化学惰性,对酸、碱和有机溶剂有很强的抗腐蚀性;由于分子链上没有不饱和基团,其耐光热老化性能优良。纤维的密度较低,仅为0.97 g/cm^3,但轴向比强度和模量都很高,且能量吸收性和耐磨损性优于芳纶纤维,断裂伸长率大于高强碳纤维。因此,UHMWPE纤维特别适合作为防护材料,如用于安全缆绳、人体防护服装、舰船防护装甲等。

6. 特种纤维

除玻璃纤维、芳纶纤维和碳纤维外,还有诸如ADVANTEx(TM)纤维、APMoc纤维、空心碳纤维(hollow carbon fibre)和螺旋形碳纤维(coiled carbon fibre)等性能更好的特种纤维。空心碳纤维增强聚合物基复合材料具有优异的冲击韧性,螺旋形碳纤维(见图1-5-1)伸展后可比原长度长许多倍且不损失弹性。

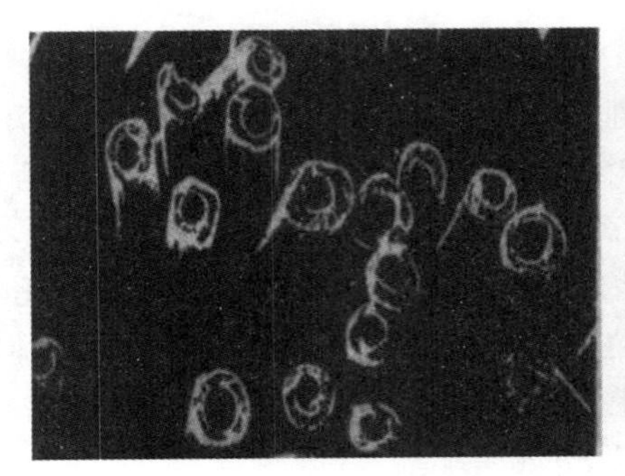
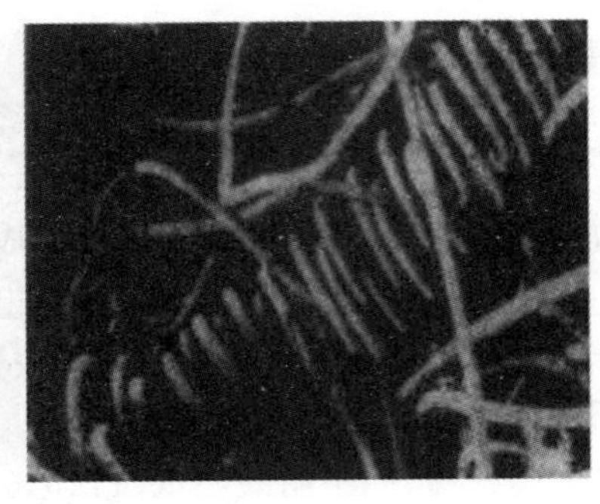

图 1-5-1　空心纤维和螺旋纤维示意

1.5.2　常用基体的性能

在船用复合材料中，用途最广的是聚合物基复合材料，相应的基体材料仍以专用树脂为主，其中绝大多数是热固性树脂，例如不饱和聚酯树脂、环氧树脂、聚酰亚胺树脂和双马来酰亚胺树脂。热塑性树脂近年来有较快的发展，例如聚醚醚酮、聚苯硫醚、聚醚酮等。下面介绍几种常见的船用复合材料基体。

1. 环氧树脂

环氧树脂属于热固性树脂，广泛用于复合材料结构，主要用作碳纤维和玻璃纤维增强材料的基体。这是因为它与碳纤维有较强的结合力；环氧树脂固化过程中一般不释放水分子和低分子产物，因此有较好的工艺性，尺寸稳定性好，固化收缩性小，耐化学试剂作用，且电绝缘性能好；另外，它的制造成本较低。环氧树脂的发展方向是提高韧性和改善耐热性。表 1-5-6 给出了国内常见环氧树脂的牌号与性能。

表 1-5-6　国内常见环氧树脂的牌号与性能

牌号(代号)	类型	外观	黏度 25 ℃(cP)	软化点 /℃	环氧值 /(当量/100 g)	特点
E-54(616)	双酚 A 型环氧树脂	淡黄色至琥珀色高黏度透明液体	≤6500	液体	0.52～0.56	色泽浅、黏度小、黏合力强
E-51(618)			≤2500 (40 ℃)	液体	0.48～0.54	黏合力强、固化物收缩小
E-44(6101)			≤5000 (40 ℃)	12～20	0.41～0.47	黏合力较强、价廉
E-42(634)	双酚 A 型环氧树脂	淡黄色至琥珀色高黏度黏稠液体	≥90000	21～27	0.38～0.45	黏度较大、价廉
E-35(637)			—	28～40	0.26～0.40	黏度大、固化物防腐蚀性能好
F-51	酚醛型环氧树脂	棕色高黏度透明液体	—	≤28	≥0.50	耐大气老化、耐腐蚀性能、耐高温性能都较好，固化物收缩率稍大于双酚 A 型环氧树脂
F-46(648)		棕色透明半固体	—	≤70	≥0.44	
F-44		棕色高黏度透明液体	—	≤10	≥0.40	

续表

牌号(代号)	类型	外观	黏度 25 ℃(cP)	软化点 /℃	环氧值 /(当量/100 g)	特点
AG-80	—	琥珀色至红棕色黏稠液体	—	—	0.75～0.85	树脂无闪点固化物耐热性能好
AFG-90	三官能团环氧树脂	—	—	—	0.85～0.95	交联度大、黏结强度高

2. 不饱和聚酯树脂

与环氧树脂相比,不饱和聚酯树脂的固化收缩率较大、耐热性较差。但由于它的价格较便宜,制造也较方便,因而作为通用复合材料(如 GF/UP 玻璃钢等)基体,在市场上占有量大,广泛用于电器、建筑、防腐、交通、船舶工程等领域。此外,20 世纪 60 年代开始发展了乙烯基酯树脂(vinyl ester resin),这是一类聚合物链中含有乙烯基端基或侧基的热固性聚合物。它可自身交联,也可与烯类单体共聚固化,其耐腐蚀性优良,兼有不饱和聚酯树脂和环氧树脂的特点,耐热性超过传统不饱和聚酯树脂。表 1-5-7 是国内主要不饱和聚酯树脂的牌号和性能。

表 1-5-7　国内主要不饱和聚酯树脂的牌号与性能

牌号	外观	酸值 /(mgKOH/g)	纯树脂含量 /(%)	胶凝时间,25 ℃(min)	特点及用途
306-A	浅黄到黄色透明液体	23～31	64～75	4.5～10	耐水性较好;307 为固态树脂,306-A,307-1,307-2,307-4,189 均为含苯乙烯的液态树脂;307-2 含微量石蜡,可使制品脱模容易,并防止面层发黏;307-4 为反丁烯二酸型树脂,耐热性稍好,用于船体,导流罩,声呐罩等结构件
307	黄色到深黄色半固体	40～50	99	—	
307-1	浅黄色到黄色透明液体	26～33	64～68	4.5～10	
307-2		26～33	64～68	4.5～10	
307-4	浅黄色到黄色透明液体	26～33	64～68	4.5～10	
189		20～28	59～65	8～20	
191	淡黄色到黄色透明液体	28～36	50～66	10～25	黏度低,光稳定性好,用于船顶、顶篷
196	淡黄色透明液体	17～25	52～68	8～20	耐水性较好,韧性也好,综合力学性能较好,用于玻璃钢船体或部件
3196	淡黄色透明液体	17～25	64～70	8～20	
7541	淡黄色透明液体	≤16	—	4.5～20	
198	淡黄色到棕色液体	20～28	61～67	8～20	耐水性,耐热性均好,用于玻璃钢船体
3198		20～28	61～67	8～20	
199	淡黄色到棕色液体	21～29	58～64	8～20	间苯二甲酸型,耐热性好,长期耐水性好
197	淡黄色到黄色液体	9～17	47～53	10～30	双酚 A 型,耐碱性、耐腐蚀性较好,用于船上的容器、贮槽等
3301	淡黄色到黄色液体	16～23	—	6～12	

3. 酚醛树脂

酚醛树脂由酚类或其衍生物与醛类缩聚而成，其中以苯酚和甲醛经缩聚反应而得到的苯酚-甲醛树脂最重要。酚醛树脂分为热固性和线性热塑性树脂两大类。酚醛树脂(phenolic resin)是最早人工合成的树脂，早在1872年，德国化学家拜耳就发现了酚与醛在酸的作用下形成树脂状产物的反应。

酚醛树脂具有优良的耐热性、耐酸性和阻燃性，但较脆。为了改善脆性和其他物理性能，提高对玻璃纤维的黏结性能，改进成型工艺，使用前往往还需要对酚醛树脂进行改性。酚醛树脂价格低廉，综合性能较好，目前已在电气工业、船舶制造、航空航天等行业中得到了广泛应用。

4. 其他树脂

其他树脂的用量并不大，但大都属于特种性能树脂，往往起至关重要的作用。

聚酰亚胺树脂是一种耐高温树脂。它具有较高的玻璃化转变温度，在空气环境中能经受316 ℃的高温而性能无显著降低；这种树脂在高温空气环境中还具有较好的抗氧化性。

双马来酰亚胺树脂结构中的不饱和键能在较低的温度下与活泼氢化物或其他双键化合物反应，形成稳定的耐热聚合物，并可采用多种途径改善其脆性。这种树脂的主要品种有V387A，NARMCO5245C和NARMCO5250系列等。

此外，在高性能热塑性树脂中，聚醚醚酮(PFEK)用得最多。常见的半结晶型PEEK有几种规格：PEEK150P、PEEK380P和PEEK450P。预浸片APC-1和APC-2为英国ICI公司用PEEK浸渍碳纤维的中间产物。碳纤维-PEEK复合材料具有良好的力学性能。

第 2 章　复合材料宏观力学

复合材料通常在各个方向上表现出来的性质是不同的，这主要是由于在微观/细观层面，组成复合材料的元材料不均匀导致的。不过，人们在工程中，更关心的是复合材料在宏观层面表现出来的力学特性。目前，在船舶工程领域应用较为广泛的主要是纤维增强复合材料。因此，本章主要以纤维增强复合材料为对象，介绍复合材料的宏观力学理论知识，包括单层纤维复合材料(以下简称单层复合材料)和复合材料层合板(以下简称层合板)。

2.1　单层复合材料的宏观力学

2.1.1　单层复合材料的应力-应变关系

一般而言，单层复合材料板是单向纤维或交织纤维在基体中的平面(或曲面)排列，是纤维增强层合复合材料的基本单元件。由这些单层复合材料构成的复杂复合材料结构在应用过程中通常会处于复杂的应力状态。复合材料从基本的组成材料层面上决定了其非均匀性和各向异性，这使得关于复合材料力学性能的分析变得更为复杂。复合材料结构的特性通常取决于所选取的坐标轴的方向，如图 2-1-1 所示。相比之下，一般金属材料所呈现较好的各向同性特点，其基本性质与方向基本无关。

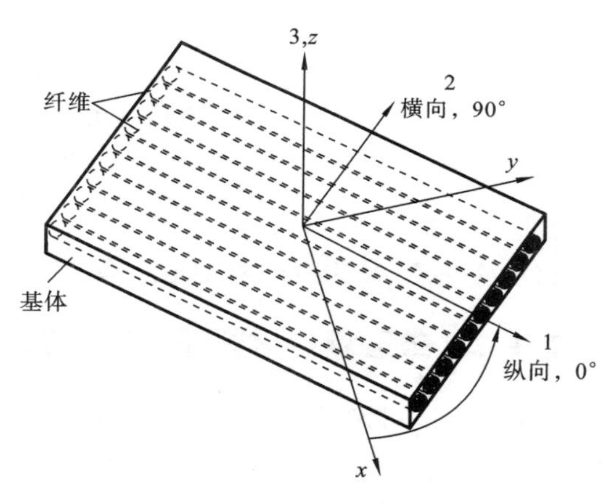

图 2-1-1　单层板坐标系

每种类型的复合材料均具有特殊的对称性，因此可以简化一般的各向异性应力-应变关系。本节基于单层板复合材料讨论这些宏观应力-应变关系的推导和应用。需要说明的是，在单层板的宏观力学分析中，只考虑简单层板的平均表观力学性能，不讨论复合材料组分之间的相互作用。对单层板来说，由于厚度与其他方向尺寸相比较小，因此一般按平面应力状态进行分析，面外应力可忽略。单层板的宏观力学分析可以回归到弹性体基本方程的问题分析中，具体的弹性力学基本理论参见附录 A。

通常，单层复合材料不单独使用，而是作为复合材料层合板的基本组成单元使用。对于单层复合材料，由于其厚度(设为 3 方向)与其他平面内的两个方向(1,2 方向)的尺寸相比很小，因而在描述单层复合材料的应力-应变时，可近似按平面应力状态处理，即

$$\sigma_3=0,\quad \tau_{23}=0,\quad \tau_{31}=0 \tag{2-1-1}$$

对于正交各向异性单层复合材料，因为厚度很薄，且不受任何平面之外的载荷，所以可以假设它的平面应力条件如图 2-1-2 所示。

根据弹性力学基本理论，有

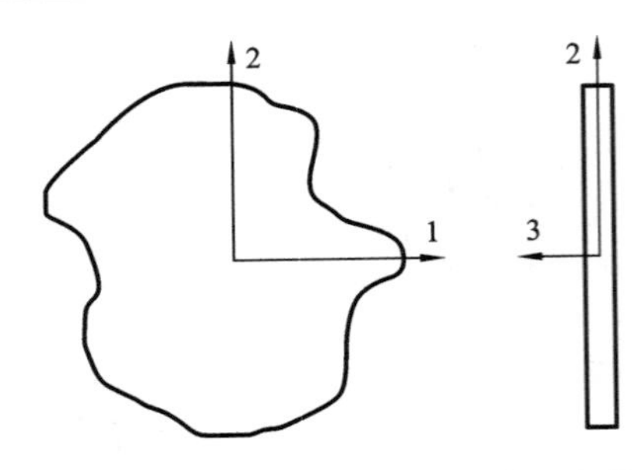

图 2-1-2 单层复合材料平面应力条件

$$\varepsilon_3=S_{13}\sigma_1+S_{23}\sigma_2,\quad \gamma_{23}=\gamma_{31}=0 \tag{2-1-2}$$

式中：正应变 ε_3 不是一个独立的应变，而是另外两个正应变 ε_1 和 ε_2 的函数。因此，我们可以忽略应力-应变关系中的法向应变 ε_3，同样剪切应变 γ_{23} 和 γ_{31} 也可以省略，因为它们的值也均为零。故正交各向异性平面应力问题可表示为

$$\begin{bmatrix}\varepsilon_1\\\varepsilon_2\\\gamma_{12}\end{bmatrix}=\begin{bmatrix}S_{11}&S_{12}&0\\S_{12}&S_{22}&0\\0&0&S_{66}\end{bmatrix}\begin{bmatrix}\sigma_1\\\sigma_2\\\tau_{12}\end{bmatrix} \tag{2-1-3}$$

式中：S_{ij} 为柔度矩阵的元素。注意柔度矩阵中四个独立的元素。

将式(2-1-3)用应变表示的应力-应变方程为

$$\begin{bmatrix}\sigma_1\\\sigma_2\\\tau_{12}\end{bmatrix}=\begin{bmatrix}Q_{11}&Q_{12}&0\\Q_{12}&Q_{22}&0\\0&0&Q_{66}\end{bmatrix}\begin{bmatrix}\varepsilon_1\\\varepsilon_2\\\gamma_{12}\end{bmatrix} \tag{2-1-4}$$

式中：Q_{ij} 为简化后的刚度矩阵，其与柔度矩阵的关系为

$$Q_{11}=\frac{S_{22}}{S_{11}S_{22}-S_{12}^2} \tag{2-1-5a}$$

$$Q_{12}=-\frac{S_{12}}{S_{11}S_{22}-S_{12}^2} \tag{2-1-5b}$$

$$Q_{22}=\frac{S_{11}}{S_{11}S_{22}-S_{12}^2} \tag{2-1-5c}$$

$$Q_{66}=\frac{1}{S_{66}} \tag{2-1-5d}$$

这里应注意，简化后的刚度矩阵 Q_{ij} 中的元素与刚度矩阵 S_{ij} 的元素是不同的。

2.1.2 单层复合材料任意方向的应力-应变关系

2.1.1 小节讨论了正交各向异性单层复合材料在主轴方向的应力-应变关系。实际应用中，单层复合材料的主轴方向与总体坐标系 $x-y$ 可能不一致，如单层纤维复合材料中纤维的铺设存在一定角度的情形。为了能在统一的总体坐标系中计算材料的刚度，需要将任意方向单层复合材料的应力、应变进行转换。

图 2-1-3(a)是材料主轴与总体坐标系之间的关系，图 2-1-3(b)是取自单层复合材料的面单元的力平衡。根据面元沿 x 方向的力平衡可得

$$\sigma_x=\sigma_1\cos^2\theta+\sigma_2\sin^2\theta-2\tau_{12}\sin\theta\cos\theta \tag{2-1-6}$$

同理可得

$$\sigma_y=\sigma_1\sin^2\theta+\sigma_2\cos^2\theta+2\tau_{12}\sin\theta\cos\theta \tag{2-1-7}$$

$$\tau_{xy}=\sigma_1\sin\theta\cos\theta-\sigma_2\sin\theta\cos\theta+\tau_{12}(\cos^2\theta-\sin^2\theta) \tag{2-1-8}$$

由此得到应力的转轴公式为

$$\begin{bmatrix}\sigma_x\\\sigma_y\\\sigma_{xy}\end{bmatrix}=\boldsymbol{T}^{-1}\begin{bmatrix}\sigma_1\\\sigma_2\\\tau_{12}\end{bmatrix} \tag{2-1-9}$$

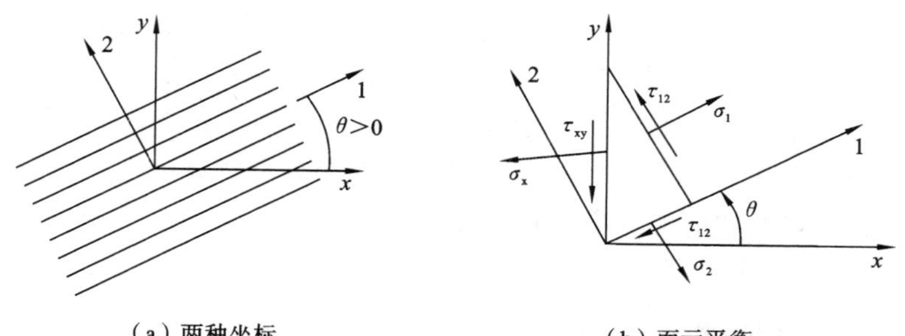

图 2-1-3　单层复合材料坐标转换之间的关系

式(2-1-9)是两种坐标系中的应力变化关系,$\boldsymbol{T}$ 为变换矩阵,$\boldsymbol{T}^{-1}$是 $\boldsymbol{T}$ 的逆矩阵,它们分别为

$$\boldsymbol{T}=\begin{bmatrix}\cos^2\theta & \sin^2\theta & 2\sin\theta\cos\theta \\ \sin^2\theta & \cos^2\theta & -2\sin\theta\cos\theta \\ -\sin\theta\cos\theta & \sin\theta\cos\theta & \cos^2\theta-\sin^2\theta\end{bmatrix} \tag{2-1-10}$$

$$\boldsymbol{T}^{-1}=\begin{bmatrix}\cos^2\theta & \sin^2\theta & -2\sin\theta\cos\theta \\ \sin^2\theta & \cos^2\theta & 2\sin\theta\cos\theta \\ \sin\theta\cos\theta & -\sin\theta\cos\theta & \cos^2\theta-\sin^2\theta\end{bmatrix} \tag{2-1-11}$$

同理,得到应变的转轴公式为

$$\begin{bmatrix}\varepsilon_1 \\ \varepsilon_2 \\ \gamma_{12}\end{bmatrix}=(\boldsymbol{T}^{-1})^{\mathrm{T}}\begin{bmatrix}\varepsilon_x \\ \varepsilon_y \\ \gamma_{xy}\end{bmatrix} \tag{2-1-12}$$

对于正交各向异性材料,平面应力状态主方向有如下应力-应变关系:

$$\begin{bmatrix}\sigma_1 \\ \sigma_2 \\ \tau_{12}\end{bmatrix}\begin{bmatrix}Q_{11} & Q_{12} & 0 \\ Q_{12} & Q_{22} & 0 \\ 0 & 0 & Q_{66}\end{bmatrix}\begin{bmatrix}\varepsilon_1 \\ \varepsilon_2 \\ \gamma_{12}\end{bmatrix}=\boldsymbol{Q}\begin{bmatrix}\varepsilon_1 \\ \varepsilon_2 \\ \gamma_{12}\end{bmatrix} \tag{2-1-13}$$

将应力和应变转轴公式代入式(2-1-13)可得

$$\begin{bmatrix}\sigma_x \\ \sigma_y \\ \tau_{xy}\end{bmatrix}=\boldsymbol{T}^{-1}\begin{bmatrix}\sigma_1 \\ \sigma_2 \\ \gamma_{12}\end{bmatrix}=\boldsymbol{T}^{-1}\boldsymbol{Q}\begin{bmatrix}\varepsilon_1 \\ \varepsilon_2 \\ \gamma_{12}\end{bmatrix}=\boldsymbol{T}^{-1}\boldsymbol{Q}(\boldsymbol{T}^{-1})^{\mathrm{T}}\begin{bmatrix}\varepsilon_x \\ \varepsilon_y \\ \gamma_{xy}\end{bmatrix} \tag{2-1-14}$$

用 $\bar{\boldsymbol{Q}}$ 表示 $\boldsymbol{T}^{-1}\boldsymbol{Q}(\boldsymbol{T}^{-1})^{\mathrm{T}}$,则在 x-y 坐标中的应力-应变关系可表示为

$$\begin{bmatrix}\sigma_x \\ \sigma_y \\ \tau_{xy}\end{bmatrix}=\bar{\boldsymbol{Q}}\begin{bmatrix}\varepsilon_x \\ \varepsilon_y \\ \gamma_{xy}\end{bmatrix}=\begin{bmatrix}\bar{Q}_{11} & \bar{Q}_{12} & \bar{Q}_{16} \\ \bar{Q}_{12} & \bar{Q}_{22} & \bar{Q}_{26} \\ \bar{Q}_{16} & \bar{Q}_{26} & \bar{Q}_{66}\end{bmatrix}\begin{bmatrix}\varepsilon_x \\ \varepsilon_y \\ \gamma_{xy}\end{bmatrix} \tag{2-1-15}$$

其中:

$$\bar{Q}_{11}=Q_{11}\cos^4\theta+2(Q_{12}+2Q_{66})\sin^2\theta\cos^2\theta+Q_{22}\sin^4\theta$$
$$\bar{Q}_{12}=(Q_{11}+Q_{22}-4Q_{66})\sin^2\theta\cos\theta^2\theta+Q_{12}(\sin^4\theta+\cos^4\theta)$$
$$\bar{Q}_{22}=Q_{11}\sin^4\theta+2(Q_{12}+2Q_{66})\sin^2\theta\cos^2\theta+Q_{22}\cos^4\theta$$
$$\bar{Q}_{16}=(Q_{11}-Q_{12}-2Q_{66})\sin\theta\cos^3\theta+(Q_{12}-Q_{22}+2Q_{66})\sin^3\theta\cos\theta$$
$$\bar{Q}_{26}=(Q_{11}-Q_{12}-2Q_{66})\sin^3\theta\cos\theta+(Q_{12}-Q_{22}+2Q_{66})\sin\theta\cos^3\theta$$
$$\bar{Q}_{66}=(Q_{11}+Q_{22}-2Q_{12}-2Q_{66})\sin^2\theta\cos^2\theta+Q_{66}(\sin^4\theta+\cos^4\theta)$$

矩阵 $\overline{Q}$ 代表单层复合材料主方向的二维刚度矩阵 Q 的转换矩阵，它有 9 个系数，一般都不为零，并具有对称性，有 6 个不同系数。其中：$\overline{Q}_{11}$，$\overline{Q}_{12}$，$\overline{Q}_{22}$ 和 $\overline{Q}_{66}$ 是 θ 的偶函数；$\overline{Q}_{16}$ 和 $\overline{Q}_{26}$ 是 θ 的奇函数。转换矩阵 $\overline{Q}$ 与 Q 大不相同，对于正交各向异性单层复合材料，仍有 4 个独立的材料弹性常数。在 $x-y$ 坐标中，即使正交各向异性单层复合材料显示出一般各向异性的性质，切应变和正应力之间以及切应力与线应变之间存在耦合影响，但在材料主方向上具有正交各向异性的特性，故称为广义正交各向异性单层材料。

2.1.3　单层复合材料的强度

以正交各向异性单层复合材料为例，给出相应的强度概念。正交各向异性单层复合材料在不同的方向上，其强度特征是不一样的，其弹性常数随方向是变化的。对于各向同性材料，仅需要 3 个极限强度（拉伸、压缩和剪切）指标就能对复杂应力状态的单层板进行强度分析。然而，对于正交各向异性材料，需要 5 个强度指标（见图 2-1-4）才能进行复杂应力状态下的单层复合材料板的面内强度分析：

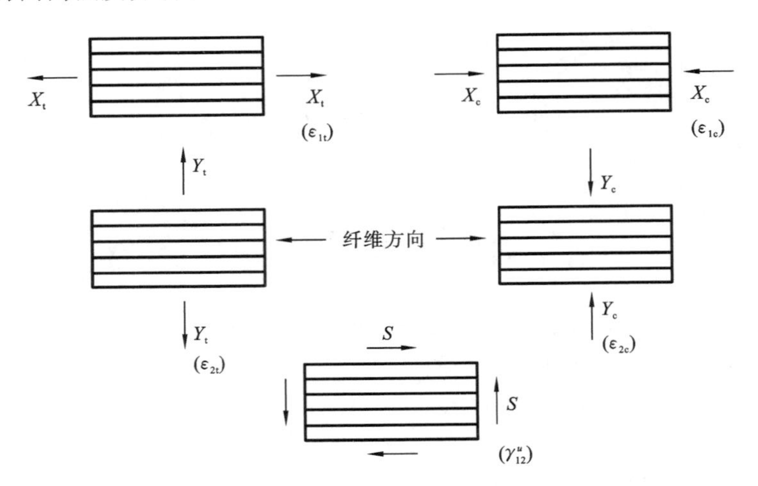

图 2-1-4　单层复合材料强度指标示意

(1) X_t——纤维方向的抗拉强度；

(2) X_c——纤维方向的抗压强度，取绝对值；

(3) Y_t——垂直纤维方向的抗拉强度；

(4) Y_c——垂直纤维方向的抗压强度，取绝对值；

(5) S——面内抗剪强度。

上述 5 个强度指标可以通过实验测定。获得上述 5 个强度指标值后，采用合适的强度理论，就可以对单层复合材料板的面内强度进行分析和评估。

2.1.4　单层复合材料的强度理论

对于正交各向异性单层复合材料，假设材料宏观上是均匀的，并处于平面应力状态，且不考虑细观层面的破坏。下面介绍几种常见的强度理论。

1. 最大应力理论(maximum stress theory)

该应力理论要求材料各主方向应力必须小于各自方向的强度，否则发生破坏。

对于拉伸状态，有

$$\left.\begin{aligned}\sigma_1 &< X_t \\ \sigma_2 &< X_t \\ |\tau_{12}| &< S\end{aligned}\right\} \tag{2-1-16}$$

对于压缩状态，有

$$\left.\begin{aligned}|\sigma_1| &< X_c \\ |\sigma_2| &< X_c\end{aligned}\right\} \tag{2-1-17}$$

式中：σ_1 和 σ_2 分别为单层复合材料板两个主方向（即纤维方向和垂直纤维方向）的应力；τ_{12} 为面内切应力。

最大应力理论不考虑破坏模式之间的相互影响，即某个方向的破坏只与该方向的应力有关，与其他方向的应力无关，相当于将各个方向的应力进行解耦处理。

2. 最大应变理论(maximum strain theory)

与最大应力理论相似，最大应变理论只是将各应力分量换成了应变分量。

对于拉伸状态，有

$$\left.\begin{aligned}\varepsilon_1 &< \varepsilon_{1t} \\ \varepsilon_2 &< \varepsilon_{2t} \\ |\gamma_{12}| &< \gamma_S\end{aligned}\right\} \tag{2-1-18}$$

对于压缩状态，有

$$\left.\begin{aligned}|\varepsilon_1| &< \varepsilon_{1c} \\ |\varepsilon_2| &< \varepsilon_{2c} \\ |\gamma_{12}| &< \gamma_S\end{aligned}\right\} \tag{2-1-19}$$

式中：ε_{1t} 和 ε_{1c} 分别为纤维方向的拉伸和压缩极限应变；ε_{2t} 和 ε_{2c} 分别为垂直纤维方向的拉伸和压缩极限应变；γ_S 为面内剪切极限应变。最大应变理论也不考虑破坏模式之间的相互影响。但是，当某个方向的应力分量为零时，由于泊松效应，该方向上的应变分量可以不等于零。这一点与上面的最大应力理论有所区别。

3. 蔡-希尔理论(Tsai-Hill theory)

该理论考虑材料中各应力分量之间的相互影响，材料的应力分量满足下列条件才不发生失效破坏：

$$D_f = \left(\frac{\sigma_1}{X}\right)^2 + \left(\frac{\sigma_2}{Y}\right)^2 + \left(\frac{\tau_{12}}{S}\right)^2 - \frac{\sigma_1\sigma_2}{X^2} < 1 \tag{2-1-20}$$

式中：D_f 为无量纲损伤指数（或称破坏指标、损伤因子）。当 $D_f=1$ 时，表示材料失效破坏的临界状态；在小于 1 的范围内，D_f 越接近 1，表示材料越接近失效破坏。σ_1 为拉应力时，$X=X_t$；σ_1 为压应力时，$X=X_c$。σ_2 同理。需要指出的是，蔡-希尔理论虽然考虑了各应力分量之间的相互影响，但其只能判定材料是否发生破坏，至于发生何种形式的破坏则不能甄别。不过，最大应力理论判定材料不破坏的情形，可能满足蔡-希尔理论，即最大应力理论在某些特定情形下是蔡-希尔理论的特殊解耦情况。

4. 霍夫曼理论(Hoffman theory)

在蔡-希尔理论的基础上，霍夫曼理论（也称为霍夫曼准则，Hoffman criterion）进一步考虑拉、压性能不同的复合材料，提出新理论：

$$D_f = F_1\sigma_1 + F_2\sigma_2 + F_{11}\sigma_1^2 + F_{22}\sigma_2^2 + F_{66}\tau_{12}^2 + 2F_{12}\sigma_1\sigma_2 < 1 \tag{2-1-21}$$

式中：

$$\left.\begin{aligned} F_1=\frac{1}{X_t}-\frac{1}{X_c},\ F_2=\frac{1}{Y_t}-\frac{1}{Y_c} \\ F_{11}=\frac{1}{X_tX_c},\ F_{22}=\frac{1}{Y_tY_c} \\ F_{66}=\frac{1}{S^2},\ F_{12}=\frac{1}{2X_tX_c} \end{aligned}\right\} \tag{2-1-22}$$

霍夫曼理论不仅考虑了各应力分量的相互影响，而且考虑了抗拉强度与抗压强度不同时的情形。

5. 蔡-吴应力理论(Tsai-Wu tensor theory)

蔡-吴应力理论实际上跟霍夫曼理论本质上是一样的，只不过它采用张量(tensor)的形式表示：

$$F_i\sigma_i+F_{ij}\sigma_i\sigma_j<1 \tag{2-1-23}$$

式中：F_i 和 F_{ij} 分别是二阶和四阶强度系数张量。对于平面应力状态的正交各向异性复合材料，式(2-1-23)可转化为

$$F_1\sigma_1+F_2\sigma_2+F_6\sigma_6+F_{11}\sigma_1^2+F_{22}\sigma_2^2+F_{66}\sigma_6^2+2F_{16}\sigma_1\sigma_6+2F_{26}\sigma_2\sigma_6+2F_{12}\sigma_1\sigma_2<1 \tag{2-1-24}$$

式中：$\sigma_6=\tau_{12}$。由于材料主方向的 S 与切应力 σ_6 的正负号无关，因此可得

$$F_6=F_{16}=F_{26}=0,\ F_{66}=1/S^2 \tag{2-1-25}$$

将式(2-1-25)代入式(2-1-24)，即可得到式(2-1-21)。

2.2 层合板刚度的宏观力学

2.2.1 层合板的刚度和柔度

在单层复合材料应力-应变关系的基础上，进一步考虑厚度方向的应力、应变，即可得到层合板的应力-应变关系。根据层合板的本构关系以及应变-位移关系即可得到层合板的刚度矩阵和相应的柔度矩阵。在获得层合板的刚度和柔度矩阵之前，需要先做如下假设：

① 层合板的变形很小，且材料服从胡克定律(Hooke's law，也曾译为虎克定律)。

② 层间理想粘接，无缝隙，基体粘接层的厚度可忽略不计，以保证层与层之间没有相互错动，变形沿厚度是连续的。

③ 层合板垂直中面的直线段变形后仍保持直线且垂直中面，即 $\gamma_{xy}=\gamma_{yz}=0$，如图 2-2-1 所示。

根据位移-几何关系可得

$$u=u_0-z\alpha=u_0-z\frac{\partial w_0}{\partial x} \tag{2-2-1}$$

同理可得

$$v=v_0-z\frac{\partial w_0}{\partial y} \tag{2-2-2}$$

由应变-位移关系可得

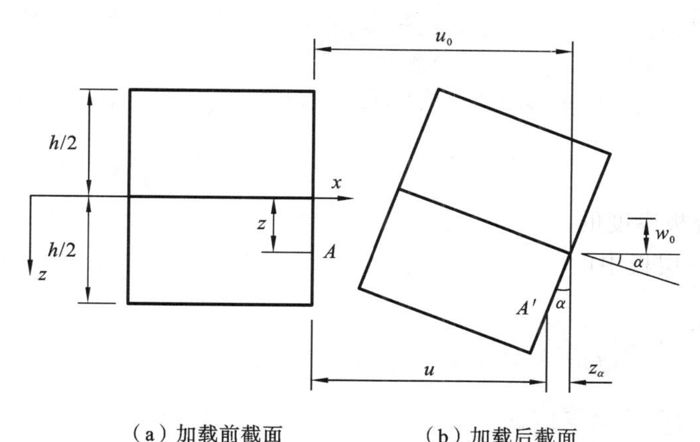

（a）加载前截面　　（b）加载后截面

图 2-2-1　层合板厚度方向位移与中面位移和曲率之间的关系

$$\varepsilon_x = \frac{\partial u}{\partial x} = \frac{\partial u_0}{\partial x} - z\frac{\partial^2 w_0}{\partial x^2} \tag{2-2-3}$$

同理可得

$$\varepsilon_y = \frac{\partial v}{\partial y} = \frac{\partial v_0}{\partial y} - z\frac{\partial^2 w_0}{\partial y^2} \tag{2-2-4}$$

$$\gamma_{xy} = \frac{\partial u}{\partial y} + \frac{\partial v}{\partial x} = \frac{\partial u_0}{\partial y} + \frac{\partial v_0}{\partial x} - 2z\frac{\partial^2 w_0}{\partial x \partial y} \tag{2-2-5}$$

将上述应变-位移方程写成矩阵形式：

$$\begin{bmatrix} \varepsilon_x \\ \varepsilon_y \\ \gamma_{xy} \end{bmatrix} = \begin{bmatrix} \dfrac{\partial u_0}{\partial x} \\ \dfrac{\partial v_0}{\partial y} \\ \dfrac{\partial u_0}{\partial y} + \dfrac{\partial v_0}{\partial x} \end{bmatrix} + z\begin{bmatrix} -\dfrac{\partial^2 w_0}{\partial x^2} \\ -\dfrac{\partial^2 w_0}{\partial y^2} \\ -2\dfrac{\partial^2 w_0}{\partial x \partial y} \end{bmatrix} \tag{2-2-6}$$

式(2-2-6)中右边第一项数组是中面应变，第二项数组是中面曲率。由此层合板的应变-位移可写成

$$\begin{bmatrix} \varepsilon_x \\ \varepsilon_y \\ \gamma_{xy} \end{bmatrix} = \begin{bmatrix} \varepsilon_x^0 \\ \varepsilon_y^0 \\ \gamma_{xy}^0 \end{bmatrix} + z\begin{bmatrix} \kappa_x \\ \kappa_y \\ \kappa_{xy} \end{bmatrix} \tag{2-2-7}$$

式(2-2-7)表明层合板中的应变与曲率呈线性关系，且应变与 x 和 y 坐标无关。

如果已知沿层合板厚度的任意点的应变，则根据应力-应变本构关系得到层合板中的应力：

$$\begin{bmatrix} \sigma_x \\ \sigma_y \\ \tau_{xy} \end{bmatrix} = \begin{bmatrix} \bar{Q}_{11} & \bar{Q}_{12} & \bar{Q}_{16} \\ \bar{Q}_{21} & \bar{Q}_{22} & \bar{Q}_{26} \\ \bar{Q}_{16} & \bar{Q}_{26} & \bar{Q}_{66} \end{bmatrix} \begin{bmatrix} \varepsilon_x \\ \varepsilon_y \\ \gamma_{xy} \end{bmatrix} \tag{2-2-8}$$

其中，$\boldsymbol{Q} = \begin{bmatrix} \bar{Q}_{11} & \bar{Q}_{12} & \bar{Q}_{16} \\ \bar{Q}_{21} & \bar{Q}_{22} & \bar{Q}_{26} \\ \bar{Q}_{16} & \bar{Q}_{26} & \bar{Q}_{66} \end{bmatrix}$ 即层合板的转换矩阵。

层合板的中面应变和中面曲率是求应变和应力的未知数。每个层合板中的应力可以通过层板厚度积分来给出合力和力矩(或施加的力和力矩)。施加在层合板上的力和力矩是已知的,所以板的中面应变和中面曲率就可以求出。

对各层板中的整体应力进行积分,得到通过层板厚度的 x-y 平面内每单位长度的合力:

$$(N_x, N_y, N_{xy})=\int_{-h/2}^{h/2}(\sigma_x, \sigma_y, \tau_{xy})\mathrm{d}z \tag{2-2-9}$$

其中,$h/2$ 表示层合板厚度的一半。

类似地,对每一层板中的整体应力进行积分,得到通过层板厚度的 $x-y$ 平面中每单位长度的力矩:

$$(M_x, M_y, M_{xy})=\int_{-h/2}^{h/2}(\sigma_x, \sigma_y, \tau_{xy})z\mathrm{d}z \tag{2-2-10}$$

式中:N_x,N_y 分别为单位长度法向力;N_{xy} 为单位长度剪切力;M_x,M_y 分别为单位长度弯矩;M_{xy} 为单位长度扭转力矩。

将式(2-2-8)代入式(2-2-9)和式(2-2-10)得到

$$\begin{bmatrix} N_x \\ N_y \\ N_{xy} \end{bmatrix}=\begin{bmatrix} A_{11} & A_{12} & A_{16} \\ A_{12} & A_{22} & A_{26} \\ A_{16} & A_{26} & A_{66} \end{bmatrix}\begin{bmatrix} \varepsilon_x^0 \\ \varepsilon_y^0 \\ \gamma_{xy}^0 \end{bmatrix}+\begin{bmatrix} B_{11} & B_{12} & B_{16} \\ B_{12} & B_{22} & B_{26} \\ B_{16} & B_{26} & B_{66} \end{bmatrix}\begin{bmatrix} \kappa_x \\ \kappa_y \\ \kappa_{xy} \end{bmatrix} \tag{2-2-11}$$

$$\begin{bmatrix} M_x \\ M_y \\ M_{xy} \end{bmatrix}=\begin{bmatrix} B_{11} & B_{12} & B_{16} \\ B_{12} & B_{22} & B_{26} \\ B_{16} & B_{26} & B_{66} \end{bmatrix}\begin{bmatrix} \varepsilon_x^0 \\ \varepsilon_y^0 \\ \gamma_{xy}^0 \end{bmatrix}+\begin{bmatrix} D_{11} & D_{12} & D_{16} \\ D_{12} & D_{22} & D_{26} \\ D_{16} & D_{26} & D_{66} \end{bmatrix}\begin{bmatrix} \kappa_x \\ \kappa_y \\ \kappa_{xy} \end{bmatrix} \tag{2-2-12}$$

其中,

$$A_{ij}=\sum_{k=1}^{n}[(\bar{Q}_{ij})]_k(h_k-h_{k-1}),\quad i=1,2,6;\ j=1,2,6 \tag{2-2-13}$$

$$B_{ij}=\frac{1}{2}\sum_{k=1}^{n}[(\bar{Q}_{ij})]_k(h_k^2-h_{k-1}^2),\quad i=1,2,6;\ j=1,2,6 \tag{2-2-14}$$

$$D_{ij}=\frac{1}{3}\sum_{k=1}^{n}[(\bar{Q}_{ij})]_k(h_k^3-h_{k-1}^3),\quad i=1,2,6;\ j=1,2,6 \tag{2-2-15}$$

矩阵 $\boldsymbol{A}$、$\boldsymbol{B}$ 和 $\boldsymbol{D}$ 分别称为拉伸刚度矩阵、耦合刚度矩阵和弯曲刚度矩阵。结合式(2-2-11)和式(2-2-12)得到 6 个联立线性方程和 6 个未知数为

$$\begin{bmatrix} N_x \\ N_y \\ N_{xy} \\ M_x \\ M_y \\ M_{xy} \end{bmatrix}=\begin{bmatrix} A_{11} & A_{12} & A_{16} & B_{11} & B_{12} & B_{16} \\ A_{12} & A_{22} & A_{26} & B_{12} & B_{22} & B_{26} \\ A_{16} & A_{26} & A_{66} & B_{16} & B_{26} & B_{66} \\ B_{11} & B_{12} & B_{16} & D_{11} & D_{12} & D_{16} \\ B_{12} & B_{22} & B_{26} & D_{12} & D_{22} & D_{26} \\ B_{16} & B_{26} & B_{66} & D_{16} & D_{26} & D_{66} \end{bmatrix}\begin{bmatrix} \varepsilon_x^0 \\ \varepsilon_y^0 \\ \gamma_{xy}^0 \\ \kappa_x \\ \kappa_y \\ \kappa_{xy} \end{bmatrix} \tag{2-2-16}$$

拉伸刚度矩阵 $\boldsymbol{A}$ 将面内合力与面内应变联系起来,弯曲刚度矩阵 $\boldsymbol{D}$ 将弯矩与曲率联系起来,耦合刚度矩阵 $\boldsymbol{B}$ 将力和力矩项与中面应变和中面曲率耦合。

将式(2-2-16)写成简式

$$\begin{bmatrix} \boldsymbol{N} \\ \hline \boldsymbol{M} \end{bmatrix}=\left[\begin{array}{c|c} \boldsymbol{A} & \boldsymbol{B} \\ \hline \boldsymbol{B} & \boldsymbol{D} \end{array}\right]\begin{bmatrix} \boldsymbol{\varepsilon}^0 \\ \hline \boldsymbol{\kappa} \end{bmatrix} \tag{2-2-17}$$

其中,$\boldsymbol{N}=[N_x, N_y, N_{xy}]^{\mathrm{T}}$,$\boldsymbol{M}=[M_x, M_y, M_{xy}]^{\mathrm{T}}$,$\boldsymbol{\varepsilon}^0=[\varepsilon_x^0, \varepsilon_y^0, \gamma_{xy}^0]^{\mathrm{T}}$,$\boldsymbol{\kappa}=[\kappa_x, \kappa_y, \kappa_{xy}]^{\mathrm{T}}$。

反演式(2-2-17)可得柔度方程：

$$\begin{bmatrix}\boldsymbol{\varepsilon}^0\\ \boldsymbol{\kappa}\end{bmatrix}=\left[\begin{array}{c|c}\boldsymbol{A}^* & \boldsymbol{B}^*\\ \hline \boldsymbol{C}^* & \boldsymbol{D}^*\end{array}\right]\begin{bmatrix}\boldsymbol{N}\\ \boldsymbol{M}\end{bmatrix} \tag{2-2-18}$$

其中，

$$\left[\begin{array}{c|c}\boldsymbol{A}^* & \boldsymbol{B}^*\\ \hline \boldsymbol{C}^* & \boldsymbol{D}^*\end{array}\right]=\left[\begin{array}{c|c}\boldsymbol{A} & \boldsymbol{B}\\ \hline \boldsymbol{B} & \boldsymbol{D}\end{array}\right]^{-1} \tag{2-2-19}$$

$$\boldsymbol{C}^*=\boldsymbol{B}^{*\mathrm{T}} \tag{2-2-20}$$

式中：矩阵 $\boldsymbol{A}^*$、$\boldsymbol{B}^*$ 和 $\boldsymbol{D}^*$ 分别称为层合板的拉伸柔度矩阵、耦合柔度矩阵和弯曲柔度矩阵。

2.2.2　几种典型层合板的刚度计算

层合板主要包括对称层合板、反对称层合板和不对称层合板三大类。其中，对称层合板是在复合材料层合板中广泛应用的一大类层合板。因此，本节以对称层合板为对象，介绍几种典型的对称层合板刚度。

对称层合板各单层几何尺寸和材料性能都对称于中面，因此可设置如图 2-2-2 所示各层的坐标。

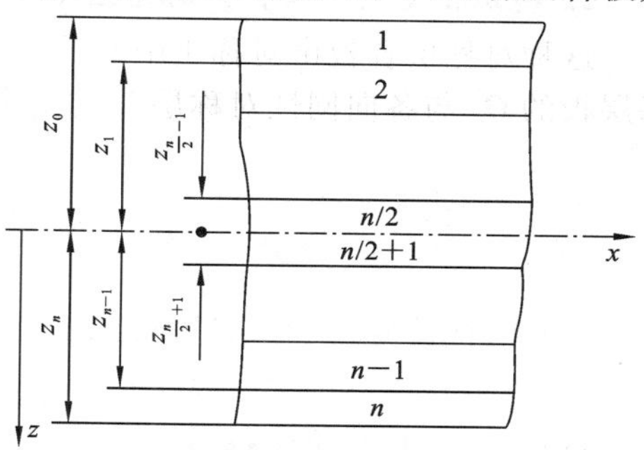

图 2-2-2　对称层合板各层坐标

计算耦合刚度矩阵 B_{ij} 如下：

$$\begin{aligned}B_{ij}&=\frac{1}{2}\sum_{k=1}^{n}(\bar{Q}_{ij})_k(z_k^2-z_{k-1}^2)\\&=\frac{1}{2}(\bar{Q}_{ij})_1(z_1^2-z_0^2)+\frac{1}{2}(\bar{Q}_{ij})_2(z_2^2-z_1^2)\\&\quad+\cdots+\frac{1}{2}(\bar{Q}_{ij})_{\frac{n}{2}}(0-z_{\frac{n}{2}-1}^2)+\frac{1}{2}(\bar{Q}_{ij})_{\frac{n}{2}+1}(z_{\frac{n}{2}+1}^2)+\cdots+\frac{1}{2}(\bar{Q}_{ij})_{n-1}(z_{n-1}^2-z_{n-2}^2)\\&\quad+\frac{1}{2}(\bar{Q}_{ij})_n(z_n^2-z_{n-1}^2)\end{aligned} \tag{2-2-21}$$

根据对称层合板的定义有

$$(\bar{Q}_{ij})_1=(\bar{Q}_{ij})_n \tag{2-2-22}$$

$$(z_1^2-z_0^2)=-(z_n^2-z_{n-1}^2) \tag{2-2-23}$$

式(2-2-21)中的第 1 项和第 n 项之和为零，第 2 项与第 $n-1$ 项之和等于零；同理，各对应项之和均为零，即

$$B_{ij}=\frac{1}{2}\sum_{k=1}^{n}(\bar{Q}_{ij})_k(z_k^2-z_{k-1}^2)=0 \tag{2-2-24}$$

因此，对称层合板中拉伸与弯曲之间不存在耦合关系。对称层合板又分为以下几种。

1. 各向同性对称层合板

它由对称于中面各不相同的各向同性单层板组成，每层的 $\boldsymbol{Q}_k$ 为

$$\boldsymbol{Q}_k=\begin{bmatrix}Q_{11} & Q_{12} & 0\\ Q_{12} & Q_{11} & 0\\ 0 & 0 & Q_{66}\end{bmatrix}_k \tag{2-2-25}$$

各向同性对称层合板的每层皆为各向同性材料，但各层之间的材料弹性常数 E，ν 不同。根据刚度矩阵的计算式(2-2-13)、式(2-2-14)和式(2-2-15)可得

$$A_{11}=\sum_{k=1}^{n}(\bar{Q}_{11})_k(z_k-z_{k-1})=A_{22}=A=A_{12}+2A_{66} \tag{2-2-26}$$

$$D_{11}=D_{22}=D=D_{12}+2D_{66} \tag{2-2-27}$$

$$A_{16}=A_{26}=0,\quad D_{16}=D_{26}=0,\quad B_{ij}\equiv 0 \tag{2-2-28}$$

因此，对于各向同性对称层合板有

$$\begin{bmatrix}N_x\\N_y\\N_{xy}\end{bmatrix}=\begin{bmatrix}A_{11}&A_{12}&0\\A_{12}&A_{22}&0\\0&0&A_{66}\end{bmatrix}\begin{bmatrix}\varepsilon_x^0\\\varepsilon_y^0\\\gamma_{xy}^0\end{bmatrix} \tag{2-2-29}$$

$$\begin{bmatrix}M_x\\M_y\\M_{xy}\end{bmatrix}=\begin{bmatrix}D_{11}&D_{12}&0\\D_{12}&D_{22}&0\\0&0&D_{66}\end{bmatrix}\begin{bmatrix}\kappa_x\\\kappa_y\\\kappa_{xy}\end{bmatrix} \tag{2-2-30}$$

2. 特殊正交各向异性对称层合板

这种对称层合板由对称于中面且坐标轴与材料主方向重合的正交各向异性单层板组成，每层板的 $\boldsymbol{Q}_k$ 与各向同性对称层合板中的一样，即可表示为

$$\boldsymbol{Q}_k=\begin{bmatrix}Q_{11}&Q_{12}&0\\Q_{12}&Q_{22}&0\\0&0&Q_{66}\end{bmatrix}_k \tag{2-2-31}$$

根据各刚度矩阵的定义可得

$$A_{16}=A_{26}=0,\quad D_{16}=D_{26}=0,\quad B_{ij}\equiv 0 \tag{2-2-32}$$

因此，对于特殊正交各向异性对称层合板有

$$\begin{bmatrix}N_x\\N_y\\N_{xy}\end{bmatrix}=\begin{bmatrix}A_{11}&A_{12}&0\\A_{12}&A_{22}&0\\0&0&A_{66}\end{bmatrix}\begin{bmatrix}\varepsilon_x^0\\\varepsilon_y^0\\\gamma_{xy}^0\end{bmatrix} \tag{2-2-33}$$

$$\begin{bmatrix}M_x\\M_y\\M_{xy}\end{bmatrix}=\begin{bmatrix}D_{11}&D_{12}&0\\D_{12}&D_{22}&0\\0&0&D_{66}\end{bmatrix}\begin{bmatrix}\kappa_x\\\kappa_y\\\kappa_{xy}\end{bmatrix} \tag{2-2-34}$$

特殊正交各向异性对称层合板的刚度矩阵形式上与各向同性对称层合板类似，但是不同之处在于 $A_{11}\neq A_{22}$，$D_{11}\neq D_{22}$。

3. 正规对称正交铺设层合板

这种层合板由材料主方向与坐标轴夹角为 0°、90°的正交各向异性单层板交替铺设且对称于中面。考虑到对称性，此种层合板的层数必须为奇数，例如 0°/90°/0°，或 0°/90°/0°/90°/0°；若是偶数，显然不可能对称于中面。因此，这种层合板各层的 $\boldsymbol{Q}$ 不外乎两种情况：

对于 0°铺设单层板，有

$$[\boldsymbol{Q}]_0=\begin{bmatrix}Q_{11}&Q_{12}&0\\Q_{12}&Q_{22}&0\\0&0&Q_{66}\end{bmatrix}_0 \tag{2-2-35}$$

对于 90°铺设单层板，有

$$[\boldsymbol{Q}]_{90}=\begin{bmatrix}Q_{11}&Q_{12}&0\\Q_{12}&Q_{22}&0\\0&0&Q_{66}\end{bmatrix}_{90}=\begin{bmatrix}Q_{22}&Q_{12}&0\\Q_{12}&Q_{11}&0\\0&0&Q_{66}\end{bmatrix}_0 \tag{2-2-36}$$

由于$(Q_{11})_0=(Q_{22})_{90}$，$(Q_{22})_0=(Q_{11})_{90}$，因而$[\boldsymbol{Q}]_0$与$[\boldsymbol{Q}]_{90}$的差别只在Q_{11}和Q_{22}的位置互换。又由于$Q_{16}=Q_{26}=0$，因此$A_{16}=A_{26}=0$，$D_{16}=D_{26}=0$。此外，$B_{ij}\equiv 0$，各刚度系数矩阵计算与前述相同。

4. 正规对称角铺设层合板

这种层合板由材料性能相同、主方向与坐标轴夹角大小相等但成正、负交替铺设且对称于中面的各单层板组成。类似，这种层合板的总层数也必须为奇数，例如$\alpha t/-2\alpha t/\alpha t/-2\alpha t/\alpha t$。

对于α角铺设单层板，有

$$\boldsymbol{Q}_\alpha=\begin{bmatrix}\bar{Q}_{11} & \bar{Q}_{12} & \bar{Q}_{16}\\ \bar{Q}_{12} & \bar{Q}_{22} & \bar{Q}_{26}\\ \bar{Q}_{16} & \bar{Q}_{26} & \bar{Q}_{66}\end{bmatrix}_\alpha \tag{2-2-37}$$

对于$-\alpha$角铺设单层板，有

$$\boldsymbol{Q}_{-\alpha}=\begin{bmatrix}\bar{Q}_{11} & \bar{Q}_{12} & \bar{Q}_{16}\\ \bar{Q}_{12} & \bar{Q}_{22} & \bar{Q}_{26}\\ \bar{Q}_{16} & \bar{Q}_{26} & \bar{Q}_{66}\end{bmatrix}_{-\alpha}=\begin{bmatrix}\bar{Q}_{11} & \bar{Q}_{12} & -\bar{Q}_{16}\\ \bar{Q}_{12} & \bar{Q}_{22} & -\bar{Q}_{26}\\ -\bar{Q}_{16} & -\bar{Q}_{26} & \bar{Q}_{66}\end{bmatrix}_\alpha \tag{2-2-38}$$

根据$\bar{Q}_{ij}$的特性，可得

$$\left.\begin{aligned}(\bar{Q}_{11})_\alpha=(\bar{Q}_{11})_{-\alpha},\ (\bar{Q}_{12})_\alpha=(\bar{Q}_{12})_{-\alpha}\\ (\bar{Q}_{22})_\alpha=(\bar{Q}_{22})_{-\alpha},\ (\bar{Q}_{66})_\alpha=(\bar{Q}_{66})_{-\alpha}\\ (\bar{Q}_{16})_\alpha=-(\bar{Q}_{16})_{-\alpha},\ (\bar{Q}_{16})_\alpha=-(\bar{Q}_{26})_{-\alpha}\end{aligned}\right\} \tag{2-2-39}$$

因此，有

$$\left.\begin{aligned}
A_{11}&=(\bar{Q}_{11})_\alpha\sum_{k=1}^{n}(z_k-z_{k-1})=(\bar{Q}_{11})_\alpha t\quad(t\text{ 为总厚度})\\
A_{12}&=(\bar{Q}_{12})_\alpha t,\quad A_{22}=(\bar{Q}_{22})_\alpha t,\quad A_{66}=(\bar{Q}_{66})_\alpha t\\
&\left.\begin{aligned}A_{16}&=(\bar{Q}_{16})_\alpha\Big(\sum_{\text{奇数层}}t_k-\sum_{\text{偶数层}}t_k\Big)\\ A_{26}&=(\bar{Q}_{26})_\alpha\Big(\sum_{\text{奇数层}}t_k-\sum_{\text{偶数层}}t_k\Big)\end{aligned}\right\}\quad(t_k\text{ 为单层厚度})\\
B_{ij}&\equiv 0\\
D_{11}&=\frac{1}{3}(\bar{Q}_{11})_\alpha\sum_{k=1}^{n}(z_k^3-z_{k-1}^3)=(\bar{Q}_{11})_\alpha\frac{t^3}{12}\\
D_{12}&=(\bar{Q}_{12})_\alpha\frac{t^3}{12},\quad D_{22}=(\bar{Q}_{22})_\alpha\frac{t^3}{12},\quad D_{66}=(\bar{Q}_{66})_\alpha\frac{t^3}{12}\\
D_{16}&=\frac{1}{3}(\bar{Q}_{16})_\alpha[(z_1^3-z_0^3)-(z_2^3-z_1^3)+(z_3^3-z_2^3)\\
&\quad-(z_4^3-z_3^3)+\cdots+(z_n^3-z_{n-1}^3)]\quad(n\text{ 为奇数})\\
D_{26}&=\frac{1}{3}(\bar{Q}_{26})_\alpha[(z_1^3-z_0^3)-(z_2^3-z_1^3)+(z_3^3-z_2^3)\\
&\quad-(z_4^3-z_3^3)+\cdots+(z_n^3-z_{n-1}^3)]\quad(n\text{ 为奇数})
\end{aligned}\right\} \tag{2-2-40}$$

因而对于正规对称角铺设层合板，有

$$\begin{bmatrix}N_x\\ N_y\\ N_{xy}\end{bmatrix}=\begin{bmatrix}A_{11} & A_{12} & A_{16}\\ A_{12} & A_{22} & A_{26}\\ A_{16} & A_{26} & A_{66}\end{bmatrix}\begin{bmatrix}\varepsilon_x^0\\ \varepsilon_y^0\\ \gamma_{xy}^0\end{bmatrix} \tag{2-2-41}$$

$$\begin{bmatrix} M_x \\ M_y \\ M_{xy} \end{bmatrix} = \begin{bmatrix} D_{11} & D_{12} & D_{16} \\ D_{12} & D_{22} & D_{26} \\ D_{16} & D_{26} & D_{66} \end{bmatrix} \begin{bmatrix} \kappa_x \\ \kappa_y \\ \kappa_{xy} \end{bmatrix} \tag{2-2-42}$$

虽然正规对称角铺设层合板的各刚度系数 A_{ij} 和 D_{ij} 都存在，但由于 A_{16}、A_{26}、D_{16} 和 D_{26} 中有正、负交替项，因此其数值比其他刚度系数要小。若层合板由等厚单层板组成，则每层厚度为 t/n。又因总层数为奇数，因而有

$$A_{16} = (\bar{Q}_{16})_\alpha t/n, \quad A_{26} = (\bar{Q}_{26})_\alpha t/n \tag{2-2-43}$$

由式(2-2-43)可知：层合板的总层数越多，A_{16} 和 A_{26} 的值就越小；D_{16} 和 D_{26} 也存在类似性质。由于这种层合板的 $B_{ij} \equiv 0$ 及 A_{16}、A_{26}、D_{16} 和 D_{26} 相对较小，因而在实际计算时可做适当简化。这种层合板具有较大的剪切刚度，因而在工程上应用较多。

2.2.3　层合板的面内弹性常数

仍然以对称层合板为对象，给出相应的面内弹性常数及其推导过程。

对于对称层合板，$\boldsymbol{B}=\boldsymbol{0}$，容易证明 $\mathbf{A}^* = \mathbf{A}^{-1}$，$\boldsymbol{D}^* = \boldsymbol{D}^{-1}$。然后，根据柔度矩阵的定义可得

$$\begin{bmatrix} \varepsilon_x^0 \\ \varepsilon_y^0 \\ \gamma_{xy}^0 \end{bmatrix} = \begin{bmatrix} A_{11}^* & A_{12}^* & A_{16}^* \\ A_{12}^* & A_{22}^* & A_{26}^* \\ A_{16}^* & A_{26}^* & A_{66}^* \end{bmatrix} \begin{bmatrix} N_x \\ N_y \\ N_{xy} \end{bmatrix} \tag{2-2-44}$$

根据上述方程，可以通过扩展柔度矩阵 $\mathbf{A}^*$ 定义有效面内模量如下。

1. 有效面内纵向模量 E_x

施加载荷 $N_x \neq 0$，$N_y = 0$，$N_{xy} = 0$，代入式(2-2-44)得

$$\begin{bmatrix} \varepsilon_x^0 \\ \varepsilon_y^0 \\ \gamma_{xy}^0 \end{bmatrix} \equiv \begin{bmatrix} A_{11}^* & A_{12}^* & A_{16}^* \\ A_{12}^* & A_{22}^* & A_{26}^* \\ A_{16}^* & A_{26}^* & A_{66}^* \end{bmatrix} \begin{bmatrix} N_x \\ 0 \\ 0 \end{bmatrix} \tag{2-2-45}$$

这就给出了

$$\varepsilon_x^0 = A_{11}^* N_x \tag{2-2-46}$$

有效面内纵向模量为

$$E_x \equiv \frac{\sigma_x}{\varepsilon_x^0} = \frac{N_x/t}{A_{11}^* N_x} = \frac{1}{tA_{11}^*} \tag{2-2-47}$$

2. 有效面内横向模量 E_y

施加载荷 $N_x = 0$，$N_y \neq 0$，$N_{xy} = 0$，代入式(2-2-44)得

$$\begin{bmatrix} \varepsilon_x^0 \\ \varepsilon_y^0 \\ \gamma_{xy}^0 \end{bmatrix} = \begin{bmatrix} A_{11}^* & A_{12}^* & A_{16}^* \\ A_{12}^* & A_{22}^* & A_{26}^* \\ A_{16}^* & A_{26}^* & A_{66}^* \end{bmatrix} \begin{bmatrix} 0 \\ N_y \\ 0 \end{bmatrix} \tag{2-2-48}$$

这就给出了

$$\varepsilon_y^0 = A_{22}^* N_y \tag{2-2-49}$$

有效面内横向模量为

$$E_y \equiv \frac{\sigma_y}{\varepsilon_y^0} = \frac{N_y/t}{A_{22}^* N_y} = \frac{1}{tA_{22}^*} \tag{2-2-50}$$

3. 有效面内剪切模量 G_{xy}

类似，令 $N_x = 0$，$N_y = 0$，$N_{xy} \neq 0$，代入式(2-2-44)得

$$\begin{bmatrix} \varepsilon_x^0 \\ \varepsilon_y^0 \\ \gamma_{xy}^0 \end{bmatrix} = \begin{bmatrix} A_{11}^* & A_{12}^* & A_{16}^* \\ A_{12}^* & A_{22}^* & A_{26}^* \\ A_{16}^* & A_{26}^* & A_{66}^* \end{bmatrix} \begin{bmatrix} 0 \\ 0 \\ N_{xy} \end{bmatrix} \tag{2-2-51}$$

这就给出了

$$\gamma_{xy}^0 = A_{66}^* N_{xy} \tag{2-2-52}$$

有效面内剪切模量为

$$G_{xy} = \frac{\tau_{xy}}{\gamma_{xy}^0} = \frac{N_{xy}/h}{A_{66}^* N_{xy}} = \frac{1}{hA_{66}^*} \tag{2-2-53}$$

4. 有效面内泊松比 ν_{xy}

由式(2-2-44)可推导出有效纵向杨氏模量，其中载荷 $N_x \neq 0$，$N_y = 0$，$N_{xy} = 0$。由此可得

$$\varepsilon_y^0 = A_{12}^* N_x \tag{2-2-54}$$

$$\varepsilon_x^0 = A_{11}^* N_x \tag{2-2-55}$$

然后，将有效泊松比 ν_{xy} 定义为

$$\nu_{xy} = -\frac{\varepsilon_y^0}{\varepsilon_x^0} = -\frac{A_{12}^* N_x}{A_{11}^* N_x} = -\frac{A_{12}^*}{A_{11}^*} \tag{2-2-56}$$

5. 有效面内泊松比 ν_{yx}

由式(2-2-44)可推导出有效横向杨氏模量 E_y，其中载荷 $N_x = 0$，$N_y \neq 0$，$N_{xy} = 0$。由此可得

$$\varepsilon_x^0 = A_{11}^* N_y \tag{2-2-57}$$

$$\varepsilon_y^0 = A_{22}^* N_y \tag{2-2-58}$$

有效泊松比 ν_{yx} 定义为

$$\nu_{yx} \equiv -\frac{\varepsilon_x^0}{\varepsilon_y^0} = -\frac{A_{12}^* N_y}{A_{22}^* N_y} = -\frac{A_{12}^*}{A_{22}^*} \tag{2-2-59}$$

注意这里，两个有效泊松比 ν_{xy} 和 ν_{yx} 之间存在着相互关系。由式(2-2-47)和式(2-2-56)可得

$$\frac{\nu_{xy}}{E_x} = \left(-\frac{A_{12}^*}{A_{11}^*}\right) t A_{11}^* = -A_{12}^* t \tag{2-2-60}$$

从式(2-2-50)和式(2-2-59)可得

$$\frac{\nu_{yx}}{E_y} = \left(-\frac{A_{12}^*}{A_{22}^*}\right) t A_{22}^* = -A_{12}^* t \tag{2-2-61}$$

结合式(2-2-60)和式(2-2-61)可得

$$\frac{\nu_{xy}}{E_x} = \frac{\nu_{yx}}{E_y} \tag{2-2-62}$$

2.2.4　层合板的弯曲弹性常数

仍然以对称层合板为对象，给出相应的弯曲弹性常数及其推导过程。

对于对称层合板，耦合刚度矩阵 $\boldsymbol{B} = \boldsymbol{0}$，则由柔度方程(2-2-18)可得

$$\begin{bmatrix} \kappa_x \\ \kappa_y \\ \kappa_{xy} \end{bmatrix} = \begin{bmatrix} D_{11}^* & D_{12}^* & D_{16}^* \\ D_{12}^* & D_{22}^* & D_{26}^* \\ D_{16}^* & D_{26}^* & D_{66}^* \end{bmatrix} \begin{bmatrix} M_x \\ M_y \\ M_{xy} \end{bmatrix} \tag{2-2-63}$$

式(2-2-63)允许我们用弯曲柔度矩阵 $\boldsymbol{D}^*$ 定义有效弯曲模量。

令 $M_x \neq 0, M_y = 0, M_{xy} = 0$，代入式(2-2-63)可得

$$\begin{bmatrix} \kappa_x \\ \kappa_y \\ \kappa_{xy} \end{bmatrix} = \begin{bmatrix} D_{11}^* & D_{12}^* & D_{16}^* \\ D_{12}^* & D_{22}^* & D_{26}^* \\ D_{16}^* & D_{26}^* & D_{66}^* \end{bmatrix} \begin{bmatrix} M_x \\ 0 \\ 0 \end{bmatrix} \tag{2-2-64}$$

这就给出了

$$\kappa_x = D_{11}^* M_x \tag{2-2-65}$$

有效弯曲纵向模量为

$$E_x^{\mathrm{f}} \equiv \frac{12M_x}{\kappa_x h^3} = \frac{12}{h^3 D_{11}^*} \tag{2-2-66}$$

类似地，可以得出另一方向的弯曲弹性模量：

$$E_y^{\mathrm{f}} = \frac{12}{t^3 D_{22}^*} \tag{2-2-67}$$

$$G_{xy}^{\mathrm{f}} = \frac{12}{t^3 D_{66}^*} \tag{2-2-68}$$

$$\nu_{xy}^{\mathrm{f}} = -\frac{D_{12}^*}{D_{11}^*} \tag{2-2-69}$$

$$\nu_{yx}^{\mathrm{f}} = -\frac{D_{12}^*}{D_{22}^*} \tag{2-2-70}$$

弯曲泊松比 ν_{xy}^{f} 和 ν_{yx}^{f} 也有如下的关系：

$$\frac{\nu_{xy}^{\mathrm{f}}}{E_x^{\mathrm{f}}} = \frac{\nu_{yx}^{\mathrm{f}}}{E_y^{\mathrm{f}}} \tag{2-2-71}$$

在非对称层合板中，方程(2-2-16)中的应力-应变关系在力和力矩项之间是耦合的。因此，在这些情况下，有效面内刚度常数和弯曲刚度常数是没有意义的。

2.3 层合板强度的宏观力学

2.3.1 层合板强度概念

与金属的强度类似，层合板的强度也是指层合板抵抗外载荷的能力，即在外载荷作用下不发生破坏的应力水平。层合板受力后，由于存在厚度方向的应力，因而除了产生面内应力外，层与层之间由于相互约束，会产生较复杂的面外应力。当面内应力或面外应力达到某阈值时，层合板会发生某种形式的破坏。由于层合板由基本单层板组成，因此层合板的强度主要通过单层板强度来预测。虽然由于某一或某几个单层板的失效破坏，引起层合板的整体刚度降低，但层合板仍有可能承受更高的载荷，载荷继续作用直到层合板全部破坏，这时的外载荷称为层合板的极限载荷。而层合板强度分析的主要目的即确定其极限载荷。

2.3.2 层合板的应力与强度分析

面外应力的求解与层合板的复杂应力状态和所受外载荷都有关，求解起来较为困难。本节主要介绍层合板各单层的面内应力的求解。

考虑对称层合板受 N_x 作用的情况。设 x-y 轴是层合板的主轴，则由层合板的本构关系可解出其中的面应变为

$$\left.\begin{aligned}\varepsilon_x^0&=\frac{A_{22}}{A_{11}A_{22}-A_{12}^2}N_x\\ \varepsilon_y^0&=-\frac{A_{12}}{A_{11}A_{22}-A_{12}^2}N_x\\ \gamma_{xy}^0&=0\end{aligned}\right\}\tag{2-3-1}$$

由式(2-3-1)得到的应变同时也是层合板中各单层的应变。在这种情况下，层合板各处的应变不随位置发生改变。求出应变之后，则根据单层板的应力-应变关系，可以求出各单层板的应力分量

$$\begin{bmatrix}\sigma_x\\ \sigma_y\\ \tau_{xy}\end{bmatrix}=\begin{bmatrix}\bar{Q}_{11} & \bar{Q}_{12} & \bar{Q}_{16}\\ & \bar{Q}_{22} & \bar{Q}_{26}\\ \text{sym.} & & \bar{Q}_{66}\end{bmatrix}\begin{bmatrix}\varepsilon_x^0\\ \varepsilon_y^0\\ \gamma_{xy}^0\end{bmatrix}\tag{2-3-2}$$

对各层刚度不一样的情形，尽管应变沿高度均匀分布，但应力分量沿高度是变化的。应变分量 $\varepsilon_x=\varepsilon_x^0$ 和应力分量 σ_x 分布如图 2-3-1 所示。计算出层合板各单层的应力后，可根据 2.1.4 小节单层复合材料的强度理论判定层合板的哪些单层发生失效破坏。

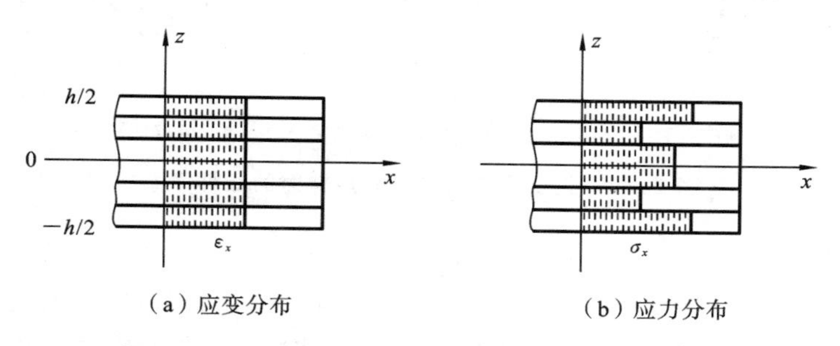

（a）应变分布　　（b）应力分布

图 2-3-1　层合板厚度方向的应变和应力分布示意

关于层合板强度主要有两种考虑方式。一种认为层合板内任一单层发生破坏，则认定整个层合板发生破坏，此称为初始层破坏准则(first ply failure criterion, FPF 准则)。另一种则认为当层合板所有单层破坏后，层合板才被认定为破坏，即层合板某个或某几个单层破坏后，层合板还可以继续承载，此种考虑方式称为最终层破坏准则(last ply failure criterion, LPF 准则)，该准则下的层合板强度对应极限载荷。

对于复合材料船舶结构而言，在初始设计方案阶段，要求结构具有一定的强度储备，因而常采用初始层破坏准则(FPF 准则)，以满足强度储备要求。而对于具有某些特定功能的复合材料船舶结构，如舰船的复合材料防护装甲结构，主要考虑其防护性能要求，因而常采用最终层破坏准则(LPF 准则)。

2.3.3　层合板的破坏模式

层合板的破坏模式也可称之为层合板的损伤模式或失效模式(failure mode)，指的是层合板在外载荷作用下发生的基体相或增强相的损伤或破坏。由于层合板结构多种多样，其破坏模式也较多，相应的破坏机理非常复杂。对于纤维增强复合材料层合板而言，其主要的破坏模式有基体开裂、纤维断裂和分层破坏等。前两种破坏模式主要是由于面内的应力分量导致的，而后一种破坏模式则由面外应力(层间应力)引起。

以正交层合板(0°/90°/90°/0°)受单轴拉伸情形为例。此时，各单层沿纤维方向的切应力

为零。因此，只可能发生轴向或横向破坏，如图 2-3-2 所示。当初始拉伸载荷不断增加，层合板在 90°层首先基体开裂（见图 2-3-2(a)），但由于载荷大部分由 0°层承载，90°层的基体开裂并不会引起 0°层应力的大幅变化。随着载荷继续增大，0°层会发生横向收缩，使得 σ_2 增大，从而导致平行于纤维方向产生裂纹，此裂纹仍然发生在基体中，如图 2-3-2(b)所示。与此同时，90°层内基体裂纹密度增大。当拉伸载荷达到纤维方向的断裂强度阈值 σ_{1u} 时，整个层合板发生断裂破坏，如图 2-3-2(c)所示。

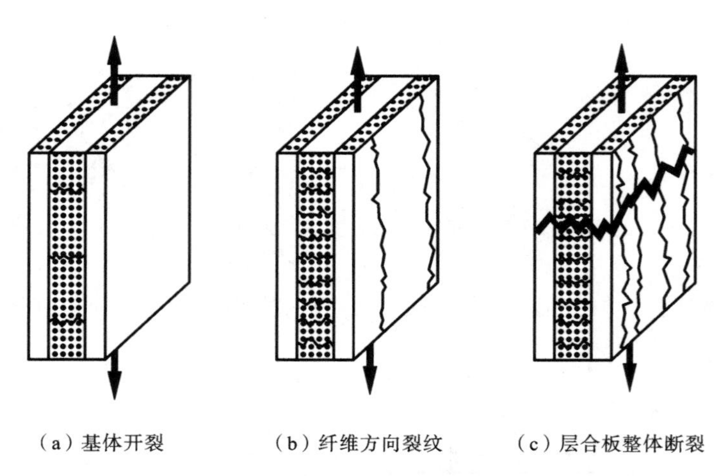

（a）基体开裂　（b）纤维方向裂纹　（c）层合板整体断裂

图 2-3-2　正交层合板受单轴拉伸时的破坏示意

层间应力是导致层合板整体断裂破坏的另一个重要因素。由于单层板之间是通过层间切应力来进行载荷传递的，因而切应力（面外）可能会引起层间裂纹的产生。而且，由于层合板存在边界效应，面外剪切应力引发的分层（delamination）破坏很可能会首先发生在层合板的自由边界。层间应力对层合板断裂破坏的影响与层合板的宽度有关。层合板的宽度越宽，层间应力的影响越小。

2.3.4　层间应力与分层破坏

基于平面应力假设的单层复合材料应力-应变关系，只考虑层合板面内的三个应力分量，即 σ_x、σ_y 和 τ_{xy}。这三个面内应力在面外应力分量假定为零的基础上，满足合力和力矩平衡。对于无限大层合板，这个假定是合理的；对于有限宽层合板，在远离自由边缘处，该假定同样也能给出正确的应变结果。然而，在层合板靠近自由边缘处的面内应力，面内的三个应力分量是难以满足力的平衡的，且计算出的面内应力分量常与实际情况不相符。这其中的一个重要原因就是在靠近层合板自由边缘处，往往存在面外应力，即层间应力。该应力的存在使得面内应力会发生很大变化。此外，更为重要的是，层间应力是引发层合板产生层间裂纹，甚至发生分层断裂破坏（见图 2-3-3）的另一重要起因。

单层板（即单层复合材料）之间是通过层间剪切的方式来进行载荷传递的，即层间切应力起着传递层与层之间力的角色。若层间切应力过大，层与层之间的变形协调性质就会丧失，从而引起层间裂纹的发生。图 2-3-4 为一定角度（$\alpha/-\alpha$）铺设层合板受单向拉伸时的层间切应力形成。在拉伸应力 σ_x 作用下，当 $\alpha<60°$ 时，层合板各层的变形趋势使纤维靠近拉伸载荷方向。由此产生的切应变与 S_{16} 成比例，并产生层间切应力。

这里以一定角度铺设的碳纤维/环氧（CF/EP）对称层合板为例，给出切应力随铺设角度

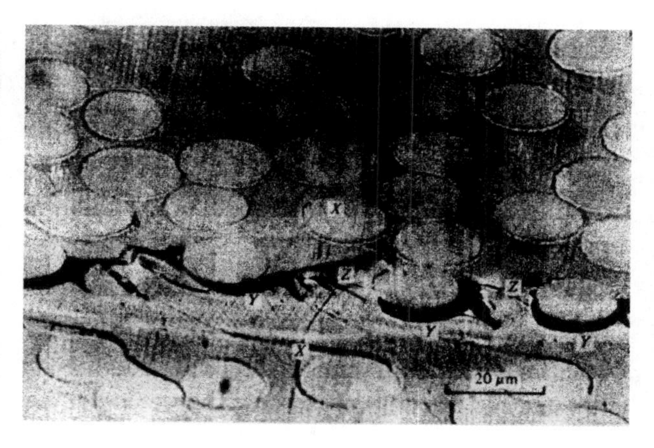

图 2-3-3　层合板层间分层断裂破坏显微照片

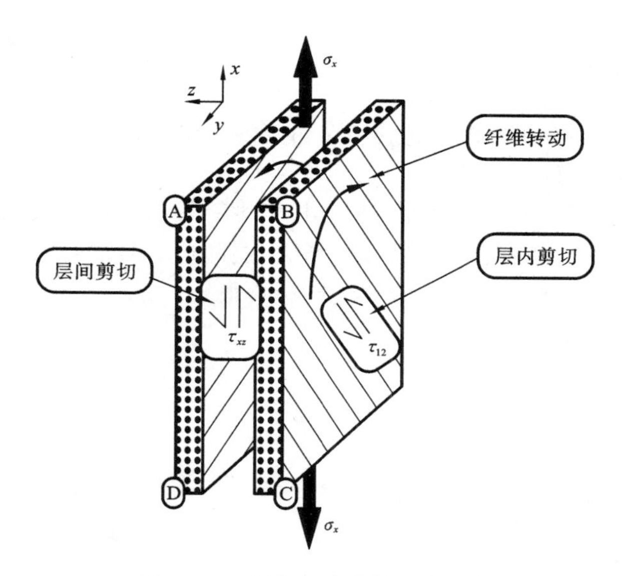

图 2-3-4　层间切应力的形成示意

的变化以及分层破坏的形貌。CF/EP 对称层合板(45°/45°)各应力分量基于弹性力学的分析计算结果见图 2-3-5，相应的材料参数为：$E_1=138$ GPa，$E_2=E_3=14.5$ GPa，$G_{12}=G_{13}=G_{23}=5.9$ GPa，$\mu_{12}=\mu_{13}=\mu_{23}=0.21$。需要说明的是上述材料参数是假定的，因而对于实际的纤维复合材料层合板而言，剪切模量 G_{23} 的值通常比其他两个剪切模量要小，本小节仅用于讨论层间应力随铺设角的变化规律。从图 2-3-5 可看出，在层合板的中间区域，层合理论与仿真计算结果一致。当接近自由边界时，σ_x 下降，τ_{xy} 趋于零(满足自由边界条件)，τ_{xz} 由零迅速增大。自由边界附近区域的这种应力分量的变化称为边缘效应。此为层合板的一种局部效应，受影响区域范围约为层合板的厚度大小。

当层合板受到面外拉伸应力时，此时除层间切应力外，在层合板结构中还会产生层间正应力 σ_z。若 σ_z 为正值(即拉应力)时，同样会对层合板的强度产生影响，引起层间分层破坏。由于复合材料层合板的面内抗剪强度、剪切模量和层间黏结强度较低，层间应力会严重影响层合板的强度。不同的单层复合材料以及铺设次序对层合板变形协调的要求是不一样的，因而会

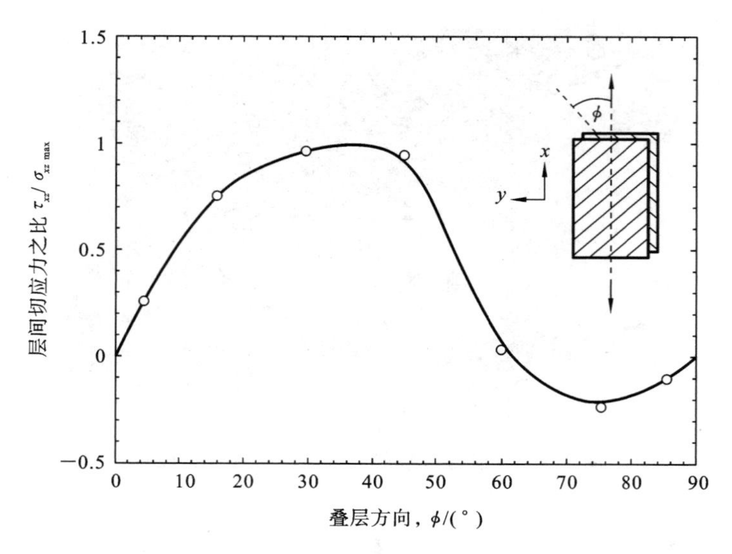

图 2-3-5　CF/EP **角度铺设层合板层间应力随铺设角的变化**

产生不同的层间应力。层合板内即使包含特定角度的单层板，且单层板的数量相同，若铺设次序不同，层合板的强度也可能差异较大。

层间应力对层合板强度的影响程度与层合板宽度有关。当层合板宽度较小时，层间应力对层合板强度的影响较大；随着层合板宽度的增大，层间应力对层合板强度的影响迅速减小。对于无限宽的层合板，层间应力对层合板强度的影响很小。

第3章　复合材料细观力学

复合材料由两种及以上的材料构成，其在微观上的性质是不均匀的。由于复合材料微观结构的不均匀性，复合材料在受到外载荷作用后产生的应力和应变也是不均匀的。不过，在实际应用中，人们大多关心复合材料所表现出来的宏观力学性能。然而，复合材料宏观力学性能的实现需要依靠微观设计，或者说我们需要通过观测复合材料的微观性质来预测复合材料的宏观力学性能时，就需要从微观的角度来了解复合材料的结构和组分材料的属性。

复合材料结构分析主要涉及两个尺度：一个是宏观的、平均意义上的等效量；另一个是微观的，涉及组分材料的属性和微观结构的分布。通常所讲的复合材料的“模量”和“强度”均指宏观等效量（或称宏观平均量），而宏观等效量又取决于微观层次上的参量。复合材料细观力学就是要建立这两个尺度层次之间的关联关系，可以说是两种尺度层次参量之间的“桥梁”和“纽带”。

3.1　复合材料的均匀化

复合材料细观力学的研究主要包括以下几个方面：① 复合材料的有效力学和物理行为；② 材料破坏的细观机理；③ 材料的细观物理化学性质。要建立复合材料细观的物理性质与宏观有效力学性能之间的关系，首先要进行复合材料的均匀化。下面简要介绍复合材料均匀化的相关理论和思路。

由于复合材料组分在微观上是不均匀的，因而为了用微观力学分析宏观的物理性质，常借用统计力学里的遍历理论，即对于平衡物理系统，物理量在相空间中概率测度的平均等于沿轨道时间的平均：

$$\int_V A(p,q)\mathrm{d}\mu = \lim_{T\to\infty}\frac{1}{T}\int_0^T A(p(t),q(t))\mathrm{d}t \tag{3-1-1}$$

式中：V 为相空间中可能达到的总区域；$A(p,q)$为系统的物理量在相空间坐标的函数。此时，相平均等于时间平均，满足这一条件的系统称为遍历系统或具有遍历性的系统。

假设在微观空间中包含许多微观单元，而这些单元形成微观的连续介质。与宏观材料点联系的微观空间称为代表性体积单元（representative volume element，RVE）。图 3-1-1 给出了几种在纤维增强复合材料中呈周期性排列的 RVE 典型形式。这些连续介质材料点的 RVE 构成了宏观材料点的微观物质统计集合。在统计上，RVE 包含大量单元，它可以代表局部连续介质的属性。因此，通过对 RVE 进行受力分析而得到的力学性能结果可视为非均质复合材料的宏观有效力学性质。复合材料细观力学则根据微观结构属性得出宏观的有效材料属性和物理定律，找出有效材料属性的方法，称为复合材料的均匀化。

复合材料一般为非均质材料，在微观上含有孔洞或裂纹等。非均质材料的微观结构往往是非常复杂的。由于复合材料中微观孔洞或裂纹夹杂的位置分布通常是随机的，夹杂的形状和大小也存在随机性，想用数学公式准确描述是非常困难的。若增强物的形状、大小和分布是不规则且随机的，那么复合材料的细观结构也会呈现多重的随机状态，可用随机场来描述。不过，从统计学的意义上来看，尽管复合材料的夹杂是随机的，但存在一定的周期性和规律性。对于纤维增强复合材料，其纤维在横截面内呈现二维的随机分布，如图 3-1-2 所示。复合材料细观力学的方法是对随机细观模型进行近似和简化，借助细观扫描技术，对图中横截面的纤维分布进行定量化统计处理，然后可以给出 RVE 弹性场的统计特性。

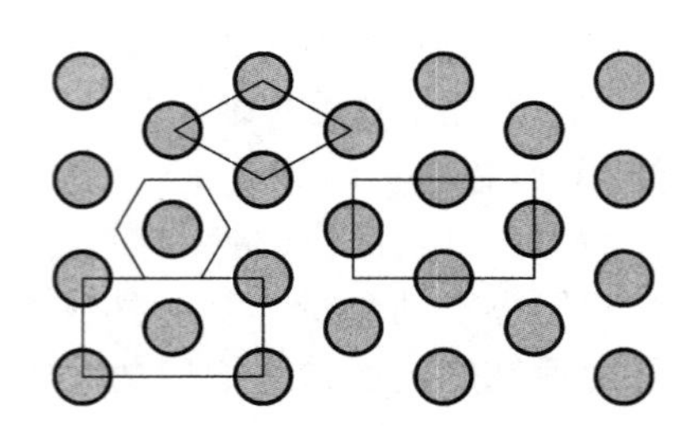

图 3-1-1　纤维增强复合材料层合板中几种典型的 RVE 形式

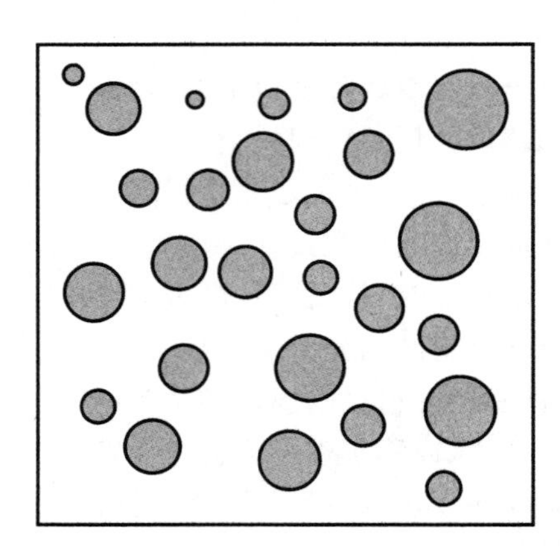

图 3-1-2　纤维增强复合材料横截面的随机分布

要准确地描述随机细观复合材料结构的弹性场分布是非常困难的。即使能够分析，也只能针对特定的复合材料结构，且会因夹杂的数量非常大、随机性太强而失去普适性和实用价值。因此，虽然随机细观结构比较接近复合材料的实际情况，但由于其力学问题的数学描述和定量化处理相当困难，一般分析其统计特性就够了。同时，需要对细观结构进行简化，并进行均匀性和周期性的分布假设。例如：对于单向纤维增强复合材料，其纤维在轴向无限长，只需研究纤维在横截面内的分布情况；对于均匀分布的单向纤维复合材料（见图 3-1-3），可取出一个最小的单胞作为 RVE，通过施加一定的边界条件即可对其进行均匀化分析，进而获得整个复合材料的宏观有效性能。类似地，对于周期性复合材料结构，通常单胞的有效性能即可作为复合材料的宏观有效性能参量，即单胞为 RVE。在某些特定的排列或受载情形下，随着单胞数量的增多，材料会出现单胞所不具备的新特征。如单胞受压时可能不会出现屈曲现象，但复合材料层合板的细观结构可能会发生屈曲现象。这种情况下，单胞不能作为 RVE，因而 RVE 也要视具体情况和材料而定。

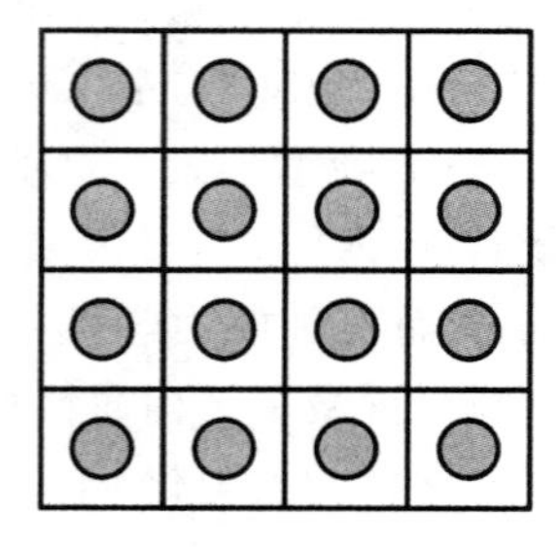

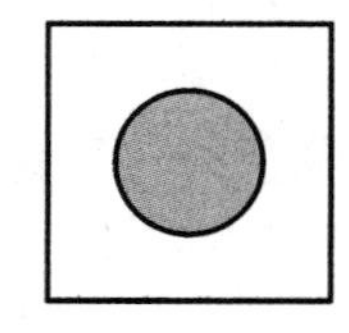

图 3-1-3　均匀分布单向纤维复合材料横截面及其 RVE

在统计意义上，由 RVE 组成的材料称为统计均匀材料，其在均匀边界条件的作用下，材料内的场变量是统计均匀的，即概率统计值为常数的细观统计均匀场。以应力场为例，σ 表示细观应力场，它是位置的函数且具有不均匀性；若 σ 是统计均匀场，则 σ 在任一体积为 V 的 RVE 上的概率统计量都是常数，与 RVE 的位置无关。在 RVE 上施加均匀边界条件是为了在统计均匀材料内产生统计均匀场而对边界条件所施加的一种限制。对弹性场而言，其均匀边界条件（见图 3-1-4）具有如下形式。

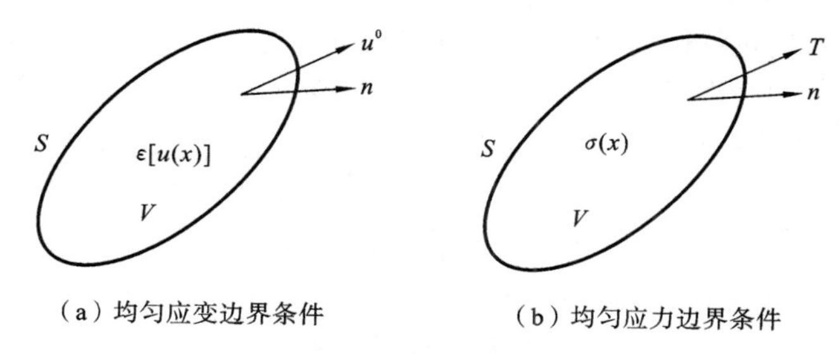

图 3-1-4　均匀边界条件示意

均匀应变（位移）边界条件

$$u_i^0 = \varepsilon_{ij}^0 x_j \tag{3-1-2}$$

均匀应力边界条件

$$T_i = \sigma_{ij}^0 n_j \tag{3-1-3}$$

式中：ε_{ij}^0 和 σ_{ij}^0 为常数；x_j 为长度坐标；n_j 为边界 S 的外法向向量；$i,j=1,2,3$。

统计均匀场的遍历特性使统计场的统计平均值等于体积平均值。对于弹性场而言，可得到细观参量在 RVE 上的体积平均值。

平均应力

$$\langle\sigma\rangle = \bar{\sigma}_{ij} = \frac{1}{V}\iiint_V \sigma_{ij}\,\mathrm{d}V \tag{3-1-4}$$

平均应变

$$\langle\varepsilon\rangle = \bar{\varepsilon}_{ij} = \frac{1}{V}\iiint_V \varepsilon_{ij}\,\mathrm{d}V \tag{3-1-5}$$

当对统计均匀材料施加均匀边界条件时，其统计均匀场的体积平均值可用边界值表示。例如，当统计均匀材料受到均匀应变边界条件（式(3-1-2)）作用时，应变场在 RVE 中的体积平均值为

$$\begin{aligned}\bar{\varepsilon}_{ij} &= \frac{1}{V}\iiint_V \varepsilon_{ij}\,\mathrm{d}V = \frac{1}{2V}\iiint_V (u_{i,j}+u_{j,i})\,\mathrm{d}V \\ &= \frac{1}{2V}\iint_S (u_i^0 n_j + u_j^0 n_i)\,\mathrm{d}S = \frac{1}{2V}\iint_S (\varepsilon_{im}^0 x_m n_j + u_{jm}^0 x_m n_i)\,\mathrm{d}S \\ &= \frac{1}{2V}\iiint_V (\varepsilon_{im}^0 x_{m,j} + u_{jm}^0 x_{m,i})\,\mathrm{d}V = \frac{1}{V}\iiint_V \varepsilon_{ij}^0\,\mathrm{d}V = \varepsilon_{ij}^0\end{aligned} \tag{3-1-6}$$

式(3-1-6)表明统计均匀应变场的体积平均值与边界上施加的应变常值相等。同理可得，当材料受到均匀应力边界条件（式(3-1-3)）作用时，其统计均匀应力场的体积平均值与边界上施加的应力常值相等，即有

$$\bar{\sigma}_{ij} = \sigma_{ij}^0 \tag{3-1-7}$$

由于 RVE 的普遍适用性，因而式(3-1-7)和式(3-1-6)定义的平均应力和平均应变就是复合材料的宏观应力和宏观应变。

3.2　复合材料的细观参量

复合材料的细观参量主要包括体积、密度、质量分数和空隙含量等。对于复合材料而言，在计算其刚度、强度和湿热特性时，均涉及纤维体积分数这一概念。而纤维成分的测量通常基于其质量，因而需要定义纤维质量分数。此外，从细观的角度来讲，复合材料的密度是一个被用于表征复合材料纤维体积和空隙的宏观等效量。

3.2.1　体积分数

考虑由纤维和基体组成的纤维增强复合材料，定义以下参数：

① v_c、v_f 和 v_m 分别为复合材料、纤维和基体的体积；

② ρ_c、ρ_f 和 ρ_m 分别为复合材料、纤维和基体的密度；

③ 纤维体积分数 V_f 和基体体积分数 V_m。

$$V_f = v_f / v_c \tag{3-2-1}$$

$$V_m = v_m / v_c \tag{3-2-2}$$

其体积分数的和满足：

$$V_f + V_m = 1 \tag{3-2-3}$$

故有

$$v_f + v_m = v_c \tag{3-2-4}$$

3.2.2　质量分数

考虑一种由纤维和基体组成的复合材料，定义以下参数：

w_c、w_f、w_m 分别为复合材料、纤维和基体的质量。

纤维的质量分数（重量分数）W_f 和基体的质量分数（重量分数）W_m 分别为

$$W_f = w_f / w_c \tag{3-2-5}$$

和

$$W_m = w_m / w_c \tag{3-2-6}$$

质量分数之和满足

$$W_f + W_m = 1 \tag{3-2-7}$$

同理有

$$w_f + w_m = w_c \tag{3-2-8}$$

从单一材料密度的定义出发，有

$$w_c = \rho_c v_c \tag{3-2-9a}$$

$$w_f = \rho_f v_f \tag{3-2-9b}$$

$$w_m = \rho_m v_m \tag{3-2-9c}$$

将式(3-2-9)代入式(3-2-5)和式(3-2-6)可得，质量分数和体积分数关系式为

$$W_f = \frac{\rho_f}{\rho_c} V_f \tag{3-2-10}$$

$$W_m = \frac{\rho_m}{\rho_c} V_m \tag{3-2-11}$$

由此得到，质量分数和体积分数之间的关系为

$$W_{\mathrm{f}}=\frac{\frac{\rho_{\mathrm{f}}}{\rho_{\mathrm{m}}}}{\frac{\rho_{\mathrm{f}}}{\rho_{\mathrm{m}}}V_{\mathrm{f}}+V_{\mathrm{m}}}V_{\mathrm{f}} \tag{3-2-12}$$

$$W_{\mathrm{f}}=\frac{1}{\frac{\rho_{\mathrm{f}}}{\rho_{\mathrm{m}}}(1-V_{\mathrm{m}})+V_{\mathrm{m}}}V_{\mathrm{m}} \tag{3-2-13}$$

在计算复合材料纤维含量时，应该说明相应的依据，它是以质量还是体积的形式给出。由式(3-2-12)、式(3-2-13)可知，质量分数和体积分数是不相等的，当纤维密度与基体密度之比不为 1 时，两者的不匹配性增大。

3.2.3　密度

复合材料的质量 w_{c} 是纤维质量 w_{f} 和基体质量 w_{m} 之和，即

$$w_{\mathrm{c}}=w_{\mathrm{f}}+w_{\mathrm{m}} \tag{3-2-14}$$

根据密度、体积与质量的关系得到

$$\rho_{\mathrm{c}}v_{\mathrm{c}}=\rho_{\mathrm{f}}v_{\mathrm{f}}+\rho_{\mathrm{m}}v_{\mathrm{m}} \tag{3-2-15}$$

和

$$\rho_{\mathrm{c}}=\rho_{\mathrm{f}}\frac{v_{\mathrm{f}}}{v_{\mathrm{c}}}+\rho_{\mathrm{m}}\frac{v_{\mathrm{m}}}{v_{\mathrm{c}}} \tag{3-2-16}$$

使用 3.2.1 小节中的纤维和基体体积分数的定义，有

$$\rho_{\mathrm{c}}=\rho_{\mathrm{f}}V_{\mathrm{f}}+\rho_{\mathrm{m}}V_{\mathrm{m}} \tag{3-2-17}$$

考虑复合材料的体积 v_{c} 是纤维体积 v_{f} 和基体体积 v_{m} 之和，即

$$v_{\mathrm{c}}=v_{\mathrm{f}}+v_{\mathrm{m}} \tag{3-2-18}$$

复合材料的质量密度定义如下：

$$\frac{1}{\rho_{\mathrm{c}}}=\frac{W_{\mathrm{f}}}{\rho_{\mathrm{f}}}+\frac{W_{\mathrm{m}}}{\rho_{\mathrm{m}}} \tag{3-2-19}$$

3.2.4　空隙率

在复合材料的制造过程中会引入空隙，如图 3-2-1 所示。这导致复合材料的理论密度高于实际密度，即实际密度偏低。此外，复合材料中的空隙对其力学性能有害。这些有害情况包括降低剪切刚度和强度、抗压强度、横向抗拉强度、抗疲劳性和防潮性等。

通常，空隙含量每增加 1%，前述基体的主导性质减少 2%至 10%。

对于具有一定体积空隙的复合材料，空隙的体积分数 V_{v} 定义为

$$V_{\mathrm{v}}=v_{\mathrm{v}}/v_{\mathrm{c}} \tag{3-2-20}$$

然后，具有空隙的复合材料总体积 v_{c} 为

$$v_{\mathrm{c}}=v_{\mathrm{f}}+v_{\mathrm{m}}+v_{\mathrm{v}} \tag{3-2-21}$$

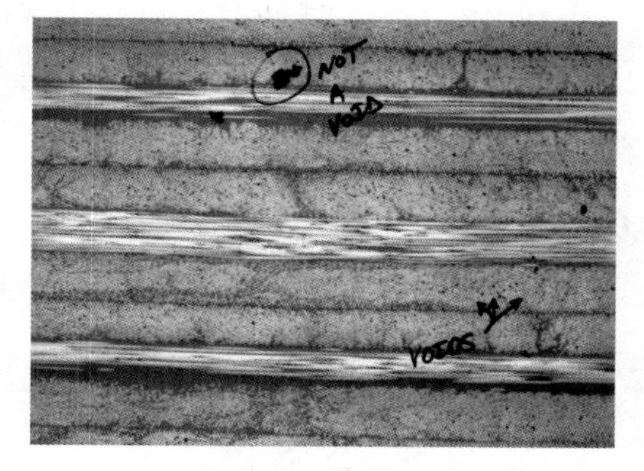

图 3-2-1　带空隙的薄板横截面显微照片

根据复合材料实验密度 ρ_{ce} 的定义，复合材料的实际体积为

$$v_c = w_c/\rho_{ce} \tag{3-2-22}$$

根据复合材料理论密度 ρ_{ct} 的定义，复合材料的理论体积为

$$v_f + v_m = w_c/\rho_{ct} \tag{3-2-23}$$

然后，将式(3-2-23)和式(3-2-22)代入式(3-2-21)可得

$$\frac{w_c}{\rho_{ce}} = \frac{w_c}{\rho_{ct}} + v_v \tag{3-2-24}$$

空隙的体积由下式给出

$$v_v = \frac{w_c}{\rho_{ce}}\left(\frac{\rho_{ct} - \rho_{ce}}{\rho_{ct}}\right) \tag{3-2-25}$$

将式(3-2-25)和式(3-2-24)代入式(3-2-20)，空隙的体积分数为

$$V_v = \frac{v_v}{v_c} = \frac{\rho_{ct} - \rho_{ce}}{\rho_{ct}} \tag{3-2-26}$$

3.3　有效弹性参量的计算

复合材料细观力学中的有效弹性参量通常指单层复合材料的弹性参量。对于单层复合材料(单层板)而言，主要包括以下 4 个细观弹性参量：纵向杨氏模量 E_1，横向杨氏模量 E_2，主泊松比 v_{12}，平面内剪切模量 G_{12}。下面简要介绍确定这些弹性参量的理论方法。

3.3.1　材料力学方法

从单层板中，取一个由基体包围的纤维组成的 RVE(见图 3-3-1)。这个 RVE 可以进一步表示为矩形块。假定纤维、基体和复合材料的宽度 h 相同，但厚度分别为 t_f、t_m 和 t_c。纤维的面积为

$$A_f = t_f h \tag{3-3-1}$$

基体的面积为

$$A_m = t_m h \tag{3-3-2}$$

则复合材料的面积为

$$A_c = t_c h \tag{3-3-3}$$

这两个区域按其体积分数的比例进行选择，因此纤维体积分数定义为

$$V_f = \frac{A_f}{A_c} = \frac{t_f}{t_c} \tag{3-3-4}$$

基体体积分数为

$$V_m = \frac{A_m}{A_c} = \frac{t_m}{t_c} = 1 - V_f \tag{3-3-5}$$

进行材料有效弹性参量计算前，在材料强度方法模型中先进行以下假设：

① 纤维与基体结合良好；

② 纤维的弹性模量、直径和纤维间距是均匀的；

③ 纤维连续且平行；

④ 纤维和基体遵循胡克定律(线性弹性)；

⑤ 纤维具有均匀的强度；

⑥ 复合材料无空隙。

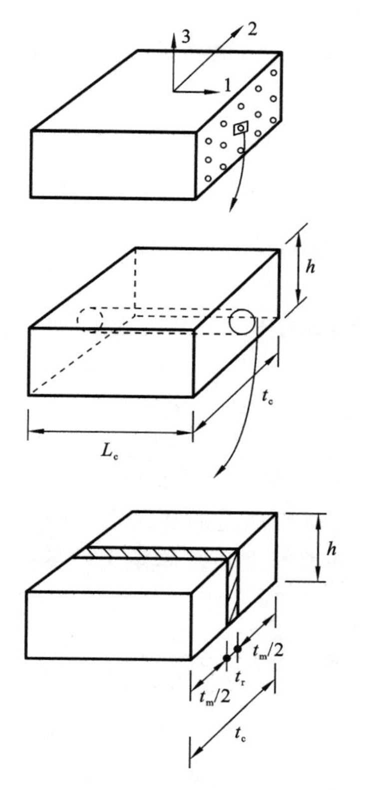

图 3-3-1　单层板的代表性体积单元(RVE)

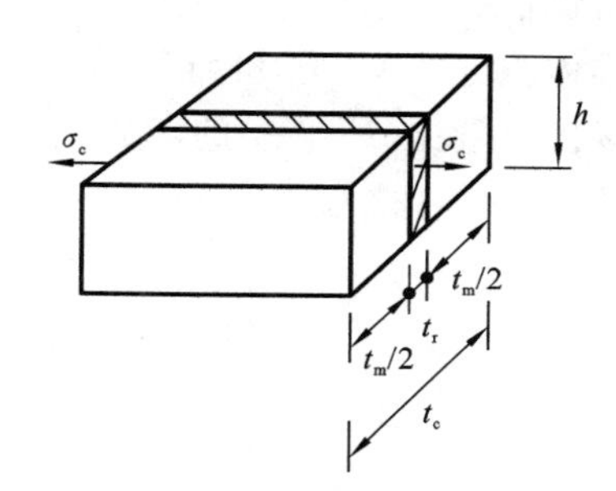

图 3-3-2　单层板纵向受载示意

1. 纵向杨氏模量

根据图 3-3-2，在复合 RVE 上的单轴载荷 $\boldsymbol{F}_c$ 下，载荷由纤维所受载荷 $\boldsymbol{F}_f$ 和基体所受载荷 $\boldsymbol{F}_m$ 分担，因此

$$F_c = F_f + F_m \tag{3-3-6}$$

纤维、基体和复合材料承受的载荷可以用这些部件中的应力和这些部件的横截面积表示为

$$F_c = \sigma_c A_c \tag{3-3-7a}$$

$$F_f = \sigma_f A_f \tag{3-3-7b}$$

$$F_m = \sigma_m A_m \tag{3-3-7c}$$

其中：σ_c、σ_f 和 σ_m 分别为复合材料、纤维和基体中的应力；A_c、A_f 和 A_m 分别为复合材料、纤维和基体的面积。假定纤维、基体和复合材料遵循胡克定律，且纤维和基体均为各向同性，则各组分和复合材料的应力应变关系为

$$\sigma_c = E_c \varepsilon_c \tag{3-3-8a}$$

$$\sigma_f = E_f \varepsilon_f \tag{3-3-8b}$$

$$\sigma_m = E_m \varepsilon_m \tag{3-3-8c}$$

其中：ε_c、ε_f 和 ε_m 分别为复合材料、纤维和基体中的应变；E_c、E_f 和 E_m 分别为复合材料、纤维和基体的弹性模量。

将式(3-3-8)代入式(3-3-7)，然后将结果代入式(3-3-6)，得到

$$E_c\varepsilon_c A_c = E_f\varepsilon_f A_f + E_m\varepsilon_m A_m \tag{3-3-9}$$

复合材料、纤维和基体中的应变相等，即 $\varepsilon_c=\varepsilon_f=\varepsilon_m$；然后，根据式(3-3-9)可得

$$E_c = E_f\frac{A_f}{A_c} + E_m\frac{A_m}{A_c} \tag{3-3-10}$$

使用式(3-3-4)体积分数的定义可得

$$E_c = E_f V_f + E_m V_m \tag{3-3-11}$$

式(3-3-11)给出了纵向杨氏模量作为纤维和基体模量的加权平均值，它也被称为混合物法则。

纤维所承受的载荷 $\boldsymbol{F}_f$ 与复合材料所承受的载荷 $\boldsymbol{F}_c$ 之比是纤维所分担载荷的量度。根据式(3-3-7)和式(3-3-8)，结合式(3-3-4)可得

$$\frac{F_f}{F_c} = \frac{E_f}{E_c}V_f \tag{3-3-12}$$

对于恒定的纤维与基体模量比，纤维承载占比是纤维体积分数的函数。图 3-3-3 给出了恒定纤维体积分数 V_f 下，纤维所承受的载荷和复合材料所承受的载荷之比(F_f/F_c)与纤维和基体的杨氏模量比(E_f/E_m)的函数关系。结果表明，随着纤维和基体杨氏模量比的增大，纤维所承受的载荷也随之增大。

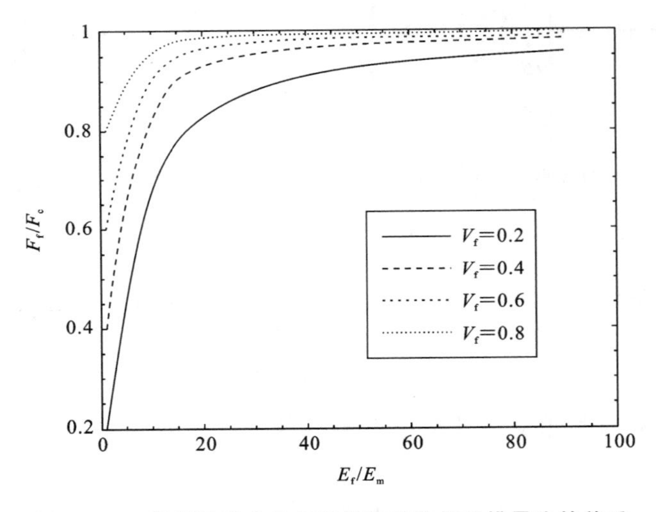

图 3-3-3　纤维受载占比与纤维和基体杨氏模量比的关系

2. 横向杨氏模量

假设复合材料横向受力，纤维和基体再次用矩形块表示，如图 3-3-4 所示。纤维、基体和复合材料的应力是相等的。因此

$$\sigma_c = \sigma_f = \sigma_m \tag{3-3-13}$$

此时，复合材料的横向延伸 Δ_c 是纤维的横向延伸 Δ_f 和基体的横向延伸 Δ_m 的总和，即

$$\Delta_c = \Delta_f + \Delta_m \tag{3-3-14}$$

施加在 RVE 上的横向应力，用于计算单层板的横向杨氏模量。根据法向应变的定义，有

$$\Delta_c = t_c\varepsilon_c \tag{3-3-15a}$$

$$\Delta_f = t_f\varepsilon_f \tag{3-3-15b}$$

$$\Delta_m = t_m\varepsilon_m \tag{3-3-15c}$$

其中：t_c、t_f 和 t_m 分别为复合材料（即单层板）的厚度、纤维厚度和基体厚度；ε_c、ε_f 和 ε_m 分别指复合材料、纤维和基体中的横向法向应变。

此外，通过对复合材料、纤维和基体使用胡克定律，复合材料、纤维和基体中的法向应变分别为

$$\varepsilon_c = \sigma_c / E_2 \tag{3-3-16a}$$

$$\varepsilon_f = \sigma_f / E_f \tag{3-3-16b}$$

$$\varepsilon_m = \sigma_m / E_m \tag{3-3-16c}$$

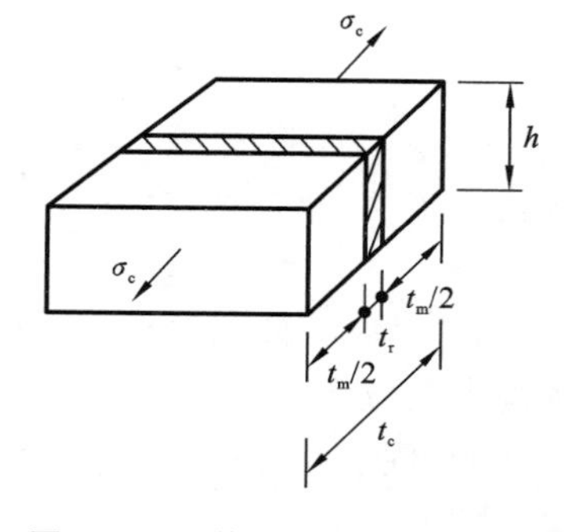

图 3-3-4　单层板横向受载示意

将式(3-3-16)代入式(3-3-15)，然后将结果代入式(3-3-14)，并利用式(3-3-13)得出

$$\frac{1}{E_2} = \frac{1}{E_f}\frac{t_f}{t_c} + \frac{1}{E_m}\frac{t_m}{t_c} \tag{3-3-17}$$

单层板中厚度分数与体积分数相同，纤维和基体的其他两个维度相等，结合式(3-3-4)和式(3-3-5)可得

$$\frac{1}{E_2} = \frac{V_f}{E_f} + \frac{V_m}{E_m} \tag{3-3-18}$$

式(3-3-18)表明复合材料横向杨氏模量是基于纤维和基体柔度的加权平均值。

3. 主要泊松比

主要泊松比定义为在纵向施加法向载荷时，横向法向应变与纵向法向应变之比的负值。假设复合材料沿平行于纤维的方向加载，如图 3-3-5 所示。纤维和基体同样用矩形块表示。

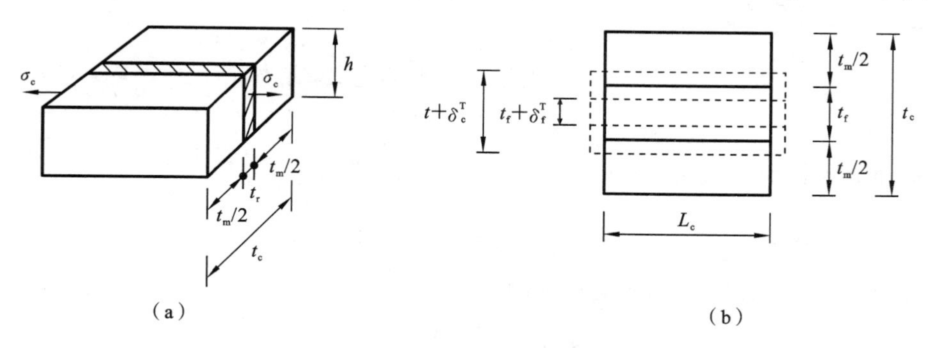

图 3-3-5　计算单层板泊松比的 RVE 的纵向应力

复合材料的横向变形 δ_c^T 为纤维 δ_f^T 和基体 δ_m^T 横向变形之和

$$\delta_c^T = \delta_f^T + \delta_m^T \tag{3-3-19}$$

使用正应变的定义

$$\varepsilon_c^T = \delta_c^T / t_c \tag{3-3-20a}$$

$$\varepsilon_f^T = \delta_f^T / t_f \tag{3-3-20b}$$

$$\varepsilon_m^T = \delta_m^T / t_m \tag{3-3-20c}$$

其中：ε_c、ε_f 和 ε_m 分别为复合材料、纤维和基体的横向应变。将式(3-3-20)代入式(3-3-19)可得

$$t_c\varepsilon_c^T = t_f\varepsilon_f^T + t_m\varepsilon_m^T \tag{3-3-21}$$

复合材料、纤维和基体的泊松比分别为

$$\nu_{12} = -(\varepsilon_c^T/\varepsilon_c^L) \tag{3-3-22a}$$

$$\nu_f = -(\varepsilon_f^T/\varepsilon_f^L) \tag{3-3-22b}$$

$$\nu_m = -(\varepsilon_m^T/\varepsilon_m^L) \tag{3-3-22c}$$

代入式(3-3-21)中可得

$$-t_c\nu_{12}\varepsilon_c^L = -t_f\nu_f\varepsilon_f^L - t_m\nu_m\varepsilon_m^L \tag{3-3-23}$$

其中：ν_{12}、ν_f 和 ν_m 分别为复合材料、纤维和基体的泊松比；ε_c^L、ε_f^L 和 ε_m^L 分别为复合材料、纤维和基体的纵向应变。

然而，假定复合材料、纤维和基体中的应变在纵向上相等，即 $\varepsilon_c^L = \varepsilon_f^L = \varepsilon_m^L$，由式(3-3-23)可得

$$t_c\nu_{12} = t_f\nu_f + t_m\nu_m \tag{3-3-24}$$

$$\nu_{12} = \nu_f\frac{t_f}{t_c} + \nu_m\frac{t_m}{t_c} \tag{3-3-25}$$

同理，由于厚度分数与体积分数相同，因而有

$$\nu_{12} = \nu_f V_f + \nu_m V_m \tag{3-3-26}$$

4. 面内剪切模量

如图 3-3-6 所示，对单层板施加纯切应力 τ_c。纤维和基体用矩形块表示，由此产生剪切变形。

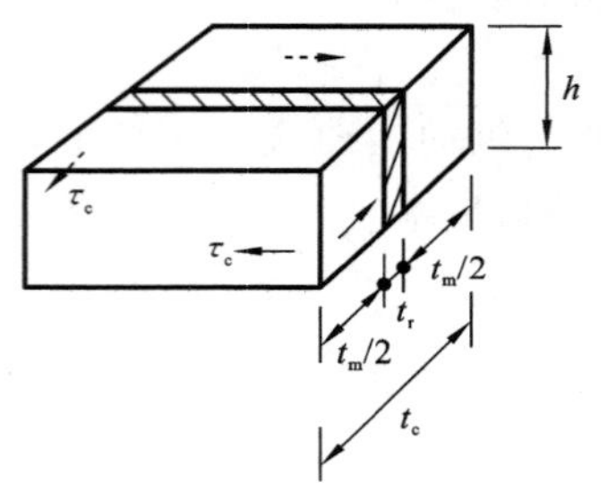

图 3-3-6　单层板面内剪切受载示意

施加在 RVE 上的平面内(以下简称面内)切应力，用于求单层板的平面内剪切模量。

复合材料 δ_c、纤维 δ_f 和基体 δ_m 的剪切变形关系满足

$$\delta_c = \delta_f + \delta_m \tag{3-3-27}$$

根据切应变的定义，有

$$\delta_c = \gamma_c t_c \tag{3-3-28a}$$

$$\delta_f = \gamma_f t_f \tag{3-3-28b}$$

$$\delta_m = \gamma_m t_m \tag{3-3-28c}$$

其中：γ_c、γ_f 和 γ_m 分别为复合材料、纤维和基体中的切应变。

根据复合材料、纤维和基体的胡克定律

$$\gamma_c = \tau_c/G_{12} \tag{3-3-29a}$$

$$\gamma_f = \tau_f/G_f \tag{3-3-29b}$$

$$\gamma_m = \tau_m/G_m \tag{3-3-29c}$$

其中：G_{12}、G_f 和 G_m 分别为复合材料、纤维和基体的剪切模量。

结合式(3-3-27)至式(3-3-29)，可得

$$\frac{\tau_c}{G_{12}}t_c = \frac{\tau_f}{G_f}t_f + \frac{\tau_m}{G_m}t_m \tag{3-3-30}$$

假定复合材料、纤维和基体中的切应力相等，即 $\tau_c = \tau_f = \tau_m$，则有

$$\frac{1}{G_{12}} = \frac{1}{G_f}\frac{t_f}{t_c} + \frac{1}{G_m}\frac{t_m}{t_c} \tag{3-3-31}$$

因为厚度分数等于体积分数，因而有

$$\frac{1}{G_{12}} = \frac{V_f}{G_f} + \frac{V_m}{G_m} \tag{3-3-32}$$

3.3.2 半经验模型法

根据材料力学方法求得单层板的有效弹性参量值(如横向杨氏模量和面内剪切模量)常与实验结果不一致。这就需要用到更精细的数值仿真建模技术,包括有限元和有限差分法、边界元法、弹性解法和变分主模型等。然而,这些模型只能作为复杂的方程或以图形形式提供,且建模和计算费时费力。因此为了符合要求,人们开发了半经验模型。这些模型中最有用的包括 Halphin-Tsai 模型,因为它可在弹性性质和纤维体积分数的广泛范围内使用。Halphin-Tsai 模型通过对基于弹性力学的结果进行曲线拟合,将模型发展为简单的方程。由于曲线拟合中涉及的参数具有物理意义,该方程本质上是半经验方程。

1. 纵向杨氏模量

纵向杨氏模量 E_1 的 Halphin-Tsai 方程与通过材料力学方法得到的方程相同,即

$$E_1=E_\mathrm{f}V_\mathrm{f}+E_\mathrm{m}V_\mathrm{m} \tag{3-3-33}$$

2. 横向杨氏模量

横向杨氏模量 E_2 为

$$\frac{E_2}{E_\mathrm{m}}=\frac{1+\xi\eta V_\mathrm{f}}{1-\eta V_\mathrm{f}} \tag{3-3-34}$$

其中

$$\eta=\frac{(E_\mathrm{f}/E_\mathrm{m})-1}{(E_\mathrm{f}/E_\mathrm{m})+\xi} \tag{3-3-35}$$

式中:ξ 称为增强因子,它取决于纤维几何尺寸、填料几何尺寸和装载条件等因素。

Halphin-Tsai 模型通过将式(3-3-34)和式(3-3-35)与从弹性解中得到的解进行比较,得到了增强因子 ξ 的值。例如:对于正方形阵列的填充几何中圆形纤维的纤维几何结构来说,$\xi=2$;对于六角形阵列中长为 a、宽为 b 的矩形纤维截面,$\xi=2(a/b)$,其中加载方向沿宽度方向。

3. 主要泊松比

主要泊松比 ν_{12} 的 Halphin-Tsai 方程与使用材料力学方法获得的方程相同,即

$$\nu_{12}=\nu_\mathrm{f}V_\mathrm{f}+\nu_\mathrm{m}V_\mathrm{m} \tag{3-3-36}$$

4. 平面内剪切模量

平面内剪切模量 G_{12} 的 Halphin-Tsai 方程为

$$\frac{G_{12}}{G_\mathrm{m}}=\frac{1+\xi\eta V_\mathrm{f}}{1-\eta V_\mathrm{f}} \tag{3-3-37}$$

其中

$$\eta=\frac{(G_\mathrm{f}/G_\mathrm{m})-1}{(G_\mathrm{f}/G_\mathrm{m})+\xi} \tag{3-3-38}$$

增强因子 ξ 的值取决于纤维几何形状、填料几何形状和加载条件等。

对于正方形阵列中的圆形纤维,$\xi=1$;对于六边形阵列中长度为 a、宽度为 b 的矩形纤维横截面面积,$\xi=\sqrt{3}\ln(a/b)$。图 3-3-7 给出了荷载方向的概念。正方形阵列中圆形纤维的 $\xi=1$ 只有在纤维体积分数为 0.5 的情况下才给出合理的结

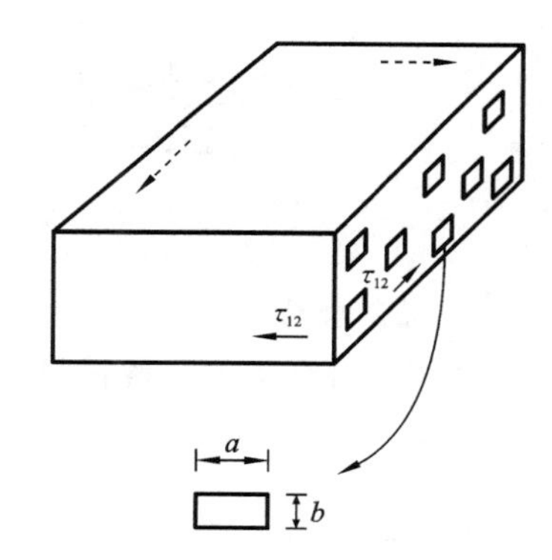

图 3-3-7 用 Halphin-Tsai 方程计算平面内剪切模量时的加载方向

果。例如,对于纤维体积分数为 0.75 的典型玻璃/环氧单层板,用 $\xi=1$ 的 Halphin-Tsai 方程计算的平面内剪切模量比用弹性解计算的平面内剪切模量低 30%。因此,Hewitt 和 Malherbe 建议选择如下函数以解决该偏差问题。

$$\xi=1+40V_f^{10} \tag{3-3-39}$$

3.3.3 弹性力学方法

除了材料力学方法和半经验方程方法外,基于弹性力学理论的弹性模量表达式也可用。弹性力学在三个维度上解释了力的平衡、相容性和胡克定律关系。材料力学方法可能无法满足相容性和/或在三维上解释胡克定律,而半经验方法顾名思义,部分是经验的。

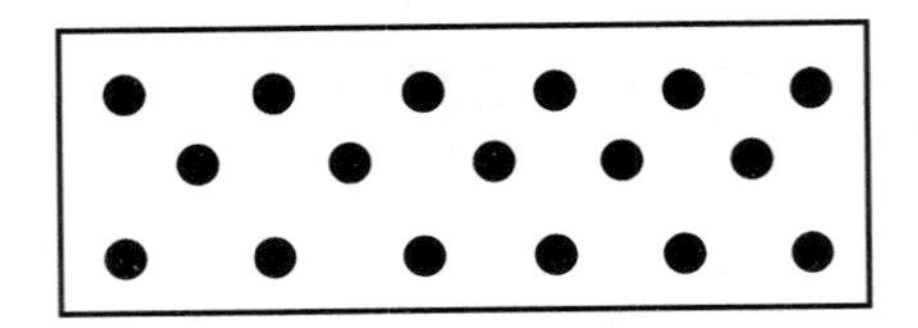

图 3-3-8 纤维在薄层横截面上的周期性排列

这里描述的弹性模型称为复合材料圆柱体组合(CCA)模型。在 CCA 模型中,假设纤维的横截面是圆形的,呈周期性排列,并且是连续的,如图 3-3-8 所示。然后,复合材料可以被认为是由称为代表性体积单元的重复单元构成的。RVE 被视为复合材料,其响应与整个复合材料相同。RVE 由一个从单个内实心圆柱体(纤维)结合到外空心圆柱体(基体)上的复合圆柱体组成,如图 3-3-9 所示。纤维半径 a 和基体外径 b 与纤维体积分数 V_f 有关。

$$V_f=a^2/b^2 \tag{3-3-40}$$

在计算弹性模量的基础上,对该复合材料圆柱体施加了适当的边界条件。

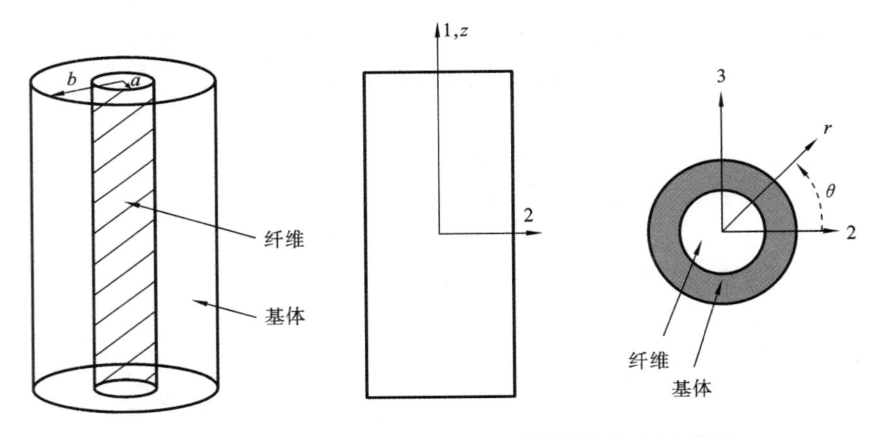

图 3-3-9 用于预测单向复合材料弹性模量的 CCA 模型

1. 纵向杨氏模量

为确定沿纤维的弹性模量,在方向 1 上施加轴向载荷 $\boldsymbol{P}$,则方向 1 的轴向应力为

$$\sigma_1=\frac{P}{\pi b^2} \tag{3-3-41}$$

根据胡克定律有

$$\sigma_1=E_1\varepsilon_1 \tag{3-3-42}$$

式中:E_1 为纵向杨氏模量;ε_1 为方向 1 轴向应变。因此,从式(3-3-41)和式(3-3-42)可得

$$E_1=\frac{P}{\pi b^2\varepsilon_1} \tag{3-3-43}$$

为了用纤维和基体的弹性模量和几何参数如纤维体积分数求 E_1，我们需要用这些项把轴向载荷 P 和轴向应变 ε_1 联系起来。

假定纤维圆柱的响应是轴对称的，沿径向的平衡方程为

$$\frac{\mathrm{d}\sigma_r}{\mathrm{d}r}+\frac{\sigma_r-\sigma_\theta}{r}=0 \tag{3-3-44}$$

式中：σ_r 为径向应力；σ_θ 为环向应力。

对于具有弹性模量 E 和泊松比 ν 的各向同性材料，在 r-θ-z 极坐标系中的法向应力-法向应变关系为

$$\begin{bmatrix}\sigma_r\\ \sigma_\theta\\ \sigma_z\end{bmatrix}=\begin{bmatrix}\frac{E(1-\nu)}{(1-2\nu)(1+\nu)} & \frac{\nu E}{(1-2\nu)(1+\nu)} & \frac{\nu E}{(1-2\nu)(1+\nu)}\\ \frac{\nu E}{(1-2\nu)(1+\nu)} & \frac{E(1-\nu)}{(1-2\nu)(1+\nu)} & \frac{\nu E}{(1-2\nu)(1+\nu)}\\ \frac{\nu E}{(1-2\nu)(1+\nu)} & \frac{\nu E}{(1-2\nu)(1+\nu)} & \frac{E(1-\nu)}{(1-2\nu)(1+\nu)}\end{bmatrix}\begin{bmatrix}\varepsilon_r\\ \varepsilon_\theta\\ \varepsilon_z\end{bmatrix} \tag{3-3-45}$$

在 r-θ-z 坐标系下，轴对称响应的切应力和切应变均为零。

轴对称响应的应变位移方程为

$$\varepsilon_r=\frac{\mathrm{d}u}{\mathrm{d}r} \tag{3-3-46a}$$

$$\varepsilon_\theta=\frac{u}{r} \tag{3-3-46b}$$

$$\varepsilon_z=\frac{\mathrm{d}w}{\mathrm{d}z} \tag{3-3-46c}$$

式中：u 为径向位移，w 为轴向位移。

将应变-位移方程式(3-3-46)代入应力-应变方程式(3-3-45)中，并注意无论何时均给出 $\varepsilon_z=\varepsilon_1$，可得

$$\begin{bmatrix}\sigma_r\\ \sigma_\theta\\ \sigma_z\end{bmatrix}=\begin{bmatrix}\frac{E(1-\nu)}{(1-2\nu)(1+\nu)} & \frac{\nu E}{(1-2\nu)(1+\nu)} & \frac{\nu E}{(1-2\nu)(1+\nu)}\\ \frac{\nu E}{(1-2\nu)(1+\nu)} & \frac{E(1-\nu)}{(1-2\nu)(1+\nu)} & \frac{\nu E}{(1-2\nu)(1+\nu)}\\ \frac{\nu E}{(1-2\nu)(1+\nu)} & \frac{\nu E}{(1-2\nu)(1+\nu)} & \frac{E(1-\nu)}{(1-2\nu)(1+\nu)}\end{bmatrix}\begin{bmatrix}\frac{\mathrm{d}u}{\mathrm{d}r}\\ \frac{u}{r}\\ \varepsilon_1\end{bmatrix} \tag{3-3-47}$$

为了简便起见，它被改写为

$$\begin{bmatrix}\sigma_r\\ \sigma_\theta\\ \sigma_z\end{bmatrix}=\begin{bmatrix}C_{11} & C_{12} & C_{12}\\ C_{12} & C_{11} & C_{12}\\ C_{12} & C_{12} & C_{11}\end{bmatrix}\begin{bmatrix}\frac{\mathrm{d}u}{\mathrm{d}r}\\ \frac{u}{r}\\ \varepsilon_1\end{bmatrix} \tag{3-3-48}$$

其中，刚度矩阵的常数为

$$C_{11}=\frac{E(1-\nu)}{(1-2\nu)(1+\nu)} \tag{3-3-49}$$

$$C_{12}=\frac{\nu E}{(1-2\nu)(1+\nu)} \tag{3-3-50}$$

在平衡方程式(3-3-44)中代入式(3-3-48)可得

$$\frac{d^2u}{dr^2}+\frac{1}{r}\frac{du}{dr}-\frac{u}{r^2}=0 \tag{3-3-51}$$

通过假设找到线性常微分方程的解

$$u=\sum_{n=-\infty}^{\infty}A_nr^n \tag{3-3-52}$$

代入式(3-3-51)的左边,可得

$$\begin{aligned}&\sum_{n=-\infty}^{\infty}n(n-1)A_nr^{n-2}+\frac{1}{r}\sum_{n=-\infty}^{\infty}nA_nr^{n-1}-\frac{1}{r^2}\sum_{n=-\infty}^{\infty}A_nr^n\\&=\sum_{n=-\infty}^{\infty}[n(n-1)+n-1]A_nr^{n-2}\\&=\sum_{n=-\infty}^{\infty}(n^2-1)A_nr^{n-2}\\&=\sum_{n=-\infty}^{\infty}(n-1)(n+1)A_nr^{n-2}\end{aligned} \tag{3-3-53}$$

由此可得

$$\sum_{n=-\infty}^{\infty}(n-1)(n+1)A_nr^{n-2}=0 \tag{3-3-54}$$

式(3-3-54)要求 $A_n=0$， $n=-\infty,\cdots,\infty$($n=1$ 和 $n=-1$ 时除外)。

因此,径向位移的形式是

$$u=A_1r+\frac{A_{-1}}{r} \tag{3-3-55}$$

假设径向位移的形式具有不同的常数形式

$$u=Ar+B/r \tag{3-3-56}$$

上述方程适用于具有轴对称响应的圆柱体。因此,纤维圆柱体和基体圆柱体中的径向位移 u_f 和 u_m 可分别假定为以下形式

$$u_f=A_fr+B_f/r,\quad 0\leqslant r\leqslant a \tag{3-3-57}$$

$$u_m=A_mr+B_m/r,\quad a\leqslant r\leqslant b \tag{3-3-58}$$

但是,由于纤维是实心圆柱体,并且径向位移 u_f 是有限的,所以 $B_f=0$;否则,纤维的径向位移 u_f 为无限大。因此,

$$u_f=A_fr,\quad 0\leqslant r\leqslant a \tag{3-3-59}$$

$$u_m=A_mr+B_m/r,\quad a\leqslant r\leqslant b \tag{3-3-60}$$

对方程式(3-3-59)和方程式(3-3-60)进行微分,得到

$$\frac{du_f}{dr}=A_f \tag{3-3-61}$$

$$\frac{du_m}{dr}=A_m-\frac{B_m}{r^2} \tag{3-3-62}$$

根据式(3-3-48),纤维的应力-应变关系为

$$\begin{bmatrix}\sigma_r^f\\\sigma_\theta^f\\\sigma_z^f\end{bmatrix}=\begin{bmatrix}C_{11}^f & C_{12}^f & C_{12}^f\\C_{12}^f & C_{11}^f & C_{12}^f\\C_{12}^f & C_{12}^f & C_{11}^f\end{bmatrix}\begin{bmatrix}A_f\\A_f\\\varepsilon_1\end{bmatrix} \tag{3-3-63}$$

其中，纤维的刚度常数为

$$C_{11}^{f}=\frac{E_{f}(1-\nu_{f})}{(1-2\nu_{f})(1+\nu_{f})} \tag{3-3-64}$$

$$C_{12}^{f}=\frac{\nu_{f}E_{f}}{(1-2\nu_{f})(1+\nu_{f})} \tag{3-3-65}$$

基体的应力-应变关系为

$$\begin{bmatrix}\sigma_{r}^{m}\\ \sigma_{\theta}^{m}\\ \sigma_{z}^{m}\end{bmatrix}=\begin{bmatrix}C_{11}^{m} & C_{12}^{m} & C_{12}^{m}\\ C_{12}^{m} & C_{11}^{m} & C_{12}^{m}\\ C_{12}^{m} & C_{12}^{m} & C_{11}^{m}\end{bmatrix}\begin{bmatrix}A_{m}-\dfrac{B_{m}}{r^{2}}\\ A_{m}+\dfrac{B_{m}}{r^{2}}\\ \varepsilon_{1}\end{bmatrix} \tag{3-3-66}$$

其中，基体的刚度常数为

$$C_{11}^{m}=\frac{E_{m}(1-\nu_{m})}{(1-2\nu_{m})(1+\nu_{m})} \tag{3-3-67}$$

$$C_{12}^{m}=\frac{\nu_{m}E_{m}}{(1-2\nu_{m})(1+\nu_{m})} \tag{3-3-68}$$

要得到上述纤维和基体的刚度，主要利用以下边界和界面条件来求解未知常数 A_{f}、A_{m}、B_{m} 和 ε_{1}。

① 径向位移在界面处 $r=a$ 是连续的，有

$$u_{f}(r=a)=u_{m}(r=a) \tag{3-3-69}$$

结合式(3-3-59)和式(3-3-60)可得

$$A_{f}a=A_{m}a+\frac{B_{m}}{a} \tag{3-3-70}$$

② 径向应力在 $r=a$ 时是连续的，有

$$(\sigma_{r}^{f})(r=a)=(\sigma_{r}^{m})(r=a) \tag{3-3-71}$$

结合式(3-3-63)和式(3-3-66)可得

$$C_{11}^{f}A_{f}+C_{12}^{f}A_{f}+C_{12}^{f}\varepsilon_{1}=C_{11}^{m}\left(A_{m}-\frac{B_{m}}{a^{2}}\right)+C_{12}^{m}\left(A_{m}+\frac{B_{m}}{a^{2}}\right)+C_{12}^{m}\varepsilon_{1} \tag{3-3-72}$$

③ 因为 $r=b$ 处的表面是无牵引的，所以基体外侧 $r=b$ 处的径向应力为零，即

$$(\sigma_{r}^{m})(r=b)=0 \tag{3-3-73}$$

然后，由式(3-3-66)可得

$$C_{11}^{m}\left(A_{m}-\frac{B_{m}}{b^{2}}\right)+C_{12}^{m}\left(A_{m}+\frac{B_{m}}{b^{2}}\right)+C_{12}^{m}\varepsilon_{1}=0 \tag{3-3-74}$$

在方向 1 上，纤维基体横截面面积上的总轴向载荷是所施加的载荷 $\boldsymbol{P}$，因而有

$$\int_{A}\sigma_{z}\mathrm{d}A=P \tag{3-3-75}$$

$$\int_{0}^{b}\int_{0}^{2\pi}\sigma_{z}r\,\mathrm{d}r\mathrm{d}\theta=P \tag{3-3-76}$$

因为轴向正应力 σ_{z} 与 θ 无关，

$$\int_{0}^{b}\sigma_{z}2\pi r\mathrm{d}r=P \tag{3-3-77}$$

根据上面的边界条件，有

$$\sigma_z=\begin{cases}\sigma_z^{\mathrm{f}}, & 0\leqslant r\leqslant a\\ \sigma_z^{\mathrm{m}}, & a<r\leqslant b\end{cases} \tag{3-3-78}$$

然后,结合式(3-3-63)和式(3-3-66)可得

$$\int_0^a (C_{12}^{\mathrm{f}}A_{\mathrm{f}}+C_{12}^{\mathrm{f}}A_{\mathrm{f}}+C_{11}^{\mathrm{f}}\varepsilon_1)2\pi r\mathrm{d}r + \int_0^b \left(C_{12}^{\mathrm{m}}\left(A_{\mathrm{m}}-\frac{B_{\mathrm{m}}}{r^2}\right)+C_{12}^{\mathrm{m}}\left(A_{\mathrm{m}}+\frac{B_{\mathrm{m}}}{r^2}\right)+C_{11}^{\mathrm{m}}\varepsilon_1\right)2\pi r\mathrm{d}r=P \tag{3-3-79}$$

求解式(3-3-70)、式(3-3-72)、式(3-3-74)和式(3-3-79)即可得到 A_{f}、A_{m}、B_{m} 和 ε_1 的解。

将求得的 ε_1 代入式(3-3-43)得到

$$\begin{aligned}E_1&=\frac{P}{\pi b^2\varepsilon_1}\\&=E_{\mathrm{f}}V_{\mathrm{f}}+E_{\mathrm{m}}(1-V_{\mathrm{f}})\\&\quad-\frac{2E_{\mathrm{m}}E_{\mathrm{f}}V_{\mathrm{f}}(\nu_{\mathrm{f}}-\nu_{\mathrm{m}})^2(1-V_{\mathrm{f}})}{E_{\mathrm{f}}(2\nu_{\mathrm{m}}^2V_{\mathrm{f}}-\nu_{\mathrm{m}}+V_{\mathrm{f}}\nu_{\mathrm{m}}-V_{\mathrm{f}}-1)+E_{\mathrm{m}}(-1-2V_{\mathrm{f}}\nu_{\mathrm{f}}^2+\nu_{\mathrm{f}}-V_{\mathrm{f}}\nu_{\mathrm{f}}+2\nu_{\mathrm{f}}^2+V_{\mathrm{f}})}\end{aligned} \tag{3-3-80}$$

式(3-3-80)中的 $E_{\mathrm{f}}V_{\mathrm{f}}+E_{\mathrm{m}}(1-V_{\mathrm{f}})$ 与 3.3.1 小节中材料力学方法给出的结果近似,并可以用计算程序(如 Maple)通过数值的方式找到。

2. 主要泊松比

轴向载荷作用于圆柱的问题在前述内容中得到了解决。同样的思路也可以用来确定轴向泊松比 ν_{12}。当物体只承受方向 1 的轴向载荷时,主要泊松比可定义为

$$\nu_{12}=-\varepsilon_r/\varepsilon_1 \tag{3-3-81}$$

根据式(3-3-46a)定义径向应变,在 $r=b$ 处有

$$\varepsilon_1(r=b)=\frac{u_{\mathrm{m}}(b)}{b} \tag{3-3-82}$$

主要泊松比为

$$\nu_{12}=-\frac{u_{\mathrm{m}}(r=b)}{b\varepsilon_1} \tag{3-3-83}$$

结合式(3-3-83)和式(3-3-69)可得

$$\nu_{12}=-\left(A_{\mathrm{m}}+\frac{B_{\mathrm{m}}}{b^2}\right)/\varepsilon_1 \tag{3-3-84}$$

类似地,通过前面求得的 A_{m}、B_{m} 和 ε_1 的解,即可得到

$$\begin{aligned}\nu_{12}&=\nu_{\mathrm{f}}V_{\mathrm{f}}+\nu_{\mathrm{m}}V_{\mathrm{m}}\\&\quad+\frac{V_{\mathrm{f}}V_{\mathrm{m}}(\nu_{\mathrm{f}}-\nu_{\mathrm{m}})(2E_{\mathrm{f}}\nu_{\mathrm{m}}^2+\nu_{\mathrm{m}}E_{\mathrm{f}}-E_{\mathrm{f}}+E_{\mathrm{m}}-E_{\mathrm{m}}\nu_{\mathrm{f}}-2E_{\mathrm{m}}\nu_{\mathrm{f}}^2)}{(2\nu_{\mathrm{m}}^2V_{\mathrm{f}}-\nu_{\mathrm{m}}+\nu_{\mathrm{m}}V_{\mathrm{f}}-1-V_{\mathrm{f}})E_{\mathrm{f}}+(2\nu_{\mathrm{f}}^2-V_{\mathrm{f}}\nu_{\mathrm{f}}-2V_{\mathrm{f}}\nu_{\mathrm{f}}^2+V_{\mathrm{f}}+\nu_{\mathrm{f}}-1)E_{\mathrm{m}}}\end{aligned} \tag{3-3-85}$$

同样地,式(3-3-85)中的 $\nu_{\mathrm{f}}V_{\mathrm{f}}+\nu_{\mathrm{m}}V_{\mathrm{m}}$ 与 3.3.1 小节中材料力学方法给出的相应结果近似,并可以用计算程序(如 Maple)通过数值的方式找到。

3. 横向杨氏模量

CCA 模型只给出了复合材料横向弹性模量的上、下界。然而,为了完整起见,将从一个三相模型中总结结果。此三相模型给出了横向剪切模量 G_{23} 的精确解。因此,横向杨氏模量可通过如下方式求出。

假设得到的复合材料特性是横向各向同性的(对于六边形排列的纤维是有效的假设,2-3 平面是各向同性的)。

$$E_2=2(1+\nu_{23})G_{23} \tag{3-3-86}$$

其中，ν_{23}为横向泊松比，计算式为

$$\nu_{23}=\frac{K^{*}-mG_{23}}{K^{*}+mG_{23}} \tag{3-3-87}$$

其中

$$m=1+4K^{*}\frac{\nu_{12}^{2}}{E_{1}} \tag{3-3-88}$$

纵向平面应变下，复合材料的体积模量 K^{*} 为

$$K^{*}=\frac{K_{\mathrm{m}}(K_{\mathrm{f}}+G_{\mathrm{m}})V_{\mathrm{m}}+K_{\mathrm{f}}(K_{\mathrm{m}}+G_{\mathrm{m}})V_{\mathrm{f}}}{(K_{\mathrm{f}}+G_{\mathrm{m}})V_{\mathrm{m}}+(K_{\mathrm{m}}+G_{\mathrm{m}})V_{\mathrm{f}}} \tag{3-3-89}$$

纵向平面应变下纤维的体积模量为

$$K_{\mathrm{f}}=\frac{E_{\mathrm{f}}}{2(1+\nu_{\mathrm{f}})(1-2\nu_{\mathrm{f}})} \tag{3-3-90}$$

纵向平面应变下基体的体积模量为

$$K_{\mathrm{m}}=\frac{E_{\mathrm{m}}}{2(1+\nu_{\mathrm{m}})(1-2\nu_{\mathrm{m}})} \tag{3-3-91}$$

基于三相模型时，其中纤维被基体包围，然后被等效于复合材料的均匀材料包围，横向剪切模量 G_{23} 由二次方程的可接受解给出

$$A\left(\frac{G_{23}}{G_{\mathrm{m}}}\right)^{2}+2B\left(\frac{G_{23}}{G_{\mathrm{m}}}\right)+C=0 \tag{3-3-92}$$

其中

$$\begin{aligned}A=&3V_{\mathrm{f}}(1-V_{\mathrm{f}})^{2}\left(\frac{G_{\mathrm{f}}}{G_{\mathrm{m}}}-1\right)\left(\frac{G_{\mathrm{f}}}{G_{\mathrm{m}}}+\eta_{\mathrm{f}}\right)\\&+\left[\frac{G_{\mathrm{f}}}{G_{\mathrm{m}}}\eta_{\mathrm{m}}+\eta_{\mathrm{f}}\eta_{\mathrm{m}}-\left(\frac{G_{\mathrm{f}}}{G_{\mathrm{m}}}\eta_{\mathrm{m}}-\eta_{\mathrm{f}}\right)V_{\mathrm{f}}^{3}\right]\left[V_{\mathrm{f}}\eta_{\mathrm{m}}\left(\frac{G_{\mathrm{f}}}{G_{\mathrm{m}}}-1\right)-\left(\frac{G_{\mathrm{f}}}{G_{\mathrm{m}}}\eta_{\mathrm{m}}+1\right)\right]\end{aligned} \tag{3-3-93}$$

$$\begin{aligned}B=&-3V_{\mathrm{f}}(1-V_{\mathrm{f}})^{2}\left(\frac{G_{\mathrm{f}}}{G_{\mathrm{m}}}-1\right)\left(\frac{G_{\mathrm{f}}}{G_{\mathrm{m}}}+\eta_{\mathrm{f}}\right)\\&+\frac{1}{2}\left[\eta_{\mathrm{m}}\frac{G_{\mathrm{f}}}{G_{\mathrm{m}}}+\left(\frac{G_{\mathrm{f}}}{G_{\mathrm{m}}}-1\right)V_{\mathrm{f}}+1\right]\left[(\eta_{\mathrm{m}}-1)\left(\frac{G_{\mathrm{f}}}{G_{\mathrm{m}}}+\eta_{\mathrm{f}}\right)-2\left(\frac{G_{\mathrm{f}}}{G_{\mathrm{m}}}\eta_{\mathrm{m}}-\eta_{\mathrm{f}}\right)V_{\mathrm{f}}^{3}\right]\\&+\frac{V_{\mathrm{f}}}{2}(\eta_{\mathrm{m}}+1)\left(\frac{G_{\mathrm{f}}}{G_{\mathrm{m}}}-1\right)\left[\frac{G_{\mathrm{f}}}{G_{\mathrm{m}}}+\eta_{\mathrm{f}}+\left(\frac{G_{\mathrm{f}}}{G_{\mathrm{m}}}\eta_{\mathrm{m}}-\eta_{\mathrm{f}}\right)V_{\mathrm{f}}^{3}\right]\end{aligned} \tag{3-3-94}$$

$$\begin{aligned}C=&3V_{\mathrm{f}}(1-V_{\mathrm{f}})^{2}\left(\frac{G_{\mathrm{f}}}{G_{\mathrm{m}}}-1\right)\left(\frac{G_{\mathrm{f}}}{G_{\mathrm{m}}}-\eta_{\mathrm{f}}\right)\\&+\left[\eta_{\mathrm{m}}\frac{G_{\mathrm{f}}}{G_{\mathrm{m}}}+\left(\frac{G_{\mathrm{f}}}{G_{\mathrm{m}}}-1\right)V_{\mathrm{f}}+1\right]\left[\frac{G_{\mathrm{f}}}{G_{\mathrm{m}}}+\eta_{\mathrm{f}}+\left(\frac{G_{\mathrm{f}}}{G_{\mathrm{m}}}\eta_{\mathrm{m}}-\eta_{\mathrm{f}}\right)V_{\mathrm{f}}^{3}\right]\end{aligned} \tag{3-3-95}$$

$$\eta_{\mathrm{m}}=3-4\nu_{\mathrm{m}} \tag{3-3-96}$$

$$\eta_{\mathrm{f}}=3-4\nu_{\mathrm{f}} \tag{3-3-97}$$

然后，使用式(3-3-86)即可得到横向杨氏模量 E_{2}。

4. 轴向剪切模量

为了计算单向复合材料的轴向剪切模量 G_{12}，我们考虑了相同的同心圆柱模型图 3-3-9。考虑半径为 a、剪切模量为 G_{f} 的长纤维，由外径为 b、剪切模量 G_{m} 的长同心圆柱体包围。复合材料圆柱体在 1-2 平面内承受切应变 γ_{12}^{0}。推导出纤维或基体在 1、2 和 3 方向的法向位移为

$$u_1=-\frac{\gamma_{12}^0}{2}x_2+F(x_2,x_3) \tag{3-3-98a}$$

$$u_2=\frac{\gamma_{12}^0}{2}x_1 \tag{3-3-98b}$$

$$u_3=0 \tag{3-3-98c}$$

式中：γ_{12}^0为施加到边界的切应变。

前面关于位移形式的假设是基于一种半逆方法，详细推导过程请见弹性力学相关书籍。纤维和基体位移的个别表达式将在后面的推导中显示。

从应变-位移方程和方程式(3-3-98)中位移场的表达式出发，可得

$$\left.\begin{aligned}\varepsilon_{11}&=\frac{\partial u_1}{\partial x_1}=0\\ \varepsilon_{22}&=\frac{\partial u_2}{\partial x_2}=0\\ \varepsilon_{33}&=\frac{\partial u_3}{\partial x_3}=0\\ \gamma_{23}&=\frac{\partial u_2}{\partial x_3}+\frac{\partial u_3}{\partial x_2}=0\\ \gamma_{12}&=\frac{\partial u_1}{\partial x_2}+\frac{\partial u_2}{\partial x_1}=\frac{\partial F}{\partial x_2}\\ \gamma_{31}&=\frac{\partial u_3}{\partial x_1}+\frac{\partial u_1}{\partial x_3}=\frac{\partial F}{\partial x_3}\end{aligned}\right\} \tag{3-3-99}$$

因为在1、2、3方向上的所有法向应变都为零，所以在1、2、3方向上的所有法向应力也为零。另外，因为$\gamma_{23}=0$，所以$\tau_{23}=0$。

使用式(3-3-99)，唯一可能的非零应力是

$$\left.\begin{aligned}\tau_{12}&=G\gamma_{12}=G\frac{\partial F}{\partial x_2}\\ \tau_{31}&=G\gamma_{31}=G\frac{\partial F}{\partial x_3}\end{aligned}\right\} \tag{3-3-100}$$

式中：G为材料的剪切模量。

由方向1的合力为零，可导出平衡条件

$$\frac{\partial \sigma_1}{\partial x_1}+\frac{\partial \tau_{12}}{\partial x_2}+\frac{\partial \tau_{31}}{\partial x_3}=0 \tag{3-3-101}$$

由式(3-3-100)和$\sigma_1=0$，平衡方程式(3-3-101)可简化为

$$\frac{\partial^2 F}{\partial x_2^2}+\frac{\partial^2 F}{\partial x_3^2}=0 \tag{3-3-102}$$

将式(3-3-102)转换为极坐标，需要以下步骤：

$$x_2=r\cos\theta \tag{3-3-103a}$$

$$x_3=r\sin\theta \tag{3-3-103b}$$

给出

$$r^2=x_2^2+x_3^2 \tag{3-3-104a}$$

$$\theta=\tan^{-1}(x_3/x_2) \tag{3-3-104b}$$

结合式(3-3-102)、式(3-3-103)和式(3-3-104)可得

$$2r\frac{\partial r}{\partial x_2}=2x_2,\quad \frac{\partial r}{\partial x_2}=\frac{x_2}{r}=\cos\theta \tag{3-3-105a}$$

$$2r\frac{\partial r}{\partial x_3}=2x_3,\quad \frac{\partial r}{\partial x_3}=\frac{x_3}{r}=\sin\theta \tag{3-3-105b}$$

$$\frac{\partial\theta}{\partial x_2}=\frac{1}{1+\left(\dfrac{x_3}{x_2}\right)^2}\left(-\frac{x_3}{x_2^2}\right)=-\frac{x_3}{x_2^2+x_3^2}=-\frac{\sin\theta}{r} \tag{3-3-105c}$$

$$\frac{\partial\theta}{\partial x_3}=\frac{1}{1+\left(\dfrac{x_3}{x_2}\right)^2}\left(\frac{1}{x_2}\right)=\frac{x_2}{x_2^2+x_3^2}=\frac{\cos\theta}{r} \tag{3-3-105d}$$

现在，用链式法则求导数

$$\frac{\partial F}{\partial x_2}=\frac{\partial F}{\partial r}\frac{\partial r}{\partial x_2}+\frac{\partial F}{\partial\theta}\frac{\partial\theta}{\partial x_2} \tag{3-3-106}$$

并使用式(3-3-105a)和式(3-3-105c)可得

$$\frac{\partial F}{\partial x_2}=\cos\theta\frac{\partial F}{\partial r}-\frac{\sin\theta}{r}\frac{\partial F}{\partial\theta} \tag{3-3-107}$$

在式(3-3-106)上重复类似的导数规则链得到

$$\frac{\partial^2 F}{\partial x_2^2}=\cos^2\theta\frac{\partial^2 F}{\partial r^2}+\sin^2\theta\left(\frac{1}{r}\frac{\partial F}{\partial r}+\frac{1}{r^2}\frac{\partial^2 F}{\partial\theta^2}\right)-2\sin\theta\cos\theta\frac{\partial}{\partial r}\left(\frac{1}{r}\frac{\partial F}{\partial\theta}\right) \tag{3-3-108a}$$

类似地，

$$\frac{\partial^2 F}{\partial x_3^2}=\sin^2\theta\frac{\partial^2 F}{\partial r^2}+\cos^2\theta\left(\frac{1}{r}\frac{\partial F}{\partial r}+\frac{1}{r^2}\frac{\partial^2 F}{\partial\theta^2}\right)+2\sin\theta\cos\theta\frac{\partial}{\partial r}\left(\frac{1}{r}\frac{\partial F}{\partial\theta}\right) \tag{3-3-108b}$$

将式(3-3-108)代入式(3-3-102)，得到

$$\frac{\partial^2 F}{\partial r^2}+\frac{1}{r}\frac{\partial F}{\partial r}+\frac{1}{r^2}\frac{\partial^2 F}{\partial\theta^2}=0 \tag{3-3-109}$$

式(3-3-109)的解为

$$F(r,\theta)=\left(Ar+\frac{B}{r}\right)\cos\theta \tag{3-3-110}$$

注意，式(3-3-109)的完整解是

$$F(r,\theta)=A_0+\sum_{n=1}^{\infty}(A_n r^n+B_n r^{-n})[C_n\sin(n\theta)+D_n\cos(n\theta)] \tag{3-3-111}$$

但复合圆柱体的表面 $r=b$ 只受位移作用：

$$u_{1\mathrm{m}}(r=b)=\frac{\gamma_{12}^0}{2}x_2\bigg|_{r=b}=\frac{\gamma_{12}^0}{2}b\cos\theta \tag{3-3-112}$$

$$u_{2\mathrm{m}}(r=b)=\frac{\gamma_{12}^0}{2}x_1\bigg|_{r=b}=\frac{\gamma_{12}^0}{2}b\sin\theta \tag{3-3-113}$$

$$u_{3\mathrm{m}}(r=b)=0 \tag{3-3-114}$$

因此，式(3-3-110)中纤维所受载荷 F_{f} 和基体所受载荷 F_{m} 的函数 $F(r,\theta)$ 由下式给出：

$$F_{\mathrm{f}}(r,\theta)=\left(A_1 r+\frac{B_1}{r}\right)\cos\theta \tag{3-3-115}$$

$$F_{\mathrm{m}}(r,\theta)=\left(A_2 r+\frac{B_2}{r}\right)\cos\theta \tag{3-3-116}$$

下面应用边界条件和界面条件来求解这四个未知数 A_1、B_1、A_2 和 B_2。

纤维 u_{1f} 和基体 u_{1m} 在界面处的轴向位移 $r=a$ 是连续的，有

$$u_{1f}(r=a)=u_{1m}(r=a) \tag{3-3-117}$$

现在，由式(3-3-98a)可得

$$u_{1f}=-\frac{\gamma_{12}^0}{2}x_2+F_f(x_2,x_3)=-\frac{\gamma_{12}^0}{2}r\cos\theta+F_f(r\cos\theta,r\sin\theta) \tag{3-3-118}$$

在 $r=a$ 处，有

$$u_{1f}(r=a)=-\frac{\gamma_{12}^0}{2}a\cos\theta+\left(A_1a+\frac{B_1}{a}\right)\cos\theta \tag{3-3-119}$$

同理可得

$$u_{1m}(r=a)=-\frac{\gamma_{12}^0}{2}a\cos\theta+\left(A_2a+\frac{B_2}{a}\right)\cos\theta \tag{3-3-120}$$

结合式(3-3-119)和式(3-3-120)与式(3-3-117)得到

$$A_1a+\frac{B_1}{a}=A_2a+\frac{B_2}{a} \tag{3-3-121}$$

根据式(3-3-119)，纤维的位移 u_{1f} 为

$$u_{1f}=-\frac{\gamma_{12}^0}{2}r\cos\theta+\left(A_1r+\frac{B_1}{r}\right)\cos\theta \tag{3-3-122}$$

因为 $r=0$ 是纤维上的一点，而纤维中的位移是有限的，因而有 $B_1=0$。

纤维 $\tau_{1r,f}$ 和基体 $\tau_{1r,m}$ 中的切应力在界面 $r=a$ 处是连续的，有

$$\tau_{1r,f}(r=a)=\tau_{1r,m}(r=a) \tag{3-3-123}$$

此时，需要从 1-r 和 1-3 坐标之间的应力转换导出 τ_{1r} 的表达式：

$$\tau_{1r}=\cos\theta\tau_{12}+\sin\theta\tau_{13} \tag{3-3-124}$$

结合式(3-3-100)和式(3-3-124)，可得

$$\tau_{1r}=\cos\theta G\frac{\partial F}{\partial x_2}+\sin\theta G\frac{\partial F}{\partial x_3}=G\left(\cos\theta\frac{\partial F}{\partial x_2}+\sin\theta\frac{\partial F}{\partial x_3}\right) \tag{3-3-125}$$

将式(3-3-105)代入上式，得到

$$\tau_{1r}=G\left(\frac{\partial x_2}{\partial r}\frac{\partial F}{\partial x_2}+\frac{\partial x_3}{\partial r}\frac{\partial F}{\partial x_3}\right) \tag{3-3-126}$$

这给出了切应力-切应变的表达形式：

$$\tau_{1r}=G\frac{\partial F}{\partial r} \tag{3-3-127}$$

因此，结合式(3-3-115)可得，在纤维中有

$$\tau_{1r,f}=G_f\frac{\partial F_f}{\partial r}=G_f\left(A_1-\frac{B_1}{r^2}\right)\cos\theta \tag{3-3-128}$$

在式(3-3-116)的基体中，有

$$\tau_{1r,m}=G_m\frac{\partial F_m}{\partial r}=G_m\left(A_2-\frac{B_2}{r^2}\right)\cos\theta \tag{3-3-129}$$

进一步根据式(3-3-123)，在 $r=a$ 处，将式(3-3-128)、式(3-3-129)等值，则有

$$G_f\left(A_1-\frac{B_1}{a^2}\right)=G_m\left(A_2-\frac{B_2}{a^2}\right) \tag{3-3-130}$$

在复合材料圆柱体的边界 $r=b$ 处，由切应变 γ_{12}^0 引起的位移为

$$u_{1m}(r=b)=\frac{\gamma_{12}^0}{2}x_2\Big|_{r=b}=\frac{\gamma_{12}^0}{2}b\cos\theta \tag{3-3-131}$$

由式(3-3-98a)和式(3-3-116)可得

$$u_{1m}(r=b)=-\frac{\gamma_{12}^0}{2}x_2+F_m(x_2,x_3)\Big|_{r=b}=-\frac{\gamma_{12}^0}{2}b\cos\theta+\left(A_2b+\frac{B_2}{b}\right)\cos\theta \tag{3-3-132}$$

从式(3-3-131)和式(3-3-132)，可以得到

$$A_2b+\frac{B_2}{b}=\gamma_{12}^0b \tag{3-3-133}$$

解三个联立方程式(3-3-121)、式(3-3-129)和式(3-3-133)可求出

$$\left.\begin{aligned}A_1&=\frac{2G_m}{G_m(1+V_f)+G_f(1-V_f)}\gamma_{12}^0\\A_2&=\frac{(G_f+G_m)}{G_m(1+V_f)+G_f(1-V_f)}\gamma_{12}^0\\B_2&=-\frac{a^2(-G_m+G_f)}{G_m(1+V_f)+G_f(1-V_f)}\gamma_{12}^0\end{aligned}\right\} \tag{3-3-134}$$

其中，根据前面纤维体积分数的表达式可将 V_f 替换为 a^2/b^2。

剪切模量 G_{12} 的表达式为

$$G_{12}\equiv\tau_{12,m}\big|_{r=b}/\gamma_{12}^0 \tag{3-3-135}$$

其中，$\tau_{12,m}\big|_{r=b}$ 表示在 $r=b$ 处的切应力。

根据式(3-3-100a)，有

$$\tau_{12,m}=G_m\frac{\partial F_m}{\partial x_2}=G_m\left(\frac{\partial F_m}{\partial r}\frac{\partial r}{\partial x_2}+\frac{\partial F_m}{\partial\theta}\frac{\partial\theta}{\partial x_2}\right) \tag{3-3-136}$$

使用式(3-3-105a)和式(3-3-105b)可得

$$\tau_{12,m}=G_m\left[\frac{\partial F_m}{\partial r}\cos\theta+\frac{\partial F_m}{\partial\theta}\left(-\frac{\sin\theta}{r}\right)\right] \tag{3-3-137}$$

将 F_m 的表达式代入式(3-3-137)可得

$$\tau_{12,m}=G_m\left[\left(A_2r-\frac{B_2}{r^2}\right)\cos^2\theta\left(A_2r+\frac{B_2}{r^2}\right)\sin^2\theta\right] \tag{3-3-138}$$

在 $r=b$ 处有 $\theta=0$，则有

$$\tau_{12,m}\big|_{r=b,\theta=0}=G_m\left(A_2-\frac{B_2}{b^2}\right) \tag{3-3-139}$$

将 A_2 和 B_2 的值代入式(3-3-139)得到

$$\tau_{12,m}\big|_{r=b,\theta=0}=G_m\left[\frac{G_f(1+V_f)+G_m(1-V_f)}{G_f(1-V_f)+G_m(1+V_f)}\right]\gamma_{12}^0 \tag{3-3-140}$$

然后结合剪切模量 G_{12} 的表达式(3-3-135)可得

$$G_{12}=G_m\left[\frac{G_f(1+V_f)+G_m(1-V_f)}{G_f(1-V_f)+G_m(1+V_f)}\right] \tag{3-3-141}$$

3.3.4 横观各向同性纤维层压板的弹性模量

以玻璃、氨基和石墨三种纤维复合材料层合板为例，给出横观各向异性纤维层压板的弹性

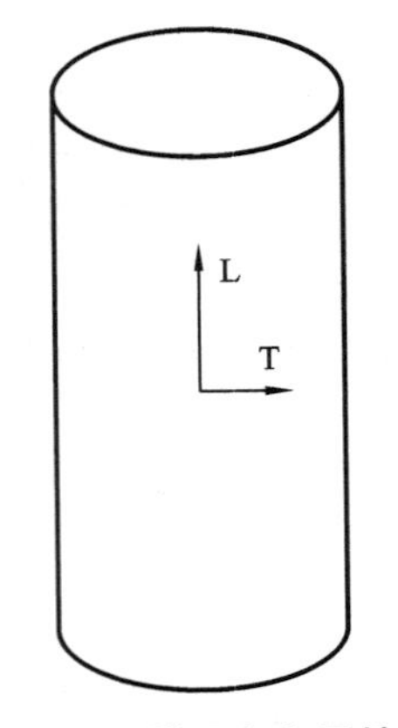

图 3-3-10 横观各向同性纤维中的纵向和横向

模量的求解过程。其中，氨基和石墨是横观各向同性的。从横观各向同性材料的定义出发，这类纤维层压板具有五种弹性模量。如果 L 表示沿纤维长度的纵向，T 表示垂直于纵向的横向，如图 3-3-10。

横观各向同性纤维的五个弹性模量分别为：

E_{fL}——纵向杨氏模量；

E_{fT}——各向同性平面上的杨氏模量；

ν_{fL}——纵向拉伸时各向同性平面内收缩的泊松比；

ν_{fT}——在各向同性平面上施加拉力时，描述横向收缩的泊松比；

G_{fT}——垂直于各向同性平面的平面内剪切模量。

用材料力学法即可计算出横观各向同性纤维层压板的弹性模量。以典型玻璃/环氧单层板为例，采用不同方法预测得到的弹性参量如表 3-3-1 所示。

表 3-3-1 不同方法预测的典型玻璃/环氧单层板弹性参量的比较

预测方法	弹性参量			
	E_1/GPa	E_2/GPa	ν_{12}	G_{12}/GPa
材料力学方法	60.52	10.37	0.2300	4.014
Halphin-Tsai 半经验模型法	60.52	20.20	0.2300	6.169
弹性力学方法	60.53	15.51	0.2238	6.169

从表中可看出，Halphin-Tsai 半经验模型法和弹性力学法给出了相同的剪切模量预测值。事实上，

$$E_1 = E_{fT}V_f + E_m V_m \tag{3-3-142}$$

$$\frac{1}{E_2} = \frac{V_f}{E_{fT}} + \frac{V_m}{E_m} \tag{3-3-143}$$

$$\nu_{12} = \nu_{fT}V_f + \nu_m V_m \tag{3-3-144}$$

$$\frac{1}{G_{12}} = \frac{V_f}{G_{fT}} + \frac{V_m}{G_m} \tag{3-3-145}$$

上面的表达式类似于具有各向同性纤维的薄层的表达式，区别是使用了适当的横向或纵向性能的纤维。在纤维复合材料中，基体也是横向各向同性的。在这种情况下，上述两种方法本质上是一致的。

3.4 单层复合材料强度分析

对于单层复合材料(即单层板)，一般需要分析以下五个强度参量：

① 纵向抗拉强度$(\sigma_1^T)_{ult}$；

② 纵向抗压强度$(\sigma_1^C)_{ult}$；

③ 横向抗拉强度$(\sigma_2^T)_{ult}$；

④ 横向抗压强度$(\sigma_2^C)_{ult}$；

⑤ 面内抗剪强度$(\tau_{12})_{ult}$。

本节将采用材料力学方法，从纤维和基体的细观属性中分析这些参量。因为强度对材料和几何非均匀性、纤维-基体界面、制造工艺和环境更为敏感，所以单层板的强度参数比刚度参数更难预测。例如，纤维与基体之间的弱界面虽可能导致复合材料在横向拉伸载荷下过早失效，但却可能增加其纵向抗拉强度。由于材料敏感性的原因，所以有些理论和经验模型可适用于一些强度参数。最终，因为强度的实验评估是直接和可靠的，所以实验评估是验证所预测的强度参量是否合理的重要方式。

3.4.1 纵向抗拉强度

图 3-4-1 给出了一个简单的材料力学方法模型。该模型假设：

① 纤维和基体是各向同性、均质和线性的，直到模型失效为止；

② 在聚合物基体复合材料的案例中，基体的破坏应变高于纤维的。例如，假设玻璃纤维在应变3%～5%时失效，环氧树脂则在应变9%～10%时失效。

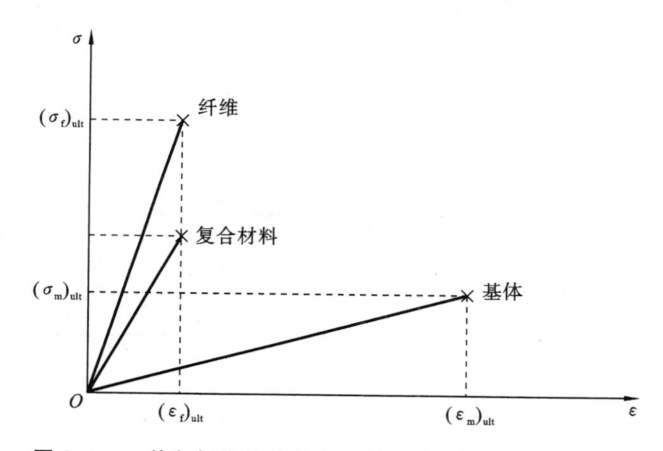

图 3-4-1　单向纤维拉伸载荷下复合材料的应力-应变曲线

符号定义如下：

$(\sigma_f)_{ult}$——纤维的极限抗拉强度；

E_f——纤维的弹性模量；

$(\sigma_m)_{ult}$——基体的极限抗拉强度；

E_m——基体的弹性模量。

纤维的最终破坏应变为

$$(\varepsilon_f)_{ult}=(\sigma_f)_{ult}/E_f \tag{3-4-1}$$

$$(\varepsilon_f)_{ult}=(\sigma_f)_{ult}/E_f \tag{3-4-2}$$

基体的最终破坏应变为

$$(\varepsilon_m)_{ult}=(\sigma_m)_{ult}/E_m \tag{3-4-3}$$

由于在聚合物基体复合材料中，纤维承担了大部分载荷，所以假设纤维在应变$(\varepsilon_f)_{ult}$下失效时，整个复合材料失效。因此，复合材料的抗拉强度为

$$(\sigma_1^T)_{ult}=(\sigma_f)_{ult}V_f+(\varepsilon_f)_{ult}E_m(1-V_f) \tag{3-4-4}$$

一旦纤维断裂，基体可单独承受的应力为$(\varepsilon_m)_{ult}(1-V_f)$，而只有当该应力大于$(\sigma_1^T)_{ult}$时，

复合材料才有可能承受更多的载荷。这种情况下纤维的体积分数被称为最小纤维体积分数 $(V_f)_{min}$,则

$$(\sigma_m)_{ult}[1-(V_f)_{min}]>(\sigma_f)_{ult}(V_f)_{min}+(\varepsilon_f)_{ult}E_m[1-(V_f)_{min}] \tag{3-4-5}$$

$$(V_f)_{min}<\frac{(\sigma_m)_{ult}-E_m(\varepsilon_f)_{ult}}{(\sigma_f)_{ult}-E_m(\varepsilon_f)_{ult}+(\sigma_m)_{ult}} \tag{3-4-6}$$

若通过将纤维添加到基体中,复合材料具有比基体更低的极限抗拉强度。在这种情况下,可能出现的纤维体积分数称为临界纤维体积分数 $(V_f)_{critical}$,可表示如下:

$$(\sigma_m)_{ult}>(\sigma_f)_{ult}(V_f)_{critical}+(\varepsilon_f)_{ult}E_m[1-(V_f)_{critical}] \tag{3-4-7}$$

$$(V_f)_{critical}<\frac{(\sigma_m)_{ult}-E_m(\varepsilon_f)_{ult}}{(\sigma_f)_{ult}-E_m(\varepsilon_f)_{ult}} \tag{3-4-8}$$

3.4.2 纵向抗压强度

复合材料在拉、压载荷下的破坏模式不同,所以 3.4.1 小节用于计算复合材料单层板纵向抗拉强度的模型不能用于计算其纵向抗压强度。在纵向压缩载荷作用下,单层板有三种典型的失效模式:① 由于基体和/或纤维-基体黏结中的横向拉伸导致基体和/或纤维-基体黏结处发生断裂,如图 3-4-2(a)所示;② 剪切或横向拉伸模式下纤维的微屈曲,如图 3-4-2(b)和(c)所示;③ 纤维剪切破坏,如图 3-4-2(d)所示。

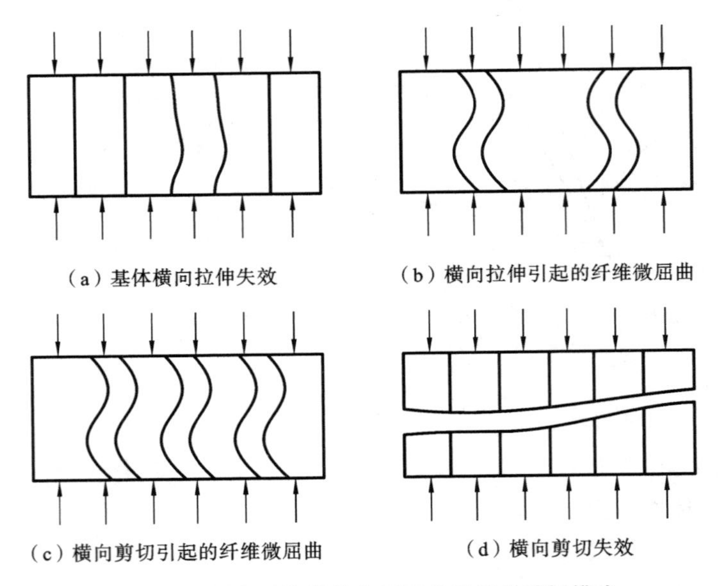

(a) 基体横向拉伸失效　(b) 横向拉伸引起的纤维微屈曲

(c) 横向剪切引起的纤维微屈曲　(d) 横向剪切失效

图 3-4-2　纵向压缩载荷作用下单层板的破坏模式

基体在压缩载荷作用下,横向会达到极限拉伸应变,从而会产生失效破坏。下面给出基于横向拉伸应变导致复合材料破坏的材料力学模型,假设施加的纵向压应力大小为 σ_1,则纵向压应变的大小为

$$|\varepsilon_1|=|\sigma_1|/E_1 \tag{3-4-9}$$

由于主泊松比为 ν_{12},横向应变是拉伸的且有

$$|\varepsilon_2|=\nu_{12}\cdot|\sigma_1|/E_1 \tag{3-4-10}$$

根据最大应变破坏理论,如果横向应变超过横向极限拉伸应变 $(\varepsilon_2^T)_{ult}$,则认为单层板在横

向方向上发生了破坏。这样有

$$(\sigma_1^{\mathrm{C}})_{\mathrm{ult}}=\frac{E_1(\varepsilon_2^{\mathrm{T}})_{\mathrm{ult}}}{\nu_{12}} \tag{3-4-11}$$

纵向模量 E_1 和主泊松比 ν_{12} 分别可由式(3-4-9)和式(3-4-10)求出。然而，对于 $(\varepsilon_2^{\mathrm{T}})_{\mathrm{ult}}$ 的值可以用如下经验公式求得：

$$(\varepsilon_2^{\mathrm{T}})_{\mathrm{ult}}=(\varepsilon_{\mathrm{m}}^{\mathrm{T}})_{\mathrm{ult}}(1-V_{\mathrm{f}}^{1/3}) \tag{3-4-12}$$

或者用材料力学公式求得：

$$(\varepsilon_2^{\mathrm{T}})_{\mathrm{ult}}=(\varepsilon_{\mathrm{m}}^{\mathrm{T}})_{\mathrm{ult}}\left[\frac{d}{s}\left(\frac{E_{\mathrm{m}}}{E_{\mathrm{f}}}-1\right)+1\right] \tag{3-4-13}$$

式中：$(\varepsilon_{\mathrm{m}}^{\mathrm{T}})_{\mathrm{ult}}$ 为基体的极限拉伸应变；d 为纤维直径；s 为纤维之间的中心间距。

对于剪切/拉伸纤维屈曲失效破坏，可建立计算纵向抗压强度的局部屈曲模型。此情形下，单层板的纵向极限抗压强度可表示为

$$(\sigma_1^{\mathrm{C}})_{\mathrm{ult}}=\min[S_1^{\mathrm{C}},S_2^{\mathrm{C}}] \tag{3-4-14}$$

其中，

$$S_1^{\mathrm{C}}=2\left[V_{\mathrm{f}}+(1-V_{\mathrm{f}})\frac{E_{\mathrm{m}}}{E_{\mathrm{f}}}\right]\sqrt{\frac{V_{\mathrm{f}}E_{\mathrm{m}}E_{\mathrm{f}}}{3(1-V_{\mathrm{f}})}} \tag{3-4-15}$$

$$S_2^{\mathrm{C}}=\frac{G_{\mathrm{m}}}{1-V_{\mathrm{f}}} \tag{3-4-16}$$

在大多数情况下，拉伸模式的屈曲应力 S_1^{C} 高于剪切模式的屈曲应力 S_2^{C}，且屈曲应力只存在于低纤维体积分数的复合材料中。

对于纤维模式的剪切应力失效破坏，单层板由于纤维的直接剪切失效而破坏。在这种情况下，根据混合定律，单向复合材料的抗剪强度为

$$(\tau_{12})_{\mathrm{ult}}=(\tau_{\mathrm{f}})_{\mathrm{ult}}V_{\mathrm{f}}+(\tau_{\mathrm{m}})_{\mathrm{ult}}V_{\mathrm{m}} \tag{3-4-17}$$

式中：$(\tau_{\mathrm{f}})_{\mathrm{ult}}$ 为纤维的极限抗剪强度；$(\tau_{\mathrm{m}})_{\mathrm{ult}}$ 为基体的极限抗剪强度。

在纵向压缩载荷 σ_1^{C} 作用下，与加载轴成 45°处的单层板切应力$(\sigma_1^{\mathrm{C}})/2$ 最大，因而有

$$(\sigma_1^{\mathrm{C}})_{\mathrm{ult}}=2[(\tau_{\mathrm{f}})_{\mathrm{ult}}V_{\mathrm{f}}+(\tau_{\mathrm{m}})_{\mathrm{ult}}V_{\mathrm{m}}] \tag{3-4-18}$$

基于上述破坏模式的三种模型，即可求得单层板的纵向抗压强度。

3.4.3　横向抗拉强度

单层板横向拉伸情形下，可采用材料力学方法求解单层板横向抗拉强度。先做如下假设：

① 充分的纤维-基体黏合；

② 纤维的均匀间距；

③ 纤维和基体遵循胡克定律；

④ 无残余应力。

假设单层复合材料(即单层板)的平面模型，如图 3-4-3 中的阴影部分所示。

纤维的横向变形 δ_{f}、基体的横向变形 δ_{m} 和单层板的横向变形 δ_{c} 三者的关系为

$$\delta_{\mathrm{c}}=\delta_{\mathrm{f}}+\delta_{\mathrm{m}} \tag{3-4-19}$$

根据应变的定义，单层板的变形与横向应变有关，关系如下：

$$\delta_{\mathrm{c}}=\varepsilon_{\mathrm{c}}s \tag{3-4-20}$$

$$\delta_{\mathrm{f}}=\varepsilon_{\mathrm{f}}d \tag{3-4-21}$$

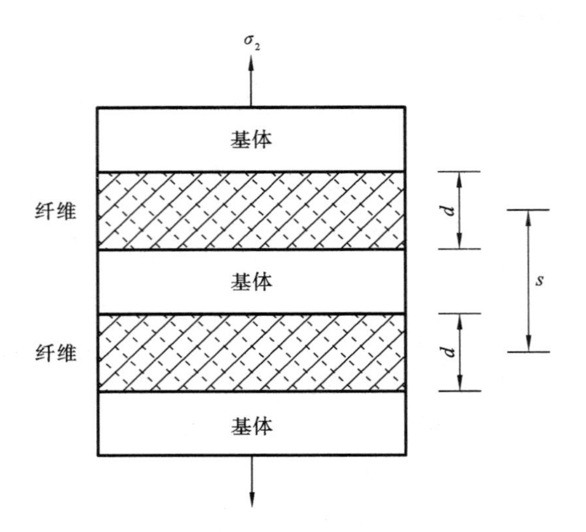

图 3-4-3　用于计算单向板横向抗拉强度的代表性体积元(RVE)

$$\delta_m = \varepsilon_m (s-d) \tag{3-4-22}$$

式中：ε_c、ε_f 和 ε_m 分别为复合材料单层板、纤维和基体中的横向应变。

将式(3-4-20)～式(3-4-22)的表达式代入式(3-4-19)，得到

$$\varepsilon_c = \frac{d}{s}\varepsilon_f + \left(1-\frac{d}{s}\right)\varepsilon_m \tag{3-4-23}$$

假设在横向载荷下，纤维和基体中的应力相等。然后，将纤维和基体中的应变通过胡克定律联系起来，可表示为

$$E_f\varepsilon_f = E_m\varepsilon_m \tag{3-4-24}$$

将式(3-4-23)中纤维横向应变的表达式 ε_f 替换为复合材料的横向应变，则有

$$\varepsilon_c = \left[\frac{d}{s}\frac{E_m}{E_f} + \left(1-\frac{d}{s}\right)\right]\varepsilon_m \tag{3-4-25}$$

假设单层板的横向破坏是由于基体的破坏引起的，那么最终的横向破坏应变为

$$(\varepsilon_2^T)_{ult} = \left[\frac{d}{s}\frac{E_m}{E_f} + \left(1-\frac{d}{s}\right)\right](\varepsilon_m^T)_{ult} \tag{3-4-26}$$

这里 $(\varepsilon_m^T)_{ult}$ 表示基体的极限拉伸破坏应变。

横向极限抗拉强度可表示为

$$(\sigma_2^T)_{ult} = E_2(\varepsilon_2^T)_{ult} \tag{3-4-27}$$

这里 $(\varepsilon_m^T)_{ult}$ 由式(3-4-26)给出，其表达式假设纤维与基体是完美结合的。如果纤维与基体之间的黏结不充分，复合材料的横向强度将会降低。

3.4.4　横向抗压强度

为计算横向抗拉强度而建立的式(3-4-27)，也可用于计算单层板的横向抗压强度。由于纤维/基体界面黏结不完善和纤维纵向分裂，所以实际抗压强度会再次降低。利用式(3-4-27)中的压力参数可得

$$(\sigma_2^C)_{ult} = E_2(\varepsilon_2^C)_{ult} \tag{3-4-28}$$

其中，

$$(\varepsilon_2^C)_{ult}=\left[\frac{d}{s}\frac{E_m}{E_f}+\left(1-\frac{d}{s}\right)\right](\varepsilon_m^C)_{ult} \tag{3-4-29}$$

式中：$(\varepsilon_m^C)_{ult}$ 为基体的极限压缩破坏应变。

3.4.5　面内抗剪强度

可采用材料力学的方法求单层板的极限抗剪强度。假设给单层板施加 τ_{12} 的切应力且单元的剪切变形为纤维和基体的变形，即

$$\Delta_c=\Delta_f+\Delta_m \tag{3-4-30}$$

根据剪切应变的定义，有

$$\Delta_c=s(\gamma_{12})_c \tag{3-4-31}$$

$$\Delta_f=d(\gamma_{12})_f \tag{3-4-32}$$

$$\Delta_m=(s-d)(\gamma_{12})_m \tag{3-4-33}$$

式中：$(\gamma_{12})_c$、$(\gamma_{12})_f$ 和 $(\gamma_{12})_m$ 分别为复合材料单层板、纤维和基体中的面内剪切应变。

将式(3-4-31)～式(3-4-33)代入式(3-4-30)，可得

$$(\gamma_{12})_c=\frac{d}{s}(\gamma_{12})_f+\left(1-\frac{d}{s}\right)(\gamma_{12})_m \tag{3-4-34}$$

假设在切应力的作用下，纤维和基体中的切应力相等。则纤维和基体中的剪切应变关系式为

$$(\gamma_{12})_m G_m=(\gamma_{12})_f G_f \tag{3-4-35}$$

将式(3-4-35)中 $(\gamma_{12})_f$ 的表达式代入式(3-4-34)可得

$$(\gamma_{12})_c=\left[\frac{d}{s}\frac{G_m}{G_f}+\left(1-\frac{d}{s}\right)\right](\gamma_{12})_m \tag{3-4-36}$$

假设剪切破坏是由于基体的破坏引起的，则有

$$(\gamma_{12})_{ult}=\left[\frac{d}{s}\frac{G_m}{G_f}+\left(1-\frac{d}{s}\right)\right](\gamma_{12})_{m\,ult} \tag{3-4-37}$$

式中：$(\gamma_{12})_{m\,ult}$ 表示基体的极限剪切应变。

因此，单层复合材料即单层板的极限抗剪强度为

$$(\tau_{12})_{ult}=G_{12}(\gamma_{12})_{ult}=G_{12}\left[\frac{d}{s}\frac{G_m}{G_f}+\left(1-\frac{d}{s}\right)\right](\gamma_{12})_{m\,ult} \tag{3-4-38}$$

3.5　热膨胀系数

当复合材料的温度发生变化时，其尺寸会随温度成比例变化。将复合材料在单位长度和单位温度内的尺寸的线性变化定义为热膨胀系数。

对于各向异性复合材料单层板，因为其在 1 和 2 两个主方向上的尺寸变化不同。定义 1 和 2 方向上的热膨胀系数如下：

α_1 为 1 方向上的线性热膨胀系数，m/m/℃(in/in/℉)；

α_2 为 2 方向上的线性热膨胀系数，m/m/℃(in/in/℉)。

利用热弹性极值原理，得到单层板两个主方向热膨胀系数的表达式：

$$\alpha_1=\frac{1}{E_1}(\alpha_f E_f V_f+\alpha_m E_m V_m) \tag{3-5-1}$$

$$\alpha_2 = (1+\nu_f)\alpha_f V_f + (1+\nu_m)\alpha_m V_m - \alpha_1 \nu_{12} \tag{3-5-2}$$

式中：α_f 和 α_m 分别为纤维和基体的热膨胀系数。

3.5.1　纵向热膨胀系数

式(3-5-1)可以用材料力学方法推导出来。考虑在温度变化为 ΔT 的情况下单层板的纵向膨胀。假设单层板在纵向上只施加温度 ΔT，而载荷 F_1 为零。则有

$$F_1 = \sigma_1 A_c = 0 = \sigma_f A_f + \sigma_m A_m \tag{3-5-3}$$

$$\sigma_f V_f + \sigma_m V_m = 0 \tag{3-5-4}$$

式中：A_c、A_f 和 A_m 分别为复合材料单层板、纤维和基体的截面积；σ_1、σ_f 和 σ_m 分别为复合材料单层板、纤维和基体中的应力。

尽管纵向 1 方向施加的总载荷为零，但由于纤维与基体之间出现热膨胀失配，在纤维和基体中会产生应力，其大小可表示为

$$\sigma_f = E_f(\varepsilon_f - \alpha_f \Delta T) \tag{3-5-5}$$

$$\sigma_m = E_m(\varepsilon_m - \alpha_m \Delta T) \tag{3-5-6}$$

将式(3-5-5)和式(3-5-6)代入式(3-5-4)，得到纤维和基体中的应变($\varepsilon_f = \varepsilon_m = \varepsilon_1$)相等，则有

$$\varepsilon_f = \frac{\alpha_f E_f V_f + \alpha_m E_m V_m}{E_f V_f + E_m V_m} \Delta T \tag{3-5-7}$$

当复合材料在纵向 1 方向自由膨胀时，纵向应变为

$$\varepsilon_1 = \alpha_1 \Delta T \tag{3-5-8}$$

由于纤维和复合材料中的应变也相等($\varepsilon_1 = \varepsilon_f$)，由式(3-5-7)和式(3-5-8)可得

$$\alpha_1 = \frac{\alpha_f E_f V_f + \alpha_m E_m V_m}{E_f V_f + E_m V_m} \tag{3-5-9}$$

利用式(3-5-9)来定义纵向弹性模量如下：

$$\alpha_1 = \frac{1}{E_1}(\alpha_f E_f V_f + \alpha_m E_m V_m) \tag{3-5-10}$$

纵向热膨胀系数也可表示为

$$\alpha_1 = \left(\frac{\alpha_f E_f}{E_1}\right) V_f + \left(\frac{\alpha_m E_m}{E_1}\right) V_m \tag{3-5-11}$$

根据组分的加权平均值定义($\alpha E / E_1$)可知，上述纵向热膨胀系数也符合混合定律。

3.5.2　横向热膨胀系数

由于温度 ΔT 的变化，单层板在横向也会产生热膨胀。假设纤维和基体在 1 方向上的应变相等，且其相容条件为

$$\varepsilon_m = \varepsilon_f = \varepsilon_1 \tag{3-5-12}$$

因而，纤维在纵向 1 方向的应力为

$$(\sigma_f)_1 E_f (\varepsilon_f)_1 = E_f \varepsilon_1 = E_f(\alpha_1 - \alpha_f)\Delta T \tag{3-5-13}$$

基体在纵向 1 方向的应力为

$$(\sigma_m)_1 E_m (\varepsilon_m)_1 = E_m \varepsilon_1 = -E_m(\alpha_m - \alpha_1)\Delta T \tag{3-5-14}$$

由胡克定律可得，纤维和基体在横向 2 方向的应变为

$$(\varepsilon_f)_2=\alpha_f\Delta T-\frac{\nu_f(\sigma_f)_1}{E_f} \tag{3-5-15}$$

$$(\varepsilon_m)_2=\alpha_m\Delta T-\frac{\nu_m(\sigma_m)_1}{E_m} \tag{3-5-16}$$

根据混合定律可得，复合材料单层板的横向应变为

$$\varepsilon_2=(\varepsilon_f)_2V_f+(\varepsilon_m)_2V_m \tag{3-5-17}$$

将式(3-5-15)和式(3-5-16)代入式(3-5-17)得

$$\varepsilon_2=\left[\alpha_f\Delta T-\frac{\nu_fE_f(\sigma_1-\alpha_f)\Delta T}{E_f}\right]V_f+\alpha_m\Delta T-\frac{\nu_mE_m(\alpha_m-\alpha_1)\Delta T}{E_m}V_m \tag{3-5-18}$$

结合横向应变与温度变化的关系式

$$\varepsilon_2=\alpha_2\Delta T \tag{3-5-19}$$

可以得到

$$\alpha_2=[\alpha_f-\nu_f(\alpha_1-\alpha_f)]V_f+[\alpha_m-\nu_m(\alpha_m-\alpha_1)]V_m \tag{3-5-20}$$

根据泊松比的混合定律

$$\nu_{12}=\nu_fV_f+\nu_mV_m \tag{3-5-21}$$

可以得到单层复合材料即复合材料单层板的横向热膨胀系数为

$$\alpha_2=(1-\nu_f)\alpha_fV_f+(1+\nu_m)\alpha_mV_m-\alpha_1\nu_{12} \tag{3-5-22}$$

此式也表示了单层板的横向热膨胀系数与纵向热膨胀系数的关系。

3.6　水分膨胀系数

当复合材料单层板吸收水分时会膨胀，就像聚合复合材料中的树脂一样。单层板尺寸的变化可用水分膨胀系数来衡量。水分膨胀系数(也叫湿膨胀系数)被定义为单层板每单位长度对应每单位质量水分的线性尺寸变化。与热膨胀系数类似，水分膨胀系数也有两个，一个在纵向1方向上，另一个在横向2方向上，分别列出如下：

β_1 表示纵向1方向的水分膨胀线性系数，m/m/kg/kg(in/in/lb/lb)；

β_2 表示横向2方向的水分膨胀线性系数，m/m/kg/kg(in/in/lb/lb)。

以下是两个方向水分膨胀系数的表达式：

$$\beta_1=\frac{\beta_f\Delta C_fV_fE_f+\beta_m\Delta C_mV_mE_m}{E_1(\Delta C_f\rho_fV_f+\Delta C_m\rho_mV_m)}\rho_c \tag{3-6-1}$$

$$\beta_2=\frac{V_f(1+\nu_f)\Delta C_f\beta_f+V_m(1+\nu_m)\Delta C_m\beta_m}{(V_m\rho_m\Delta C_m+V_f\rho_f\Delta C_f)}\rho_c-\beta_1\nu_{12} \tag{3-6-2}$$

式中：ΔC_f 表示纤维中的水分浓度，kg/kg(lb/lb)；ΔC_m 表示基体中的水分浓度，kg/kg(lb/lb)；β_f 表示纤维的水分膨胀系数，m/m/kg/kg(in/in/lb/lb)；β_m 表示基体的水分膨胀系数，m/m/kg/kg(in/in/lb/lb)。

需要注意的是，与热膨胀系数不同，式(3-6-1)、式(3-6-2)中包含了水分含量，因为各组分的吸湿能力可能不同。然而，在大多数纤维增强复合材料中，纤维不吸收水分或脱湿，故水分膨胀系数的表达式与含水率无关。将 $\Delta C_f=0$ 代入式(3-6-1)和式(3-6-2)，可得

$$\beta_1=\frac{E_m}{E_1}\frac{\rho_c}{\beta_m}\rho_m \tag{3-6-3}$$

$$\beta_2=(1+\nu_m)\frac{\rho_c}{\rho_m}\beta_m-\beta_1\nu_{12} \tag{3-6-4}$$

式(3-6-3)、式(3-6-4)还可以进一步简化。对于石墨/环氧树脂复合材料，由于其具有高纤维-基体模量比(E_f/E_m)和纤维不吸湿的性质，可得

$$\beta_1=0 \tag{3-6-5}$$

$$\beta_2=(1+\nu_m)\frac{\rho_c}{\rho_m}\beta_m \tag{3-6-6}$$

与3.5.1小节中对纵向热膨胀系数的推导相似，同样可采用材料力学方法推导得到水分膨胀系数。考虑单层板由于复合材料中含水率的不同而产生纵向膨胀的问题。设复合材料的总载荷 F_1 为零，即

$$F_1=\sigma_1A_c=0=\sigma_fA_f+\sigma_mA_m \tag{3-6-7}$$

$$\sigma_fV_f+\sigma_mV_m=0 \tag{3-6-8}$$

式中：A_c、A_f 和 A_m 分别为单层板、纤维和基体的截面积；σ_1、σ_f 和 σ_m 分别为单层板、纤维和基体中的应力。

纤维和基体中由水分引起的应力分别为

$$\sigma_f=E_f(\varepsilon_f-\beta_f\Delta C_f) \tag{3-6-9}$$

$$\sigma_m=E_m(\varepsilon_m-\beta_m\Delta C_m) \tag{3-6-10}$$

已知纤维和基体中的应变相等($\varepsilon_f=\varepsilon_m$)，将式(3-6-9)和式(3-6-10)代入式(3-6-8)可得

$$\varepsilon_f=\frac{\beta_f\Delta C_fV_fE_f+\beta_m\Delta C_mV_mE_m}{E_fV_f+E_mV_m} \tag{3-6-11}$$

当复合材料在纵向自由膨胀时，纵向应变为

$$\varepsilon_1=\beta_1\Delta C_c \tag{3-6-12}$$

式中：ΔC_c 表示复合材料单层板中的水分浓度。

由于纤维和基体中的应变相等，因而有

$$\beta_1=\frac{\beta_f\Delta C_fV_fE_f+\beta_m\Delta C_mV_mE_m}{(E_fV_f+E_mV_m)\Delta C_c} \tag{3-6-13}$$

将复合材料中的水分浓度 ΔC_c 与纤维和基体中的水分浓度 ΔC_f、ΔC_m 联系起来，即可简化式(3-6-13)。

复合材料中的含水率是纤维和基体中的含水率之和：

$$\Delta C_cw_c=\Delta C_fw_f+\Delta C_mw_m \tag{3-6-14}$$

式中：w_c、w_f 和 w_m 分别为复合材料单层板质量、纤维质量和基体质量。根据式(3-6-14)可得

$$\Delta C_c=\Delta C_fW_f+\Delta C_mW_m \tag{3-6-15}$$

式中：W_f 和 W_m 分别表示纤维和基体的质量分数。将式(3-6-15)代入式(3-6-13)可得

$$\beta_1=\frac{\beta_f\Delta C_fV_fE_f+\beta_m\Delta C_mV_mE_m}{(E_fV_f+E_mV_m)(\Delta C_fW_f+\Delta C_mW_m)} \tag{3-6-16}$$

进一步将式(3-6-16)的纵向水分膨胀系数改写为关于纤维体积分数和纵向弹性模量的表达式，得到

$$\beta_1=\frac{\beta_f\Delta C_fV_fE_f+\beta_m\Delta C_mV_mE_m}{E_1(\Delta C_f\rho_fV_f+\Delta C_m\rho_mV_m)}\rho_c$$

横向水分膨胀系数表达式见式(3-6-2)，其推导过程与横向热膨胀系数相似。

第 4 章　复合材料层合板的弯曲、屈曲与振动

当复合材料层合板(以下简称层合板)作为船舶的结构件时,可能会受到横向载荷的作用,产生弯曲变形。而对于远离船体剖面中和轴的甲板和船底部位,层合板还可能受到面内压缩载荷的作用,引起屈曲,造成失稳破坏。此外,在船舶使役过程中,作为船体结构件,层合板会产生总体或局部振动。因此,本章将简要介绍复合材料层合板的弯曲、屈曲与振动相关理论知识。

4.1　复合材料层合板的弯曲

4.1.1　弯曲基本方程

复合材料层合板通常指层合平板,是船舶工程中最简单又应用最广的一种结构形式。为研究层合平板的弯曲问题,做如下简化假设:

(1) 每层单层板是正交各向异性的,不过材料主方向不一定与层合板坐标轴相同;材料是线弹性的,且层合板厚度均匀一致。

(2) 板厚与长、宽相比很小,即可认为是薄层合板。

对于薄层合板,隐含如下基本假设:

(1) 层合板处于平面应力状态;

(2) 满足直法线假设,横向切应变 γ_{xz}、γ_{yz} 以及 ε_z 近似为零,这与 $\sigma_z=0$ 的假设有点矛盾,但通常可忽略不计;

(3) 只考虑小挠度和小应变问题,即变形挠度小于十分之一板厚,且忽略转动惯量的影响。

弯曲问题是指在横向载荷 $q(x, y)$ 作用下求解层合板的挠度、变形和应力的一类问题。图 4-1-1 给出了层合板的几何尺寸描述,图 4-1-2 描述了作用于层合平板的力和力矩。

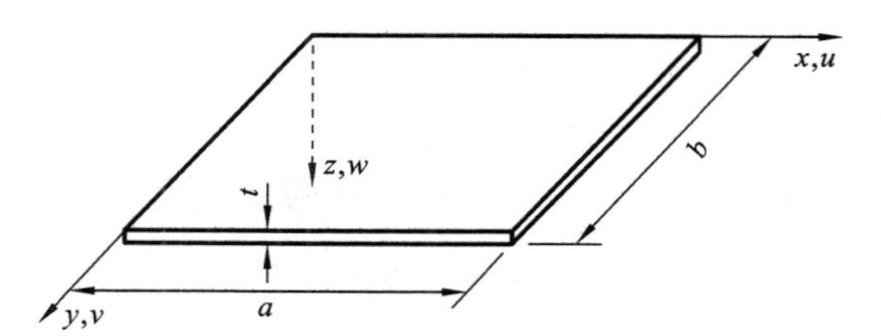

图 4-1-1　层合平板的几何尺寸

以下关于层合板的描述中,若无特殊说明,层合板均指层合平板。

定义单位层合平板单位宽度上的剪力和弯矩(扭矩)分别为

$$(N_x, N_y)=\int_{-h/2}^{h/2}(\tau_{xz}, \tau_{yz})\mathrm{d}z \tag{4-1-1}$$

$$(M_x, M_y, M_{xy}, M_{yx})=\int_{-h/2}^{h/2}(\sigma_x, \sigma_y, \tau_{xy}, \tau_{yx})z\mathrm{d}z \tag{4-1-2}$$

由于 $\tau_{xy}=\tau_{yx}$,所以有 $M_{xy}=M_{yx}$。由 z 方向的力平衡条件可得

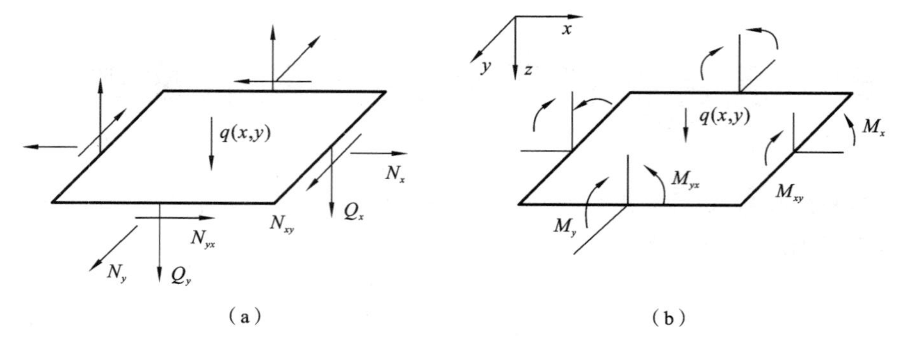

(a)　　(b)

图 4-1-2　作用于层合平板上的力和力矩

$$\frac{\partial N_x}{\partial x}+\frac{\partial N_y}{\partial y}-q=0 \tag{4-1-3}$$

根据绕 x 轴和 y 轴转动的力矩平衡条件，分别有

$$\frac{\partial M_{xy}}{\partial x}+\frac{\partial M_y}{\partial y}-N_y=0 \tag{4-1-4}$$

$$\frac{\partial M_x}{\partial x}+\frac{\partial M_{yx}}{\partial y}-N_x=0 \tag{4-1-5}$$

由式(4-1-4)、式(4-1-5)整理可得层合平板各力矩之间满足如下平衡关系：

$$\frac{\partial^2 M_x}{\partial x^2}+\frac{\partial^2 M_y}{\partial y^2}+2\frac{\partial^2 M_{xy}}{\partial x\partial y}-q=0 \tag{4-1-6}$$

当层合平板对称于中面时，刚度矩阵 $\boldsymbol{B}_{ij}=\boldsymbol{0}$，此时板的面内问题和弯曲问题可以分别单独处理。利用弯矩(扭矩)和位移的关系

$$\begin{bmatrix} M_x \\ M_y \\ M_{xy} \end{bmatrix}=\boldsymbol{D}\begin{bmatrix} -\partial^2 w/\partial x^2 \\ -\partial^2 w/\partial y^2 \\ -2\partial^2 w/\partial x\partial y \end{bmatrix} \tag{4-1-7}$$

式中：$\boldsymbol{D}$ 为刚度矩阵。

由式(4-1-7)可得对称层合平板的弯矩基本方程：

$$D_{11}\frac{\partial^4 w}{\partial x^4}+2(D_{12}+2D_{66})\frac{\partial^4 w}{\partial x^2\partial y^2}+D_{22}\frac{\partial^4 w}{\partial y^4}+4D_{16}\frac{\partial^4 w}{\partial x^3\partial y}+4D_{26}\frac{\partial^4 w}{\partial x\partial y^3}=q \tag{4-1-8}$$

4.1.2　四边简支层合板的弯曲

简支这种边界条件在船舶结构力学计算中较为普遍。因此，此节以简支层合板为例，给出层合板的弯曲变形方程。考虑四边简支(simple support)并承受横向载荷 $q(x, y)$ 作用的特殊正交各向异性的矩形层合板。

对于特殊正交各向异性层合板，由于有 $D_{16}=D_{26}=0$，平衡方程可进一步简化为

$$D_{11}\frac{\partial^4 w}{\partial x^4}+2(D_{12}+2D_{66})\frac{\partial^4 w}{\partial x^2\partial y^2}+D_{22}\frac{\partial^4 w}{\partial y^4}=q \tag{4-1-9}$$

对于简支层合板，其边界条件如下：

在 $x=0$、a 处，$w=0$，此时有

$$M_x=-D_{11}\frac{\partial^2 w}{\partial x^2}-D_{12}\frac{\partial^2 w}{\partial y^2}=0 \tag{4-1-10}$$

在 $y=0$、b 处，$w=0$，此时有

$$M_y=-D_{12}\frac{\partial^2 w}{\partial x^2}-D_{22}\frac{\partial^2 w}{\partial y^2}=0 \tag{4-1-11}$$

由于在边界上 $w=0$，于是

在 $x=0$、a 处有

$$\frac{\partial^2 w}{\partial y^2}\equiv 0 \tag{4-1-12}$$

在 $y=0$、b 处有

$$\frac{\partial^2 w}{\partial x^2}\equiv 0 \tag{4-1-13}$$

因而边界条件可简化如下：

在 $x=0$、a 处有

$$w=0,\quad \frac{\partial^2 w}{\partial x^2}=0 \tag{4-1-14}$$

在 $y=0$、b 处有

$$w=0,\quad \frac{\partial^2 w}{\partial y^2}=0 \tag{4-1-15}$$

假设简支层合板的变形具有如下级数形式

$$w=\sum_{m=1}^{\infty}\sum_{n=1}^{\infty}W_{mn}\sin\frac{m\pi x}{a}\sin\frac{n\pi y}{b} \tag{4-1-16}$$

设一般横向载荷 $q(x,y)$ 也具有如下傅里叶级数展开形式

$$q(x,y)=\sum_{m=1}^{\infty}\sum_{n=1}^{\infty}q_{mn}\sin\frac{m\pi x}{a}\sin\frac{n\pi y}{b} \tag{4-1-17}$$

$$q_{mn}=\frac{4}{ab}\int_0^a\int_0^b q(x,y)\sin\frac{m\pi x}{a}\sin\frac{n\pi y}{b}\mathrm{d}x\mathrm{d}y \tag{4-1-18}$$

将式(4-1-17)和式(4-1-16)代入式(4-1-9)可得

$$q_{mn}=\begin{cases}\dfrac{16q_0}{\pi^2 mn} & (m,\ n\ 为奇数)\\ 0 & (其他)\end{cases} \tag{4-1-19}$$

根据基本方程可确定 W_{mn} 为

$$W_{mn}=-\frac{16q_0}{\pi^6}\cdot\frac{a^4b^4}{mn[D_{11}m^4b^4+2(D_{12}+2D_{66})m^2n^2a^2b^2+D_{22}n^4a^4]}\quad (m,n\ 为奇数) \tag{4-1-20}$$

式中分母为 m 或 n 的 6 次幂。由此可见，W_{mn} 随 m、n 增大而迅速衰减。因此，可取第一项作为近似解，则简支层合板的变形挠度为

$$w=-\frac{16q_0}{\pi^6}\cdot\frac{a^4b^4}{D_{11}b^4+2(D_{12}+2D_{66})a^2b^2+D_{22}a^4}\sin\frac{\pi x}{a}\sin\frac{\pi y}{b} \tag{4-1-21}$$

求得层合板的变形挠度函数后，即可通过几何方程（应变-位移关系）和物理方程（应力-应变关系）进一步确定层合板的应变以及层合板内各层的应力。

4.1.3　两对边简支层合板的弯曲

仍以特殊正交各向异性层合板为对象。由于有 $D_{16}=D_{26}=0$，平衡方程与 4.1.2 小节中

的四边简支层合板相同。设在 $y=0$ 和 $y=b$ 两边简支，两边边界任意，相应的边界条件为

$$w=0,\quad \frac{\partial^2 w}{\partial y^2}=0 \tag{4-1-22}$$

设横向载荷 $q(x, y)$ 可分离为下面的形式

$$q(x, y)=g(x)h(y) \tag{4-1-23}$$

将 $h(y)$ 进行三角级数展开

$$h(y)=\sum_{n=1}^{\infty} h_n \sin\frac{n\pi y}{b} \tag{4-1-24}$$

$$h_n=\frac{2}{b}\int_0^b h(y)\sin\frac{n\pi y}{b}\mathrm{d}y \tag{4-1-25}$$

假设层合板的变形挠度有如下形式的解

$$w=\sum_{n=1}^{\infty} w_n(x)\sin\frac{n\pi y}{b} \tag{4-1-26}$$

将式(4-1-23)至式(4-1-26)代入式(4-1-9)可得

$$D_{11}\frac{\mathrm{d}^4 w_n}{\mathrm{d}x^4}-2(D_{12}+2D_{66})\lambda_n^2\frac{\mathrm{d}^2 w_n}{\mathrm{d}x^2}+D_{22}\lambda_n^4 w_n=-h_n g(x) \tag{4-1-27}$$

其中，$\lambda_n=n\pi/b$。式(4-1-27)是一个非齐次线性常微分方程，它的解包括通解(homogeneous solution) w_{nh} 和特解(Particular solution) w_{np}^* 两部分：

$$w_n=w_{nh}+w_{np}^* \tag{4-1-28}$$

通过求解特征方程

$$s^4-2A\lambda_n^2 s^2+B\lambda_n^4=0 \tag{4-1-29}$$

$$A=\frac{D_{12}+2D_{66}}{D_{11}},\quad B=\frac{D_{22}}{D_{11}} \tag{4-1-30}$$

可得到式(4-1-27)的通解。通解的形式取决于 A^2-B 的正负号。

对于受到横向载荷 $q=q_0\sin(\pi y/b)$ 作用的两对边简支层合板，有

$$\left.\begin{aligned} g(x)&=q_0\\ h(y)&=\sin(\pi y/b)\\ h_n&=h_1=1\\ \lambda_n&=\lambda_1=\pi/b=\lambda \end{aligned}\right\} \tag{4-1-31}$$

求解可得特解为

$$w_{np}^*=-q_0/(\lambda^4 D_{22}) \tag{4-1-32}$$

假如 $(A^2-B)>0$，则可得通解表达式为

$$w_{nh}=C_1\cosh(\lambda s_1 x)+C_2\sinh(\lambda s_1 x)+C_3\cosh(\lambda s_2 x)+C_4\sinh(\lambda s_2 x) \tag{4-1-33}$$

式中，s_1 和 s_2 是特征方程式(4-1-29)的根

$$s_{1,2}=\sqrt{A\pm\sqrt{A^2-B}} \tag{4-1-34}$$

对于两自由边 $x=0$ 和 $x=a$，有 $N=0$ 和 $M=0$，则有

$$\frac{\partial^3 w}{\partial x^3}=0,\quad \frac{\partial^2 w}{\partial x^2}=0 \tag{4-1-35}$$

根据上述边界条件，可得

$$\left.\begin{aligned}s_1^3 C_2 + s_2^3 C_4 = 0 \\ s_1^3[C_1 \sinh(\lambda s_1 a) + C_2 \cosh(\lambda s_1 a)] + s_2^3[C_3 \sinh(\lambda s_2 a) + C_4 \cosh(\lambda s_2 a)] = 0 \\ s_1^2 C_1 + s_2^2 C_3 = 0 \\ s_1^2[C_1 \cosh(\lambda s_1 a) + C_2 \sinh(\lambda s_1 a)] + s_2^2[C_3 \cosh(\lambda s_2 a) + C_4 \sinh(\lambda s_2 a)] = 0\end{aligned}\right\} \tag{4-1-36}$$

求解以上方程可得

$$C_1 = C_2 = C_3 = C_4 = 0 \tag{4-1-37}$$

由此可得两对边简支层合板的变形挠度函数为

$$w = -\frac{q_0}{\lambda^4 D_{22}} \sin\frac{\pi y}{b} \tag{4-1-38}$$

求得上述变形挠度函数后，即可通过几何方程（应变-位移关系）和物理方程（应力-应变关系）进一步确定两对边简支层合板的应变以及各层的应力。

4.1.4　提高抗弯能力的途径

通过纤维或结构的合理设计，可提高层合板的抗弯能力，即减小在横向载荷作用下层合板的变形挠度。根据式(4-1-21)可求出四边简支层合板的最大挠度为

$$-\frac{\pi^6}{16 q_0} w_{\max} = \frac{b^4}{D_{11} k^4 + 2(D_{12} + 2D_{66}) k^2 + D_{22}} \tag{4-1-39}$$

式中：$k = (b/a) > 1$。根据式(4-1-39)可得，增大 D_{11} 比增大 D_{22} 能更有效地降低弯曲变形程度。

因此，在等重和材料性质相同的情形下，对于 $b > a$ 的四边简支层合板，表层沿 x 方向刚度大的层合板（见图 4-1-3(a)）抗弯能力要优于表层沿 y 方向刚度大的层合板（见图 4-1-3(b)）。若为两对边（$y = 0$、b）简支层合板，根据式(4-1-38)可知，减小弯曲变形的有效途径是增大简支方向的刚度 D_{22}。

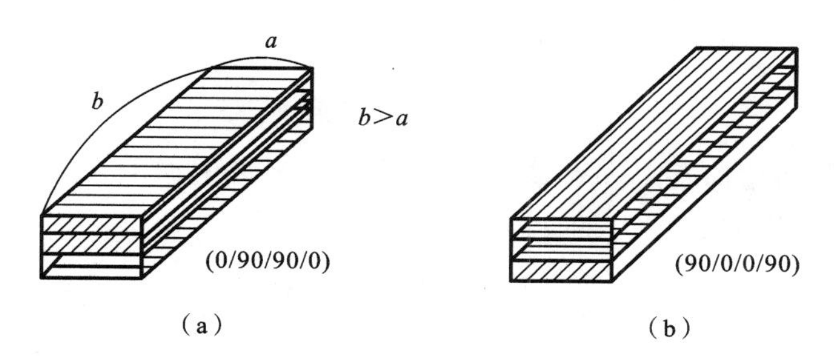

图 4-1-3　两种不同形式的四边简支层合板

玻纤增强(GFRP)层合板的强度较高，但其模量较小。碳纤增强(CFRP)层合板具有高强度、高模量的优点，但其性能较脆，抗冲击性能较差。将这两种材料结合起来，综合利用两者的优点，形成碳-玻混杂复合材料层合板。根据上述分析，从提高抗弯能力的角度来看，将刚度较大的碳纤维配置在层合板的表层更为有利。因此，碳-玻-碳(CFRP/GFRP/CFRP)层合板结构比玻-碳-玻层合板(GFRP/CFRP/GFRP)层合板结构具有更好的抗弯性能。

此外，根据材料力学中的弯曲理论可知，增大其截面积，可增大截面惯性矩，从而可提高梁或板的抗弯能力。采用夹芯结构的形式，也可提高复合材料层合板的抗弯能力。

4.2　复合材料层合板的屈曲

作为船舶结构的承力构件，当船体产生中垂时，甲板部位的复合材料层合板结构可能会受到面内压缩载荷作用。因此，存在复合材料层合板的屈曲问题。

4.2.1　屈曲方程

层合板的屈曲是指受到面内载荷(平面内的压缩和剪切载荷)作用下，当载荷增加到一定值时产生横向变形挠度的另一种不稳定平衡状态，相应的屈曲载荷值称为临界载荷。板的屈曲形式和相应的临界载荷有多个，而实际工程中只需知道其中最小的一个，即通常所说的临界屈曲载荷。考虑沿主轴方向作用面内载荷 N_x、N_y 和 N_{xy} 的层合板的屈曲问题，如图 4-2-1(a)所示。

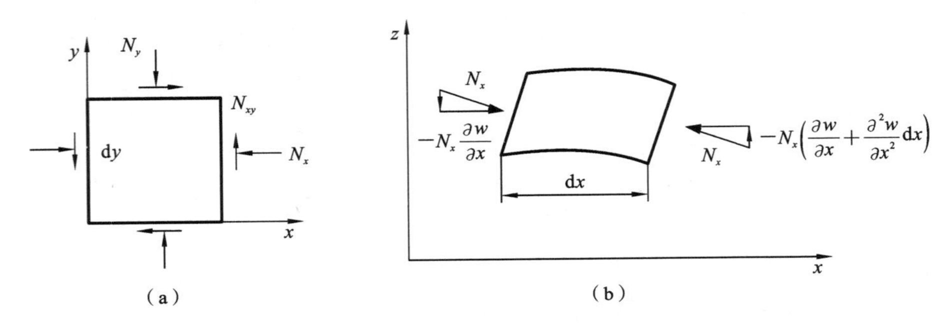

图 4-2-1　层合板的屈曲受力分析

假设层合板在发生屈曲前是薄膜应力状态，不考虑拉弯耦合影响，则有 $D_{16}=0$ 和 $D_{26}=0$。当屈曲发生后，面内力对 z 方向的作用为(见图 4-2-1(b))

$$N_x\frac{\partial^2 w}{\partial x^2}+N_y\frac{\partial^2 w}{\partial y^2}-2N_{xy}\frac{\partial^2 w}{\partial x\partial y} \tag{4-2-1}$$

因此，类似弯曲问题，将弯曲基本方程式(4-1-9)中的 q 换成上面的作用力表达式就可得到用位移表示的屈曲方程，即

$$D_{11}\frac{\partial^4 w}{\partial x^4}+2(D_{12}+2D_{66})\frac{\partial^4 w}{\partial x^2\partial y^2}+D_{22}\frac{\partial^4 w}{\partial y^4}=-\left(N_x\frac{\partial^2 w}{\partial x^2}+N_y\frac{\partial^2 w}{\partial y^2}-2N_{xy}\frac{\partial^2 w}{\partial x\partial y}\right) \tag{4-2-2}$$

式(4-2-2)虽然与弯曲基本方程式(4-1-9)的形式相似，但二者本质上是不同的。弯曲问题在数学上属于边界值问题，而屈曲问题则属于特征值问题，其本质是求引起屈曲的最小载荷，至于发生屈曲后的具体横向变形大小是不确定的，即我们只需要知道屈曲模态，而不需要关心该屈曲模态下的横向变形具体是多少。

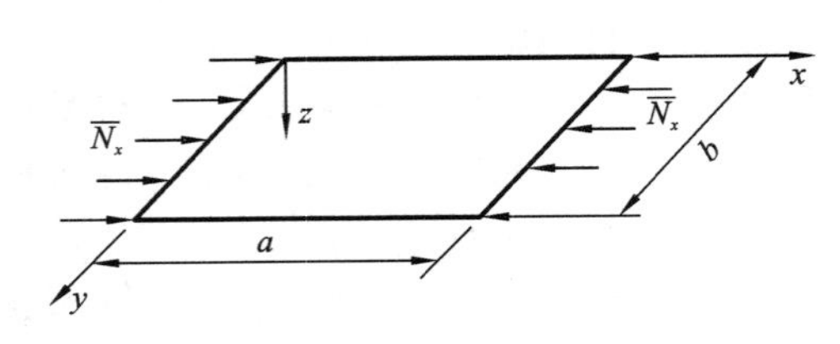

图 4-2-2　均布单向平面力作用的简支矩形层合板

4.2.2　四边简支层合板的屈曲

考虑沿 x 方向作用均匀平面力 $\overline{N}_x$ 的四边简支矩形层合板，如图 4-2-2 所示。

相应的边界条件为

$$\left.\begin{aligned} x=0、a:\ w=\frac{\partial^2 w}{\partial x^2}=0 \\ y=0、b:\ w=\frac{\partial^2 w}{\partial y^2}=0 \end{aligned}\right\} \tag{4-2-3}$$

应该说明的是，对于 $x=0$ 和 $x=a$ 这两边，其中一条边需要放开面内 x 方向的平动自由度，不然屈曲问题就不存在。因此，严格意义上讲，该边界条件应该称为三边简支、一边滑动支撑。

与弯曲问题相似，设满足边界条件的解的形式为

$$w=a_{mn}\sin(m\pi x/a)\sin(n\pi y/b) \tag{4-2-4}$$

式中：m 和 n 分别是 x 方向和 y 方向的屈曲半波数。将式(4-2-4)代入式(4-2-2)可得

$$\overline{N}_x=\pi^2\left[D_{11}\left(\frac{m}{a}\right)^2+2(D_{12}+2D_{66})\left(\frac{n}{b}\right)^2+D_{22}\left(\frac{n}{b}\right)^4\left(\frac{m}{a}\right)^2\right] \tag{4-2-5}$$

显然，当 $n=1$ 时，$\overline{N}_x$ 有最小值，此时临界屈曲载荷为

$$\overline{N}_x=\pi^2\left[D_{11}\left(\frac{m}{a}\right)^2+2(D_{12}+2D_{66})\left(\frac{1}{b}\right)^2+D_{22}\left(\frac{1}{b}\right)^4\left(\frac{m}{a}\right)^2\right] \tag{4-2-6}$$

式中：m 随层合板的刚度和长宽比 a/b 而变化；对于不同的 m 值，$\overline{N}_x$ 的最小值也是不同的。图 4-2-3 给出了四边简支特殊正交各向异性层合板的无量纲化 $\overline{N}_x$ 与 a/b 的关系曲线。由图可知，对于 $(a/b)<2.5$ 的层合板，在 x 方向以一个半波屈曲。随着 a/b 的增加，在 x 方向层合板的屈曲存在更多的半波，$\overline{N}_x$ 与 a/b 的关系趋于平缓。

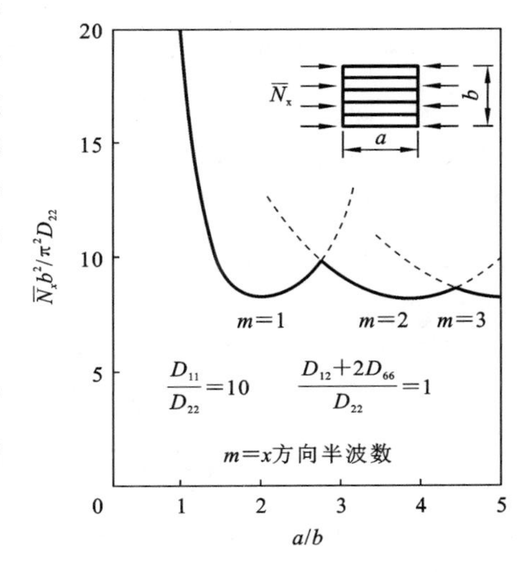

图 4-2-3　特殊正交各向异性层合板的 $\overline{N}_x$ 与 a/b 关系

临界屈曲应力 $\sigma_{cr,\min}=\overline{N}_{x,\min}/h$ 可由以下条件

$$\partial\overline{N}_x/\partial\left(\frac{a}{mb}\right)=0 \tag{4-2-7}$$

求得。式中：h 表示层合板的厚度。由此得到四边简支特殊正交各向异性层合板的临界屈曲应力为

$$\sigma_{cr,\min}=\frac{2\pi^2}{tb^2}\left[(D_{11}D_{22})^{1/2}+D_{12}+2D_{66}\right] \tag{4-2-8}$$

其中

$$(a/mb)_{\min}=(D_{11}D_{22})^{1/4} \tag{4-2-9}$$

4.3　复合材料层合板的振动

与船舶结构中的其他板相似，在船舶使役过程中，船用复合材料层合板结构也存在振动问题。掌握层合板的振动特性，对于避开结构与设备的共振具有好处。

4.3.1　自由振动方程

对于板的振动问题，主要是求解板的固有频率和振型，本小节仅讨论自由振动。与屈曲问

题类似，层合板的固有频率理论上有无穷多个，其中最低的频率称为板的基频。这里与屈曲问题不同的是，在工程应用中除基频外，有时还需知道更高阶（一般取到二阶或三阶）的频率值，以避免该频率与船舶尾部的叶频、倍叶频等高频激励源产生共振。

考虑到板的运动惯性力，自由振动方程为

$$\left.\begin{aligned}\frac{\partial N_x}{\partial x}+\frac{\partial N_{xy}}{\partial y}=0\\ \frac{\partial N_{xy}}{\partial x}+\frac{\partial N_y}{\partial y}=0\\ \frac{\partial^2 M_x}{\partial x^2}+2\frac{\partial^2 M_{xy}}{\partial x\partial y}+\frac{\partial^2 M_y}{\partial y^2}=\rho\frac{\partial^2 w}{\partial t^2}\end{aligned}\right\}\tag{4-3-1}$$

式中：挠度 w 不只是坐标 x、y 的函数，还是时间 t 的函数；ρ 是板的单位面积质量；$\partial^2 w/\partial t^2$ 表示层合板的加速度。考虑无横向载荷 q 并略去平面力 N_x、N_y 和 N_{xy}，则可得层合板的自由振动方程为

$$D_{11}\frac{\partial^4 w}{\partial x^4}+2(D_{12}+2D_{66})\frac{\partial^4 w}{\partial x^2\partial y^2}+D_{22}\frac{\partial^4 w}{\partial y^4}+4D_{16}\frac{\partial^4 w}{\partial x^3\partial y}+4D_{26}\frac{\partial^4 w}{\partial x\partial y^3}+\rho\frac{\partial^2 w}{\partial t^2}=0\tag{4-3-2}$$

4.3.2 四边简支层合板的自由振动

考虑一四边简支矩形层合板在惯性力作用下的自由振动，其边界条件与屈曲问题相同。

对于特殊正交各向异性层合板，其刚度系数 $B_{ij}=0$，$A_{16}=A_{26}=D_{16}=D_{26}=0$。因此，层合板的自由振动方程可简化为

$$D_{11}\frac{\partial^4 w}{\partial x^4}+2(D_{12}+2D_{66})\frac{\partial^4 w}{\partial x^2\partial y^2}+D_{22}\frac{\partial^4 w}{\partial y^4}+\rho\frac{\partial^2 w}{\partial t^2}=0\tag{4-3-3}$$

边界条件为

$$\left.\begin{aligned}x=0、a:\ w=0,\ M_x=-D_{11}\frac{\partial^2 w}{\partial x^2}-D_{12}\frac{\partial^2 w}{\partial y^2}=0\\ y=0、b:\ w=0,\ M_y=-D_{12}\frac{\partial^2 w}{\partial x^2}-D_{22}\frac{\partial^2 w}{\partial y^2}=0\end{aligned}\right\}\tag{4-3-4}$$

选取级数形式的变形挠度函数表达式

$$w(x,\ y,\ t)=(A\cos\omega t+B\sin\omega t)\cdot w(x,\ y)\tag{4-3-5}$$

式(4-3-5)即将振动问题解耦成时间和空间两部分，并使其满足自由振动方程的边界条件，进一步选取

$$w(x,\ y)=\sin\frac{m\pi x}{a}\sin\frac{n\pi y}{b}\tag{4-3-6}$$

则有

$$w(x,\ y,\ t)=(A\cos\omega t+B\sin\omega t)\sin\frac{m\pi x}{a}\sin\frac{n\pi y}{b}\tag{4-3-7}$$

将式(4-3-7)代入自由振动方程式(4-3-3)可得

$$\omega^2=\frac{\pi^4}{\rho}\left[D_{11}\left(\frac{m}{a}\right)^4+2(D_{12}+2D_{66})\left(\frac{m}{a}\right)^2\left(\frac{n}{b}\right)^2+D_{22}\left(\frac{n}{b}\right)^4\right]\tag{4-3-8}$$

式中，各频率 ω 对应不同振型，当 $m=1$，$n=1$ 时得到基频。以 $D_{11}/D_{22}=10$，$(D_{12}+2D_{66})/D_{22}=1$ 的四边简支的特殊正交各向异性层合板为例，得到前四阶振动频率计算值如表 4-3-1 所

示，相应的振型如图 4-3-1 所示。表中，系数 K 由下式定义

$$\omega=\frac{K\pi^2}{a^2}\sqrt{\frac{D_{22}}{\rho}},\quad K=\sqrt{10m^4+2m^2n^2+n^4} \tag{4-3-9}$$

表 4-3-1　简支层合板的前四阶振动频率计算值

振型	特殊正交各向异性			各向同性		
	m	n	K	m	n	K
第一阶	1	1	3.605	1	1	2
第二阶	1	2	5.831	1	2	5
第三阶	1	3	10.440	2	1	5
第四阶	2	1	13.000	2	2	8

对于各向同性板有 $D_{11}=D_{22}=(D_{12}+2D_{66})$，相应的振型也表示在图 4-3-1 中。图中节线(任何时刻均为零挠度的线)用虚线表示。

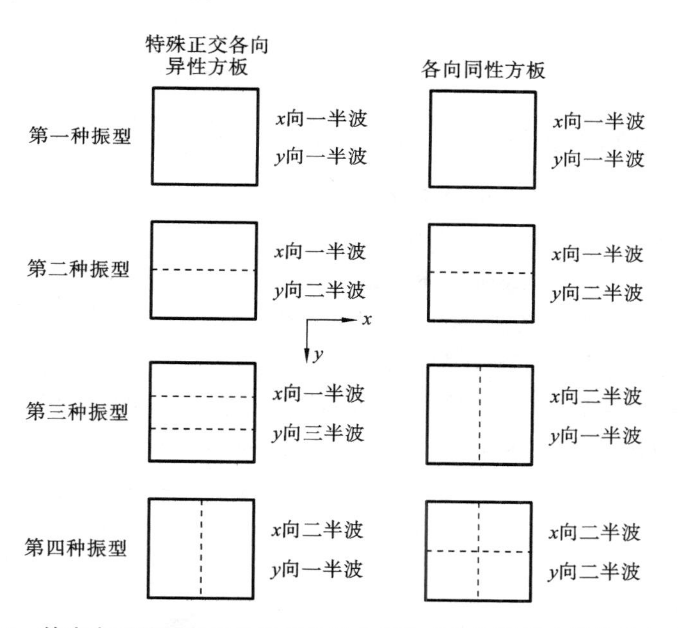

图 4-3-1　简支方形特殊正交各向异性层合板和各向同性层合板的前四阶振型

第 5 章 复合材料的疲劳与断裂力学

5.1 引 言

与金属材料类似,复合材料在船舶工程应用中,会受到由于静水和波浪载荷引起的反复/交变载荷作用,同样涉及疲劳问题。而复合材料在使役过程中,由于缺陷等的存在,在复合材料层合板内部会产生裂纹,随着外部载荷的进一步作用,裂纹不断扩展、变大,造成复合材料的损伤,乃至断裂。因而,复合材料在使役过程中也涉及损伤与断裂问题。

5.2 复合材料的疲劳

5.2.1 复合材料疲劳特性

随着复合材料在船舶工程中的广泛应用,其疲劳问题越来越受到重视。由于构造不同,与金属材料相比,复合材料的疲劳性能要好,如图 5-2-1 所示。尽管复合材料的初始损伤尺寸比金属材料的大,但其疲劳寿命(载荷循环周数/次数)比金属材料的长。同时,复合材料的疲劳损伤是累积的,而且有明显的征兆。相比之下,金属材料的疲劳损伤累积较为隐蔽,且其疲劳破坏具有突发性。此外,金属材料在交变载荷作用下,往往会出现一条疲劳主裂纹,该主裂纹控制最后的疲劳破坏;而复合材料通常在高应力区会出现较大范围的损伤,最终的疲劳破坏很少由单一的裂纹控制。从这方面来说,复合材料的疲劳问题更为复杂。

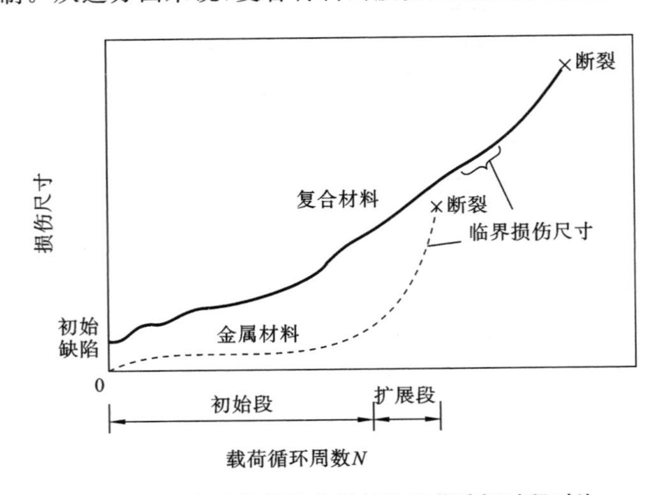

图 5-2-1 复合材料和金属材料疲劳破坏过程对比

与金属材料的疲劳问题类似,工程上,一般用 *S-N*(应力-循环次数,即应力-寿命)曲线来描述复合材料的疲劳特性。图 5-2-2 给出了三种金属材料和两种复合材料的典型疲劳特性

(S-N)曲线。复合材料疲劳特性研究的基本内容就是测定不同受力状态下的 S-N 曲线。与金属材料不同的是，复合材料没有明确的疲劳极限，一般用循环次数为 5×10^4 或10^7 周次时，试件不破坏所对应的应力幅值作为条件疲劳极限。复合材料的疲劳极限和疲劳寿命分散性很大，工程上要求作疲劳试验时的试件最少为 10 个。

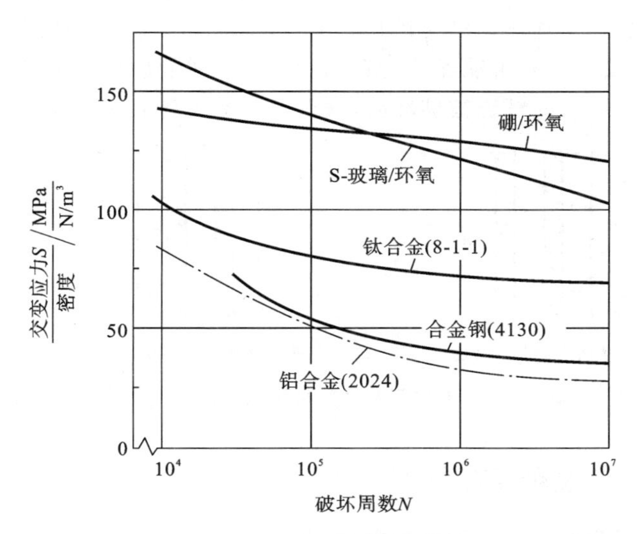

图 5-2-2　三种金属材料和两种复合材料的典型 S-N 曲线

影响疲劳寿命的因素很多，主要因素如下：

(1) 平均应力和循环应力比。平均应力 $\sigma_m=(\sigma_{max}+\sigma_{min})/2$，与循环应力比($R=\sigma_{min}/\sigma_{max}$)对复合材料的疲劳性能影响很大。平均应力越大，循环应力比越小(可以为负值)，复合材料越易发生疲劳破坏。

(2) 加载频率。加载频率对复合材料的疲劳寿命影响也较为明显，特别是对于纤维含量较低的树脂基复合材料。由于基体黏弹性和复合材料的损伤，会引起温度升高，从而使基体性能降低。显然，加载频率越高，复合材料的疲劳寿命越短。

(3) 缺口的影响。与金属材料不同，复合材料受交变载荷作用时，表现出对缺口不敏感。这是由于对于复合材料而言，缺口根部形成的损伤区会缓和应力集中，而疲劳过程中损伤区的扩展则会松弛缺口根部的应力集中。

(4) 组分与铺层方式。不同组分材料和铺层方式对复合材料的疲劳性能有明显影响。这主要是因为不同组分材料的抗裂纹扩展能力不同；不同铺层方式使疲劳裂纹的扩展方向、速度以及分层扩展过程不同。

(5) 环境温度和湿度。环境温度和湿度影响组分材料(主要是基体材料)性能和复合材料的内部应力状态，从而影响复合材料的抗疲劳破坏性能。

5.2.2　复合材料疲劳损伤机理

由于复合材料通常表现出各向异性的特性，其在交变载荷作用下会表现出非常复杂的损伤/失效机理。对于复合材料而言，疲劳会引起试件的大范围损伤破坏，从而导致复合材料性能的降低，而不会出现显著的单一裂纹即主裂纹。复合材料的疲劳损伤/失效机理主要包括基体开裂、纤维与基体的界面脱粘、层间脱离，即分层、纤维断裂等。

对于单向复合材料而言，其在正轴拉伸疲劳时，基体内首先形成横向裂纹，如图 5-2-3(a)所示。当局部纤维断裂时，形成裂纹扩展、界面脱粘，由纤维断裂引起基体裂纹增长和纤维桥联，也可同时形成基体损伤和纤维断裂，如图 5-2-3(b)所示。纤维断裂会使得纤维方向裂纹不断累积，从而导致复合材料层合板的承载能力降低。复合材料的微小裂纹可能会在没有征兆的情况下突然发生，然后在基体中迅速扩张。不过，与金属材料不同的是，纤维增强复合材料在基体中形成大量裂纹后仍有可能保持一定的强度。这主要归因于复合材料层合板的每根纤维都能承受载荷，并且承力的纤维被破坏后，载荷会重新分配到另一根或另几根纤维上。

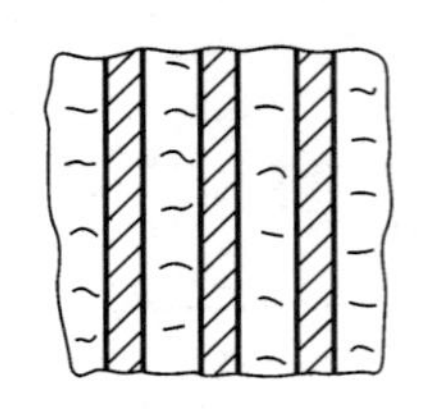
(a) 基体内的分散裂纹

(b) 局部纤维断裂引起裂纹扩展、界面破坏

图 5-2-3 单向复合材料正轴拉伸疲劳损伤模式

5.2.3 复合材料疲劳寿命预测

目前，预测疲劳寿命主要有三种理论模型。

(1) 疲劳裂纹扩展模型。该理论预测模型采用线弹性断裂力学，认为决定疲劳裂纹扩展速率的是应力强度因子的幅值 ΔK 的函数，Paris 得出如下预测公式：

$$\frac{\mathrm{d}a}{\mathrm{d}N}=C_0(\Delta K)^n \tag{5-2-1}$$

式中：$\mathrm{d}a/\mathrm{d}N$ 为疲劳裂纹扩展速率；C_0 为材料常数；n 为扩展指数。

式(5-2-1)虽然是针对金属材料提出的，但对于复合材料基体和短纤维复合材料的疲劳裂纹扩展也适用。不过，对于连续纤维增强复合材料试件，即使试件有预制裂纹，由于其在疲劳过程中并不以主裂纹扩展的方式发生破坏，而是以损伤区扩展的方式发生破坏；若试件无预制裂纹，连续纤维增强复合材料更是以损伤区扩展的方式发生破坏。因此，按式(5-2-1)预测的复合材料疲劳寿命偏差较大。

(2) 累积损伤理论模型。根据 Miner 累积损伤理论，材料在应力水平 σ 下的疲劳寿命为 N 循环周次。当在此应力下受载 n 周次时，材料累积损伤 $D=n/N$，当 $D=1$ 时材料发生破坏。在变化幅值应力作用下，当

$$\sum_{\sigma_i} D_i = \sum_{\sigma_i} \frac{n_i}{N_i} = 1 \tag{5-2-2}$$

时，材料发生疲劳破坏。式中：n_i 表示在第 i 个应力水平 σ_i 作用下的应力循环周次；N_i 为该应力水平下的疲劳寿命周次；$\sum_{\sigma_i}$ 表示对整个过程中所有 σ_i 水平对应的周次求和。若已测得材料的 S-N 曲线以及载荷谱，则可预测材料何时发生破坏。然而，复合材料不完全遵守这一规律，当应力由低变高时，$\sum D_i$ 往往小于1；当应力由高变低时，$\sum D_i$ 常在大于1时发生破坏，因此有学者提出非线性累积损伤理论加以修正。

(3) 剩余强度理论模型。该模型建立在 Miner 累积损伤理论的基础上。剩余强度理论的核心是，在外部交变载荷作用下，由于累积损伤数 D 不断增大，材料强度由其静强度下降到剩

余强度，一旦外加载荷峰值达到剩余强度，材料便发生破坏。利用此理论预测复合材料的疲劳寿命，还需了解损伤数 D 的演变规律及剩余强度与损伤的关系，用起来较为繁杂，目前这一理论尚在完善中。

尽管有较多的用来描述复合材料疲劳寿命预测的理论，但由于复合材料组分不均匀和性能分散，目前尚未有分析模型能说明复合材料所有的破坏过程。因此，相关学者提出复合材料疲劳寿命预测的统计学方法，其中采用较多的是基于韦伯分布的疲劳寿命预测方法。尽管如此，由于在船舶工业中，大范围地使用各种各样的复合材料，因此对于一种给定的复合材料，其疲劳寿命理论预测计算只能作为该种复合材料的参考指标。在实际工程中，复合材料层合板的疲劳实验测试是确定待测复合材料疲劳特性的最好方法。对于船舶用复合材料，仍需开展大量的、可说明疲劳特性的对比实验数据。

5.3　复合材料损伤与断裂力学

5.3.1　复合材料损伤断裂形式及特点

由于复合材料由纤维与基体等不同组分材料不均匀组成，并具有各向异性，因此其损伤断裂过程非常复杂。在制作和使用过程中，纤维增强复合材料可能存在各种局部缺陷和损伤。从细观角度看，在制作过程中，材料内部会产生各种局部的微小缺陷。例如，树脂中孔洞或局部树脂过多，纤维个别间断以及某些区域纤维排列过密或不平直，局部纤维与基体界面脱胶等。复合材料中的有些缺陷可归为损伤，其尺寸由细微到稍大，但总的来说尺寸较小，尺寸在 10～100 μm 级别。复合材料作为船舶结构件受力而发生变形的过程中，随着载荷增加，会导致原有缺陷扩大或发生新的损伤。如基体中出现微小裂纹、纤维断裂、基体与纤维界面脱粘等，在外部载荷作用下，损伤扩大，裂纹进一步扩展。复合材料的损伤/断裂形式主要有以下四种类型：① 基体开裂；② 界面脱粘；③ 分层(层间开裂)；④ 纤维断裂。大多数情况下，上述四种损伤/断裂形式不会单独出现，而是以不同组合形成综合损伤。随着损伤区域和尺寸的增大，宏观裂纹在基体中扩展，最后纤维材料断裂破坏。图 5-3-1 给出了复合材料不同的损伤/断裂形式示意图。

复合材料损伤/断裂的特点主要有：

(1) 不同纤维分布对缺陷的敏感性不同。复合材料中纤维是主要承载组分，不同的纤维分布对缺陷的敏感性不同。对于连续纤维增强复合材料，在沿纤维方向载荷作用下，板边缺口(裂纹)、附近应力集中引起纤维与基体界面沿纤维方向脱粘，由此缺陷张开钝化，应力集中减轻，此时复合材料对缺陷不太敏感，如图 5-3-2(a)所示；而在垂直纤维方向载荷的作用下，复合材料由于难以出现缺口钝化，裂纹很容易沿原方向在基体中扩展，造成整个复合材料断裂破坏，此时对缺陷很敏感，如图 5-3-2(b)所示。

(2) 两种破坏模式。复合材料由损伤至断裂有两种模式：一种是初始缺陷较小，随载荷不断增大引发更多的缺陷和损伤区范围的扩大，导致复合材料出现整体破坏，此为整体损伤模式；另一种是当初始缺陷尺寸较大时，在外载荷作用下，由于应力集中造成裂纹扩展，导致复合材料破坏，称为裂纹扩展模式。在复合材料破坏过程中，有可能只出现一种模式，也有可能两种模式同时出现。不过一般先出现整体损伤模式，当其中最大裂纹尺寸达到某临界值时，出现裂纹扩展模式的破坏。

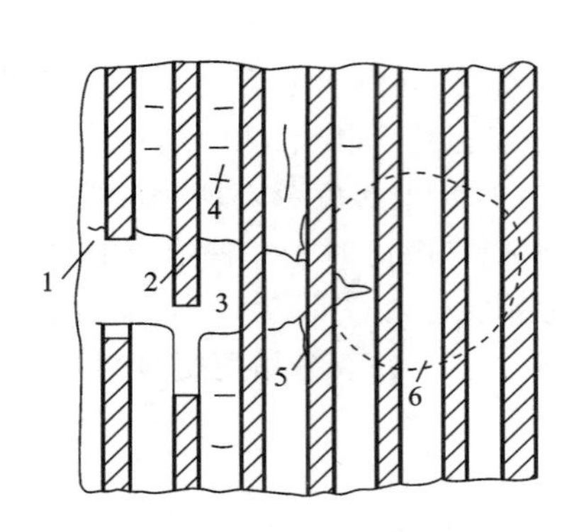

图 5-3-1　复合材料各种损伤形式

1—纤维断裂；2—纤维拔出；3—基体开裂，纤维桥联；
4—基体微裂纹；5—界面损伤开裂；6—层间剪切损坏

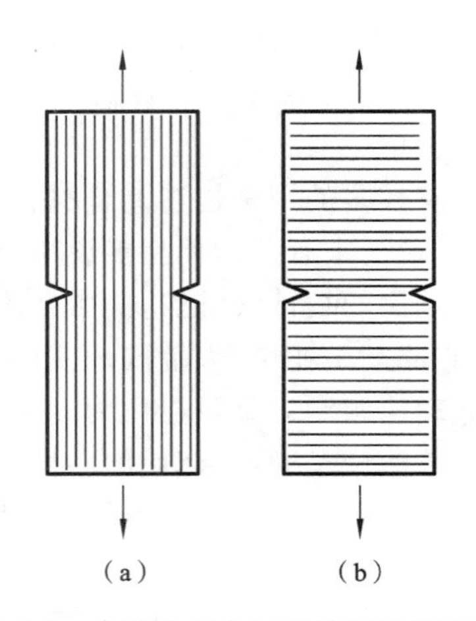

图 5-3-2　含缺陷复合材料的两种纤维方向

(3) 层合板的多种开裂。复合材料层合板初始裂纹的出现和扩展很复杂，经常会出现多种开裂的情形。以 0°/90°正交铺层为例，在 0°方向载荷作用下，会先在 90°层内出现横向裂纹，随后裂纹数增多，接着 0°层内出现沿纤维方向的开裂，最后发生纤维断裂和层合板层间开裂破坏。

复合材料除了层间断裂外，与纤维方向相垂直的断裂也是需要重点关注的问题。对于短纤维复合材料的Ⅰ型破坏，可将其作为均质材料，采用应力强度因子或 J 积分进行断裂韧性的评价。对于单向或交织复合材料板，当裂纹以垂直于纤维方向的形式出现时，裂纹的扩展有两种可能：一是裂纹自相似扩展，此种形式比较单纯，可沿用均质材料的断裂力学方法进行评价，如图 5-3-3(a)和图 5-3-4(a)所示；另一种是裂纹扩展受界面强度和层间强度相互大小的影响，裂纹间断产生钝化现象，破坏行为介于断裂力学准则和应力准则之间，如图 5-3-3(b)和图 5-3-4(b)所示。对于图 5-3-3(c)中的情形，裂纹对复合材料的影响很小，可采用净应力准则来描述。上述情形中，在裂纹尚未扩展时，裂纹尖端的应力场都可以采用断裂力学方法确定。由于复合材料的断裂受纤维、基体、界面和空间配置等细观因素影响较大，需要将复合材料作为非均质材料来处理，此时考虑复合材料的细观结构进行断裂力学性能分析是较好的方式。

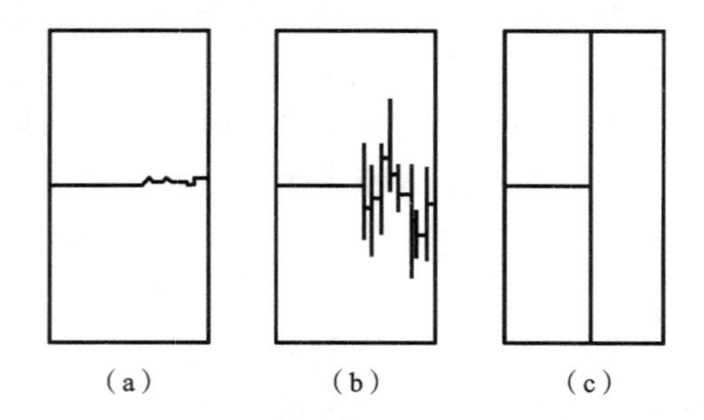

图 5-3-3　单向复合材料板中的裂纹扩展

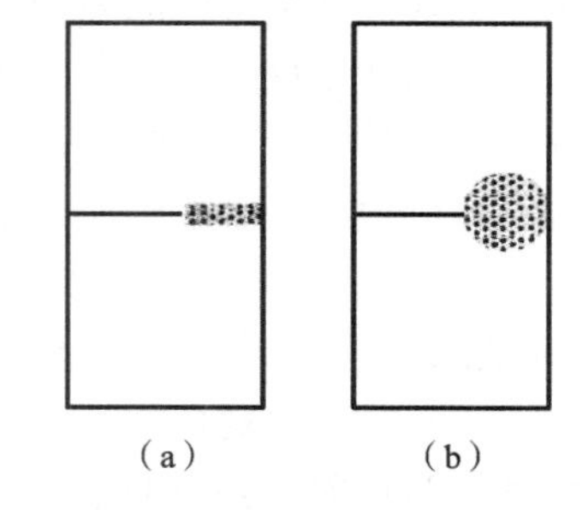

图 5-3-4　交织纤维复合材料板的裂纹扩展

5.3.2　复合材料断裂的细观分析

从细观的角度来看，纤维增强复合材料破坏过程中由缺陷引起损伤，到裂纹扩展断裂的各过程中，断裂的形式有多种，如：① 纤维和基体整体断裂；② 纤维断裂后由于与基体界面结合较弱，纤维从基体中拔出；③ 纤维不断，但主裂纹跨过纤维在基体内传播，形成“桥联”断裂等形式。每种断裂形式的机制不同。复合材料内部树脂基体被一些纤维隔开，基体与纤维之间界面的拉伸和抗剪强度较低，界面上难免会有缺陷和微裂纹，界面状况对复合材料的细观和宏观性能均有较大影响。界面破坏和界面摩擦力可提供一定断裂韧性，纤维从基体中拔出需做断裂功，其做功大小可能会超过纤维和基体本身的断裂功。因此，若界面粘接强度很高，断裂时不发生界面脱粘和纤维拔出，则复合材料断裂韧性会大大降低，此时计算断裂功采用混合法则偏差较大。对于纤维拔出过程需要吸收的能量，可假定纤维端口随机分布，纤维拔出过程中界面初始切应力保持不变，并忽略基体的塑性流动，由此可得单位体积复合材料纤维拔出需做的功 W_B 近似为

$$W_B=\frac{c_f\sigma_{tf}l_{cr}}{12}=\frac{c_f\sigma_{tf}^2d}{24\tau_s} \tag{5-3-1}$$

式中：c_f 为纤维体积含量；σ_{tf} 为纤维抗拉强度；d 为纤维直径；τ_s 为界面抗剪强度；l_{cr} 为纤维临界传力长度，$l_{cr}=\sigma_{tf}d/(2\tau_s)$。

此外，复合材料断裂的细观形式中还有以下形式的断裂功。

(1) 脱粘。由于纤维断裂应变比基体断裂应变大，基体开裂后，纤维被继续拉长，界面脱粘，则单位横截面积(试件)上脱粘需做的功近似为

$$W_T=\frac{c_f\sigma_{tf}^2l_T}{2E_f} \tag{5-3-2}$$

式中：l_T 为脱粘长度；E_f 为纤维弹性模量。

(2) 应力的重新分布。纤维断裂前，由于 $E_f\gg E_m$，基体受力很小，在纤维突然断开后，纤维所受的力转移到基体上，基体应力会重新分布。此时，可认为纤维损伤的应变力即纤维断裂功，则应力重新分布需要吸收的能量 W_z 近似为

$$W_z=\frac{c_f\sigma_{tf}^2d}{6E_f\tau_s} \tag{5-3-3}$$

应该指出的是，以上断裂形式中能量吸收的计算均是基于简化模型，其适用范围有一定的局限性。

5.3.3　各向异性板的线弹性断裂力学

与各向同性材料相比，各向异性材料的不同之处主要体现在应力-应变关系上，其他基本方程相同。可采用线弹性断裂力学方法分析各向异性板的断裂问题。

即使对于均匀各向异性板，其裂尖应力场的求解也十分复杂，需应用复变函数解析方法来求解各种变形形式(见图 5-3-5)下的裂尖应力。

对于Ⅰ型(张开型)裂纹，有

$$\begin{Bmatrix}\sigma_x\\ \sigma_y\\ \tau_{xy}\end{Bmatrix}=\frac{K_{\mathrm{I}}}{\sqrt{2\pi r}}\begin{cases}\mathrm{Re}\left[\dfrac{\lambda_1\lambda_2}{\lambda_1-\lambda_2}\left(\dfrac{\lambda_2}{P_2}-\dfrac{\lambda_1}{P_1}\right)\right]\\ \mathrm{Re}\left[\dfrac{1}{\lambda_1-\lambda_2}\left(\dfrac{\lambda_1}{P_2}-\dfrac{\lambda_2}{P_1}\right)\right]\\ \mathrm{Re}\left[\dfrac{\lambda_1\lambda_2}{\lambda_1-\lambda_2}\left(\dfrac{1}{P_1}-\dfrac{1}{P_2}\right)\right]\end{cases} \tag{5-3-4}$$

对于Ⅱ型(面内剪切型，即滑开型)裂纹，有

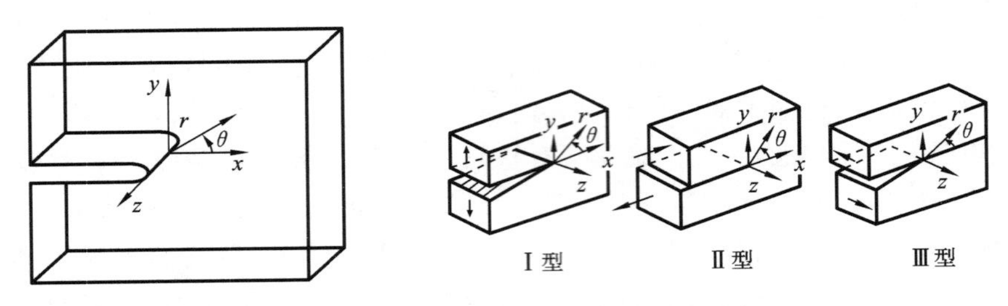

图 5-3-5　复合材料裂纹的三种主要形式

$$\begin{Bmatrix} \sigma_x \\ \sigma_y \\ \tau_{xy} \end{Bmatrix} = \frac{K_{\mathrm{II}}}{\sqrt{2\pi r}} \begin{Bmatrix} \mathrm{Re}\left[\frac{1}{\lambda_1-\lambda_2}\left(\frac{\lambda_2^2}{P_2}-\frac{\lambda_1^2}{P_1}\right)\right] \\ \mathrm{Re}\left[\frac{1}{\lambda_1-\lambda_2}\left(\frac{1}{P_2}-\frac{1}{P_1}\right)\right] \\ \mathrm{Re}\left[\frac{1}{\lambda_1-\lambda_2}\left(\frac{\lambda_1}{P_1}-\frac{\lambda_2}{P_2}\right)\right] \end{Bmatrix} \tag{5-3-5}$$

对于Ⅲ型(面外剪切型,即撕开型)裂纹,有

$$\begin{Bmatrix} \tau_{yz} \\ \tau_{xz} \end{Bmatrix} = \frac{K_{\mathrm{III}}}{\sqrt{2\pi r}} \begin{Bmatrix} \mathrm{Re}\left(\frac{1}{P_3}\right) \\ \mathrm{Re}\left(\frac{\lambda_3}{P_3}\right) \end{Bmatrix} \tag{5-3-6}$$

式(5-3-4)至式(5-3-6)中,

$$\begin{cases} P_1 = \sqrt{\cos\theta + \lambda_1 \sin\theta} \\ P_2 = \sqrt{\cos\theta + \lambda_2 \sin\theta} \\ P_3 = \sqrt{\cos\theta + \lambda_3 \sin\theta} \end{cases} \tag{5-3-7}$$

参数 λ_1 和 λ_2 是下列方程 4 个复数根中的 2 个根:

$$\overline{S}_{11}\lambda^4 - 2\overline{S}_{16}\lambda^3 + (2\overline{S}_{12} + \overline{S}_{66})\lambda^2 - 2\overline{S}_{26}\lambda + \overline{S}_{22} = 0 \tag{5-3-8}$$

λ_3 和 $\bar{\lambda}_3$ 满足下列特征方程:

$$C_{44}\lambda^2 + 2C_{45}\lambda + C_{55} = 0 \tag{5-3-9}$$

上面两式中的 C_{ij}(矩阵 $\boldsymbol{C}$)和 $\overline{S}_{ij}$ 是满足应力-应变关系的系数。

$$(\sigma_x, \sigma_y, \sigma_z, \tau_{yz}, \tau_{zx}, \tau_{xy})^{\mathrm{T}} = \boldsymbol{C}(\varepsilon_x, \varepsilon_y, \varepsilon_z, \gamma_{yz}, \gamma_{zx}, \lambda_{xy})^{\mathrm{T}} \tag{5-3-10}$$

$$\begin{Bmatrix} \varepsilon_x \\ \varepsilon_y \\ \gamma_{xy} \end{Bmatrix} = \begin{bmatrix} \overline{S}_{11} & \overline{S}_{12} & \overline{S}_{16} \\ \overline{S}_{12} & \overline{S}_{22} & \overline{S}_{26} \\ \overline{S}_{16} & \overline{S}_{26} & \overline{S}_{66} \end{bmatrix} \begin{Bmatrix} \sigma_x \\ \sigma_y \\ \tau_{xy} \end{Bmatrix} \tag{5-3-11}$$

在裂纹前方,由于 $\theta=0$,应力场表达式可进一步简化。

对于Ⅰ型(张开型)裂纹,有

$$\sigma_y = \frac{K_{\mathrm{I}}}{\sqrt{2\pi r}} \tag{5-3-12}$$

对于Ⅱ型(面内剪切型)裂纹,有

$$\tau_{xy} = \frac{K_{\mathrm{II}}}{\sqrt{2\pi r}} \tag{5-3-13}$$

对于Ⅲ型(面外剪切型)裂纹,有

$$\tau_{yz}=\frac{K_{\mathrm{III}}}{\sqrt{2\pi r}} \tag{5-3-14}$$

对于受均布力作用的无限大的均质各向异性板，其裂纹应力强度因子与各向同性板相同。而对于有限尺寸板，各向异性的影响将通过边界条件反映到系数 K_i（i= Ⅰ，Ⅱ，Ⅲ）中。若考虑材料的非均匀型，则应力强度因子即应力分布将非常复杂。当裂纹尖端刚好位于两相异性材料的交界处时，由于应力奇异性，导致裂尖的应力不能表达成 $r^{-1/2}$ 的形式。

5.3.4　层间断裂及断裂韧性测量

目前应用于船舶上层建筑等结构中的复合材料多为层合结构，也称为复合材料层合板或层合板结构。复合材料层合结构的断裂形式与均质各向同性材料不同，其断裂受各向异性性质的影响较大。

以单向碳/环氧各向异性复合材料层合板的拉伸破坏断裂为例，如图 5-3-6 所示，层合结构的断裂沿纤维纵向发生，成刷子状。对于碳/聚酯亚胺这类各向同性复合材料层合板，其在疲劳载荷作用下，首先会在 90°纤维层内产生横向裂纹，然后在 0°/90°纤维层界面发生层间断裂，导致 0°纤维层断裂，最终层合板被破坏。由此可见，各向同性复合材料层合板的断裂形式与各向异性复合材料层合板的断裂形式差异非常大。

图 5-3-6　单向碳/环氧各向异性复合材料层合板的典型断裂形式

复合材料层合结构受到冲击载荷作用时（见图 5-3-7），层间断裂也是其主要的损伤破坏形式之一。层间断裂会引起层合结构抗压强度大大降低，且不易发现。因而，在航空应用中，复合材料层合结构的冲击后抗压强度（compressive strength after impact，CAI）是一个重要的强度指标，并有专门的评价标准。在船舶工程领域中，复合材料层合板冲击后的剩余抗压强度主

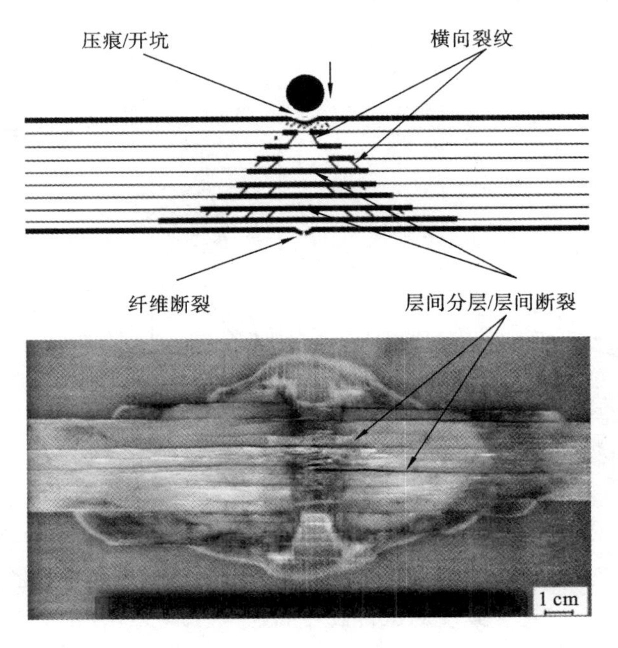

图 5-3-7　冲击引起的复合材料层合板层间断裂机理

要参照航空领域的相关标准来评估。

冲击载荷作用下复合材料层合板主要在冲击区域发生层间分层/层间断裂。不过，在界面接合部位的缺陷孔边发生的初期破坏也主要以层间断裂的形式出现。发生层间断裂的原因主要是由于复合材料的各向异性导致，其断裂机理则是由于层间切应力导致的基体-纤维界面的脱粘作用。

为提升层合结构抗层间断裂的能力，复合材料在结构形式上可采用如下措施：① 三维交织纤维增强法(见图 5-3-8)，这样可以在层合结构的厚度方向进行纤维强化，有效控制层间断裂的发生；② 在易发生层间断裂的部位，如孔的周围，在树脂基体固化前用纤维进行缝合，如图 5-3-9 所示；③ 采用混杂的形式，将韧性较好的纤维(如 GFRP)填入韧性较差的纤维(如 CFRP)中，以提高整体抗层间的断裂强度，用两种以上强化纤维制成的复合材料结构称为混杂纤维复合材料，如图 5-3-10 所示。

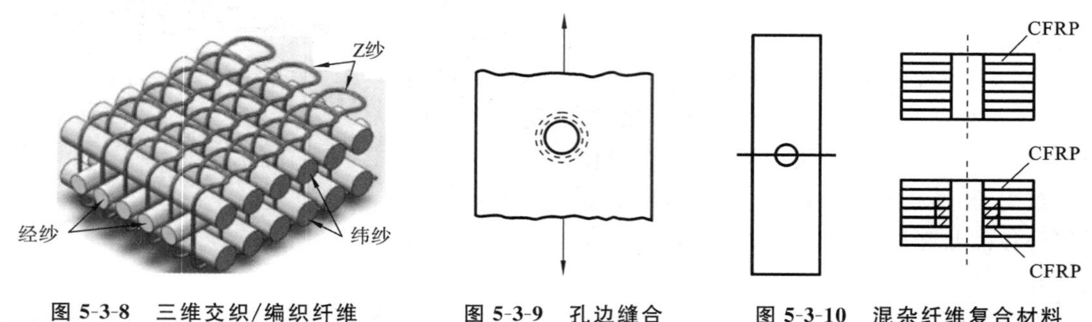

图 5-3-8　三维交织/编织纤维　　图 5-3-9　孔边缝合　　图 5-3-10　混杂纤维复合材料

在复合材料层合结构的层间断裂韧性测量方面，根据不同的试验目的，测定层间断裂韧性的试验主要有Ⅰ型试验(Mode Ⅰ test)、Ⅱ型试验(Mode Ⅱ test)和混合型试验。层间断裂韧性测量(Ⅰ型试验)的试样如图 5-3-11(a)所示。

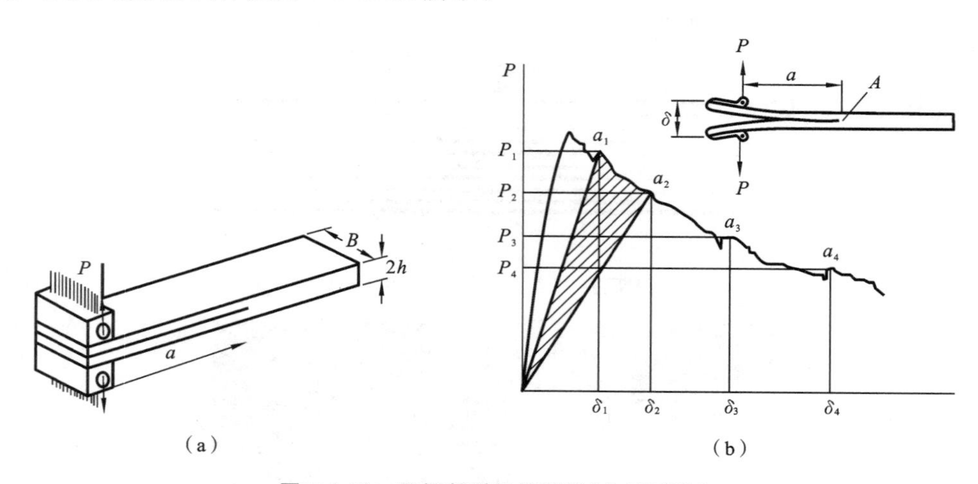

图 5-3-11　层间断裂韧性测量(Ⅰ型试验)

层间断裂韧性测量(Ⅰ型试验)前，需要在层合板成形时，将聚四氟乙烯(Teflon)薄膜插入相邻两层之间，作为初始裂纹。典型的试件长度(L)＝100～200 mm，宽度(B)＝20～25 mm，板厚($2h$)＝3 mm。试验在拉伸位移速度一定的条件下进行(约 1.27 mm/min)，这种情况下裂纹通常能进行稳定扩展。试验过程中记录裂纹扩展时的载荷和位移(又称裂纹张开位移)关系,如图 5-3-11(b)所示。裂纹长度和柔度之间的关系可由下面的经验式来表达

$$\frac{a}{2h}=\alpha_0+\alpha_1\ (B\lambda)^{1/3} \tag{5-3-15}$$

根据材料力学梁的理论可知,$\alpha_0=0$,$\alpha_1=0.25(E_L)^{1/3}$,E_L 是长度方向弯曲模量。但由于复合材料的剪切模量很小,裂纹间断不满足横截面平面变形假设,因而一般 $\alpha_0\neq0$。在断裂韧性估算中,一般 $\alpha_0\approx1$。注意到在求解能量释放率时有裂纹面积 $A=Ba$,则相应的能量释放率 G 为

$$G_{\mathrm{I}}=\frac{3}{4h}\left(\frac{P}{B}\right)^2\frac{(B\lambda)^{2/3}}{\alpha_1} \tag{5-3-16}$$

式中:P 为拉伸外力;λ 为试样的柔度系数。将裂纹开始扩展时的临界载荷值和柔度值代入式(5-3-16),即可得到初始断裂韧性值。图 5-3-11(b)中的阴影部分面积表示裂纹由 a_1 扩展到 a_2 所需的能量,即试验过程中对应于 a_1 的断裂韧性值。Ⅰ型试验的加载方式与悬臂梁类似,所以称为 DCB(double cantilever beam,双悬臂梁)试验。

层间断裂韧性测量(Ⅱ型试验)采用如图 5-3-12 所示的三点弯曲方式开展。试样本身与 DCB 试样相同,只是跨度稍短,一般 $2L=100$ mm。裂纹间断应力以剪切型为主。由梁的理论可求得柔度系数 λ(中部挠度/P)和裂纹长度 a 的关系如下

$$(2h)^3E_LB\lambda=\xi_0L^3+\xi_1a^3 \tag{5-3-17}$$

式中:$\xi_0=2$,$\xi_1=3$。将它们代入能量释放率 G 的表达式中可得

$$G_{\mathrm{II}}=\frac{3\xi_1P^2a^2}{2E_LB^2\ (2h)^3} \tag{5-3-18}$$

试验过程中,记录载荷-位移曲线,可确定Ⅱ型试验的层间断裂韧性值。Ⅱ型试验又称为 ENF(end notched flexure,端部缺口弯曲)试验。

层间断裂韧性测量(Ⅰ-Ⅱ混合型试验)采用如图 5-3-13 所示方法,能量释放率 G 可参照Ⅰ型试验和Ⅱ型试验相应的计算式。

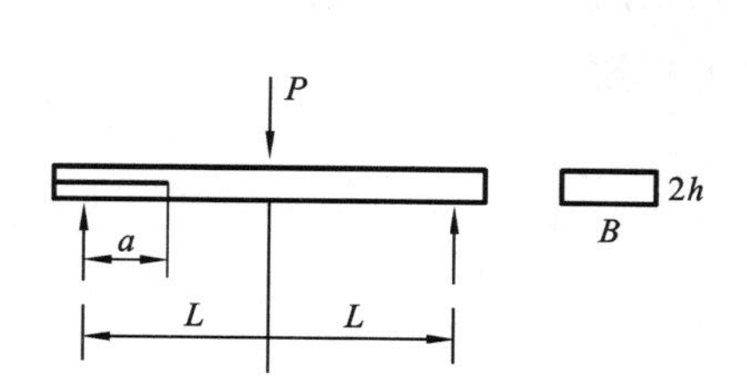

图 5-3-12　层间断裂韧性测量(Ⅱ型试验)

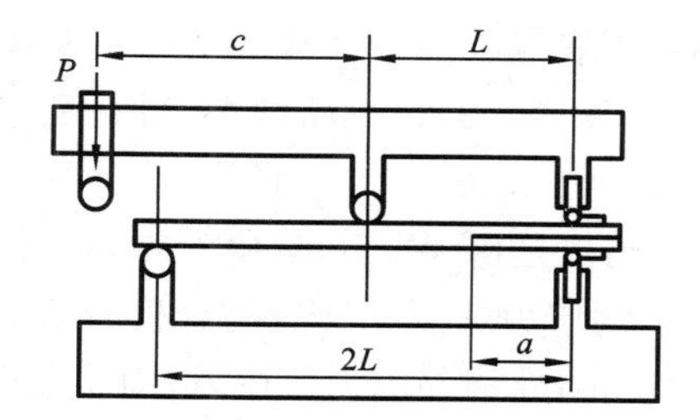

图 5-3-13　层间断裂韧性测量(Ⅰ-Ⅱ混合型试验)

5.3.5　复合材料的断裂准则

与各向同性材料不同,虽然复合材料从宏观上被视为均质材料,但其断裂机理比通常的均质材料复杂得多,而且在断裂之前会产生各种损伤,裂纹扩展也不一定是自相似的。因此,对复合材料结构,由于考虑的因素不同,断裂准则也有多种。

1. 修改的应力强度因子准则

采用线弹性断裂力学理论,Waddoups 等人在处理复合材料含孔、裂纹的构件断裂时,在

裂纹长度上加了一个能量集中区长度修正，即

$$K_{\mathrm{I}}=\sigma[\pi(a+l)]^{1/2} \tag{5-3-19}$$

式中：l 为假定复合材料在裂纹尖端附近存在的能量集中区长度，在计算 K_{I} 时把能量集中区视为一段已经扩展的裂纹，它由实验确定，构件能承受的临界应力为

$$\sigma_{\mathrm{c}}=\frac{K_{\mathrm{IC}}}{[\pi(a+l)]^{1/2}} \tag{5-3-20}$$

式中：K_{IC}为断裂韧性，可将 K_{IC}及 l 作为两个参数通过实验拟合得到。

2. 点应力准则

该准则由 Whitney 和 Nuismer 提出。在一个有孔、缺口或裂纹的复合材料板中，都存在前段局部应力集中区。取此区前段某一距离 d_0 处的点作为特征点，如该点应力达到无缺口构件强度值时，即发生破坏。d_0 是一材料特性常数，与复合材料层合板的几何尺寸及应力分布无关。

考虑在无限大各向异性层合板中，有一长度为 $2a$ 的裂纹。坐标原点在裂纹中点，x 轴与裂纹平行。当作用一平行 y 轴的均匀拉应力 σ 时，裂纹尖端沿 x 轴任一点的应力为

$$\sigma_y=\frac{K_{\mathrm{I}}}{\sqrt{2\pi(x-a)}} \tag{5-3-21}$$

式中：$K_{\mathrm{I}}=\sigma\sqrt{\pi a}$。当$[(x-a)/a]\leqslant 0.1$ 时，式(5-3-21)的结果足够精确。此时，此种层合板裂纹尖端附近应力的精确解为

$$\sigma_y=\frac{K_{\mathrm{I}}\,x}{\sqrt{\pi a(x^2-a^2)}} \tag{5-3-22}$$

应用该准则，有

$$\sigma_0=\frac{K_{\mathrm{BC}}(a+d_0)}{\sqrt{\pi a[(a+d_0)^2-a^2)}} \tag{5-3-23}$$

由此可得

$$K_{\mathrm{BC}}=\sigma_0\sqrt{\pi a[1-\zeta_1^2)} \tag{5-3-24}$$

式中：K_{BC}为表观临界应力强度因子(表观断裂韧性)，$\zeta_1=a/(a+d_0)$。由式(5-3-24)可知，K_{BC}随裂纹长度 a 的增大而增大，当 a 足够大时，K_{BC}趋于常数。

3. 平均应力准则

该准则也是由 Whitney 和 Nuismer 提出。该准则认为，当缺口或裂纹尖端某一特征长度 d_0 内的平均应力达到无缺口层合板的断裂应力时，层合板发生破坏。这一准则认为层合板材料在裂纹尖端处局部应力集中，应力重新分布，平均应力可写成

$$\sigma_0=\frac{1}{d_1}\int\sigma_y(x,0)\,\mathrm{d}x \tag{5-3-25}$$

式中：d_1 为特征长度(损伤区长度)。

考虑含裂纹的各向异性层合板，将式(5-3-22)代入式(5-3-25)中积分，可得

$$K_{\mathrm{BC}}=\sigma_0\sqrt{\pi d_1\zeta_2} \tag{5-3-26}$$

式中，$\zeta_2=a/(2a+d_1)$。同样，K_{BC}为表观断裂韧性，它是 a 的函数，随 a 的增大而增大，趋于一常数。

4. 裂纹尖端张开位移准则

在金属材料平面应力断裂力学中，裂纹尖端张开位移准则指的是裂纹尖端存在塑性区，使

裂纹尖端钝化，裂纹产生一定的张开位移(COD)，如图 5-3-14 所示。当张开位移达到某一临界值时裂纹便扩展。

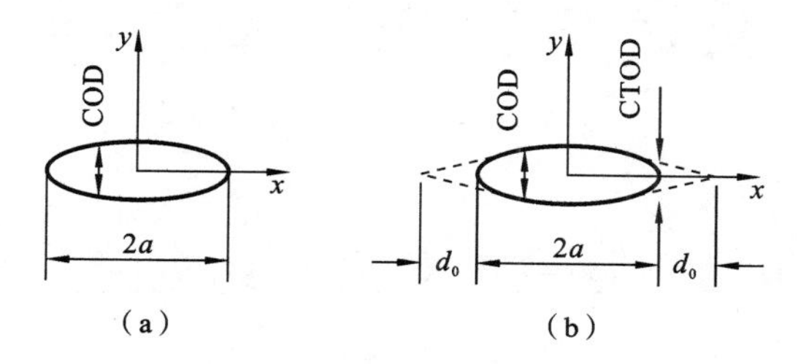

图 5-3-14 裂纹尖端张开位移准则示意

Harris 等人将上述准则推广至复合材料的断裂研究中，提出针对复合材料的裂纹尖端张开位移 CTOD 准则：

$$\mathrm{CTOD}\delta=\frac{4\sigma}{E}(a+d_0)\sqrt{1-[a/(a+d_0)]^2} \tag{5-3-27}$$

式中：d_0 为裂纹尖端某一特征长度，如图 5-3-14 所示；CTODδ 为裂纹尖端张开位移，当它等于临界值 δ_{cr} 时，层合板发生断裂。

第 6 章　复合材料夹层结构静力学理论

6.1　复合材料夹层结构简介

由于夹层结构能提供较高的比刚度、比强度，因而在船舶结构中得到了越来越广泛的应用。目前工程中常用的复合材料夹层结构，其基本构造形式由上、下或内、外两层薄复合材料面板以及中间与面板牢固连接的轻质芯材组成，典型蜂窝夹层结构如图 6-1-1 所示。复合材料夹层结构的面板材料一般采用高强纤维材料，如以环氧树脂为基体的碳纤维材料；芯层一般采用低密度的轻质材料，如泡沫、泡沫铝或带孔隙的轻质结构(蜂窝结构、波纹夹芯)等。一般而言，复合材料夹层结构的前、后(或内、外)面板厚度和芯材的厚度之间没有标准的关系，但是在大多数的实际应用中芯材的厚度至少是面板厚度的 3 倍。

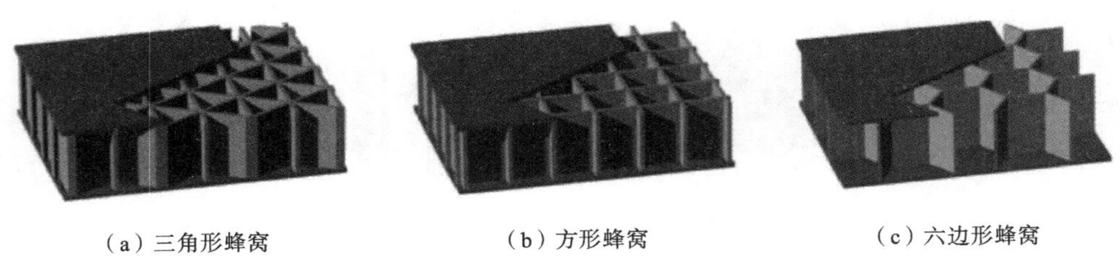

(a) 三角形蜂窝　　(b) 方形蜂窝　　(c) 六边形蜂窝

图 6-1-1　典型蜂窝夹层结构示意

与金属夹层结构类似，复合材料夹层结构的上、下面板提供面内的刚度和强度，承受由弯矩或面内拉压引起的面内拉压力和面内剪力；芯材提供面板法向方向的刚度和强度，承受压力和横向力产生的剪力，并支撑面板，提高稳定性。复合材料夹层结构的弯曲刚度主要取决于面板的性能和两层面板之间的高度，高度越大其弯曲刚度就越大。另外，相对于实心层压板，复合材料夹层结构能够在保持相同重量的条件下最大限度地提高刚度，如图 6-1-2 所示。

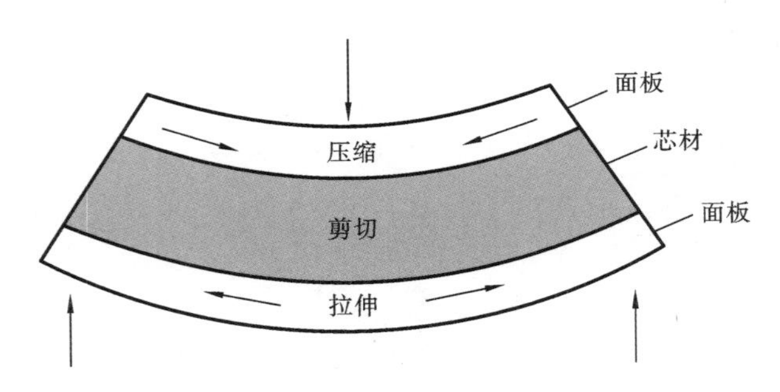

图 6-1-2　夹层结构在弯曲载荷下的受力

芯材对于夹层结构强度和刚度的提升，可以通过表 6-1-1 进行简单说明。为方便理解，复合材料夹层结构面板的厚度取原单层复合材料层合板厚度的一半。从表 6-1-1 中可以看出，在两个厚度为 0.5t 的单层板间添加厚度为 t 的芯材，比弯曲刚度提高 7 倍，比弯曲强度提高 3.5 倍，而质量仅增加 3%。增加的弯曲刚度和弯曲强度取决于面板的厚度、芯材的厚度和密度以及胶黏剂的强度。

表 6-1-1　芯层对夹层结构的强度和刚度的影响

夹层结构类型	层合板	薄夹层结构	厚夹层结构
结构示意	t	$2t$	$4t$
比弯曲刚度	100	700	3700
比弯曲强度	100	350	925
比质量	100	103	106

6.2　复合材料夹层梁理论

6.2.1　复合材料夹层梁的特点

复合夹层结构受力导致的应力分布与工字梁(见图 6-2-1)表现出相似的特性。工字梁大部分的弯曲载荷由上、下面板承担，其腹板受到相当大的切应力，并且沿腹板高度方向变化不大。有切应力就有切应变，而切应变则会导致工字梁产生剪力作用下的附加挠度。不过，此附加挠度和梁弯曲挠度相比很小。因此，采用传统的弯曲理论能够较为有效地分析工字梁的受力弯曲。

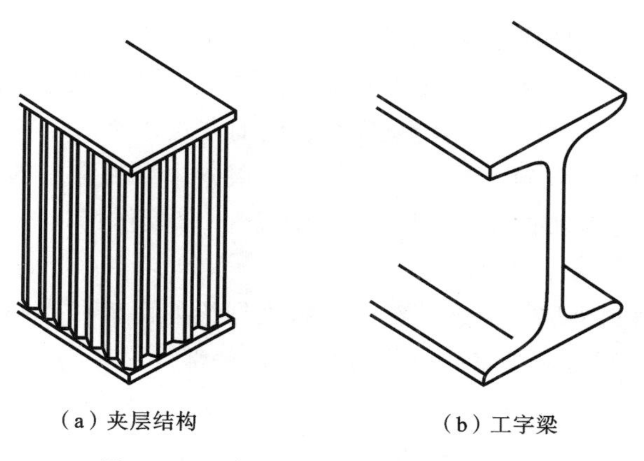

(a) 夹层结构　　(b) 工字梁

图 6-2-1　夹层结构与工字梁类比示意

复合材料夹层梁结构由两个薄的、强度和刚度较大的面板和厚的、强度和刚度较低密度的芯材制作而成。面板和芯材之间通常采用粘接的形式。在复合材料夹层梁结构中，面板代替了工字梁的面板，芯材代替了工字梁的腹板，因此可以将复合材料夹层结构宏观等效为在工字梁的面板之间填充泡沫得到。从上述分析看出，复合材料夹层梁与工字梁具有一定的相似性，但是复合材料夹层梁更为复杂,主要体现在以下两方面。

(1) 由于面板和芯材间的所有点都是相互接触的,芯材在面板之间形成连续支撑,所以面板的宽厚比的限制就不再适用了。实际上,由于复合材料夹层梁的面板非常薄,所以当两侧受压时,面板在某些情况下可能会产生失稳破坏,如图 6-2-2(a)所示。而在横向载荷作用下,复合材料夹层梁可能引起面板的局部变形以及芯材局部凹陷失效,如图 6-2-2(b)所示。

(2) 复合材料夹层梁的芯材和面板可以采用不同的材料制造,芯材可以使用较低密度的材料,此时芯材的剪切模量较小,从而导致切应变增大。这些切应变对复合材料梁变形挠度及其极限承载能力的影响通常是不可忽略的。在船舶工程领域,复合材料夹层梁结构通常采用厚度较薄、强度高、刚度大的材料作面板,而用密度小、厚度较大、有一定承载能力的材料作芯材。船舶结构的某些部位,对于芯材的刚度要求不是特别大的情况,面板就需要取得稍微厚一些。

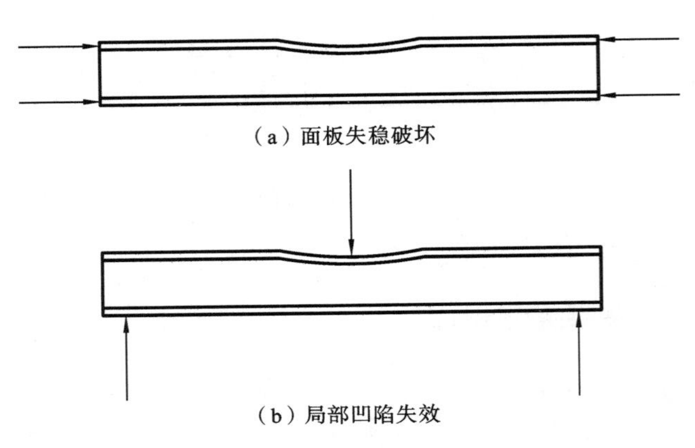

(a) 面板失稳破坏

(b) 局部凹陷失效

图 6-2-2　复合材料夹层梁的面板失稳破坏和局部凹陷失效

6.2.2　复合材料夹层梁的分类

根据复合材料夹层梁结构形态的不同,所采用的分析方法也不同,可分为以下 3 类。

(1) 复合材料组合梁。这种夹层梁的芯材刚度较大,切应变较小。因此,剪切变形的影响可以忽略。该类夹层梁可以采用和传统梁完全相同的方式处理。

(2) 薄面板复合材料夹层梁。这是复合材料夹层梁中最为常见的一种情况,芯材的剪切变形引起梁产生较大的附加挠度,面板承受绝大部分弯矩作用,而芯材则承受绝大部分的剪力。

(3) 厚面板复合材料夹层梁。这种复合材料夹层梁的面板相当厚,芯材很容易弯曲。针对这类结构最简单的处理方法是将载荷分为两部分:一部分由夹层梁整体承载,另一部分则由面板局部弯曲承载。

6.2.3　组合梁理论

该理论采用传统梁理论计算组合截面属性。组合梁的受力如图 6-2-3 所示。

图 6-2-3 中,τ_1 为夹层结构芯材与面板交界处的切应力,τ_2 为中面的切应力,则有

$$\frac{\tau_2-\tau_1}{\tau_1}\approx\frac{t_c E_c}{4tE_f} \tag{6-2-1}$$

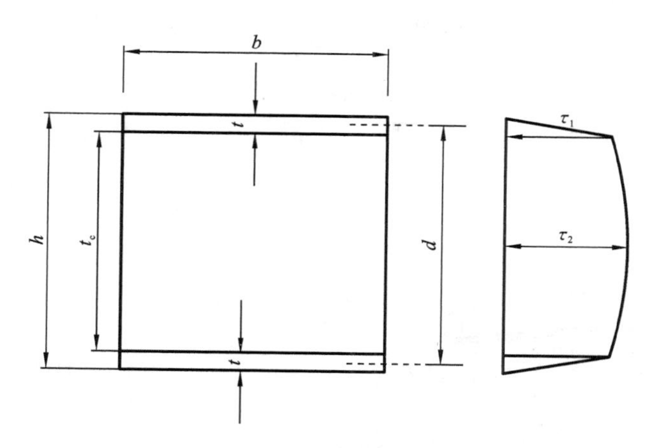

图 6-2-3　复合材料夹层梁横截面受力示意图

式中：t 和 t_c 分别为面板和芯材厚度；E_f 和 E_c 分别为面板和芯材的杨氏弹性模量。

令 D_f 和 D_c 分别为面板和芯材对复合材料夹层梁弯曲刚度的贡献，那么有

$$\frac{D_c}{D_f}=\frac{t_c E_c}{6tE_f} \tag{6-2-2}$$

式(6-2-2)与式(6-2-1)形式上非常相似。通过这两式可得出：当芯材对于复合夹层梁的弯曲刚度的贡献可以忽略不计时，沿芯材高度方向的切应力大致相等，即切应力沿芯材高度方向近似均匀分布。

对于中心点载荷作用下的简支夹层梁，其剪切挠度 Δ_s 与弯曲挠度 Δ_b 的比值近似为

$$\frac{\Delta_s}{\Delta_b}=6\,\frac{t}{t_c}\left(\frac{t_c}{L}\right)^2\frac{E_f}{G_c} \tag{6-2-3}$$

式中：L 为梁的跨距；G_c 为芯材的剪切模量。

从式(6-2-3)可看出，当芯材的剪切模量较低时，短深梁或面板较厚的夹层梁可能会产生较大的剪切挠度。此时剪切挠度 Δ_s 与弯曲挠度 Δ_b 的比值可简化成如下形式

$$\frac{\Delta_s}{\Delta_b}=12\,\frac{D}{L^2 D_Q} \tag{6-2-4}$$

式中：D 为夹层结构的整体弯曲刚度；D_Q 为剪切刚度，约等于芯材的横截面积乘以其剪切模量。式右端的 $D/(L^2 D_Q)$ 相当于夹层梁的一个基本参数，是弯曲刚度和剪切刚度的比值，是跨长的无量纲值。

6.2.4　薄面板夹层梁理论

当夹层梁面板厚度相等时，面板贡献的夹层梁的弯曲刚度为

$$D=E_f btd^2/2+D_f \tag{6-2-5}$$

式中：$D_f=E_f bt^3/6$。D_f 是面板关于自身质心的截面惯性矩，通常可以忽略。若梁很宽，则弯曲为筒形弯曲，面板在横向上不会增大或缩小。这种情形下，对于各向同性材料，杨氏弹性模量可用 $E_f/(1-\nu^2)$ 替换。其中，ν 为面板的泊松比。对于薄面板夹层梁，弯曲挠度和应力可采用常用的方法计算。若面板很薄，则面板中面的正应力能够计算得足够准确。

下面计算夹层梁芯材的切应变导致的附加挠度。考虑图 6-2-4(a)所示的简支梁，其中部受集中载荷 W 作用，则任意位置的切应力 $Q=W/2$。图 6-2-4(b)显示了夹层梁从底部到顶

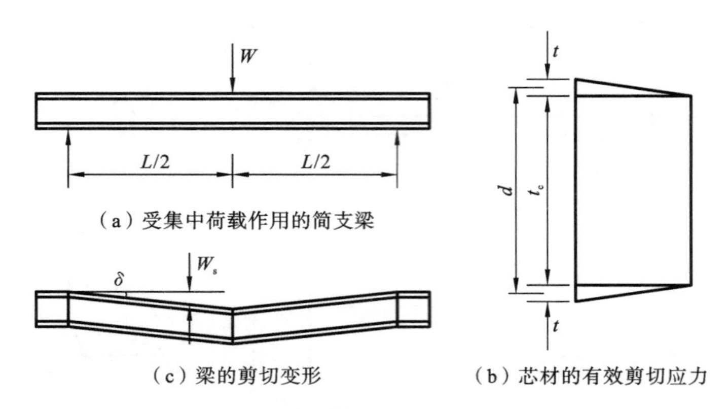

图 6-2-4　受集中载荷的简支夹层梁的剪切变形及切应力

部的切应力分布。由于是薄面板夹层结构，所以可认为芯材中的切应力分布是均匀的，而面板上的切应力则沿厚度方向均匀地降低到 0。如果芯材的切应力为 τ，则剪力 Q 为

$$Q=bt_c\tau+2(bt\tau/2)=b(t_c+t)\tau=bd\tau \tag{6-2-6}$$

此时，芯材的切应变为

$$\gamma=\tau/G_c \tag{6-2-7}$$

切应变即剪切位移梯度，如图 6-2-4(c)所示。根据图 6-2-4 中的变形关系，可得

$$\Delta_s=\gamma\frac{L}{2}=\frac{Q}{bdG_s}\frac{L}{2}=\frac{WL}{4A_cG_c} \tag{6-2-8}$$

式中：A_c 为芯材的有效面积，$A_c=bd$。

需要注意的是，剪切挠度是切应变的积分，而切应变与剪力呈比例关系。由于弯矩也是剪力的积分，所以剪切挠度的表达式与弯矩的表达式一致。因此，对于均布载荷(总载荷值为 W)的作用，简支梁中心点处的剪切挠度为

$$\Delta_s=\frac{WL}{8A_cG_c} \tag{6-2-9}$$

应该指出的是，简支夹层梁的剪切挠度和弯曲挠度完全独立，且剪切挠度对面板的应力影响不大。

6.2.5　薄面板夹层梁柱理论

根据该理论，可得简支夹层梁柱的极限载荷为

$$P_{cr}=\frac{P_E}{1+P_E/(A_cG_c)} \tag{6-2-10}$$

式中：P_E 为欧拉载荷，$P_E=\pi^2D/L^2$。由式(6-2-10)可得出，芯材的剪切柔度会降低夹层梁柱的弹性极限载荷。

将式(6-2-10)所表示的极限载荷改写为

$$\frac{1}{P_{cr}}=\frac{1}{P_E}+\frac{1}{A_cG_c} \tag{6-2-11}$$

因此，当芯材的剪切模量非常小时，式(6-2-11)的右端第二项占主导，右端第一项可忽略，此时

$$P_{cr}=A_cG_c \tag{6-2-12}$$

式(6-2-12)表明，当芯材的剪切模量非常小时，夹层梁柱的极限载荷主要取决于芯材的有效面积和剪切模量的乘积。

6.2.6　厚面板夹层梁理论

采用该理论进行分析前，需要先判别所要分析的夹层梁是否适用于该理论，即是否属于厚面板夹层梁的情形。当满足以下条件中的至少一条时，则认为采用薄面板夹层梁理论存在较大偏差，需要采用厚面板夹层梁理论。

① 面板总刚度 D_f 在夹层梁总弯曲刚度 D 中的占比较高。这存在两种情况：当面板为平板时，其一个或者两个面板的厚度与芯材厚度的比值较大(通常达到 20%以上)；当面板为褶皱板时，D_f 通常占 D 值的约 10%。

② 芯材的剪切刚度远小于面板的杨氏模量。这种情况发生在设计者追求采用极低密度的芯材时。

③ 梁的跨长(或者梁柱的长度、板的宽度)是芯材厚度相对较低的倍数，即短粗梁。

对于厚面板夹层梁，总挠度＝弯曲挠度＋剪切挠度的关系不再适用。为避免混淆，我们引入主位移和次位移的概念，这两个概念与弯曲挠度和剪切挠度完全不同。

图 6-2-5(a)为未变形的一段厚面板夹层梁，在梁的一侧标注横截面为 $abcdefg$。假设在外载荷作用下，梁的中间位置处的点 d 垂直向下移动。要实现这种移动，有两种方法：一种如图 6-2-5(b)所示，这里的梁作为一个整体发生弯曲，点 d 垂直向下移动，横截面旋转后仍然与梁的纵轴保持垂直，这种变形称为主位移 w_1，它明显符合所有工程弯曲公式的一般规则；另一种移动方法如图 6-2-5(c)所示，夹层梁的面板中心处的点 b 和点 f 垂直向下移动，此时面板关于其自身的中心发生弯曲，但没有拉伸或缩短。由于面板沿梁的长度方向没有发生整体移动，所以每个面板上的平均正应力为 0。第二种移动造成的变形称为次位移 w_2。

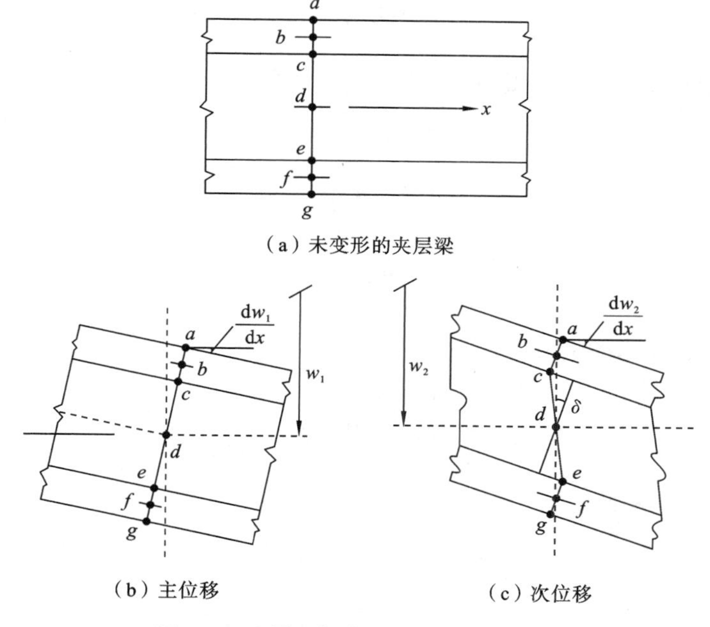

图 6-2-5　厚面板夹层梁的变形示意图

对于厚面板夹层梁，面板的旋转引起芯材中的切应变 γ。根据图 6-2-5 的几何关系可得切应变 γ 和梁的斜率/梯度的关系为

$$\gamma=\frac{d}{t_c}\frac{\mathrm{d}w_2}{\mathrm{d}x} \tag{6-2-13}$$

式(6-2-13)成立的前提是主位移和次位移相互独立。

主位移和次位移两种变形模式提供的弯矩和剪力都只能提供部分抗力，它们各自对总体弯矩和剪力的贡献比例也是不同的。主位移和次位移可以通过求解以下微分方程得到。

$$D_f(D-D_f)w_1^{(6)}+[P(D-D_f)-DD_Q]w_1^{(4)}-PD_Qw_1^{(2)}=-qD_Q \tag{6-2-14}$$

$$D_f(D-D_f)w_2^{(6)}+[P(D-D_f)-DD_Q]w_2^{(4)}-PD_Qw_2^{(2)}=q(D-D_f) \tag{6-2-15}$$

式中：主位移 w_1 和次位移 w_2 为未知量；带括号的上标表示导数的阶数；q 是梁的局部横向载荷，P 是梁的端部外载荷。由于式(6-2-14)、式(6-2-15)的求解非常繁杂，需要大量的边界条件，求解过程中涉及双曲函数。因此，为了简便，可用附录 C 所示表格直接求解。下面简要介绍主、次位移的求解和系数 S 的计算。

针对跨长为 L 的简支梁，总载荷为 W。第一种情形下，W 为集中载荷，作用在梁中点处；第二种情形为 W 沿跨长 L 均匀分布。下面介绍最大挠度、最大弯矩和剪力以及相应的应力的工程计算式。

1. 梁中点处集中载荷 W 作用的情形

此时，梁中心处总挠度(主、次挠度之和)为

$$w=\frac{WL^3}{48D}+\frac{WL}{4D_Q}\left(1-\frac{D_f}{D}\right)^2S_1 \tag{6-2-16}$$

其中，主挠度和次挠度分别为

$$w_1=\frac{WL^3}{48D}S'_1 \tag{6-2-17}$$

$$w_2=\frac{WL^3}{48D_f}(1-S'_1) \tag{6-2-18}$$

边界支座和中点处的主剪力 Q_1 的大小为

$$Q_{1\max}=WS_2/2 \tag{6-2-19}$$

跨长中间的主弯矩、次弯矩为

$$M_1=\frac{WL}{4}S_3 \tag{6-2-20}$$

$$M_2=\frac{WL}{4}(1-S_3) \tag{6-2-21}$$

2. 均布载荷 W 作用的情形

此时，梁中心处总挠度(主、次挠度之和)为

$$w=\frac{5}{384}\frac{WL^3}{D}+\frac{WL}{8D_Q}\left(1-\frac{D_f}{D}\right)^2S_4 \tag{6-2-22}$$

主挠度和次挠度分别为

$$w_1=\frac{5}{384}\frac{WL^3}{D}S'_4 \tag{6-2-23}$$

$$w_2=\frac{5}{384}\frac{WL^3}{D_f}(1-S'_4) \tag{6-2-24}$$

梁支座处和中点部位的主剪力 Q_1 的大小为

$$Q_{1\max}=WS_5/2 \tag{6-2-25}$$

跨长中间的主弯矩、次弯矩为

$$M_1=\frac{WL}{8}S_6 \tag{6-2-26}$$

$$M_2=\frac{WL}{8}(1-S_6) \tag{6-2-27}$$

3. 系数 S 的计算

可以通过编程计算一些情况下的系数 S。为了简便，系数 S 的部分结果可通过附录 C 查表获得，这样可以很方便地求解大多数特殊情形。系数 S 的求解步骤如下。

① 计算梁的横截面积，并求得 E_f 和 G_c 值。

② 将夹层梁视为简单梁，计算其整体弯曲刚度 D。对于上、下两面板相等的夹层梁截面，可以采用式(6-2-4)进行计算。

③ 计算两面板的局部弯曲刚度，并相加得到 D_f。

④ 计算芯材的剪切刚度 D_Q，即

$$D_Q=bd^2G_c/t_c \tag{6-2-28}$$

前面提到的芯材的有效面积 $A_c=bdG_c$，是 D_Q 的近似值。

⑤ 计算无量纲夹层结构参数 $D/(D_QL^2)$ 和 D_f/D。

⑥ 根据式(6-2-29)计算 θ 值。

$$\theta=\frac{1}{2}\left[\left(\frac{D}{L^2D_Q}\right)\frac{D_f}{D}\left(1-\frac{D_f}{D}\right)\right]^{0.5} \tag{6-2-29}$$

⑦ 根据计算出的 θ 值，在附录 C 中找到相应的系数 S。

⑧ 最后根据式(6-2-16)至式(6-2-27)计算相应的挠度、弯矩和剪力。

应该指出的是，附录 C 中系数 S 的值是基于梁两端都存在较大伸长量的假设得到的。若梁两端的伸长量很小，则表中的值将稍有差异。

6.3　复合材料夹层板理论

对于各向同性的夹层板，相关的理论较多，其中应用较多的主要有以下 3 种。

(1) Reissner 理论。该理论将夹层结构的面板看作只承受内力的薄膜，忽略其自身的抗弯刚度；而夹芯芯材只承受横向剪切作用，在夹芯芯材中面内应力为 0。

(2) Hoff 理论。与 Reissner 理论相似，但又有不同。该理论假设面板是普通薄板，具有抗弯能力，而夹芯芯材的主要作用仍然是承受横向的剪切力。

(3) 普鲁卡克夫-杜庆华理论。该理论把表层看作普通薄板，而夹芯芯材除了承受剪切力外，还考虑了芯材的横向弹性变形作用。

在上述 3 种理论中，Reissner 理论是最简单的夹层板理论之一。该理论在经典薄板理论的基础上，考虑了芯材的切应变，这也是夹层板区别于单层板的最主要因素。本节主要对 Reissner 理论进行简要介绍。

6.3.1　各向同性夹层板理论

夹层板的结构及坐标表示如图 6-3-1 所示，根据 Reissner 理论，对薄面板夹层板提出 4 点假设：

① 面板的厚度 θ 与整个夹层板厚度相比很小，可进行薄膜处理，它只承受面内力 σ_{xi}、σ_{yi} 和 τ_{xyi}（$i=1,2$，分别指上、下面板），且沿其厚度均匀分布；

② 由于夹芯的材质较软，可以忽略夹芯中平行于 xy 平面的应力分量，即假定在夹芯中 $\sigma_{x\mathrm{c}}=\sigma_{y\mathrm{c}}=0$，且 $\tau_{xy\mathrm{c}}=0$；

③ 仅考虑夹层板弯曲时上、下面板弯向同一方向，可以假定夹层板的 $\varepsilon_z=0$；

④ 面板和夹芯中的 σ_z 很小，可以假定为 0。

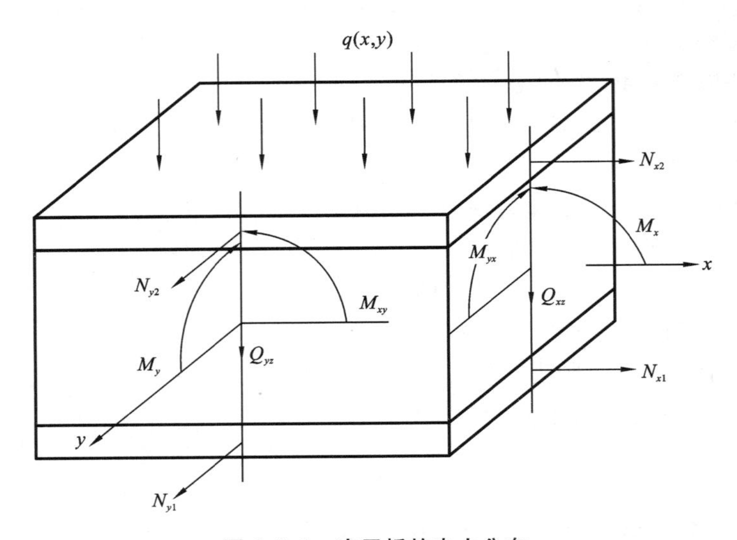

图 6-3-1　夹层板的内力分布

在夹芯芯材中取任何一个单元体，由弹性力学可得其平衡方程为

$$\left.\begin{aligned}\frac{\partial\sigma_{x\mathrm{c}}}{\partial x}+\frac{\partial\tau_{xy\mathrm{c}}}{\partial y}+\frac{\partial\tau_{xz\mathrm{c}}}{\partial z}=0\\\frac{\partial\tau_{xy\mathrm{c}}}{\partial x}+\frac{\partial\sigma_{y\mathrm{c}}}{\partial y}+\frac{\partial\tau_{yz\mathrm{c}}}{\partial z}=0\\\frac{\partial\tau_{xz\mathrm{c}}}{\partial x}+\frac{\partial\tau_{yz\mathrm{c}}}{\partial y}+\frac{\partial\sigma_{z\mathrm{c}}}{\partial z}=0\end{aligned}\right\}\tag{6-3-1}$$

根据上述假设②，可将式(6-3-1)中的前两个方程简化为

$$\frac{\partial\tau_{xz\mathrm{c}}}{\partial z}=0,\quad\frac{\partial\tau_{yz\mathrm{c}}}{\partial z}=0\tag{6-3-2}$$

由此可得，在夹层板中的切应力 $\tau_{xz\mathrm{c}}$ 和 $\tau_{yz\mathrm{c}}$ 仅为 x、y 的函数，即切应力沿芯材厚度均匀分布。

考虑横向剪切变形的情况。取横向载荷 $q(x,\ y)$ 作用下的一个微元体，其内力分布如图 6-3-1 所示。图中，Q_{xz} 和 Q_{yz} 为夹层板的横向剪力。根据上述假设① ，面板不承受横向力，所以横向剪切力完全作用于芯材上，从而有

$$\tau_{xz\mathrm{c}}=\frac{Q_{xz}}{t_{\mathrm{c}}},\quad\tau_{yz\mathrm{c}}=\frac{Q_{xz}}{t_{\mathrm{c}}}\tag{6-3-3}$$

式中：下标 c 表示芯材(core)，t_{c} 为芯材厚度。若式(6-3-3)中的分母为 $t_{\mathrm{c}}+t$，则更接近实际。其中，t 为面板厚度。此时，若芯材的剪切模量为 G_{c}，则芯材中的切应变为

$$\gamma_{xzc}=\frac{\tau_{xzc}}{G_c}=\frac{Q_{xz}}{G_c(t_c+t)} \tag{6-3-4}$$

$$\gamma_{yzc}=\frac{\tau_{yzc}}{G_c}=\frac{Q_{yz}}{G_c(t_c+t)} \tag{6-3-5}$$

式中：$G_c(t_c+t)$为夹层板的剪切刚度。为简化表达，上述符号中的下标 c 省略，如 Q_{xzc}简化为 Q_{xz}。

由几何方程

$$\gamma_{xz}=\frac{\partial w}{\partial x}+\frac{\partial u}{\partial z},\quad \gamma_{yz}=\frac{\partial w}{\partial y}+\frac{\partial v}{\partial z} \tag{6-3-6}$$

结合式(6-3-4)和式(6-3-5)可得

$$\frac{\partial u}{\partial z}=-\left[\frac{\partial w}{\partial x}-\frac{Q_{xz}}{G_c(t_c+t)}\right] \tag{6-3-7}$$

$$\frac{\partial v}{\partial z}=-\left[\frac{\partial w}{\partial y}-\frac{Q_{yz}}{G_c(t_c+t)}\right] \tag{6-3-8}$$

将式(6-3-7)、式(6-3-8)对 z 积分，可得

$$u=-z\left[\frac{\partial w}{\partial x}-\frac{Q_{xz}}{G_c(t_c+t)}\right] \tag{6-3-9}$$

$$v=-z\left[\frac{\partial w}{\partial y}-\frac{Q_{yz}}{G_c(t_c+t)}\right] \tag{6-3-10}$$

令

$$\psi_x=\frac{\partial w}{\partial x}-\frac{Q_{xz}}{G_c(t_c+t)} \tag{6-3-11}$$

$$\psi_y=\frac{\partial w}{\partial y}-\frac{Q_{yz}}{G_c(t_c+t)} \tag{6-3-12}$$

则式(6-3-9)和式(6-3-10)可简写为

$$u=-z\psi_x \tag{6-3-13}$$

$$v=-z\psi_y \tag{6-3-14}$$

式中：ψ_x 和 ψ_y 为直法线假设的截面转角$\frac{\partial w}{\partial x}$、$\frac{\partial w}{\partial y}$与横向切应变 γ_{xz}、γ_{yz}之差(见图 6-3-2)，即

$$\psi_x=\frac{\partial w}{\partial x}-\gamma_{xz},\quad \psi_y=\frac{\partial w}{\partial y}-\gamma_{yz} \tag{6-3-15}$$

应该指出的是，实际弯曲变形中，由于面板和芯材的材质差别较大，夹层板变形前的平直截面在变形后不一定保持为平直截面。不过，对于薄面板类型的夹层板，由于面板薄，可进行薄膜处理，它同芯材的变形协调可认为：变形前与中面垂直的平截面变形后仍保持平面，但不再与中面垂直。

在横向载荷作用下，夹层板的横向平衡方程与薄板平衡方程相同，即

$$\frac{\partial M_x}{\partial x}+\frac{\partial M_{xy}}{\partial y}+Q_{xz}=0 \tag{6-3-16}$$

$$\frac{\partial M_{xy}}{\partial x}+\frac{\partial M_y}{\partial y}+Q_{yz}=0 \tag{6-3-17}$$

$$\frac{\partial Q_{xz}}{\partial x}+\frac{\partial Q_{yz}}{\partial y}+q(x,\ y)=0 \tag{6-3-18}$$

式中：M_x、M_y 为夹层板的总弯矩；Q_{xz}、Q_{yz} 为夹层板的总横向剪力；M_{xy} 为总扭矩；$q(x,\ y)$为作

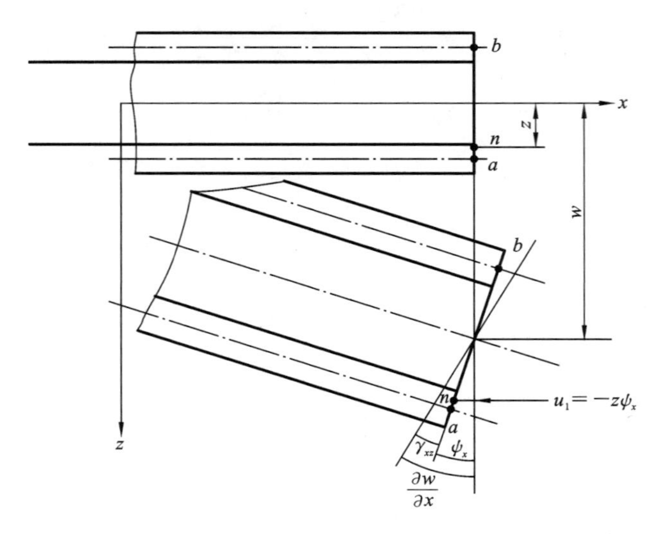

图 6-3-2　夹层板弯曲截面变形示意

用在夹层板的单位面积横向载荷。这里规定,$q(x, y)$的方向沿 z 轴正向为正,相反时为负。

由于夹层板只有面板承受弯矩,且在前述假设① 中得到面板的应力沿厚度方向均匀分布。因而,由图 6-3-2 可得夹层板的弯矩为

$$M_x=0.5(t_c+t)t(\sigma_{x1}-\sigma_{x2}) \tag{6-3-19}$$

$$M_y=0.5(t_c+t)t(\sigma_{y1}-\sigma_{y2}) \tag{6-3-20}$$

$$M_{xy}=0.5(t_c+t)t(\tau_{xy1}-\tau_{xy2}) \tag{6-3-21}$$

式中:下标 1,2 分别表示夹层板的上、下面板。

根据材料力学理论可知,对于各向同性材料的面板,其应力有

$$\sigma_{xi}=\frac{E_f}{1-\nu_f^2}(\varepsilon_{xi}+\nu_f\varepsilon_{yi})=\frac{E_f}{1-\nu_f^2}\left(\frac{\partial u_i}{\partial x}+\nu_f\frac{\partial v_i}{\partial y}\right) \tag{6-3-22}$$

$$\sigma_{yi}=\frac{E_f}{1-\nu_f^2}(\varepsilon_{yi}+\nu_f\varepsilon_{xi})=\frac{E_f}{1-\nu_f^2}\left(\frac{\partial v_i}{\partial y}+\nu_f\frac{\partial u_i}{\partial x}\right) \tag{6-3-23}$$

$$\tau_{xyi}=\frac{E_f}{2(1+\nu_f)}\gamma_{xyi}=\frac{E_f}{2(1+\nu_f)}\left(\frac{\partial u_i}{\partial y}+\frac{\partial v_i}{\partial x}\right) \tag{6-3-24}$$

令式(6-3-22)至式(6-3-24)中的 u_i、v_i 分别为上、下面板的位移,分别代入式(6-3-13)和式(6-3-14),可得

$$u_1=-\frac{1}{2}(t_c+t)\psi_x,\quad u_2=\frac{1}{2}(t_c+t)\psi_x \tag{6-3-25}$$

$$v_1=-\frac{1}{2}(t_c+t)\psi_y,\quad v_2=\frac{1}{2}(t_c+t)\psi_y \tag{6-3-26}$$

将上面两式代入式(6-3-22)至式(6-3-25),再代入式(6-3-19)至式(6-3-21),得到

$$M_x=-D\left(\frac{\partial\psi_x}{\partial x}+\nu_f\frac{\partial\psi_y}{\partial y}\right) \tag{6-3-27}$$

$$M_y=-D\left(\frac{\partial\psi_y}{\partial y}+\nu_f\frac{\partial\psi_x}{\partial x}\right) \tag{6-3-28}$$

$$M_{xy}=-\frac{1}{2}D(1-\nu_f)\left(\frac{\partial\psi_x}{\partial y}+\frac{\partial\psi_y}{\partial x}\right) \tag{6-3-29}$$

式中：D 为夹层板总的抗弯刚度，$D=E_f\ (t_c+t)^2 t/[2(1-\nu_f^2)]$，其中 E_f、υ_f 分别为夹层面板的弹性模量和泊松比，t 为面板厚度，t_c 为芯材厚度。

根据式(6-3-11)和式(6-3-12)可得

$$Q_{xz}=C\left(\frac{\partial w}{\partial x}-\psi_x\right) \tag{6-3-30}$$

$$Q_{yz}=C\left(\frac{\partial w}{\partial x}-\psi_y\right) \tag{6-3-31}$$

式中：C 为芯材的抗剪刚度，$C=G_c(t_c+t)$。

将式(6-3-25)至式(6-3-29)代入式(6-3-16)至式(6-3-18)，得到如下平衡方程

$$D\left(\frac{\partial^2\psi_x}{\partial x^2}+\frac{1-\nu_f}{2}\frac{\partial^2\psi_x}{\partial y^2}+\frac{1+\nu_f}{2}\frac{\partial^2\psi_y}{\partial x\partial y}\right)+C\left(\frac{\partial w}{\partial x}-\psi_x\right)=0 \tag{6-3-32}$$

$$D\left(\frac{\partial^2\psi_y}{\partial y^2}+\frac{1-\nu_f}{2}\frac{\partial^2\psi_y}{\partial x^2}+\frac{1+\nu_f}{2}\frac{\partial^2\psi_y}{\partial x\partial y}\right)+C\left(\frac{\partial w}{\partial y}-\psi_y\right)=0 \tag{6-3-33}$$

$$C\left(\frac{\partial^2 w}{\partial x^2}+\frac{\partial^2 w}{\partial y^2}-\frac{\partial\psi_x}{\partial x}-\frac{\partial\psi_y}{\partial y}\right)+q(x,\ y)=0 \tag{6-3-34}$$

上面三式即夹层板的弯曲基本方程。根据该弯曲基本方程可解出广义位移 ψ_x、ψ_y 和 w，进而可求得 M_x、M_y、M_{xy}、Q_{xz}、Q_{yz} 等。

6.3.2　正交各向异性夹层板理论

6.3.1 小节的夹层板理论针对各向同性板，即面板和芯材都是由各向同性材料组成。实际应用中，夹层板结构的面板和芯材都很有可能是各向异性的。夹层板的芯材可能是由各向异性的连续介质或非连续介质构成的，如波纹夹芯、蜂窝夹芯等；而面也大多为各向异性材料，如纤维增强复合材料层合板等。因而，只要面板或芯材采用了各向异性材料，夹层板就为各向异性板，6.3.1 小节的理论则不再适用。本小节以正交各向异性夹层板为例，简要介绍面板为单层板和面板为层合板的夹层板的基本方程。

1. 面板为单层板的情形

正交各向异性夹层板理论最早是结合各向同性夹层板和正交各向异性板的经典理论得到的。对于面板为单层板的正交各向异性夹层板，其变形和内力合成的相关假设与 Reissner 理论的假设完全相同。不同之处在于，正交各向异性夹层板理论考虑了板的各向异性。与 Reissner 理论相似，在线弹性理论假设下，广义内力是应变的线性函数。一般情形下，对称构造的夹层板的内力和应变的关系可表达为

$$\left.\begin{aligned}
M_x&=-D_{11}\frac{\partial\psi_x}{\partial x}-D_{12}\frac{\partial\psi_y}{\partial y}-D_{16}\left(\frac{\partial\psi_x}{\partial y}+\frac{\partial\psi_y}{\partial x}\right)\\
M_y&=-D_{12}\frac{\partial\psi_x}{\partial x}-D_{22}\frac{\partial\psi_y}{\partial y}-D_{26}\left(\frac{\partial\psi_x}{\partial y}+\frac{\partial\psi_y}{\partial x}\right)\\
M_{xy}&=-D_{16}\frac{\partial\psi_x}{\partial x}-D_{26}\frac{\partial\psi_y}{\partial y}-D_{66}\left(\frac{\partial\psi_x}{\partial y}+\frac{\partial\psi_y}{\partial x}\right)\\
Q_x&=C_{11}\left(\frac{\partial w}{\partial x}-\psi_x\right)+C_{12}\left(\frac{\partial w}{\partial y}-\psi_y\right)\\
Q_y&=C_{12}\left(\frac{\partial w}{\partial x}-\psi_x\right)+C_{22}\left(\frac{\partial w}{\partial y}-\psi_y\right)
\end{aligned}\right\} \tag{6-3-35}$$

式中：D_{11}，D_{12}……为板的抗弯刚度；C_{11}，C_{12}……为板的抗剪刚度。假设这些刚度与夹层板的受力和变形无关，为常数，则有

$$\left.\begin{aligned} D_{11}=\frac{t}{2}(t_c+t)^2Q_{11},\quad D_{22}=\frac{t}{2}(t_c+t)^2Q_{22},\quad D_{66}=\frac{t}{2}(t_c+t)^2Q_{66}\\ D_{12}=\frac{t}{2}(t_c+t)^2Q_{12},\quad D_{16}=\frac{t}{2}(t_c+t)^2Q_{16},\quad D_{26}=\frac{t}{2}(t_c+t)^2Q_{26} \end{aligned}\right\}\tag{6-3-36}$$

若夹层板的面板是正交各向异性的，且 xz 平面和 yz 平面为弹性对称平面，则有

$$D_{16}=D_{26}=0,\quad C_{12}=0\tag{6-3-37}$$

复合材料夹层板的工程常数有 E_x、E_y、ν_x、ν_y 和 G_{xy}。用这些工程常数表示的复合材料夹层板弯曲刚度为

$$\left.\begin{aligned} D_{11}=\frac{E_x(t_c+t)^2t}{2(1-\nu_x\nu_y)},\quad D_{22}=\frac{E_y(t_c+t)^2t}{2(1-\nu_x\nu_y)}\\ D_{12}=\nu_yD_{11}=\nu_xD_{22},\quad D_{26}=\frac{G_{xy}(t_c+t)^2t}{2} \end{aligned}\right\}\tag{6-3-38}$$

因而，夹层板的内力-应变关系可简化为

$$\left.\begin{aligned} M_x&=-D_{11}\left(\frac{\partial\psi_x}{\partial x}+\nu_y\frac{\partial\psi_y}{\partial y}\right)\\ M_y&=-D_{22}\left(\frac{\partial\psi_y}{\partial y}+\nu_x\frac{\partial\psi_x}{\partial x}\right)\\ M_{xy}&=-D_{66}\left(\frac{\partial\psi_x}{\partial y}+\frac{\partial\psi_y}{\partial x}\right)\\ Q_x&=C_{11}\left(\frac{\partial w}{\partial x}-\psi_x\right)\\ Q_y&=C_{22}\left(\frac{\partial w}{\partial y}-\psi_y\right) \end{aligned}\right\}\tag{6-3-39}$$

若夹层板是各向同性的，则上面的基本方程就退化为 6.3.1 小节中的式(6-3-27)至式(6-3-31)。此时

$$\left.\begin{aligned} D_{11}=D_{22}=D,\quad D_{66}=0.5(1-\nu)D\\ \nu_x=\nu_y=\nu,\quad C_{11}=C_{22}=C \end{aligned}\right\}\tag{6-3-40}$$

将式(6-3-40)代入式(6-3-36)即可得到 Reissner 理论中的公式。

若板不产生切应变，即 $C_{11}=C_{22}=C_{12}=\infty$，则有

$$\psi_x=\frac{\partial w}{\partial x},\quad \psi_y=\frac{\partial w}{\partial y}\tag{6-3-41}$$

将式(6-3-41)代入式(6-3-35)可得

$$\left.\begin{aligned} M_x&=-D_{11}\frac{\partial^2w}{\partial x^2}-D_{12}\frac{\partial^2w}{\partial y^2}-2D_{16}\frac{\partial^2w}{\partial x\partial y}\\ M_y&=-D_{12}\frac{\partial^2w}{\partial x^2}-D_{22}\frac{\partial^2w}{\partial y^2}-2D_{26}\frac{\partial^2w}{\partial x\partial y}\\ M_{xy}&=-D_{16}\frac{\partial^2w}{\partial x^2}-D_{26}\frac{\partial^2w}{\partial y^2}-2D_{66}\frac{\partial^2w}{\partial x\partial y} \end{aligned}\right\}\tag{6-3-42}$$

此式为各向异形板经典理论中的内力矩和曲率的关系式。

利用正交异性材料的本构方程，可得夹层板芯材中的应力-应变关系：

$$\begin{bmatrix}\sigma_x\\ \sigma_y\\ \sigma_z\\ \tau_{yz}\\ \tau_{xz}\\ \tau_{xy}\end{bmatrix}_c=\begin{bmatrix}C_{11}&C_{12}&C_{13}&0&0&0\\ C_{12}&C_{22}&C_{23}&0&0&0\\ C_{13}&C_{23}&C_{33}&0&0&0\\ 0&0&0&C_{44}&0&0\\ 0&0&0&0&C_{55}&0\\ 0&0&0&0&0&C_{66}\end{bmatrix}\begin{bmatrix}\varepsilon_x\\ \varepsilon_y\\ \varepsilon_z\\ \gamma_{yz}\\ \gamma_{xz}\\ \gamma_{xy}\end{bmatrix}_c \tag{6-3-43}$$

式中：下标 c 表示芯材。基于芯材不承受 xy 平面应力的假设，即 $\sigma_{xc}=\sigma_{yc}=\tau_{xyc}=0$，且 σ_z 很小。因而，有

$$\tau_{xzc}=C_{55}\gamma_{xzc},\quad \tau_{yzc}=C_{44}\gamma_{yzc} \tag{6-3-44}$$

对于正交各向异性材料，有 $C_{55}=G_{xz}$、$C_{44}=G_{yz}$，分别为芯材在 xoz 平面和 yoz 平面内的剪切模量。则式(6-3-44)可写为

$$\tau_{xzc}=G_{xz}\gamma_{xzc},\quad \tau_{yzc}=G_{yz}\gamma_{yzc} \tag{6-3-45}$$

当考虑芯材的剪切变形时，有

$$\gamma_{xzc}=\frac{\partial w}{\partial x}-\psi_x,\quad \gamma_{yzc}=\frac{\partial w}{\partial y}-\psi_y \tag{6-3-46}$$

以及关系式

$$\tau_{xzc}=\frac{Q_{xz}}{t_c+t},\quad \tau_{yzc}=\frac{Q_{yz}}{t_c+t} \tag{6-3-47}$$

将式(6-3-45)和式(6-3-46)代入式(6-3-47)可得

$$Q_{xz}=C_{xz}\left(\frac{\partial w}{\partial x}-\psi_x\right),\quad Q_{yz}=C_{yz}\left(\frac{\partial w}{\partial x}-\psi_y\right) \tag{6-3-48}$$

式中：C_{xz}、C_{yz} 为芯材的抗剪刚度，$C_{xz}=G_{xz}(t_c+t)$，$C_{yz}=G_{yz}(t_c+t)$。

将弯矩表达式(6-3-39)和剪力表达式(6-3-48)代入基本方程式(6-3-16)至式(6-3-18)，得到用函数 ψ_x、ψ_y 和 w 表达的基本方程式

$$\left.\begin{aligned}D_{11}\frac{\partial^2\psi_x}{\partial x^2}+D_{66}\frac{\partial^2\psi_x}{\partial y^2}+(D_{12}+D_{66})\frac{\partial^2\psi_y}{\partial y^2}-C_{xz}\left(\frac{\partial w}{\partial x}-\psi_x\right)=0\\ (D_{12}+D_{66})\frac{\partial^2\psi_x}{\partial x\partial y}+D_{66}\frac{\partial^2\psi_x}{\partial x^2}+D_{22}\frac{\partial^2\psi_y}{\partial y^2}-C_{yz}\left(\frac{\partial w}{\partial y}-\psi_y\right)=0\\ C_{xz}\frac{\partial\psi_x}{\partial x}+C_{yz}\frac{\partial\psi_y}{\partial y}+C_{xz}\frac{\partial^2 w}{\partial x^2}+C_{yz}\frac{\partial^2 w}{\partial y^2}=q(x,\ y)\end{aligned}\right\} \tag{6-3-49}$$

2. 面板为层合板的情形

若夹层板的面板为层合板，则夹层板的刚度可采用层合板刚度的分析方法。如果面板厚度小于芯材厚度的 5%时，可把芯材假设为没有面内刚度但有剪切刚度的特殊层对待。在计算夹层板的刚度矩阵 $\boldsymbol{A}$、$\boldsymbol{B}$ 和 $\boldsymbol{D}$ 时，利用这些矩阵建立力 $\boldsymbol{N}$ 和力矩 $\boldsymbol{M}$ 与中面应变 $\boldsymbol{\varepsilon}^0$ 和中面曲率 $\boldsymbol{\varepsilon}^1$ 之间的关系：

$$\begin{bmatrix}\boldsymbol{N}\\ \boldsymbol{M}\end{bmatrix}=\begin{bmatrix}\boldsymbol{A}&\boldsymbol{B}\\ \boldsymbol{B}&\boldsymbol{D}\end{bmatrix}\begin{bmatrix}\boldsymbol{\varepsilon}^0\\ \boldsymbol{\varepsilon}^1\end{bmatrix} \tag{6-3-50}$$

$$\begin{bmatrix}Q_y\\ Q_x\end{bmatrix}=K\begin{bmatrix}A_{44}&A_{45}\\ A_{45}&A_{55}\end{bmatrix}\begin{bmatrix}\gamma_{yz}\\ \gamma_{xz}\end{bmatrix} \tag{6-3-51}$$

由于假设夹层板的横向剪切刚度全部由芯材提供,因而剪切刚度系数可由下式计算:

$$A_{55}=t_c G_{xz},\quad A_{44}=t_c G_{yz},\quad A_{45}=0 \tag{6-3-52}$$

使用层合板分析方法可以确定夹层板面板的刚度矩阵 **A**、**B** 和 **D**。

$$\begin{bmatrix} \boldsymbol{N} \\ \boldsymbol{M} \end{bmatrix}_1=\begin{bmatrix} \boldsymbol{A} & \boldsymbol{B} \\ \boldsymbol{B} & \boldsymbol{D} \end{bmatrix}_1\begin{bmatrix} \boldsymbol{\varepsilon}^0 \\ \boldsymbol{\varepsilon}^1 \end{bmatrix}_1 \tag{6-3-53}$$

式中:下标 1 表示面板的相应量。

应该注意的是,分析夹层板整体屈曲时,使用夹层板的整体刚度矩阵;而在分析面板的微凹或皱曲时,采用面板的刚度矩阵。分析面板的皱曲时,由于面板的皱曲包含面板的弯曲变形,因而需用到面板的弯曲模量 $E_{x\text{flex}}$,有

$$E_{x\text{flex}}=12D_{11}/t_f^3\,(B_{ij}=0,\ \varepsilon_y^{(1)}=\varepsilon_{xy}^{(1)}=0) \tag{6-3-54}$$

当面板的变形仅为拉伸变形时,此时使用面板的拉伸模量 $E_{x\text{ext}}$,有

$$E_{x\text{ext}}=A_{11}/t_f\,(B_{ij}=0,\ \varepsilon_y=\gamma_{xy}=0) \tag{6-3-55}$$

夹层板的应变和曲率可通过层合板的分析方法得到。夹层板面板的应变和载荷可通过下面公式得到:

$$\begin{bmatrix} \varepsilon_x \\ \varepsilon_y \\ \varepsilon_{xy} \end{bmatrix}_1=\begin{bmatrix} \varepsilon_x^{(0)} \\ \varepsilon_y^{(0)} \\ \varepsilon_{xy}^{(0)} \end{bmatrix}_1+\left(\frac{t_c+t_1}{2}\right)\begin{bmatrix} \varepsilon_x^{(1)} \\ \varepsilon_y^{(1)} \\ \varepsilon_{xy}^{(1)} \end{bmatrix}_1 \tag{6-3-56}$$

$$\begin{bmatrix} N_x \\ N_y \\ N_{xy} \end{bmatrix}_1=\boldsymbol{A}_1\begin{bmatrix} \varepsilon_x^{(0)} \\ \varepsilon_y^{(0)} \\ \varepsilon_{xy}^{(0)} \end{bmatrix}_1+\boldsymbol{B}_1\begin{bmatrix} \varepsilon_x^{(1)} \\ \varepsilon_y^{(1)} \\ \varepsilon_{xy}^{(1)} \end{bmatrix}_1 \tag{6-3-57}$$

夹层板的层合面板的每一层满足关系式

$$\begin{bmatrix} \sigma_x \\ \sigma_y \\ \tau_{xy} \end{bmatrix}^{(k)}=\begin{bmatrix} Q_{11} & Q_{12} & Q_{16} \\ Q_{12} & Q_{22} & Q_{26} \\ Q_{16} & Q_{26} & Q_{66} \end{bmatrix}^{(k)}\begin{bmatrix} \varepsilon_x \\ \varepsilon_y \\ \gamma_{xy} \end{bmatrix}^{(k)} \tag{6-3-58}$$

式中:k 表示层合面板的第 k 层。上面三式中,下标 1、2 分别表示上、下面板。当计算夹层板下面板的应变和载荷时,仅需将式(6-3-53)、式(6-3-56)和式(6-3-57)中的下标 1 换成 2 即可。

6.4 复合材料夹层板的工程计算

在船舶工程领域,为了使用简便,往往采用复合材料夹层板相关参数的工程近似计算(或估算)公式。本节以具有正交各向异性面板和蜂窝夹芯芯材的复合材料夹层板为例,给出复合材料夹层板的面外抗弯刚度、面内刚度等的工程计算公式。

6.4.1 面外抗弯刚度

复合材料夹层板单位宽度的抗弯刚度 D 可按下式近似计算:

$$D=\frac{1}{\frac{E_{f1}t_{f1}}{\lambda_{f1}}+\frac{E_c t_c}{\lambda_c}+\frac{E_{f2}t_{f2}}{\lambda_{f2}}}\left[\frac{E_{f1}t_{f1}}{\lambda_{f1}}\frac{E_{f2}t_{f2}}{\lambda_{f2}}h^2+\frac{E_{f1}t_{f1}}{\lambda_{f1}}\frac{E_c t_c}{\lambda_c}\left(\frac{t_{f1}+t_c}{2}\right)^2+\frac{E_{f2}t_{f2}}{\lambda_{f2}}\frac{E_c t_c}{\lambda_c}\left(\frac{t_{f2}+t_c}{2}\right)^2\right]$$

$$+\frac{1}{12}\left[\frac{E_{f1}t_{f1}^3}{\lambda_{f1}}+\frac{E_c t_c^3}{\lambda_c}+\frac{E_{f2}t_{f2}^3}{\lambda_{f2}}\right] \tag{6-4-1}$$

式中：E_f、E_c 分别表示面板、芯材的杨氏弹性模量；t_f、t_c 分别表示面板、芯材的厚度；λ 为关于泊松比的系数，$\lambda=1-\nu_x\nu_y$；h 为面板离夹层板形心的距离；下标 f、c 分别表示面板、芯材；下标 1、2 表示上、下(或内、外)面板。当上、下面板一样时，上述抗弯刚度公式可简化为

$$D=\frac{E_f t_f}{2\lambda_f}h^2+\frac{1}{12}\left(\frac{2E_f t_f}{\lambda_f}+\frac{E_c t_c^3}{\lambda_c}\right) \tag{6-4-2}$$

式(6-4-2)右端第二项表示单个芯层和表层刚度之和，并未考虑表层相对中和轴的位置，一般被忽略或和系数 K 一起使用。系数 K 可通过查图 6-4-1 得到。因而，上述抗弯刚度可进一步简化为

$$D=K\frac{E_f t_f}{2\lambda_f}h^2 \tag{6-4-3}$$

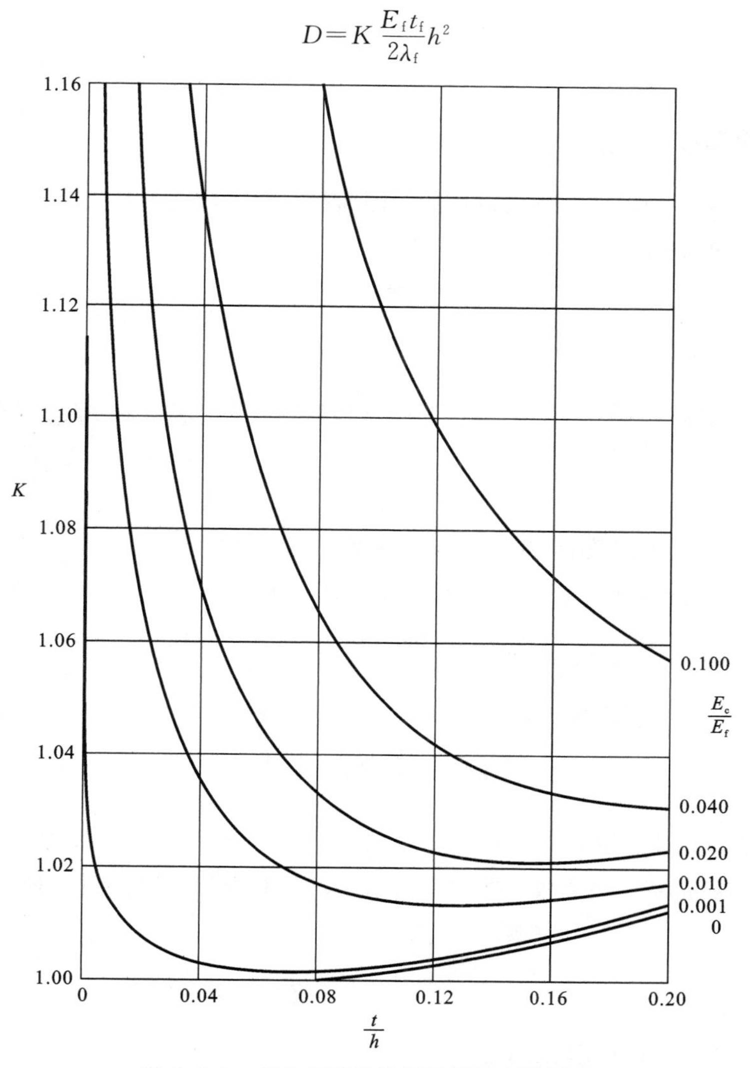

图 6-4-1　复合材料夹层板抗弯刚度因子 K

若夹层板的芯材厚度比面板薄，则系数 K 就会趋向 1；若上、下面板的泊松比一样，$\lambda_{f1}=\lambda_{f2}=\lambda$，且对于不同的上、下面板，相应的抗弯刚度可写为

$$D=\frac{E_{f1}t_{f1}E_{f2}t_{f2}h^2}{(E_{f1}t_{f1}+E_{f2}t_{f2})\lambda_f} \tag{6-4-4}$$

类似地,式(6-4-3)可简化为

$$D=\frac{E_f t_f}{2\lambda_f}h^2 \tag{6-4-5}$$

6.4.2 面内刚度

对于采用层合板形式的面板,夹层板单位宽度的面内刚度 H 可通过下列公式近似计算得到:

$$H=E_{f1}t_{f1}+E_{f2}t_{f2}+E_c t_c \tag{6-4-6}$$

若夹层板的上、下面板相同,则有

$$H=2E_f t_f+E_c t_c \tag{6-4-7}$$

6.4.3 横向剪切刚度

一般情形下,夹层板的面板都可以近似为薄面板。对于薄面板的夹层板,其横向剪切刚度 U 由芯材决定,可近似按下式计算:

$$U=h^2 G_c/t_c\approx hG_c \tag{6-4-8}$$

6.4.4 面内压缩载荷

当夹层板受到面内压缩载荷作用时,需确定其临界压缩载荷。根据欧拉屈曲理论,可得夹层板单位宽度的临界压缩载荷为

$$N_{cr}=\pi KD/b^2 \tag{6-4-9}$$

式中:D 为夹层板的抗弯刚度;b 为夹层板的宽度。将式(6-4-4)代入式(6-4-9),可写成表示临界弯曲应力 $F_{cr1,2}$ 的形式。对于上、下面板不同的情形,有

$$F_{cr1,2}=\pi^2 K\frac{E_{f1}t_{f1}E_{f2}t_{f2}}{(E_{f1}t_{f1}+E_{f2}t_{f2})^2}\left(\frac{h}{b}\right)^2\frac{E_{f1,2}}{\lambda_f} \tag{6-4-10}$$

式中:下标 1、2 表示上、下面板。若夹层板的上、下面板相同,则有

$$F_{cr1,2}=\frac{\pi^2 K}{4}\left(\frac{h}{b}\right)^2\frac{E_f}{\lambda_f} \tag{6-4-11}$$

对于正交各向异性表层 $E_f=\sqrt{E_{f1}E_{f2}}$,系数 $K=K_F+K_M$。其中,K_F 是基于面板刚度和面板长宽比得到,K_M 是基于夹层板弯曲和剪切刚度以及面板长宽比得到。对于上、下面板不同的情形,有

$$K_F=\frac{(E_{f1}t_{f1}^3+E_{f2}t_{f2}^3)(E_{f1}t_{f1}+E_{f2}t_{f2})}{12E_{f1}t_{f1}E_{f2}t_{f2}h^2}K_{MO} \tag{6-4-12}$$

若夹层板的上、下面板相同,则有

$$K_F=t_f^2 K_{MO}/(3h^2) \tag{6-4-13}$$

式中:K_{MO} 可查图 6-4-2 得到。当忽略剪力时,即剪力等于 0 时,$K_{MO}=K_M$。当夹层板的长宽比(a/b)大于 1.0 时,可近似认为 $K_F=0$。

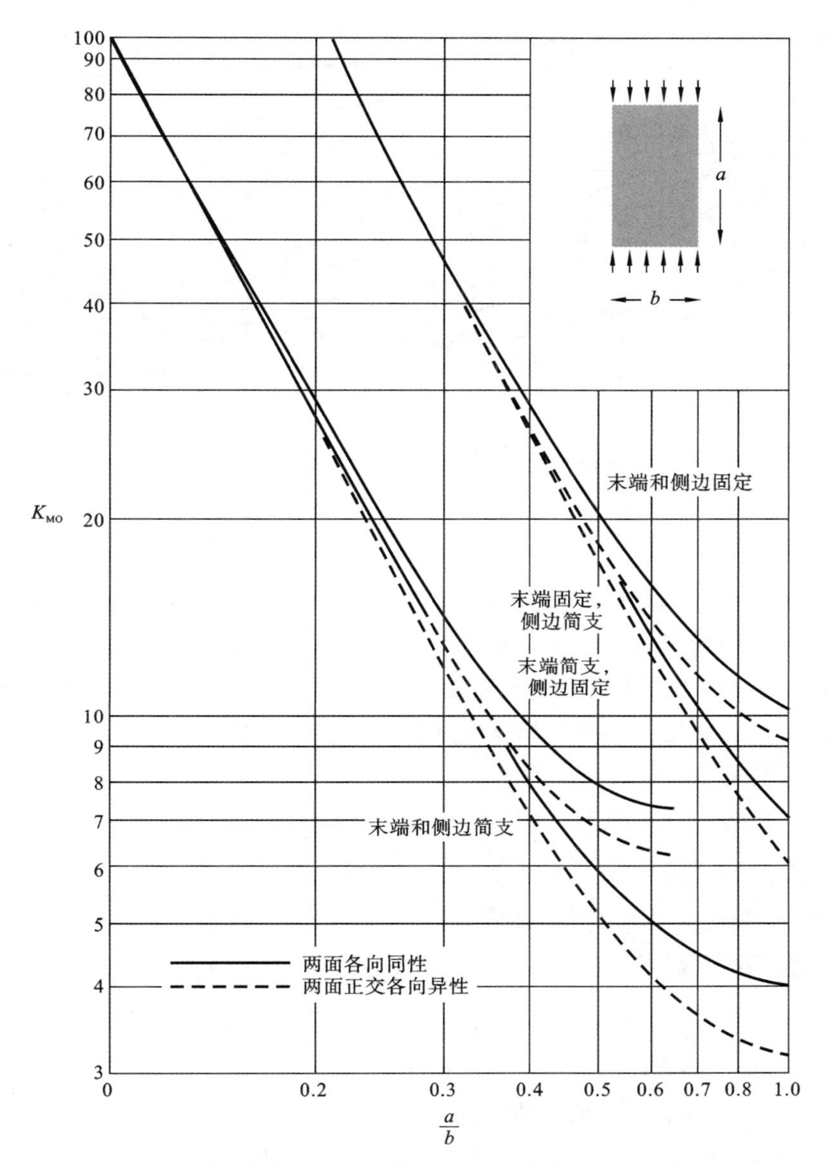

图 6-4-2　夹层板边缘弯曲的 K_{MO} 值

6.4.5　表面皱折应力

复合材料夹层板的表面皱折很难预测，主要原因在于面板与芯层界面以及面板自身的初始屈曲度难以确定。在理想情形下，夹层板表面皱折应力 F_w，也就是使得夹层板皱折的力，可按下式估算：

$$F_w = Q\left(\frac{E_f E_c G_c}{\lambda_f}\right)^{1/3} \tag{6-4-14}$$

式中：G_c 为芯材的剪切模量，Q 可查图 6-4-3 得到。图中，δ 为面板的挠度。

图 6-4-3 中的参量 K 按下式计算：

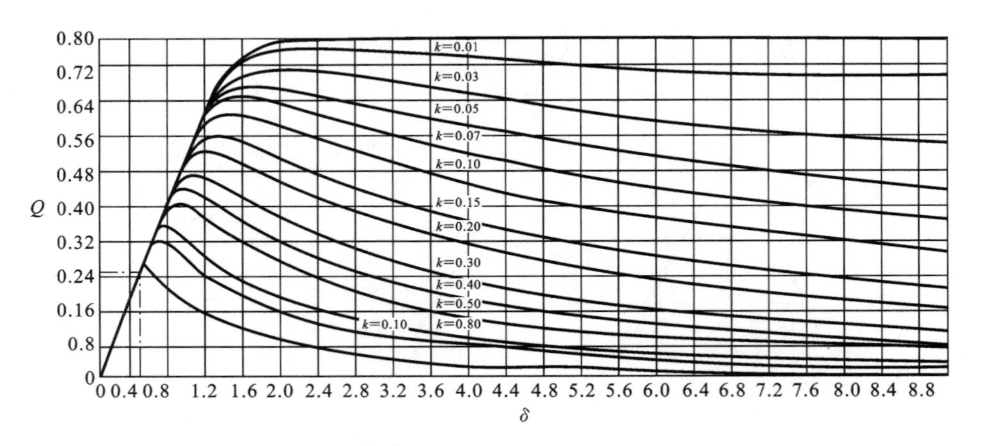

图 6-4-3 夹层板表面皱折中的参数 Q 值

$$K=\frac{\delta E_{\mathrm{f}}}{t_{\mathrm{f}}F_{\mathrm{cp}}} \tag{6-4-15}$$

式中：F_{cp}表示面板的抗压强度。在某些船舶结构部位，复合材料夹层板的表层很薄，皱折问题较为突出。不过，对于船用复合材料夹层板，考虑到抗冲击和抗刺穿的性能要求，面板通常需要设计为一定厚度的厚板。基于轻量化考虑，船用复合材料夹层板的面板有一个建议最小厚度值。该建议最小厚度是根据单位长度受到的设计剪力载荷 N_{s} 来确定的。对于上、下（或内、外）面板不同的情形，有

$$N_{\mathrm{s}}=t_{\mathrm{f1}}F_{\mathrm{f1}}+t_{\mathrm{f2}}F_{\mathrm{f2}} \tag{6-4-16}$$

若夹层板的上、下面板相同，则可得到

$$t_{\mathrm{f}}=N_{\mathrm{s}}/(2F_{\mathrm{f}}) \tag{6-4-17}$$

6.4.6 面外负载

面外或垂直结构表面的压力载荷（可称为横向载荷、面外载荷或垂向载荷）作用于船舶结构的情形较为常见，如静水压力或甲板载荷的作用。应该指出的是，本小节面外负载公式均是在简支边界条件下得到的，实际船舶结构受力时，边界会有一定程度的固定，但不会完全满足简支边界固定条件。将边界条件假设为简支是偏于安全的考虑。

下面给出复合材料夹层板的面板、芯材的必要厚度和芯材的剪切刚度，以保证夹层板在许用表层应力和面板挠度之内。由于简支条件，夹层板的最大表层应力发生在面板（xoy 面）的中心。若在边界施加一个固支边界条件，则会产生弯矩分布，此时最大表层应力会发生在靠近边界的地方。

在表层中心部位，对于上、下（或内、外）面板不同的情形，夹层板的平均表层应力为

$$F_{\mathrm{f1,2}}=K_2\,\frac{pb^2}{t_{\mathrm{f1,2}}h} \tag{6-4-18}$$

对于上、下面板相同的情形，有

$$F_{\mathrm{F}}=K_2\,\frac{pb^2}{ht_{\mathrm{F}}} \tag{6-4-19}$$

式中：p 为面外压力；K_2 为系数，可由图 6-4-4 得到。

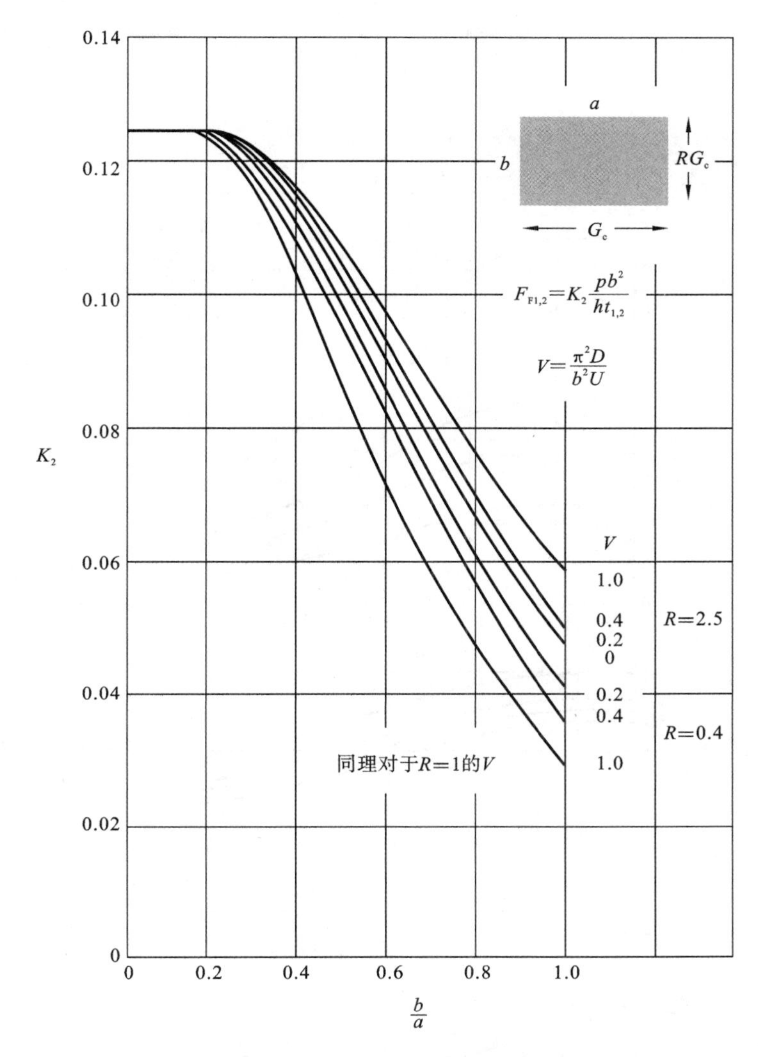

图 6-4-4　面外压力 F_f 均匀作用的夹层板的 K_2 值

对于上、下(或内、外)面板不同的情形,夹层板的面板挠度 δ 可近似按下式计算:

$$\delta=\frac{K_1}{K_2}\frac{F_{f1,2}}{E_{f1,2}}\left(1+\frac{E_{f1,2}}{E_{f2,1}}\right)\frac{b^2}{h} \tag{6-4-20}$$

式中:K_1 可由图 6-4-5 得到。

对于上、下面板相同的情形,则有

$$\delta=2\frac{K_1}{K_2}\left(\frac{\lambda F_f}{E_f}\right)\frac{b^2}{h} \tag{6-4-21}$$

上述平均表层应力和面板挠度的计算需要用迭代方式求解,以保证应力和挠度满足设计约束要求。

复合材料夹层板的芯层剪力 F_{cs} 可由下式近似计算:

$$F_{cs}=K_3 pb/h \tag{6-4-22}$$

式中:K_3 可由图 6-4-6 得到。

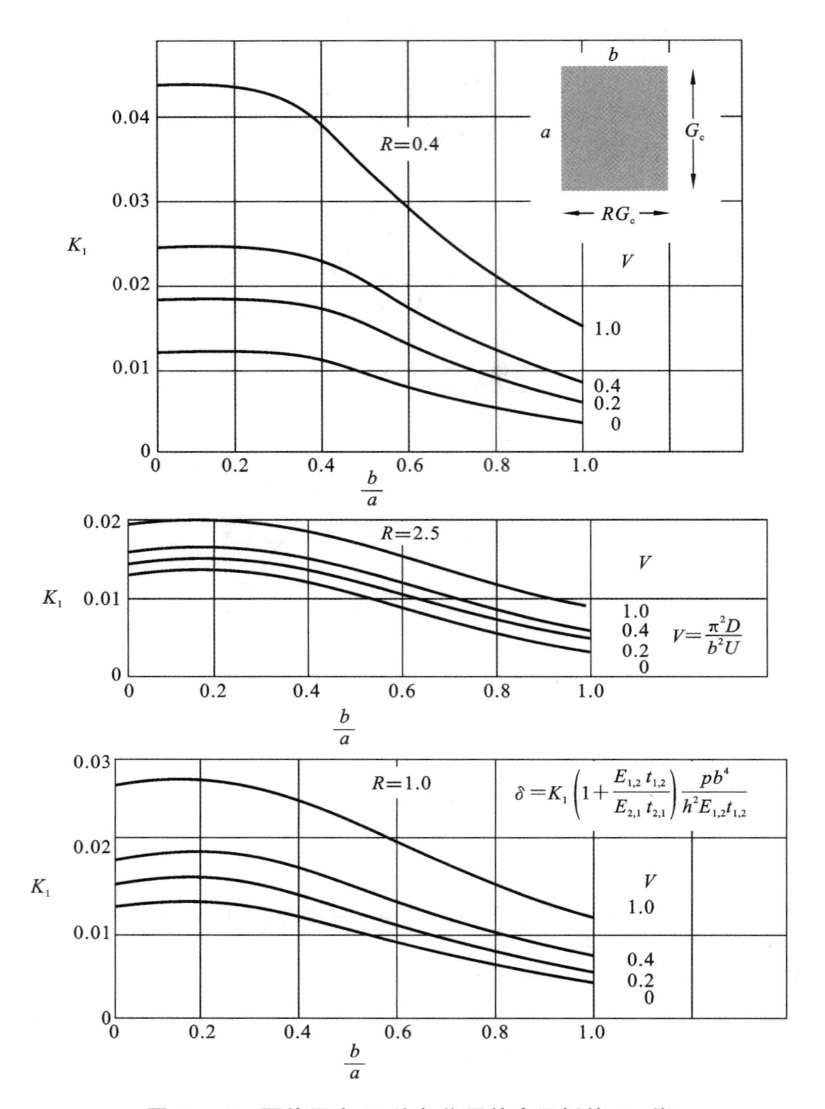

图 6-4-5　面外压力 F_f 均匀作用的夹层板的 K_1 值

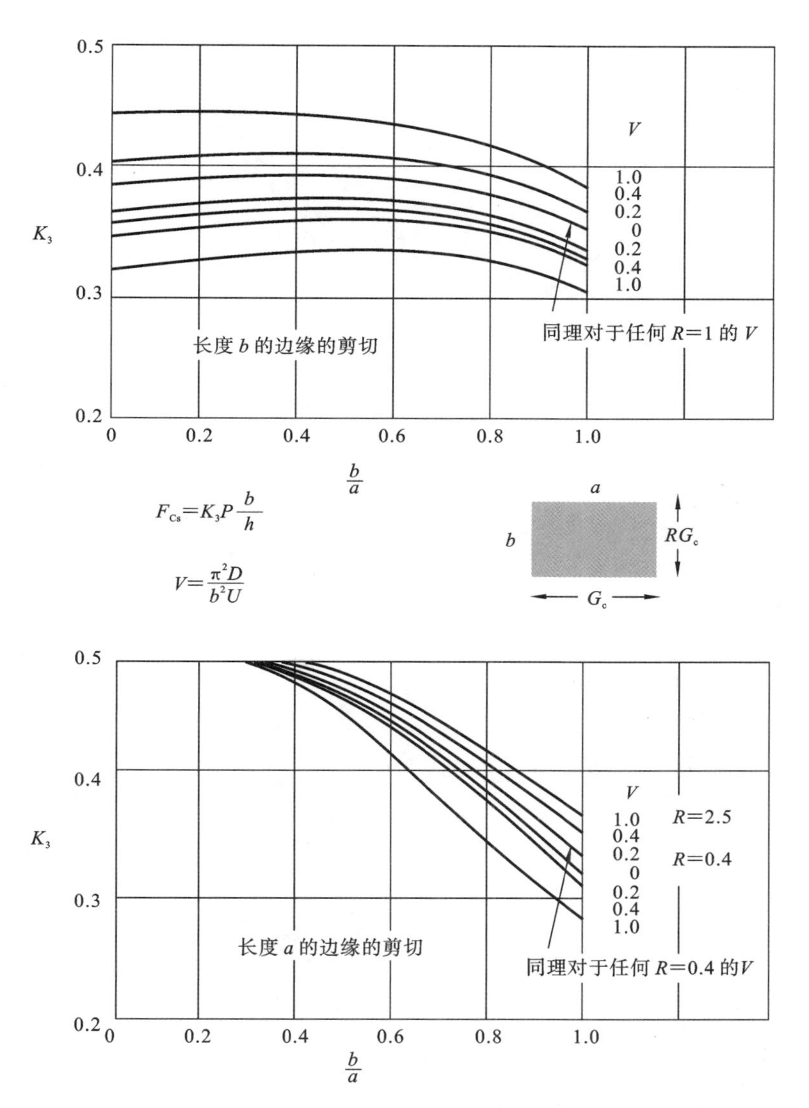

图 6-4-6　剪力 F_{cs} 均匀作用于芯层的夹层板的 K_3 值

应用篇

第 7 章　船用复合材料及其应用概况

7.1 概　　述

复合材料用于船舶结构件，可提升船舶承力结构的比强度和比刚度。除此之外，目前在舰船中，复合材料很多时候被用于防护结构中，以满足在结构重量和空间限制条件下的防护性能要求。1967 年的第三次中东战争、1971 年的印巴战争、1973 年的第四次中东战争和 1982 年的英阿马岛战争，都是以反舰导弹作为主要的对舰攻击武器。因此，在现代海战中，来自水面的对舰船威胁最大的武器就是反舰导弹，同时，舰船结构的抗爆抗冲击能力已受到各海军强国的高度重视，美国和俄罗斯等国海军所建造的舰船重要舱室或部位一般都设有装甲防护结构。

反舰导弹的穿甲速度一般为 300～900 m/s，质量为 160～200 kg，爆炸后产生的破片数量可达几万枚，破片速度为 1000～2000 m/s，质量在 10 g 以下的破片占 57.8%。反舰导弹的战斗部多采用半穿甲破片杀伤型，其攻击形式为高速运动的反舰导弹攻击舰体结构钢，穿透后在舰体内部爆炸产生冲击波和高速破片，从而对舰船重要舱室、设备和人员等进行二次杀伤。对于作战指挥室和弹药库等重要部位设置防护结构是非常有必要的，以保障舰船的生命力。但考虑到排水量和机动性、快速性等因素，装甲材料从较重的装甲钢向轻质的非金属材料（如陶瓷、玻璃纤维、芳纶纤维、PE 纤维等）过渡，结构也从均质结构变为复合结构。

7.2 国内船用复合材料应用概况

我国在 20 世纪 70 年代也曾研制过一艘长 39 m 的 7102 型扫雷艇，并交付海军使用。但由于材料设计概念、方法和准则、计算规则以及建造工艺存在诸多问题，尚未建造一艘技术含量高的海军用复合材料舰艇。往后的复合材料舰体结构研究工作，主要集中在局部结构（如声呐导流罩、潜艇指挥室围壳、小型桅杆等）和小型复合材料结构（如小型深潜探测器）研制方面。而在水面舰艇雷达波隐身结构设计方面，目前仅限于上层建筑隐身外形设计和涂层吸波。可以说，目前我国在大型舰艇隐身复合材料舰体结构设计制造方面，仍与国外先进水平存在很大差距。由于船用复合材料结构设计技术储备不足，原计划采用全复合材料上层建筑结构的轻型护卫舰，最终只能在上层建筑的局部结构中采用复合材料结构。

总体来说，由于我国在复合材料舰体结构设计制造技术领域的总体投入力度不够，我国在舰艇复合材料结构及隐身功能设计领域中还处于起步阶段，目前还不具备开展工程应用的技术储备。设计师出于安全考虑，往往在舰艇设计时采取更保守的做法，不愿冒风险。因此，我们有必要进行舰艇结构复合材料化基础问题研究，为我国舰艇结构复合材料化方面的跨越式发展奠定基础。

7.3　国外船用复合材料应用概况

复合材料结构物制造技术的发展始于二战后期，在发展初期大规模的研究工作和应用主要集中于航空、航天领域，20 世纪 80 年代末，随着精确制导反舰武器的飞速发展，舰船生存能力所受的威胁日益增加，世界先进工业国家开始重视现代海军舰艇隐身性能和纤维增强复合材料(FRP)的综合应用，在复合材料舰体结构、隐身功能设计及应用领域取得了巨大的发展。综合相关资讯，我们认为世界先进工业国家在舰艇功能复合材料研究方面的发展应用主要体现在以下几个方面。

7.3.1　复合材料在主船体结构中的应用

复合材料舰体结构的早期(1950 年代)应用主要是小型巡逻艇和登陆艇，艇体长度一般小于 15 m(排水量低于 20 t)。近年来，随着设计水平、制作技术、低价材料力学性能的提高，大型复合材料巡逻艇、气垫船、扫雷艇和轻型护卫舰相继建造服役，图 7-3-1 是 1945—2005 年，全复合材料舰艇建造情况。图中显示，全复合材料舰艇的长度稳步增长，全复合材料舰艇的长度已达到 80～90 m，排水量近 1000 t。

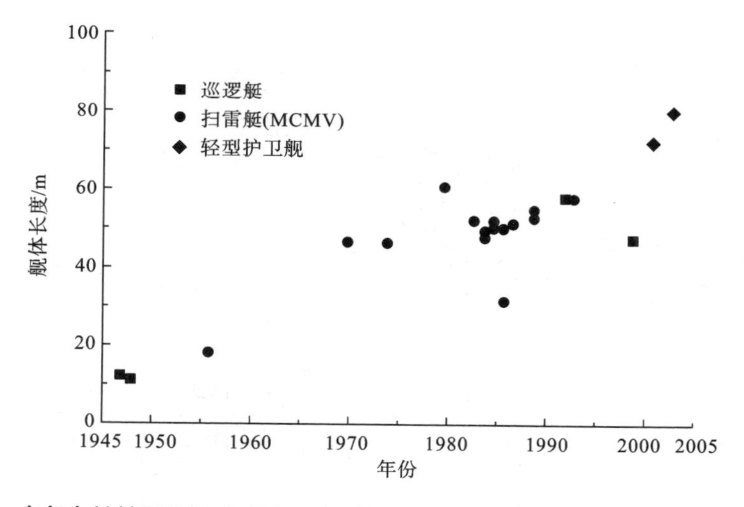

图 7-3-1　全复合材料巡逻艇、扫雷艇和轻型护卫舰舰体长度的发展曲线(1945—2005 年)

由于复合材料的无磁性和耐久性，其成为建造猎扫雷舰艇最理想和最有发展前途的船体材料，也是一直以来复合材料舰艇结构发展最重要的军事领域之一。世界各国现役及在建复合材料猎扫雷舰艇概览见表 7-3-1。由表可知，目前世界先进工业国家的现役和在建全复合材料猎扫雷舰艇的总数量已达 280 多艘，其发展趋势体现为：① 多种结构形式并存。主要包括单壳加筋(framed single skin)、无筋厚硬壳(monocoque)和玻璃钢夹层(sandwich composite)等三种典型结构；② 大型化趋势明显。舰体主尺度达到了 50～60 m，排水量已趋近 1000 t。目前最大的复合材料猎扫雷舰艇为美国的复仇者(avenger)级猎扫雷舰，其首舰排水量为 1312 t，长 68.3 m，宽 11.9 m，吃水 3.7 m，全船舰体为木层-玻璃钢混合结构。其骨架由夹层木板所制，其舰体外板为 4 层厚木板，外层包玻璃钢。

表 7-3-1　各国现役及在建大型全复合材料猎扫雷舰艇统计

名称(MCMV 级)	海军国别	数量	船体设计	长度/m	满载排水量/t
Hunt	英国	13	单面框架式	60	750
Sandown	英国	8+4	单面框架式	52.5	484
Al Jawf(Sandown)	沙特阿拉伯	3	单面框架式	52.7	480
Segura(Sandown)	西班牙	2+2	单面框架式	51	530
Erdian(Tripartite)	法国	13	单面框架式	51.5	605
Alkmaar(Tripartite)	荷兰	15	单面框架式	51.5	595
Flower(Tripartite)	比利时	7	单面框架式	51.5	595
Pulau Rengat(Tripartite)	印度尼西亚	2	单面框架式	51.5	568
Munsif(Tripartite)	巴基斯坦	3	单面框架式	51.5	595
KMV	比利时	1	单面框架式	52	644
Landsort	瑞典	7	夹芯复合式	47.5	360
Bedok(Landsort)	新加坡	4	夹芯复合式	47.5	360
Styrso(YSB)	瑞典	4	夹芯复合式	36	175
Flyvefishken(Standard Flex 300)	丹麦	5	夹芯复合式	54	480
Oksoy/Alta	挪威	9	夹芯复合式	55.2	375
Bay	澳大利亚	2	夹芯复合式	30.9	178
Lerici	意大利	4	单壳体式	50	620
Gatea	意大利	8	单壳体式	52	697
Mahamiru(Lerici)	马来西亚	4	单壳体式	51	610
Lat Ya(Gatea)	泰国	2	单壳体式	52.5	680
Osprey(Gatea)	美国	12	单壳体式	57.3	930
Huon(Gatea)	澳大利亚	2+4	单壳体式	52.5	720
Swallow(Gatea)	韩国	6+7	单壳体式	50	520
Lerici	尼日利亚	2	单壳体式	51	540

随着水面战斗舰艇隐身功能的日益增长,全复合材料战斗舰艇的结构设计与制造,近年来也在国外得到了飞速发展。其典型代表为挪威的“Skjold”级巡逻艇和瑞典海军的轻型护卫舰“维斯比”(Visby)。对于“Skjold”级巡逻艇,船长 48.6 m,满载排水量为 270 t,全船采用玻纤/碳纤维三明治夹层结构建造。而瑞典海军在 20 世纪 90 年代,研制的全尺寸复合材料“维斯比”级轻型护卫舰,采用吸波-承载复合材料设计,同时在骨架和管道系统中采用电流补偿措施,使其具有包括磁隐身和雷达波隐身等功能在内的优异的综合战术技术性能。

7.3.2　复合材料在上层建筑结构中的应用

基于舰体隐身性能、维修费用以及舰艇稳性等因素的综合考虑,复合材料开始在现代先进隐身舰艇上层建筑上大量使用。20世纪90年代初法国海军生产的“拉斐特”级护卫舰上层建筑后半部包括机库主要采用玻璃纤维增强复合材料(GRP)夹层板，其巨大的机库只有85 t。美国“阿利·伯克”改进型，追加了后部复合材料直升机机库。这是第二种带有大型复合材料上层建筑的大型水面舰艇。

先进功能复合材料桅杆结构是水面舰艇大型复合材料结构的另一个重要发展方向。目前国外已有的实验结果表明：由S2玻璃纤维和碳纤维混杂复合材料建造的桅杆可减轻质量20%～50%。其中S2玻璃纤维用于提高防护能力，碳纤维用于提高结构刚度。该种桅杆有很好的抗疲劳性和耐蚀性，能够减少雷达反射信号，同时增加了透波性。英国的新型驱逐舰的“综合技术桅杆”(ITM)，由隐身复合材料，外加频率选择表面复合材料板建造，将所有的雷达和各种传感器置于其内，从而减少了雷达反射信号，同时质量减少了10%～30%。美国海军在1995年开发了先进封闭桅杆/探测器(AEM/S)，并先在一艘“斯普鲁恩斯”级驱逐舰上进行了实验。同时，在批量生产的LPD17“圣安东尼奥”级登陆舰上，安装了两根由透波防弹复合材料制成的八角柱，其高28.34 m，直径为10.67 m，将所有探测设备封闭在其中。这证明了在万吨级大型战舰上建造复合材料桅杆的可行性，其价格是可承受的。该桅杆是美国海军至今为止安装的最大的复合材料结构。大型隐身功能复合材料舰体结构的最新发展趋势应为美国海军的万吨级DD1000战斗舰，其拟采用具有隐身-承载功能的复合材料上层建筑。有电子设备的部分隐身复合材料结构具备频率选择功能。

7.4　复合材料在潜艇结构中的应用

在潜艇结构复合材料应用研究领域，复合材料在潜艇结构上的应用型研究已有50多年的历史。由于复合材料结构所具有的重量轻、耐腐蚀性能和结构水动力性能优异，从20世纪60年代开始，美、英、法、德等国在先进声呐导流罩、指挥台围壳、非耐压艇体以及舵、桨等系统装置的传统钢质、铝质结构的更新换代中获得了巨大的经济和军事效益。法国的“阿戈斯塔”级常规潜艇的指挥台围壳用玻璃钢制造。英国的“Upholder级”常规潜艇首艇于1990年服役，其上层建筑为玻璃钢夹层结构，光顺地由首部延伸到尾端上部结构。指挥台围壳为流线型，其由钢质构架和玻璃钢外板构成，以减轻重量和易于维修。美国实施了若干国防部计划，包括在潜艇耐压舰体内使用复合材料结构代替钢结构的研究，并在威斯康星州的基诺沙成立了一个海军复合材料研制中心，近期一项计划是研制一种用于压力容器的厚截面复合材料，实际上是研制用于潜艇耐压艇体的复合材料。

潜艇结构复合材料化的典型的系统的发展趋势，集中体现在德国潜艇的复合材料化方面，纤维增强复合材料在德国海军潜艇结构中使用了已有近50年的历史。在过去的20年里，纤维增强复合材料在潜艇中的应用面积翻了一倍。到目前为止，德国最新型潜艇复合材料主要应用的部位有：非耐压壳、指挥台围壳、舵和稳定翼等，而且还包括液氢贮存罐的隔离壳等舾装部件。德国的214型常规潜艇，其上层建筑和非耐压壳目前已基本实现复合材料化。复合材料在国外潜艇上的应用，主要体现在如下几个方面。

1. 指挥台围壳

早在1953年，美国海军就在“食蚊鱼”级潜艇上安装了全玻璃纤维增强复合材料指挥台围壳，以验证该型围壳的性能是否比传统铝合金围壳更好。铝合金围壳在服役过程中会出现腐蚀，需要持续维护及维修。结果显示，复合材料围壳的耐用性更好，而且几乎不需要维护。随后，美国海军在20世纪50年代和60年代初期为25艘“食蚊鱼”级潜艇安装了复合材料指挥台围壳，并延用至今。

目前，美国海军海上系统司令部正在开展“073R复合材料先进结构计划”，旨在设计并建造一种用于“弗吉尼亚”级攻击型核潜艇的先进复合材料指挥台围壳。该型围壳将采用一种高质量、低成本的舰艇用复合材料（见图7-4-1）。该计划于2001年启动，目前已经经过最后的演示验证阶段并已实装应用。该项目的顺利实施大大推动了潜艇复合材料非耐压壳结构设计方面的进步。

2. 声呐导流罩

复合材料具有无磁、透声的特点，因而在声呐导流罩中的应用不会影响声呐的工作性能。同时，复合材料适合制作流线外形，有益于降低艇体在水中运动时的阻力。因此，声呐导流罩成为复合材料在潜艇中应用较成熟的领域。目前，西班牙正在建造的S-80柴电潜艇就采用了美国古德里奇公司生产的复合材料声呐导流罩。此外，古德里奇公司也是美国海军“弗吉尼亚”级潜艇复合材料声呐导流罩的独家供应商。古德里奇公司耗时6年、耗资2100万美元攻克了潜艇复合材料声呐导流罩的工艺设计、检验、加工设计和制造等难题，于2001年开始为美国海军的“弗吉尼亚”级潜艇提供声呐导流罩。古德里奇公司为“弗吉尼亚”级潜艇设计并制造的具有流线外形的声呐导流罩长21 ft(约6.5 m)，重约25 t，与艇体连接的开口处直径约为26 ft(约8 m)。该导流罩上还粘贴了一层2 in(50.8 mm)厚的橡胶防护罩，以增强导流罩的声学特性。橡胶材料具有低的声波吸收和反射特性，因而能有效地提高潜艇的探测性能，如图7-4-2所示。

图7-4-1　美国“弗吉尼亚”级潜艇复合材料指挥台围壳

图7-4-2　美国“弗吉尼亚”级潜艇的复合材料声呐导流罩

3. 桅杆

目前，复合材料在潜艇桅杆上的应用已经取得了很好的效果。与钢材相比，采用复合材料制造的桅杆有诸多优点，最显著的特点是重量轻且耐腐蚀。而且，复合材料可采用铸模成型制成复杂的形状而不需要一次加工，还能在整个桅杆中嵌入雷达吸波材料。英国海军出售给加拿大的“支持者”级常规潜艇的通信桅杆就是用复合材料制造的。澳大利亚也在“柯林斯”级潜艇上采用了复合材料桅杆，德国出口的部分209型潜艇也装有类似的复合材料桅杆。

4. 螺旋桨

蒂森克虏伯公司已经研制出潜艇用复合材料螺旋桨，并先后在德国 209A 和 212A 潜艇上进行了试验性应用，其中在 212A 潜艇上应用的螺旋桨取得了很好的效果，被该公司列为未来潜艇的标准产品。212A 潜艇的螺旋桨半径为 4 m，桨叶采用混杂纤维(凯芙拉纤维和碳纤维)增强塑料制造，该螺旋桨于 2006 年 1 月安装，可显著降低艉部重量，还可实现降噪，以及提高5%的推进效率，在抗腐蚀方面也有很大的优势。

5. 其他应用

复合材料在潜艇中的应用还体现在拖曳声呐整流罩、高频声呐透声窗中，其均在美国海军的“弗吉尼亚”级潜艇中有所体现。其中，高频声呐透声窗还在美国海军的“海狼”级攻击型核潜艇、“洛杉矶”级攻击型核潜艇和“俄亥俄”级弹道导弹核潜艇中得到了应用。这种透声窗采用古德里奇公司的专利产品 RHO-COR (R)材料制造，在较宽的频率范围内都具有最低的传输损耗和反射率，可满足 50 kHz 的声波探测需求。RHO-COR (R)材料具有夹层结构，有天然的阻尼特性。其外层采用高强度的玻璃纤维增强复合材料制成，夹芯层采用一种特制的弹性体混合物制成，能够降低结构及水振动所产生的噪声。

另外，英国国防评估研究局曾在 2001 年前后开展了对纤维增强复合材料/消声橡胶夹芯复合材料在潜艇上的应用研究，分析其在潜艇鳍板和舵等部件中的应用所带来的良好的声隐身特性及抗震性。英国牛津大学的研究人员也正在进行一项研究，试图用新型复合材料替代目前用来建造潜艇的合金材料。用复合材料建造的潜艇将具有养护成本更低、操控性更佳、行进噪声更小的优点。由多种材质合成的复合材料比钢材更坚固和耐用，比铝材更轻便，而且抗腐蚀能力极强。而瑞典潜艇制造商考库姆公司已将复合材料应用列为提高未来潜艇性能的重要途径，同时也出现了专门针对潜艇复合材料部件的设计软件。2009 年 1 月，德国霍瓦尔特公司从美国 Vistagy 公司购买了专门用于潜艇中复合材料部件的设计和制造软件 Fiber - SIM。应用该软件可更快地进行潜艇复合材料应用的初始设计，并能在设计初期及时地研究设计变更所带来的影响。

从以上研究成果及正在开展的研究来看，复合材料在潜艇中的应用，能够实现减重和提高潜艇作战效能的双重效果。国外在这方面的研究及应用均已取得很大成就，并且研究力度还在逐渐加大，复合材料在潜艇中的应用前景非常广阔，其势必成为对未来潜艇技术和性能发展产生革命性影响的关键材料。

7.5　船用复合材料发展趋势分析

由于纤维增强复合材料具有比强度高、低磁性和透声性优异、吸收振动和冲击的能力强、耐腐蚀和抗海洋生物侵蚀等众多优良性能，并且可设计性强、成型方便、可维修性能优异，在保证材料结构强度和刚度的条件下，可通过合理的材料复合和结构形式的设计，同时兼容多种功能特性。因此，舰艇船体复合材料化对提高舰艇的综合性能和降低舰艇的全寿命周期费用具有重要意义。

20 世纪 90 年代以后，世界各国海军对舰艇隐身性能的重视提高到了一个新的高度，隐身性能已成为衡量舰艇装备先进性的重要指标。而舰艇结构复合材料化正是将复合材料船体结构与隐身功能相结合，最终实现复合材料结构的承载/隐身一体化目标。正因为如此，世界先进工业国家舰艇结构复合材料化得到了飞速发展，其代表性成果有：法国“拉斐特”级护卫舰和美国“伯克”级驱逐舰的大型复合材料上层建筑和机库结构，瑞典“维斯比”级全复合材料轻型护卫舰艇，德国 212 型和 214 型潜艇的复合材料上层建筑和非耐压壳体，以及美国“圣安东尼奥”级登陆舰和“斯普鲁恩斯”级驱逐舰的大型复合材料综合技术桅杆等。以上成果充分说明，世界先进工业国家在海军舰艇结构复合材料化基础性研究方面，已具有足够的技术储备。我国必须尽快开展舰艇结构复合材料化基础问题的研究，尽早建立解决该问题的技术储备理论体系，从而缩短与国外先进水平的差距。

复合材料船体结构的广泛应用，可从根本上改变目前钢质船体被探测的目标特性，表 7-5-1 给出了现代主要反舰/反潜攻击武器的主要探测技术，以及钢质船体结构和隐身功能复合材料船体结构被探测性能的比较，隐身功能复合材料船体结构显示出优异的隐身性能。

表 7-5-1　复合材料船体与钢质船体被探测性能的比较

攻击武器探测技术		钢质船体结构	隐身功能复合材料船体结构
导弹攻击	电磁波探测	全反射	透波或吸波
	红外制导	热传导系数高	热传导系数低
鱼雷攻击	主动声制导	全反射	透声或吸声
	被动声制导	高弹性、低阻尼，辐射噪声大	高阻尼、抑制振动，吸收内部噪声，辐射噪声小
水雷攻击	磁引信	高磁性，需消磁	无磁
	声引信	高弹性、低阻尼，辐射噪声大	高阻尼、抑制振动，吸收内部噪声，辐射噪声小

另外，复合材料具有耐蚀性强、低磁性、重量较轻、易加工成型、可设计性强和功能可塑性强等优点。与传统的钢质船体结构相比，复合材料船体结构的优越性可见表 7-5-2。

表 7-5-2　复合材料船体结构与钢质船体结构其他性能的比较

结构主要特性	钢质船体结构	复合材料船体结构	复合材料船体结构对舰艇性能的影响
耐蚀性	较差	好	减少结构的维修费用，提高在航率，降低舰艇的全寿命周期费用
可设计性	一般	好	通过铺层方式、基体填充物和特种纤维等，获得高强度、隐身的船体结构
重量	较重	较轻	提高舰艇稳性，增加舰艇的有效装载，提高快速性
复杂曲面成型工艺	较难	容易	提高船体光顺度和快速性

因此，复合材料船体结构相对于传统的船体结构，除了将大大提高舰艇的隐身性能以外，还将降低舰艇的全寿命周期费用，提高舰艇的在航率、减轻舰艇上层建筑的重量，提高舰艇稳性和快速性、增加舰艇的有效装载等，使舰艇的综合性能大大提高。同时，舰艇结构复合材料化对于提高我国海军舰艇综合作战性能和海军装备的长远发展具有十分重大的军事意义。

随着大量新型武器系统和先进电子设备在改装和新研舰艇上服役，以及舰艇隐身性能要求不断提高，我国舰艇结构改装和设计中的浮力储备不足和舰艇稳性下降等问题日渐凸显。如：由于对隐身性能的追求，目前驱护舰艇长桥楼结构的形式频频出现，从而造成舰艇稳性严重不足。为了既保证强度，又减轻上层建筑重量，提高舰艇稳性，采用新型复合材料建造上层建筑是解决该问题的最佳途径。

另外，腐蚀是海军舰艇船体结构和设备最主要的损坏形式之一。目前我国潜艇由于上层建筑和围壳内的空间紧张，不少需要维护的部位无法得到有效的维护，如：上层建筑与舷间结构的连接处和新型潜艇单面焊接的上层建筑内部，这极易造成潜艇非耐压船体的严重腐蚀，复合材料结构的应用将为彻底解决日趋突出的水面舰艇和潜艇艇体结构的腐蚀问题、降低舰艇的全寿命周期费用提供新途径和新思路。

7.6　船用复合材料结构技术需求

目前，复合材料已在船舶上层建筑中得到大量应用，其对于船舶上层建筑的轻量化等技术需求已能较好地满足。然而，复合材料在船舶主船体结构方面的应用，仍有较多问题需要解决。

从技术层面来讲，实现舰艇主体结构复合材料化所需的基本技术条件集中体现为以下六个方面：

(1) 具备用于舰艇主体结构建造的满足不同使用要求的复合材料体系；

(2) 建立完善的船用复合材料在海洋环境下的寿命预报和强度理论，以及科学的性能表征方法；

(3) 通过深入研究舰艇复合材料主体结构在复杂载荷作用下的破坏模式和失效机理，建立复合材料舰体结构在各种载荷作用下的强度衡准和失效判据体系；

(4) 建立复合材料舰体主体结构总强度、局部强度和连接强度的理论计算模型和工程计算方法；

(5) 建立舰艇复合材料主体结构的成型和建造工艺方法体系；

(6) 制定"水面舰艇和潜艇复合材料船体规范"，对舰艇复合材料主体结构的设计和建造，给出明确的设计要求和设计方法。

我国已初步具备船用结构复合材料的应用基础和复合材料舰体局部结构的部分应用研究经验。但要完全实现上述六个基础技术条件，在系统性、完整性和基础性方面，尚有较大差距，具体分析见表7-6-1。

表7-6-1　我国复合材料舰艇结构应用基础技术条件分析

技术条件	研究现状	有待解决的问题	研究重点
条件(1)	初步具备船用结构复合材料体系； 初步具备涂层、敷层隐身复合材料体系	船用承载/雷达波隐身一体化复合材料系统性研究； 潜艇用承载/声隐身一体化复合材料的系统性研究	承载/声隐身一体化船用复合材料匹配机制
条件(2)	初步具备船用结构复合材料在湿/热/盐环境下寿命和强度的试验测试技术及相关设计经验	承载/隐身一体化复合材料在海洋环境下的使用寿命和强度衡准； 较为完善和系统的船用复合材料组成参数、性能指标与海洋环境相互影响的数据库	湿/热/盐环境和复杂载荷耦合作用下船用承载/声隐身复合材料性能演变规律和失效机理

续表

技术条件	研究现状	有待解决的问题	研究重点
条件(3)	初步具备复合材料舰体典型结构单元破坏模式和失效机理的研究	系统的舰艇复合材料典型结构在疲劳/冲击载荷作用下的破坏模式和失效机理研究； 复合材料舰体主体结构整体破坏模式和失效机理基础研究； 较为完善和系统的船用复合材料单元结构参数与力学性能指标数据库	复合材料舰艇主体结构整体和局部典型结构的破坏模式和失效机理研究
条件(4)	初步具备复合材料层合结构强度的基础理论计算方法； 初步具备复合材料舰体局部结构静强度计算方法； 初步具备连接的基本方法	复合材料舰体主体结构总强度计算分析方法； 复合材料舰体局部结构疲劳/冲击强度理论计算模型和工程计算方法； 复合材料舰体整体结构连接技术及强度分析方法； 复合材料舰体结构强度衡准	复合材料舰体主体结构强度、刚度和稳定性计算方法及失效准则； 复合材料舰体整体连接结构的匹配性研究
条件(5)	初步具备复合材料结构的成型和建造工艺方法体系	船用大型复合材料主体结构的低成本建造成型技术途径和建造工艺方法； 船用低成本承载/隐身复合材料主体结构的成型技术途径和建造工艺方法	大尺度低成本复合材料舰体结构实现机制研究； 承载/声隐身复合材料结构一体化设计与成型
条件(6)	初步具备玻璃钢声呐导流罩等结构的设计和建造规范	舰艇复合材料主体结构的设计建造要求和设计方法； 水面舰艇和潜艇复合材料舰体建造规范	将在完成上述研究内容的基础上，在预研等阶段完成

从表 7-6-1 的分析可见，目前我国的复合材料未能在舰体结构中大量应用的主要原因是：缺乏有效的复合材料舰体结构设计方法的基础理论体系。另外，在复合材料体系和大尺度低成本复合材料舰体结构的成型与建造技术途径等方面还存在有待进一步研究的技术基础问题。制约我国舰体结构复合材料化发展的基础“瓶颈”问题主要有：

(1) 复合材料舰体结构的破坏模式和失效机理；

(2) 复合材料舰体结构的强度、刚度及稳定性计算模型和设计方法；

(3) 大尺度低成本复合材料舰体结构的实现机制。

第 8 章　船用结构功能复合材料

8.1　船用结构复合材料的制备工艺

复合材料成型工艺与传统金属构件的制造工艺有很大不同，具有以下特点。

(1) 材料成型和构件成型是同时完成的，复合材料的生产过程也就是复合材料构件制造过程。

(2) 在复合过程中，增强材料与基体相黏结并固定于基体中。增强材料的物理、化学状态及形状通常不变化，但基体相在复合材料的成型过程中要经历从状态到性能的巨大变化。

(3) 在增强材料和基体间存在界面。界面结合情况对复合材料的性能有着极其重要的影响，因此在复合材料的成型过程中要充分考虑界面的问题。

热固性树脂基复合材料的成型方法有很多种，主要有手糊成型、真空灌注成型、缠绕成型、热压成型、注塑成型和树脂传递模塑成型等。

1. 手糊成型

手糊成型(hand spread molding)是在模具支撑下，将纤维织物与树脂交互铺层，黏结在一起，然后树脂在室温或较低的温度下固化，形成复合材料构件的成型方法，如图 8-1-1 所示。手糊成型和喷射成型是制造玻璃钢制品最常使用的方法，它不受制件形状和大小的制约，特别适合生产品种多、生产量小的大型玻璃钢制品，在船舶、建筑、汽车等领域得到广泛应用。

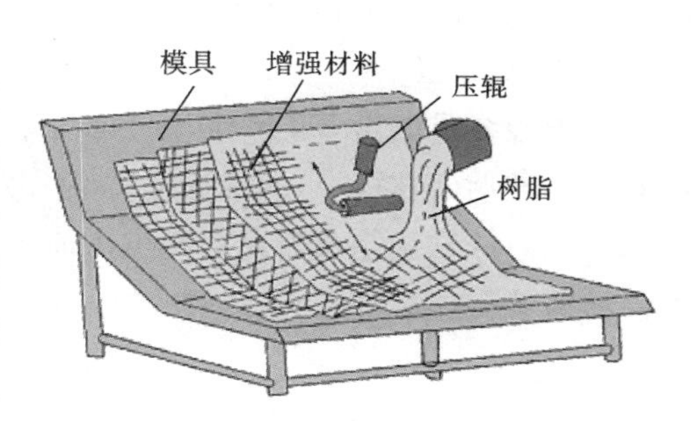

图 8-1-1　手糊成型示意图

手糊成型与其他成型方法相比有很多优点，主要包括：操作简单，技术易掌握；设备投资少，生产成本低；产品形状和大小不受限制，特别适合生产大型和复杂结构制品；制品可设计性好；模具制备简单，成本低等。但手糊成型技术对操作者的技能水平要求高，产品质量不容易控制和保证，生产效率比较低，产品的各种性能也比其他成型方法得到的制品低，因而不宜用于对产品质量要求高的情况。

2. 真空灌注成型

真空灌注成型是在固化时利用抽真空产生的负压对制件施加压力的成型方法。其工艺过程为：将铺叠好的制件毛坯密闭在真空袋和模具之间，然后抽真空形成负压；在负压的作用下，树脂基体被吸入、填充到制件毛坯的间隙，并在真空袋的保压下固化形成复合材料制件。图 8-1-2 为真空灌注成型的结构示意图。

真空灌注成型工艺对于大型船舶的舱板和结构件的制造是很有用的。英国 Vosper Thornycroft 造船厂最早应用此工艺成功制造了“Sandown”级猎雷舰上层建筑的零部件。这

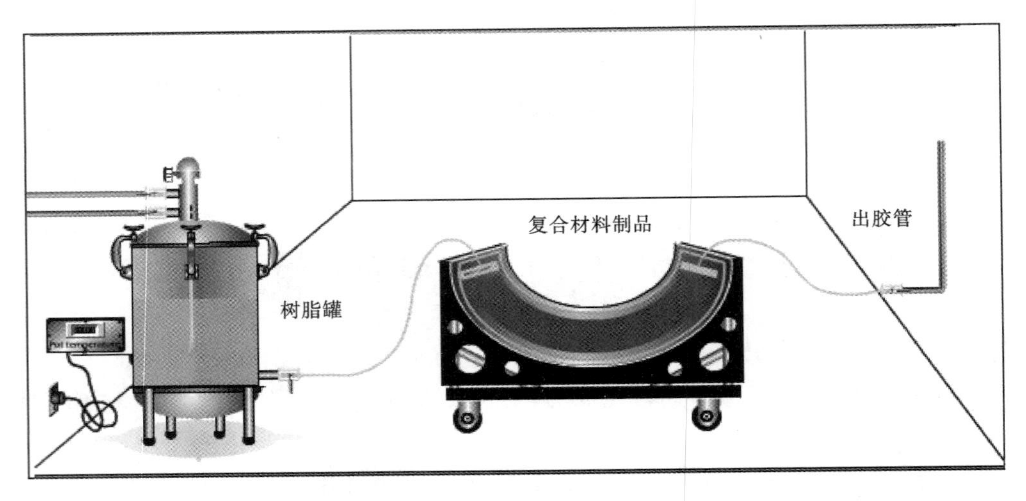

图 8-1-2　真空灌注成型的结构示意图

种工艺是先在模具型面上铺放增强材料，然后在其上铺放真空薄膜，将其边缘密封后，再将型腔内抽真空，使树脂体系在真空作用下注入模腔。真空灌注成型可排除增强材料中的气体，利于树脂的流动与浸渍，固化后，可得纤维含量高的结构，其力学性能好，重量轻，环保且成本低。图 8-1-3 给出了典型纤维铺层构件的真空灌注成型示意图。

3. 缠绕成型

纤维缠绕成型(wind molding)是在专用的缠绕机上，将浸润树脂的纤维均匀有规律地缠绕在一个转动的芯模上，然后固化，除去芯模得到制件的成型方法，图 8-1-4 为典型缠绕机结构示意图。纤维缠绕成型既适合生产简单的旋转体，如筒、罐、球、锥等，也可以生产舵、翼等无凹面的非旋转体部件。

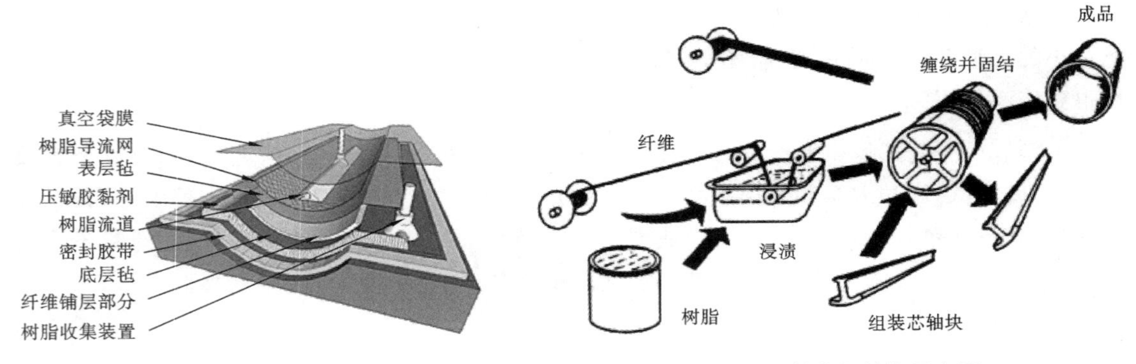

图 8-1-3　纤维铺层构件的真空灌注成型示意图　　图 8-1-4　缠绕机结构示意图

与其他复合材料成型方法相比，缠绕成型的主要优点是能充分利用纤维的连续性和强度、节省原材料、降低制造成本、制件的重复性好；最大的缺点是适用范围有限，不能用来制造带凹曲表面的制件，另外芯模的去除也比较困难。对于纤维缠绕成型，由于树脂浸润纤维表面的需要，缠绕速度一般为 60～120 m/min，批量生产速率可达每天每台机器数百件。目前大量生产的纤维缠绕制品主要有管道、压力容器、导弹发射管、发动机舱罩、储油罐等。

缠绕成型中常使用的增强材料有玻璃纤维、碳纤维、芳纶纤维等，常用的树脂有聚酯树脂、环氧树脂、乙烯基树脂和双马来酰亚胺树脂等，增强材料选择的关键是能否满足纤维浸润和后期固化的要求。

4. 热压成型

热压成型(heat press molding)的原材料是模复合材料或预浸料。模复合材料是短切纤维与树脂、固化剂及辅料混合而成的混合料，主要有片状模复合材料(SMC)和块状模复合材料(BMC)两种。预浸料是指纤维(连续单向纤维或织物)浸渍树脂后形成的片状材料。

热压成型是将一定量的模复合材料放在金属模具中，在一定的温度和压力作用下，使模复合材料在模腔内受热塑化、受压流动并充满模腔固化而得到制品的一种成型方法，图 8-1-5 是典型的热压罐装置。热压成型在压机下进行，压力调节范围较大，因此制件外观好、内部密实、精度高。另外热压法能够成型形状复杂的构件，生产效率高，适合大批量生产。但热压成型对模具要求高，初次投资大，制件尺寸也受到限制，一般用于中小型异形制件的批量生产。

图 8-1-5　热压罐装置

5. 注塑成型

注塑成型(injection molding)方法生产效率高，适合批量生产形状复杂的部件，特别适用于短切纤维增强复合材料。英国 Halmatic 舰船制造公司是树脂注塑技术的早期代表，曾经用该工艺生产游艇的船壳和甲板。该公司现在用此工艺生产 49 ft、56 ft 和 66 ft 的 Moody 系列巡逻艇。同样地，英国 Vosper Thornycroft 造船厂在拥有自己的树脂注塑技术专利后，这一工艺得到了更广泛的应用，它适用于碳纤维、芳纶、玻璃纤维与聚酯树脂、乙烯基树脂、环氧和酚醛树脂组成的复合材料，也适用于夹芯结构。在某些船舶零部件的制造中，对有金属网结合在玻纤乙烯基树脂层压板中的结构也成功地实现了树脂注塑。目前树脂注塑成型又发展了微型注塑、高填充复合注塑、泡沫注塑、水辅注塑等方法。各种特别注塑成型工艺混合使用以及模具技术、仿真技术的进步，进一步拓展了这种工艺的应用范围。

6. 树脂传递模塑成型

树脂传递模塑成型(resin transfer molding，RTM)是在一定压力作用下将树脂注入密闭的模腔，浸润预先放置在模腔中的纤维预制件，然后固化成型的一种复合材料制造方法。与其他传统复合材料成型技术相比，RTM 有许多优点：能够制造高质量、高精度、高纤维含量的大型复合材料制件；不需要胶衣(gel coat)也能获得光滑的双表面；产品从设计到投产的周期短，生产效率高；易于实现局部增强以及制造局部加厚的构件；带芯材或嵌件的复合材料能一次成型等。对于产量小的制件，可设计一套低成本生产系统；而对于产量大、要求生产效率高的制件，则可采用高自动化的设备和高反应性双组分树脂体系。因此 RTM 技术是一种适宜多品种、高质量复合材料制品生产的技术，近年来得到迅速发展并成为高性能复合材料制造领域的主要成型技术之一。RTM 成型设备主要由树脂罐、液压泵、真空系统、空压系统、模具、加热系统、控制系统等组成。典型的 RTM 过程如图 8-1-6 所示。

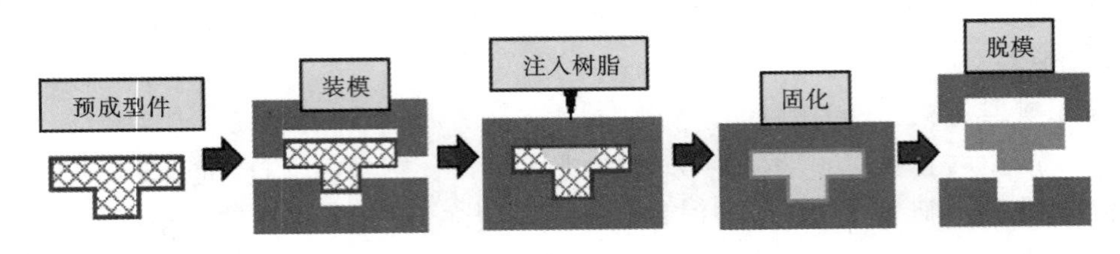

图 8-1-6 RTM 过程示意图

8.2 船用结构复合材料的主要性能及特点

与其他类型的材料相比，聚合物基复合材料有突出的优点，主要包括比强度和比刚度高、可设计性强、抗疲劳性好、电性能好、耐腐蚀性能好、复杂结构可一次成型等。另外一些复合材料还有特殊的物理性能如吸波性、耐烧蚀性等，因此在建筑、交通运输、电子电气、体育器材、航空航天等领域得到广泛应用，其中在建筑、运输和船舶工业中的应用最多，占聚合物基复合材料总产量的 60%以上。表 8-2-1 列出了常见船用复合材料的性能。

表 8-2-1 常见船用复合材料性能

材料组成与性能	不饱和聚酯树脂		环氧树脂		酚醛树脂
	玻璃布	玻璃毡	无纺连续纤维	玻璃布	玻璃布
弹性模量/GPa	7.0～19.2	7.0～13.0	37.8～61.1	13.7～24.1	8.2～17.2
抗拉强度/MPa	126～455	70～175	700～1500	245～595	68～350
抗压强度/MPa	140～420	140～315	630～840	245～550	238～525
抗弯强度/MPa	87～830	106～280	840～1470	280～735	112～560
抗剪强度/MPa	84～180	70～140	—	98～175	120～188
成型条件压力/MPa	0～0.84	0～8.5	0.07～7	0.07～12.5	0.1～14
使用温度/℃	室温～150	室温～150	120～185	室温～190	130～176

1. 比强度高、比刚度高

聚合物基复合材料的密度仅为钢的 1/5、铝的 1/2。高性能先进复合材料的比强度和比刚度远高于钢、铝合金甚至钛合金，因此使用聚合物基复合材料可以减轻结构的质量，这是复合材料作为承力结构和非承力结构在舰船上应用的重要原因之一。

2. 介电常数小

聚合物基复合材料有介电损耗(dielectric loss)低、介电常数(dielectric coefficient)小、绝缘性好、电磁波透过性好等特点。随着船用监控设备等集成电路的大规模化和高密度化，对材料提出更高的要求，要求印刷电路板及其他电子材料的耐热性更高、导热性更好、热膨胀系数更小、传统的酚醛树脂和环氧树脂复合材料已不能满足使用要求，聚酰亚胺、氰酸酯树脂、聚砜树脂等高性能树脂基复合材料在该领域将得到更广泛的应用。

3. 耐蚀性好

玻璃钢(FRP)的耐蚀性(如耐酸碱、耐盐水等)比金属材料如钢、铝的要好得多。FRP 常用来制造化工设备的防腐管道,玻璃纤维增强复合材料在很多场合下的应用主要不是利用其结构特性而是考虑到其防腐性能。

聚合物基复合材料的耐腐蚀性能好,质量轻,适合用于舰船上难以维护保养的结构,不仅可以降低材料的损耗,更重要的是减少维护保养的工作量,有助于提高舰船的在航率。

4. 可设计性强

纤维增强复合材料可利用纤维铺层对结构进行设计,通过设计不仅能得到最佳的性能和最轻的构件,还可以得到一些特殊的性能,有助于舰船结构的优化设计。

5. 实现功能复合

纤维增强复合材料的另一个重要特点是可以在材料体系中加入功能材料或通过特殊的结构设计,获得特殊的功能,比如防静电性、吸波性、透波性、耐烧蚀性等,从而满足特殊的需要。因此,聚合物基复合材料在越来越多的领域得到应用。

总之,聚合物基复合材料质量轻、强度高、成型方便,力学性能也很好。玻璃纤维、芳纶纤维、碳纤维增强复合材料的共同特点是比重小、比强度高,耐腐蚀性能好、可设计性好,容易成型大型复杂的结构,并可整体成型,无磁性、微波透过性好,容易维修;但层间强度稍低,连接强度较差。纤维增强复合材料大多在修、造船厂使用。

8.3　玻璃纤维增强复合材料及成型工艺

玻璃钢是玻璃纤维增强复合材料的习惯叫法,目前已在船舶工业中获得广泛的应用。玻璃钢船的大量建造就是一个很好的证明。因此,我们将以玻璃钢为主,对船用复合材料的组成、性能、成型工艺等进行较系统的讨论。

8.3.1　玻璃钢的材料组成

1. 玻璃纤维

玻璃纤维由熔融的玻璃液经高速拉丝制成。按其化学成分的不同,可分为无碱、低碱、中碱、高碱纤维。目前国内船舶工业使用的主要是无碱纤维和中碱纤维以及它们的制品。例如玻璃纤维纱、玻璃纤维毡(包括表面毡)和玻璃纤维布等。

玻璃纤维作为增强材料,是玻璃钢中的主要承载结构,由于它具有抗拉强度高、断裂伸长率小、不吸水、不燃烧、良好的化学稳定性和热稳定性等优点,因此成为纤维增强材料中使用最多的品种之一。

2. 合成树脂

合成树脂是玻璃钢的主要基体材料。通过树脂的物理或化学变化,把分散的玻璃纤维黏结在一起,从而形成具有固定形状的玻璃钢制品。船用合成树脂主要有不饱和聚酯树脂、环氧树脂和酚醛树脂,而不饱和聚酯树脂使用最多。

合成树脂的选择对玻璃钢的性能影响极大,这是因为玻璃钢的抗压强度、抗弯强度、抗剪强度与树脂的内聚强度和它对纤维的黏结有关,而玻璃钢的耐温性和耐蚀性则主要取决于树脂的有关性能。

3. 助剂

助剂包括引发剂、促进剂、交联剂、触变剂、稀释剂、增韧剂、阻燃剂以及填料等,是玻璃钢中不可或缺的组成部分。

助剂的种类较多，其中最重要的是引发剂，主要用于引发和控制树脂的聚合反应，促使树脂固化。造船中多采用有机过氧化物和胺类、酸酐类物质作为引发剂。

其他种类的助剂在玻璃钢中的含量较低，主要是为了满足某些要求加入的。其中，促进剂也称加速剂，用于加速树脂的聚合反应，缩短固化周期。交联剂增加树脂的交联度，改善固化后树脂的性能。触变剂可改善树脂的流动性，预防施工时出现流胶现象。稀释剂也称增塑剂，可用于降低树脂的黏度，以便于施工。增韧剂则用于增加树脂固化后的韧性，以提高抗弯强度和冲击强度。阻燃剂用于阻止树脂燃烧，以利于防火、航行和工作安全。而填料可改善树脂固化后的某些性能，因此在船舶与海洋工程中往往需按实际情况选择使用。

8.3.2 典型玻璃钢的成型工艺

增强材料与基体的综合性能只有通过适当的成型工艺才能反映出来。因此，一般按照力学性能和允许变形状态决定纤维在基体中的排列规律和相对位置，即根据产品形状和使用要求选择成型方法。

玻璃钢的成型方法主要有手糊法、模压法、袋压法、层压法、缠绕法和灌注法。目前，由于造船采用手糊法较多，因此以环氧树脂玻璃钢为例，简述玻璃钢的手糊成型工艺过程。

(1) 模具准备工作。模具是玻璃钢成型的依据。模具制成后，应先清除表面上的油污、毛刺并封闭表面的毛细孔，然后涂脱模剂(石蜡或聚氯乙烯溶液)，待其干至不粘手时方可施工使用。

(2) 玻璃纤维制品的准备。将玻璃纤维布、毡等按预定尺寸(或样板)剪裁下料，经偶联剂浸泡处理后待用。

(3) 树脂调配。按计量比例调配树脂的各个组分。

(4) 手糊成型。在已经涂好脱模剂的模具上均匀地涂刷一层树脂作为表面胶衣(可加入颜料)，待其基本固化后，按“树脂—玻璃布(毡)—树脂”的顺序铺放于模具上。铺放时应清除气泡和注意接头的光滑平整。

(5) 固化及热处理。手工糊制的玻璃钢制品一般应在固化后脱模。为了保证固化完成，应在室内放置两周以上或加热后进行固化处理。

(6) 脱模及加工。玻璃钢制品完全固化后即可脱模(脱模时应注意避免损伤模具和产品)，经加工和修饰后即可得到成品。随着复合材料制备工艺的发展，各种新的工艺及设备逐渐更新，但其本质仍然是实现基体和增强相的有效结合，同时尽量减少缺陷和提高效率。

8.3.3 玻璃钢的性能及用途

玻璃钢产生于20世纪40年代初，不久就在航空、造船等方面获得了应用。它之所以能受到人们的青睐，主要应归功于它优于其他材料的独特性能，玻璃钢的优点主要体现在以下几个方面。

(1) 玻璃钢比重小，比强度高，是建造快速船舶的理想材料。常用玻璃钢的比重为1.6～1.9，约为钢材的1/5，比强度远比钢材的比强度高。因此，用玻璃钢造船可以提高浮力储备，增加载重量。

(2) 玻璃钢为非磁性材料，具有良好的电绝缘、隔热性能和透声性能。因此，用玻璃钢造船能提高声呐等探测设备的精确性，并可降低磁性水雷的攻击概率。

(3) 玻璃钢耐蚀性好，且便于维修保养。

（4）玻璃钢可根据产品的使用特点进行设计和制造，而且成型工艺和设备也较为简单。

除以上优点外，与船体结构钢相比，作为船体结构材料的玻璃钢有其自身的特点，这些特点主要表现为以下几个方面。

（1）玻璃钢的性能与树脂基体、增强纤维、改性填料，以及制备工艺密切相关，且随着各组分含量和制备工艺的改变而改变。

（2）玻璃钢为各向异性材料，不同方向的承载能力和变形规律不一样。

（3）在受力破坏之前，玻璃钢的塑性变形很小，一般低于 1%；由于玻璃钢的塑性变形很小，它对应力集中非常敏感。玻璃钢的实际集中系数和理论集中系数基本相等，所以玻璃钢中没有金属中存在的应力均衡现象，因而必须采取消除应力集中的措施。

（4）承载性能和变形特点与载荷的加载速度有关。

（5）纤维增强相的法向弹性模数和剪切模数值很低。

（6）相对钢结构而言，玻璃钢更易于产生蠕变且蠕变随着温度的增加而增加。

（7）树脂基体的耐环境性能决定了玻璃钢使用的环境适应性。

（8）玻璃钢的性能随使用时间逐渐降低，但从外观上不易觉察，因此对其进行无损监测或定期检测是必要的。

（9）玻璃钢的连接工艺不同于钢材，且其连接结构的设计也完全不同。

应该指出，上面所列举的玻璃钢的特点并不全面，在将它作为船体及其各部件的材料时，必须研究新的计算方法和设计原则。目前国内这方面的研究还不成熟。

8.4　其他高性能纤维增强复合材料

除了玻璃钢以外，随着新型增强纤维、树脂基体以及制备工艺的高速发展，船用复合材料已由最初的玻璃钢材料，逐渐发展为玻璃钢、碳纤维增强复合材料、混杂纤维增强复合材料等多种材料共同使用的局面。高性能纤维增强复合材料以高比强度、高比刚度、抗疲劳、耐腐蚀以及良好的可设计性受到工程界的青睐。在造船业，它还因具有成型方便、建造工艺简单、建造周期短、无磁性、能透过雷达波和红外线，以及船体易保养、无污染等优点而在舰船上获得广泛应用，如上层建筑、桅杆、舱壁、甲板、推进器轴、螺旋桨、舵、管路系统等。随着各种新型纤维和树脂基体的研发，高性能纤维增强复合材料将在舰船领域得到更广泛的应用。

第 9 章　复合材料船体结构设计

复合材料在船舶工程领域中的广泛应用体现在船体结构方面。因此,掌握复合材料船体结构相关的设计要求、结构形式、船体骨架等是必要的。

9.1　复合材料船体结构设计要求

9.1.1　船用复合材料性能要求

1. 舰船通用规范相关要求

GJB 4000—2000《舰船通用规范　总册》对船体结构材料选用的基本要求如下:

① 符合 GJB 15.1《舰船材料规范》及有关专用标准中的规定;

② 船体结构材料必须经过鉴定,并得到认可,新研制材料应通过应用试验的检验和认可;

③ 材料性能合格,主要指材料的承制厂所生产的船体结构用的材料必须具有各项性能指标满足有关技术条件和标准的完整合格的"质量保证书",并经造船厂复验合格;

④ 品种和规格必须齐全,满足设计及建造上的需要;并在设计时尽量减少品种和规格;

⑤ 焊接材料必须配套齐全,并且通过鉴定;

⑥ 备施工所必须的冷热加工工艺文件和焊接工艺文件;

⑦ 应保证结构满足强度要求、最小重量,且工作可靠,有良好的耐腐蚀性能;

⑧ 必须经过综合性的应用论证。

以上①～⑧是船体结构材料选用的必要条件,而对某一型舰船能否选用某种船体结构材料(包括焊接材料等),还必须对该舰船的战术技术性能和寿命、设计要求、建造工艺要求、可靠性、维修性、经济性等进行全面的、综合的应用论证和优化选择。

从上述设计要求来看,纤维增强复合材料的应用能很好地与设计规范相符(如上述⑦中的减重、耐腐蚀等);根据⑤、⑥中关于船体钢材焊接材料与工艺的规定,对于可用于船体结构的复合材料而言,复合材料的连接材料与工艺必须与复合材料配套设计并通过鉴定,等等。尽管复合材料船体结构在国内的应用研究还不成熟,但从整个行业发展趋势来看,其应用前景还是很好的。

2. 舰船材料规范相关要求

GJB 15.1《舰船材料规范》中规定:与钢质船体材料一样,船用复合材料也应具有完整的合格证件。用于建造舰船的船体材料应经过鉴定,并经海军订货部门或其委托验收单位的批准。对于未列入规范的船体材料,以及近期内尚不能全部符合本规范要求的船体材料经海军订货部门同意,其成分、性能和检验方法等可按有关标准执行。表 9-1-1 是 GJB 15.1《舰船材料规范》中规定的纤维增强塑料的性能指标。

需要说明的是,表 9-1-1 所针对的玻璃钢为手糊成型的板材,随着新的树脂基体、增强纤维以及成型工艺的发展,现在可用于选择的纤维增强复合材料的性能已经大大超过手糊玻璃钢的性能,但相关的标准规范并没有出台。但即便是以前的规范,对纤维增强复合材料在舰船上可应用的部位也有明确要求。

表 9-1-1　纤维增强塑料性能指标

测试性能	试样			各级板材技术指标				
	尺寸	数量	状态	1 级	2 级	3 级	4 级	5 级
抗弯强度/(N/cm²)	标准	5	标准	29.4×10^3	21.5×10^3	19.6×10^3	16.6×10^3	12.3×10^3
抗弯强度/(N/cm²)	标准	5	湿润	25.4×10^3	18.6×10^3	14.7×10^3	11.36×10^3	10.29×10^3
弯曲模量/(N/cm²)	标准	5	标准	13.7×10^3	9.8×10^3	9.8×10^3	6.82×10^3	5.88×10^3
抗拉强度/(N/cm²)	标准	5	标准	24.5×10^3	14.7×10^3	14.7×10^3	12.35×10^3	7.84×10^3
拉伸模量/(N/cm²)	标准	5	标准	12.7×10^3	9.8×10^3	9.8×10^3	6.86×10^3	5.88×10^3
抗压强度/(N/cm²)	标准	5	标准	19.6×10^3	14.7×10^3	12.25×10^3	11.66×10^3	10.78×10^3
冲击强度/(N/cm²)	标准	5	标准	1470 (2254)	(1960)	(2450)	1960)	(1470)
孔隙率/(%)	标准	3	标准	1.5	3	4	4	5
树脂含量/(%)	标准	3	标准	42～52	≤55	≤55	≤65	≤75

水面舰艇船体结构选用的材料性能必须满足下列要求：

① 船体结构材料的耐海水腐蚀性能、耐疲劳性能、可焊性能、冷热加工工艺性能、物理性能等均应符合相应的材料规范或标准中所规定的技术要求；

② 船体结构用低磁钢材料性能除了满足以上要求外，在低磁性能方面也应满足 GJB 15.1 中 9.5 的规定；

③ 船体结构用复合材料的原材料性能及其层板的力学性能等应符合 GJB 15.1 和 GJBz 20070 等有关规范和标准的规定。

④ GJB 15.1《舰船材料规范》中对于纤维增强复合材料的应用部位还明确规定：气垫船可采用铝合金、钢材或玻璃钢材料；水面舰艇轻型上层建筑结构的材料允许选用比主船体结构钢材的力学性能低的材料；滑行艇甲板室一般采用可焊铝合金或玻璃钢等轻型材料；对于长度较小的舰船或高性能舰艇(包括高速舰艇)，其船体结构可选用玻璃纤维增强的、高强纤维增强的或部分使用高强纤维增强的复合材料。

对于潜艇而言，复合材料在耐压艇体上尚未得到应用，相应的技术还不成熟。目前主要在潜艇的上层建筑上得到大量应用。潜艇上层建筑结构材料的选用必须满足以下要求：

① 潜艇上层建筑结构材料宜选用与非耐压船体结构相同的材料；

② 如有必要，潜艇上层建筑也允许采用混合型结构，即壳板部分采用玻璃钢材料，而构件部分采用上述要求①中规定的材料。

③ 潜艇指挥室围壳桥楼部位的结构，除采用全玻璃钢结构外，还可选用符合 GJB 934 和 GJB 935 中要求的屈服强度大于或等于 400 MPa 的 DC-11 类低磁钢，也可选用低磁的不锈钢。

3. 基于标准规范的选材原则

对船舶建造而言，按照相关标准规范的要求，材料选择一般应注重以下几个原则：

① 满足结构使用要求和结构完整性要求，抗拉、抗压强度高，韧性好，抗冲击性能好；

② 满足结构使用环境要求，材料最高使用温度高于结构最高使用温度，湿热环境下的性能下降满足使用要求，满足耐海洋盐雾、干湿交变等要求；

③ 满足工艺要求(这方面很重要，“三分材料，七分工艺”)，具有良好的工艺性，包括成型固化工艺性、机加工性、可维修性等；

④ 满足舰船结构特殊功能，如介电性能、电磁性能、阻燃、低毒、抗爆等；

⑤ 有稳定的供应渠道，最好是商业化成功的材料体系。

9.1.2 船用复合材料性能特点

由于从某种意义上来说复合材料本身就是一种设计结构，因此船用复合材料的力学性能和变形曲线取决于载荷作用的方向(相对于增强材料)。用各种玻璃布制成的玻璃钢构造比较复杂，但具有一定的结构对称性；对于短切纤维或纤维无规则分布的复合材料(如用玻璃毡增强材料)则可等效地认为是各向同性的，其各方向的力学性能也基本相同。

1. 拉伸性能

研究结果证明，玻璃钢沿着增强材料方向受载时，可看成是线性的弹性体。此时变形曲线具有折线的形状，这证明力的传递有了质的变化，转折处出现法向弹性模数的变化，如图 9-1-1 所示。

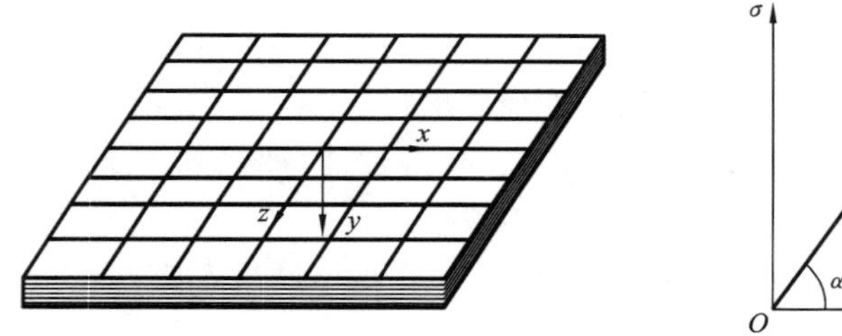

图 9-1-1 玻璃钢板及其拉伸情况

根据玻璃纤维材料的拉伸试验的结果，我们知道玻璃钢材料直到破坏都没有明显的屈服点，这说明了玻璃钢的塑性小，没有金属的缓和应力作用，所以它在切口、开孔和构件间断附近的应力集中现象更为严重。一般而言，造船过程中应取玻璃钢受拉或受压时强度性能中的较小者作为原始数据。

2. 弯曲性能

对船用玻璃钢来说，抗弯强度具有重大意义，因为结构基本上均要承受弯曲变形。

标准试样的弯曲试验方法主要用来确定两端自由支撑的试样承受弯曲时的短时破坏载荷。

材料在弯曲时的应力状态各剖面是不一致的。考虑到玻璃钢的性能随应力的特征(拉伸或压缩)而异，因而一般材料力学的计算公式就不能应用；在试样尺寸与形状一定的条件下，切应力对挠度大小有重要影响，而当材料抗弯强度很小时，由于试样有很大柔度而不易破坏，因此玻璃钢的弯曲试验结果可看成是次要的，用于定性评估。

试验证明，抗弯强度极限不等于拉伸或压缩时的破坏应力。对于大多数玻璃钢，这一数值高于抗压强度极限而低于抗拉强度极限。

试样最后破坏一般先从受拉纤维的断裂开始，虽然在受压区也可看到以玻璃布层折皱形式出现的破坏迹象，但这种破坏（纤维失去稳定性）使中和轴向受拉纤维方向移动。

3. 耐疲劳性能

复合材料的疲劳与断裂是固体力学的一个重要分支，它研究由两种或多种不同性能的材料在宏观尺度上组成的固体材料，因此具有非均匀性和各向异性。加上材料几何形状、分布及含量、铺层（单一层厚度、铺层方向和顺序等）以及一些特殊的力学问题（层间应力、边界效应、脱胶等）使复合材料疲劳与断裂的研究较常规材料更为复杂。研究工作一般分为三个层次：① 微观力学研究，通过对分子、晶体和结合键的微观分析，研究基体与纤维的力学特性及其结合问题；② 细观力学研究，通过分别研究纤维与基体的力学行为来分析单层材料的力学特性及其相互的配合问题；③ 宏观力学研究，根据单层材料的力学行为研究多层材料与结构的力学特性、设计准则与计算方法。

纤维强化复合材料的失效机制主要有 4 种：基体开裂、分层、纤维断裂和界面脱胶。这些失效机制的组合使材料产生了疲劳损伤，从而造成强度和刚度的降低，这些损伤的类型和程度取决于材料性能、铺层排列方式和顺序，以及加载方式等。

值得注意的是：复合材料的耐疲劳性能与金属材料的是截然不同的，因此在选用复合材料制备舰船结构及设备零件等时，对其耐疲劳性能和失效模式的校核必须高度重视，相关的内容在复合材料力学性能方面的书籍中有详细的介绍，此处不再赘述。

4. 抗蠕变性能

蠕变是材料的变形和应力随时间变化现象的总称。严格意义上来说，所有的结构和材料都或多或少存在一定程度的蠕变，但在工程研究中，我们通常忽略钢结构的蠕变，但对于复合材料结构而言，蠕变是一个必须研究和校核的指标。

对于玻璃钢来说，即使在正常温度下甚至在不大的载荷作用时也会出现较为明显的蠕变。从聚酯树脂和环氧树脂玻璃钢的试验研究来看，蠕变可能与弹性变形差不多大，甚至超过弹性变形。

外部介质各种因素中，温度对玻璃钢的影响最大，蠕变速度随着温度的增长明显地增加。这是因为温度对于聚合物黏结剂的变形量和变形速度影响很大。这种现象是温度-时间相似的基础，利用这种相似性可根据短时高温下的材料试验结果来预测长时（例如，几万或几十万小时甚至更长）低温下的材料抗蠕变性能。同时，持久强度极限值在温度升高时也急剧下降。

保证玻璃钢持久强度的问题在船体结构设计中也有重要的意义。现有已积累的玻璃钢在 3 万～10 万小时中的试验结果证明，持久强度大约减小一半，且没有一次试验达到绝对的极限持久强度。

许多船体结构经受不变载荷或随时间而变载荷的长期作用，在某些场合下载荷作用的持续时间达到几万甚至几十万小时。累积变形不仅可与弹性变形相比较，而且可以超过弹性变形几倍，经过一定时间以后，就达到结构所不允许的数值，特别是对于各种剪切变形则更为严重。蠕变引起的应力-变形状态的重新分布将使一些点上的应力减少，另一些点上的应力增加。

针对用玻璃布或定向纤维增强的玻璃钢，如果大部分重要承载结构是由这类材料制成的，则在材料选型和结构设计阶段，其抗蠕变性能指标是必须考虑的。

5. 海洋环境适应性能

一般的舰船材料如钢、铝、铜等，当它们长期处于海洋环境中时，受到严酷的盐雾、飞溅、浪花以及持续不断的湿/干交替循环的影响，使船体结构及装备受到广泛而严重的腐蚀。

但是，对于玻璃钢等复合材料而言，其主要由增强纤维、树脂基体以及界面相等组成，在海洋环境的作用下，没有钢结构的明显腐蚀特征，其性能发生明显变化的原因主要取决于树脂基体的耐海洋环境性能，同时制作工艺也对其环境适应性能有重要的影响。因此，影响结构设计的一个重要因素就是玻璃钢力学性能随海洋环境的变化特性(见表 9-1-2)，这也是我们在现场检验应密切关注的因素。

表 9-1-2　玻璃纤维增强不饱和聚酯树脂复合材料的耐海水性能

浸泡年数	抗弯强度/(kgf/cm²)	抗弯弹性模量/(kgf/cm²)	抗拉强度/(kgf/cm²)	抗拉弹性模量/(kgf/cm²)	冲击强度/(kgf/cm²)
0	2740	1.53×10^5	1900	1.35×10^5	243
1	2630	1.76×10^5	1920	1.14×10^5	201
2	2310	1.53×10^5	1370	1.10×10^5	235
3	2400	1.51×10^5	1080	0.76×10^5	212
4	2120	1.58×10^5	1160	0.79×10^5	190
5	2160	1.63×10^5	1350	1.02×10^5	226
6	2170	1.63×10^5	1320	0.53×10^5	218

注：此表为某型玻璃钢材料在厦门港海水浸泡六年的物理力学性能数据，其中 1 kgf=9.8 N。

上述实验数据表明：

(1) 玻璃钢船长期浸泡在水中，由于表层的胶衣破损或老化等原因，海水沿各种途径进入玻璃钢内部，导致其力学性能下降(通常下降 20%左右)。

(2) 玻璃钢船长期暴露在大气中，经受日晒雨淋，出现自然老化现象，也会导致其力学强度和弹性性能下降(通常下降 10%左右)。

(3) 玻璃钢制品有许多成型方法，如手工糊制、机械压制、机械卷制、缠绕法成型、拉挤法成型、直接浇注成型、喷(射)注成型、加热塑制成型等。但玻璃钢船建造至今采用最多的仍然是手工糊制和真空辅助成型法，因此玻璃钢制品的质量取决于施工工艺规程、施工环境条件和施工工人的技术水平。在进行玻璃钢船体结构设计时，安全系数的确定应考虑工艺因素。虽然依据我国现行的规范基本能满足玻璃钢船舶的设计和制造过程的检验要求，但一些工艺规程的制定标准并不明确，造成检验过程中出现困难。为此，我们在检验中应详细审核工厂的施工工艺规程、施工环境和工人的持证情况，确保满足安全的要求。同时建议船厂加大对玻璃钢船舶制造工艺的研究，或者引进国外一些先进的制造工艺，结合自身的特点，形成自己的工艺规程，加强制作工艺过程的质量监控。

9.2　复合材料船体结构形式

复合材料船舶形式多样，但当按某种特征进行分类时，也只有不多的几种。如果按外板结构可分为单层平整型、单层槽型，以及三层型。按骨架状况可分为无骨架型、最少骨架型，以及多骨架型等。综合上述特征，船体结构形式大致可分为以下几类：

(1) 单层平整外板无骨架结构；

(2) 单层平整外板或槽形外板带少量骨架结构；

(3) 双层外板结构；

(4) 多骨架单层平整外板结构；

(5) 夹芯或多层结构。

有一些船的船体以不同方式兼具两种以上不同的结构形式，这类船体结构属于混合结构形式。还有一些船，其壳板由玻璃钢等复合材料制成，而骨架则由其他材料（通常是木材）制成。

船体结构形式取决于许多因素，主要与船舶尺度、用途及航行特点有关；还与建造批量、生产可行性、建造厂的经验及经济预算等有关。

9.2.1 单层平整外板无骨架船体

这种结构的船壳由整块外板构成，没有加强材（肋骨或纵桁）。由于外板呈曲面形状，因此一定结构厚度就可保证船体的局部刚度。船体总刚度则由龙骨、舷缘材和梁来保证，如图 9-2-1 所示。

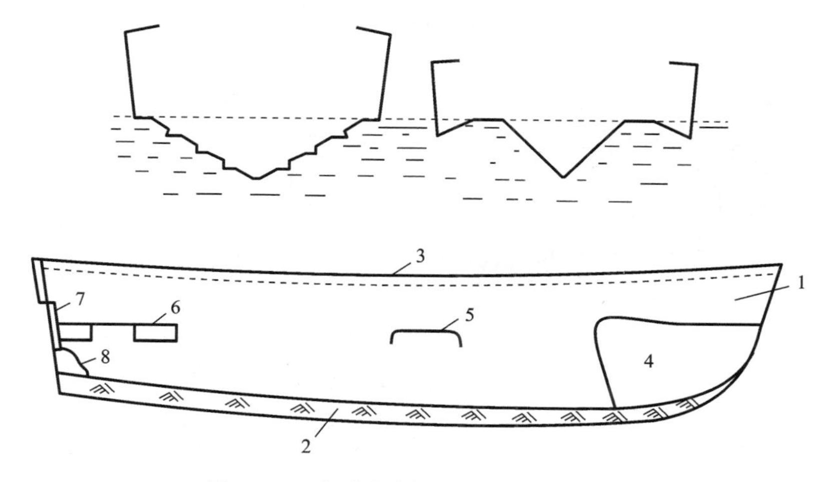

图 9-2-1　小型玻璃钢船体外形结构简图

1—外板；2—带填料的龙骨；3—舷缘材；4—空气箱；5—中座板；6—艉座板；7—艉板；8—肘板

这种船体结构最为简单，对于建造船长不大于 5 m 的小艇（或低速游艇）可以采用。如船舶尺寸增加或航速增加（有时两者同时增加），则这种无骨架平整外板结构就不适宜了。在这种情况下，如用增加厚度的办法来保证板的刚度，从理论上讲是可以实现无骨架方案的，但实际上这样做是不合理的，因为这将大大增加船体重量，提高成本（材料消耗多），并使成型过程复杂化。

如果利用内部结构（如中座板、空气箱、沙发靠背等）来加强船体刚度，或者将船体设计成具有明显曲度的特殊形状，或者采用折角线等措施，则无骨架结构的采用范围还可进一步扩大。

9.2.2　槽形外板结构船体

保证外板刚度的有效方法是做成槽形外板。沿船长纵通的槽起了纵向加强筋的作用，而在工艺性方面优于加强筋，因为槽与板是一体成型的。这就保证可以获得整体的刚性外壳。槽的数量与布置，以及它的形状与尺度可以是各种各样的。槽形外板的采用大大简化了最少骨架船体结构的研制问题，而采用这种结构还可以减轻船体重量和减少建造工作量。

设计槽形外板时应注意其缺点。成型时工艺胎具(阴模、阳模)较平整板复杂，这与槽的凸向关系很大。用阳模制造船体时，槽应凸向外；用阴模时，槽应凸向内，如图 9-2-2 所示。

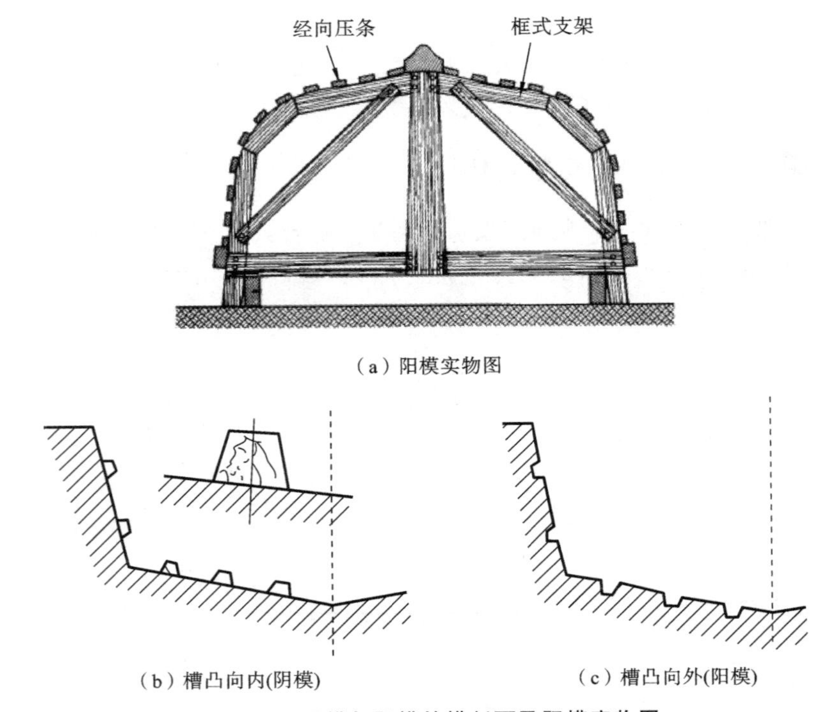

(a) 阳模实物图

(b) 槽凸向内(阴模)　　(c) 槽凸向外(阳模)

图 9-2-2　阴模与阳模的横剖面及阳模实物图

在这两种情况下，都可在阴模或阳模的工作表面上固定使槽成型的模条，从而使胎具制造得以简化。如果胎具的类型与槽的凸向不这样配合，则在阳模及阴模上必须要开出纵向凹槽。显然，这会使胎具制造变得复杂。

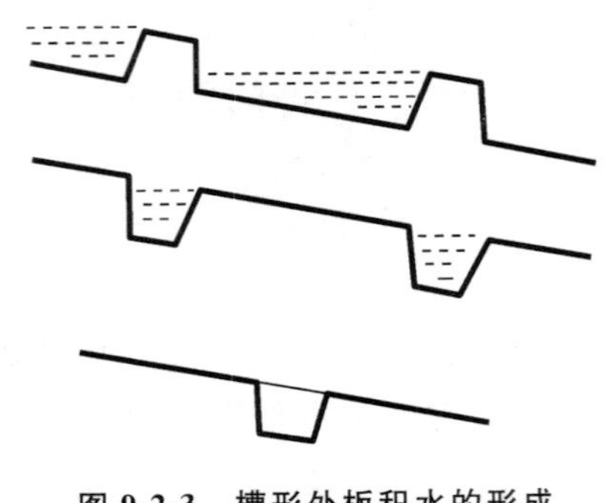

图 9-2-3　槽形外板积水的形成

采用槽形外板在工艺上的缺点是脱模比较困难。但如果利用可拆模具，这个困难就可被克服。

底部采用半圆形或梯形槽，不管其凸向如何，水都容易积聚在槽内而不易流掉(见图 9-2-3)。因此建议在制造过程中，槽内充以轻质填料(或用玻璃钢废料)，然后覆以 2 或 3 层玻璃布。这样可使槽的抗弯强度增加，还有利于横骨架的布设。

与平整外板相比，槽形外板的另一个缺点是总横弯曲与局部横弯曲时，槽形外板的工作能力较低(特别对于大船)。而且槽形板还有下述限制应用的情况:槽形外板使湿表面积增加,从而引起摩擦阻力的增加,视槽的数量、形状和尺寸的不同,湿表面积占比可能增加到很大的数值(20%~25%),所以水下部分的槽形外板应符合船舶快速性的要求。

9.2.3　带骨架平板结构船体

在一定条件下,可以只用少量骨架(例如 2 或 3 块肋板)来加强没有其他内部结构可利用的外板船体。通常,与无骨架船一样,在船的艏艉或两舷提供储备浮力的容积内填充泡沫复合材料以保证外板和甲板的局部刚度,这类设计在某些摩托艇、冲锋舟上得到了体现。

船舶尺寸或速度增加时就要计算船体强度。这时,保证船体必需的强度与刚度就成为越来越复杂的问题。目前,由于复合材料船舶设计与应用还处于起步阶段,因此,很多复合材料船体结构的设计与金属船结构的设计相似。许多复合材料船是按这种类型设计的。大量的中、大型玻璃钢船的船体采用骨架加强的整体薄壳板结构。骨架可以是横骨架式、纵骨架式或混合骨架式。

这种结构在钢质船舶的制造中已经作过很好的研究,这对复合材料结构设计很有帮助。利用金属结构作母型,再考虑新材料的特点,这将在很大程度上简化复合材料船的设计工作。复合材料船体骨架的主要缺点是:骨架的制造较复杂,骨架相交处的节点以及骨架与外板的连接比较复杂。尽管如此,由于在营运中带骨架平板结构船体表现出足够的强度、刚度和可靠性,这种结构形式还是得到了广泛的应用。

9.2.4　双层外板船体

在某些船体结构中,采用由两层整体壳板组成的外板(见图 9-2-4)。内、外壳板之间的间隙用来安置保证壳板刚度所必需的少量骨架。

沿舷缘材相互胶接的内、外壳板所形成的水密容积,保证小艇浸水以后不沉,这是双层外板结构的基本优点(与单层结构相比)。此外,双层外板改善了船体的修饰性,这对游艇、摩托艇和快艇来说也很有意义。双层外板结构的缺点是:由于骨架与两层曲面壳板间的配合与胶接工艺处理困难,建造工作量较大(与单层结构相比);航行期间不能及时发现外壳板的损坏和排除漏水;修理被损坏的壳板时很难清除壳板间的积水等。带泡沫复合材料填料的结构方案可以说是双层外板船体的一种变形,如图 9-2-5 所示。

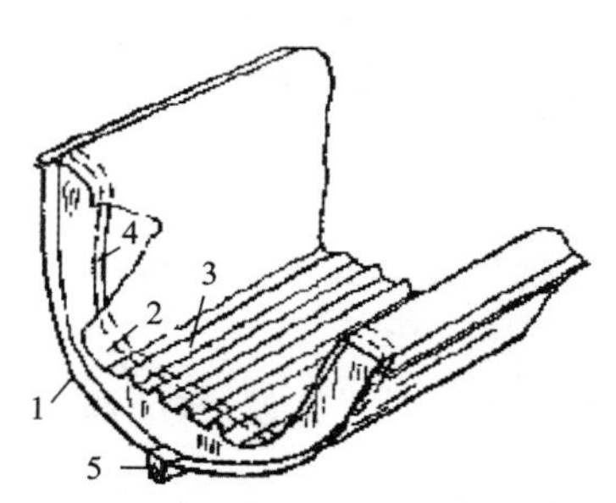

图 9-2-4　双层外板小艇船体简图

1—外壳板;2—内壳板;3—底部内壳上筋;4—肋骨;5—龙骨

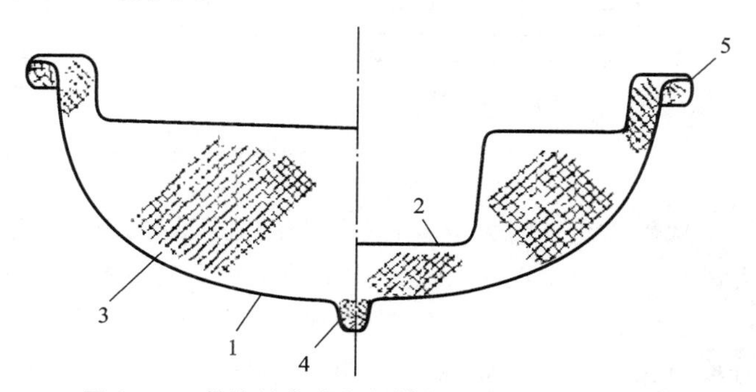

图 9-2-5　带泡沫复合材料填料的双层外板救生艇

1—外壳板;2—内壳板;3—泡沫复合材料填料;4—龙骨;5—护舷材

9.3　复合材料船体的骨架

9.3.1　骨架形式

单层外板玻璃钢船体与金属船体一样，可以有不同的骨架形式。目前采用的有横骨架形式、纵骨架形式和混合骨架形式。评价某一种船体骨架形式的优劣时，复合材料船体所用的标准与金属船体所用的标准没有什么不同。

一般的评价指标是骨架重量、船体总强度、局部强度和刚度、工艺性、骨架对舱容的影响、隔舱清理的方便性，等等。但根据玻璃钢的特点考虑，具有特别重要意义的是板架内骨架相交的数量以及与横水密隔壁相交的纵向梁的数量。

由于玻璃钢接头抗剥离的能力较弱，纵向梁在通过横构件和隔壁处切断后的强度不能得到补偿，因此纵向骨架应做成连续的。纵向骨架与横水密隔壁的相交处成为船体结构中很重要和复杂的节点，除了保证强度以外，还要保证其水密性，因此，最好不要出现这样的节点，横骨架形式恰好可以规避这样的节点，这也是横骨架形式优于纵骨架形式的地方。

高度相同的承载骨架的相交处也是复杂和费工的节点之一。这类节点最好做成"半切断式"，即每一方向的梁均切断一半。但总有一根梁的主要面板被切断而难以保证节点的整体性。而不等高构件相交处的节点是比较简单和可靠的。图 9-3-1 展示了同一类船的几种不同的骨架形式。

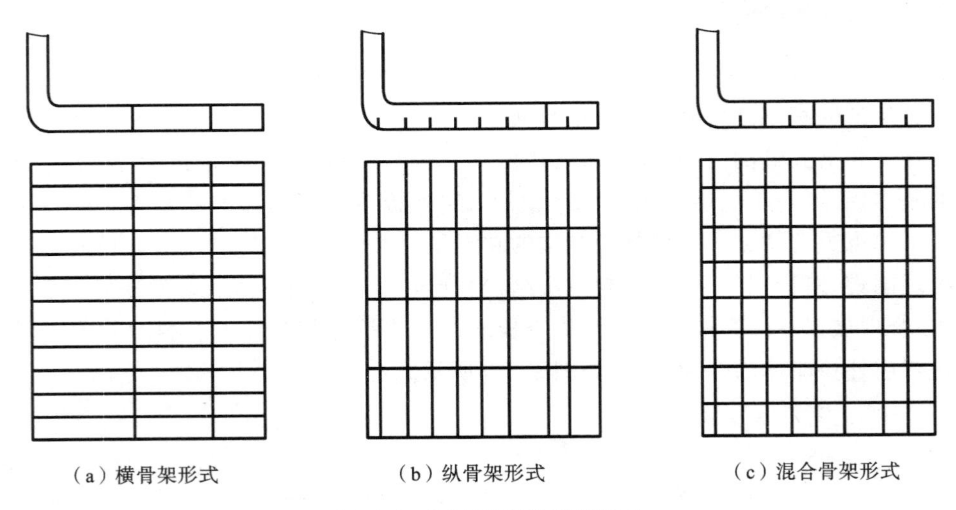

图 9-3-1　底部板架的骨架形式

从骨架交点的数量看，混合骨架形式最好。纵骨架形式与横骨架形式所具有的交叉数量大体相等。但是在纵骨架形式中骨架相交的节点比较简单。

从纵骨架与横水密隔壁相交节点的数量看，横骨架形式较纵骨架形式优越，横骨架形式的分段对接更简单，而混合骨架形式中的骨架与外板的黏结长度最长。

每一种骨架形式都有其优点：纵骨架形式和混合骨架形式较横骨架形式在一些非常重要的指标上可能更优越；在重量方面，纵骨架形式和混合骨架形式要轻一些，因为采用较薄的底板和甲板就可保证其稳定性。

在美国进行的 30 m 以上玻璃钢船舶的研究表明，采用混合骨架形式可保证最大的船体总弯曲刚度（最小挠度）；采用纵骨架形式时刚度也可以保证，但采用横骨架形式就不能满足要求。从使用条件看，例如内河货船底部采用混合骨架形式具有一定优势，因为板架上具有大量由强肋板和龙骨交点形成的均布刚性节点。

英国劳氏规范对于长度不超过 30 m 的渔船允许采用横骨架形式、纵骨架形式和混合骨架形式中的任意一种。对于船长不超过 12 m 的小船，规范建议采用最少骨架结构。

俄罗斯内河船舶登记局的规范也允许采用各种骨架形式。对于长度超过 15 m 的船舶，推荐采用混合骨架形式——底部和甲板用纵骨架形式，舷部用横骨架形式。对于 15 m 以下的船舶，允许采用无骨架结构或有骨架的三层外板结构。

国外建造的小、中型和较大的船有的用横骨架形式，有的用纵骨架形式。美国一些专家通过设计和试验研究得出结论，认为船长超过 30 m 的玻璃钢船，采用纵骨架形式更有前途。

目前，对于骨架形式的选择没有一致的看法。采用哪一种骨架形式要根据船舶类型、尺寸、船形、用途、航区等具体设计条件确定。

设计船舶时，如果以船体重量及其总强度作为首要设计指标，则采用纵骨架形式比较合适；如果要最大限度地保证船体及其各部板架的总强度和刚度，则采用混合骨架形式较为合适。

随着设计试验研究工作的进展，以及玻璃钢船设计、建造和使用方面经验的积累，今后有可能根据所设计船的船舶类型、等级、尺寸和其他特点提出合理选择骨架形式的具体建议甚至规范。

9.3.2　骨架布设

骨架的合理性由板架重量最小时骨架必须承受的工作能力所确定，它不仅取决于骨架的形式，而且与骨架的间距有关。如果不考虑玻璃钢的各向异性，则当板面尺寸相同的玻璃钢板与钢板的厚度比符合式(9-3-1)时，两者的临界应力相等。

$$\tau_g/\tau_s=\sqrt{E_s/E_g} \tag{9-3-1}$$

以玻璃毡制成的玻璃钢为例，$E_s=2\times10^6$ Pa，$E_g=0.6\times10^5$ Pa，则 $\tau_g/\tau_s=5.77$，此时玻璃钢板与钢板的重量比为

$$\frac{m_g}{m_s}=\frac{\tau_g}{\tau_s}\frac{\rho_g}{\rho_s}=5.77\times\frac{1.5}{7.8}=1.1 \tag{9-3-2}$$

这意味着，如果玻璃钢船体与钢质船体纵、横骨架之间的布设距离保持不变，玻璃钢板和整个结构的重量较钢质船体的更重，这就不可能合理利用玻璃钢的主要优点——高的比强度。由此得到的结论是，玻璃钢船体板架上的梁要布置得比金属船的密一些。实际上，国外建造的大多数内河船和海船的肋距为 350～450 mm，相当于相同等级钢质船肋距的 0.7～0.8。

通常建议玻璃钢船体肋距取为金属母型船体肋距的 75%。对于横骨架形式，肋距为 400～450 mm；对于混合骨架形式，肋距为 500～750 mm。俄罗斯内河船舶登记局的暂行要求对于横骨架形式的所有各级内河船均取相同的肋距——500 mm。但这种不管船舶的等级和尺寸，规定统一的肋距是不合理的。在英国劳氏规范中，虽然对主向梁（纵骨架形式和横骨架形式）的间距也只规定了一种，但是确定构件尺寸时允许采用任意的骨架间距以设计船体板架，这就使得设计人员可根据具体条件探索更合理的方案。

9.3.3　骨架剖面结构

在国外建造的一些小船上，有时采用厚板条矩形剖面骨架（见图 9-3-2(a)）。这种板条式骨架耗料多、刚性差，但工艺性好，可以单独成型，再以湿态装到板上，叠片式板条易于敷设在曲面外板上并牢固地与其胶结。板条式骨架最好用粗纱层与玻璃毡层交替敷设成型，后者可使粗纱层更好地结合。当骨架高度受到限制时，应用矩形骨架是合理的。正是在这种情况下，英国劳氏规范允许采用这种矩形骨架（舱室顶盖、机舱舱口盖等）。

在国外建造的小船上经常采用空心半圆形剖面骨架，可以在船体上预先放置的型芯上直接成型（见图 9-3-2(b)）。型芯可以用各种材料制造（金属、硬纸管、玻璃钢等）。型芯应该质轻、便宜、有足够刚度以保证在成型过程中不易变形。半圆形骨架较矩形骨架质量轻而刚度好，但对于剖面模数来讲，半圆形这种剖面形状仍不理想。

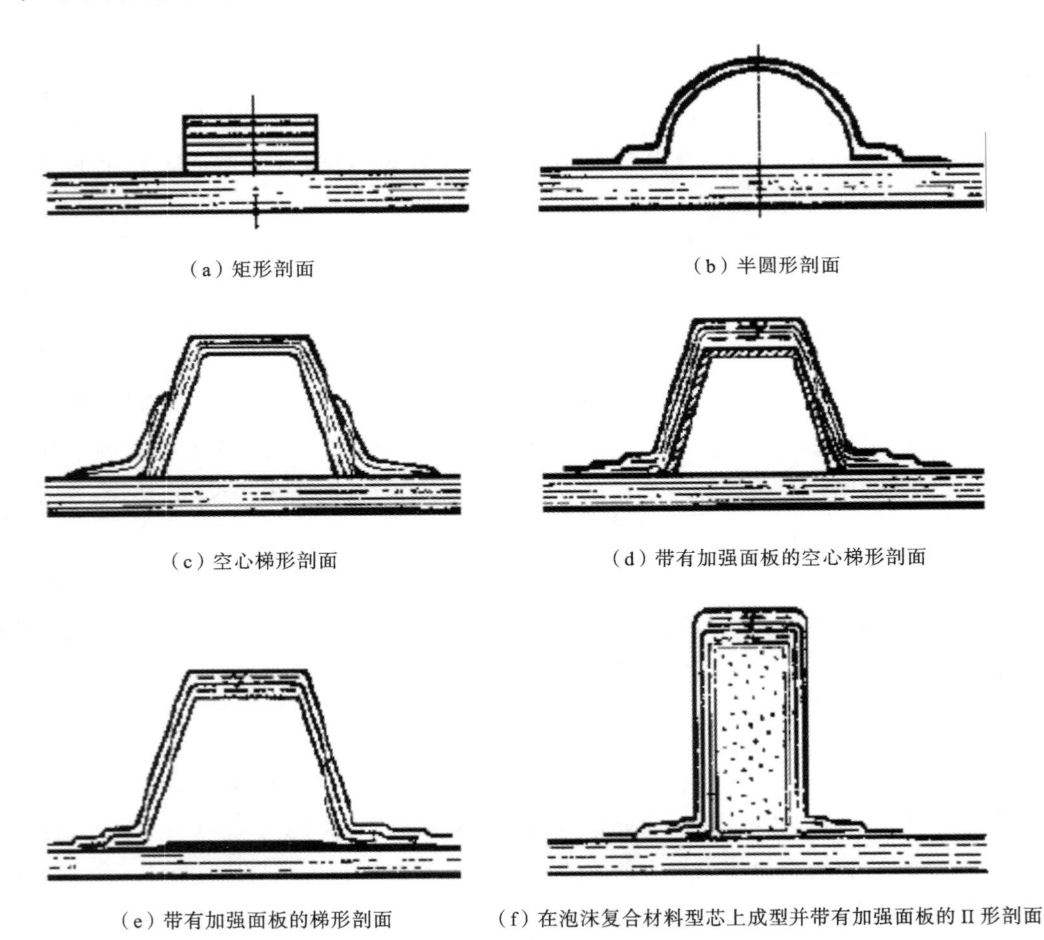

(a) 矩形剖面　(b) 半圆形剖面

(c) 空心梯形剖面　(d) 带有加强面板的空心梯形剖面

(e) 带有加强面板的梯形剖面　(f) 在泡沫复合材料型芯上成型并带有加强面板的 Π 形剖面

图 9-3-2　各类骨架剖面结构

在国外广泛采用的还有 Π 形和梯形剖面骨架。它们可以预先制成空心毛料然后连接到外板上（见图 9-3-2(c)），或者利用各种型芯在船体上直接成型（见图 9-3-2(d)）。用附加粗纱（无捻玻璃粗纱）层加强上层面板（背部）可以大大提高型材的工作能力。梯形和 Π 形剖面工艺性好，在横弯曲和轴向压缩时稳定性亦好，在实践中证明其性能优良。

国外造船业中，带泡沫复合材料填料的 Π 形和梯形型材(见图 9-3-2(e)、(f))是各种中、大型船舶骨架的基本型材。

在俄罗斯造船业中，对于船长不超过 15 m 的船舶，建议用 Π 形型材作基本骨架。再大一点的船舶采用 T 形剖面。虽然制造 T 形型材的工作量较大，但是材料在剖面上的分布更为合理，骨架从两方面(通过连接角材)与外板可靠连接。T 形型材在重量与强度上的优点很显著。对于各种类型船舶的强力构件——如强肋骨、旁内龙骨、纵桁等，均建议采用 T 形(或 Γ 形)剖面，如图 9-3-3 所示。

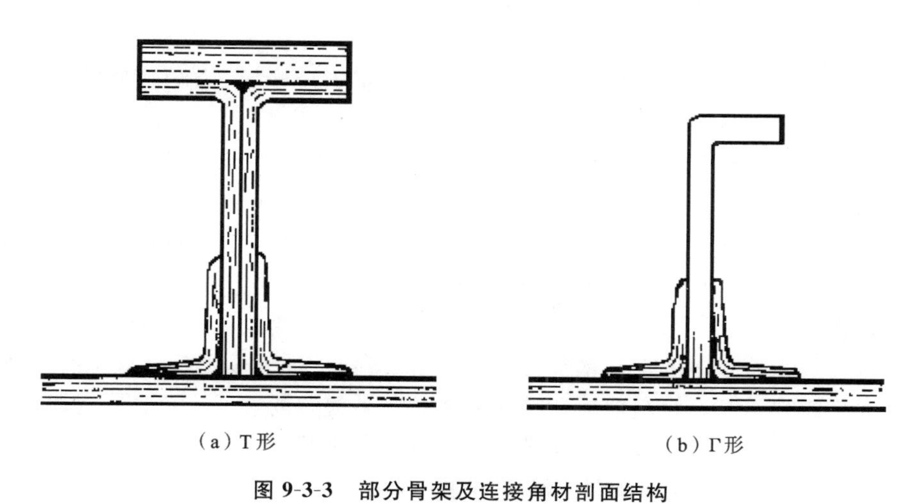

图 9-3-3　部分骨架及连接角材剖面结构

Π 形梁最好用以玻璃毡为基料的玻璃钢制造，而 T 形梁则可采用混合加强材料制造：腹板和下层面板用玻璃毡作基料，自由面板的基本厚度层可用缎纹布作基料。

此外，Γ 形型材的工艺性好，可预制好然后用角材连接到外板上。但是，Γ 形型材只能在小船上承载不大的板架上应用，因为不对称剖面在弯曲时容易发生扭曲并丧失弯曲的平面形状，这种现象对于用低模数材料制成的梁是特别不利的。

骨架梁的尺寸取决于所作用的计算载荷的大小与特征、梁的跨度以及支座的结构特点。型材的剖面要素包括剖面面积、抗弯剖面模数和惯性矩，这些要素应能同时满足强度、刚度和稳定性的要求。

一般而言，骨架形式选定以后，确定梁剖面可分两步进行：

第一步，根据每个梁的具体工作条件，确定计算载荷和弯矩，并按所取许用应力求得必要的剖面模数；

第二步，选择剖面要素(面板、腹板)，使得梁在最小重量的情况下能具备所要求的剖面模数。

实现这两个步骤都存在一定的困难。一般来讲，梁不是孤立地工作的，为了确定某一剖面内的作用弯矩，需要考虑整个板架的工作，这是相当复杂的。此外，纵向构件还应当被看作是同时承受横载荷以及总弯曲引起的轴向力作用的梁进行计算；在设计计算时考虑工艺因素与使用条件等。

迄今为止，通过几十年的实验和理论研究，以及已积累的设计、建造和使用玻璃钢船的经验，验船机构拥有足够的资料以提出选择构件尺寸的建议。例如，英国劳氏规范就提出了设计玻璃毡基玻璃钢制造长为 6～30 m 的渔船的建议，在定肋距 457 mm 下，基本骨架梁的剖面模数值是根据其跨度给出的。

9.4 轻质高强复合材料船体结构

从各国复合材料舰船轻量化的应用中，愈来愈能感受到轻量化在舰船制造中的重要作用，先进国家为显现综合国力，也在不断深入地进行此项研究。复合材料舰船同钢制舰船相比，重量上可减轻近 50%，这意味着舰船可装载更多的装备，航速、续航力也可提高，因此轻质高强复合材料成为首选材料。

舰船船体主要由甲板和船舱构成，除此之外，还包括上层建筑、声呐导流罩、螺旋桨、船用管系、通风系统、鱼雷壳体、水雷壳体等结构部件。

这些部件要实现轻量化，首先要注意减少机械加工和装配过程，尽量减少构件的连接，减少边角废料的产生。其次，成型方法要采用由传统的湿法手糊成型改进而成的树脂传递模塑成型、树脂注塑成型和真空注射成型等，这些工艺可在同样强度下使层压板更薄。在增强材料方面用芳纶和碳纤维层压板代替玻璃纤维；基体树脂用乙烯基树脂取代聚酯树脂，用复合材料代替原有的钢木质材料，并大量采用结构黏结的方法，减轻舰船重量，达到轻量化。除此之外，先进的设计制造技术也是舰船上结构部件应用复合材料后，进一步实现轻量化的关键手段。

美国造船厂在建造复合材料船时所用的轻木是一种便宜的芯材。这种木材质轻而力学性能高，易于加工。但它的防水性较差，受潮以后容易变质和腐烂。因此，轻木只能用来制造隔壁等不直接受到水的作用且强度要求不高的结构。

夹芯外板结构由两层较薄的壳板中间夹以较厚一层轻质填料制成。填料与壳板胶结以保证其整体性，也称为三明治结构。夹芯外板是一种较合理的结构，这时材料的受力层分布在剖面内距中和轴最远处。由于轻质填料坚实地支撑着较薄的受力层并使剖面刚度增加，因此夹芯结构在各种类型载荷作用下的工作效率都很大。图 9-4-1 为典型轻质夹芯结构图。夹芯外板结构的主要优点是弯曲刚度和稳定性很高，这对复合材料船体是十分重要的。这种结构的工艺性、强度及使用性能在很大程度上取决于填料的力学性能。填料可采用各种泡沫复合材料，如巴沙木等。

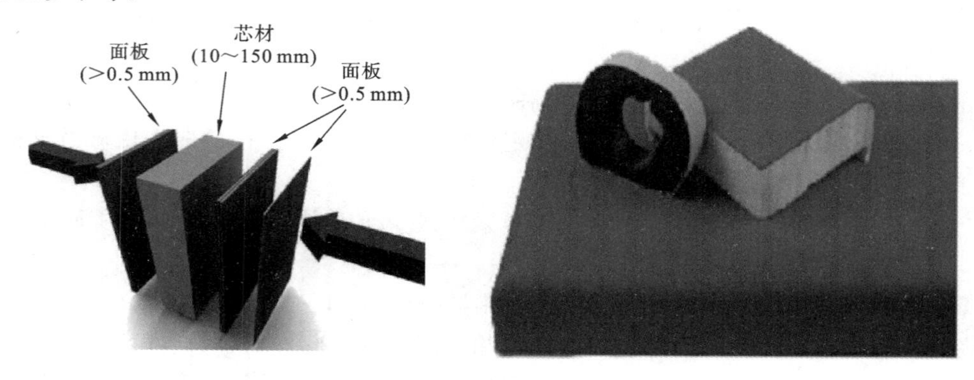

图 9-4-1 典型轻质夹芯结构组成及实物图

9.4.1 蜂窝夹芯结构

夹芯结构(外板、甲板、隔壁)的工作效率在很大程度上取决于芯材的质量及其与承载层的连接强度。芯材应在很小容重的条件下具备足够的抗剪强度，因为与外层壳板的整体性要靠抗剪强度来保证，芯材应与外层壳板强固地连接(胶接)。在某一层壳板受损的情况下，芯材与外受力层之间的胶接面上不允许有水渗透。芯材应具有一系列必需的力学性能与工艺性能：有足够的硬度与弹性，以免在集中力作用下产生凹陷；适宜的机加工性能等。芯材的价格应较低廉。

蜂窝式芯材的强度与刚度可设计性好。这是一种垂直网眼状结构，由用牛皮纸、棉织物、金属或其他材料制成的槽形条构成(见图 9-4-2)。网眼的形状可以是各种各样的——方形、六边形、菱形等，网眼尺寸由限制网眼外形的圆周直径所决定。

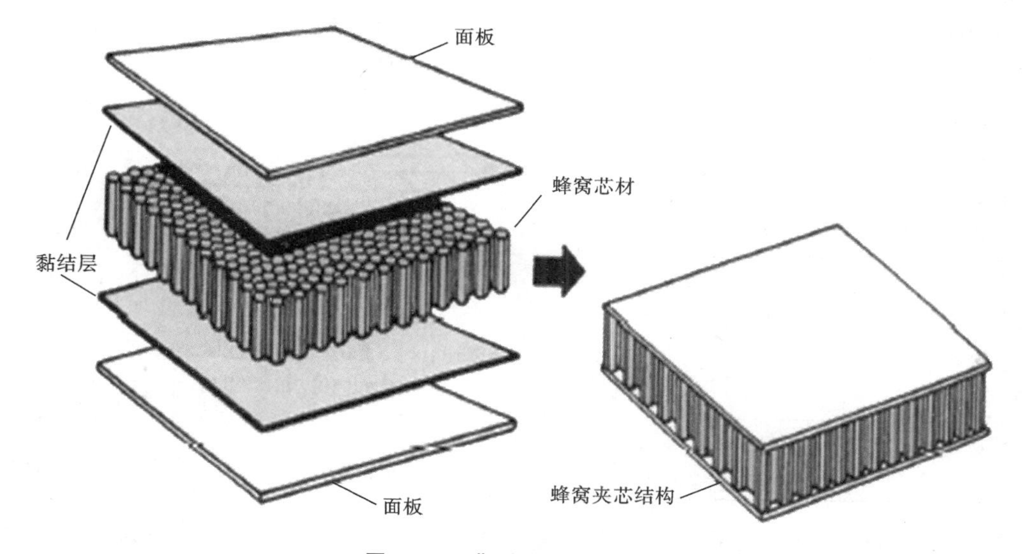

图 9-4-2　典型蜂窝夹芯结构

蜂窝状芯材的强度特性取决于其材料和几何尺寸。从强度和重量的指标来看，并考虑到蜂窝状芯材机械化生产的可能性，应认为它是制造三层结构有发展前途的材料。现在，对蜂窝状芯材的研究较为成熟，但其主要用于航空航天领域，在舰船结构上的应用并不多见。

蜂窝状芯材应用不广的原因是它与承载壳板的胶接比较困难而且可靠性较低，特别对于船体曲面更是如此。蜂窝端面与外层壳板连接不好会破坏三层板工作的整体性，且从外壳板上某处漏进去的水有蔓延到整个芯材空间的可能。这种现象在美国海军扫雷艇(船长 17.5 m，是第一批带蜂窝状芯材的三层结构船之一)的使用过程中曾经出现过。蜂窝状芯材宜用于平面板材，如纵、横隔壁，平台及甲板等。

9.4.2　泡沫夹芯结构

国外最早建造的三层板结构的海船(长 25 m 以下)大多采用泡沫复合材料芯材，特别是聚氨酯泡沫芯材。聚氨酯饱沫复合材料具有很好的工艺性，可以呈硬块状，也可以以液体形式充填到形状复杂的空间中然后无收缩地固化。

聚氨酯泡沫复合材料能很好地与许多种材料黏结，与其他型泡沫复合材料相比，聚氨酯泡沫复合材料具有较高的力学性能、较小的吸水性、较高的抗热性(120 ℃)、较少的蠕变倾向。

从船体夹芯结构所用芯材的性能要求可看出，目前尚没有一种材料能完全满足所提出的要求。进一步研究便宜、质轻、强度高、防水性好的轻质泡沫夹芯结构是舰船材料发展的迫切要求。随着材料科技不断进步，已有很多种类泡沫芯材的性能正在逐渐提高，其中部分已经在船舶制造领域实现商业化，表 9-4-1 就是 DIAB 公司的聚氯乙烯(PVC)泡沫芯材。

表 9-4-1　DIAB 公司 Divinycell H 系列 PVC 结构泡沫产品的主要性能参数

性能	单位	H35	H45	H60	H80	H100	H130	H160	H200	H250
密度 ISO 845	kg/m³	38	48	60	80	100	130	160	200	250
抗压强度 ASTM D 1621	MPa	0.45 (0.3)	0.6 (0.5)	0.9 (0.7)	1.4 (1.15)	2.0 (1.65)	3.0 (2.4)	3.4 (2.8)	4.8 (4.2)	6.2 (5.4)
压缩模量 ASTM D 1621	MPa	40 (29)	50 (45)	70 (60)	90 (80)	135 (115)	170 (145)	200 (175)	240 (200)	300 (240)
抗拉强度 ASTM D 1623	MPa	1.0 (0.8)	1.4 (1.1)	1.8 (1.5)	2.5 (2.2)	3.5 (2.5)	4.8 (3.5)	5.4 (4.0)	7.1 (6.3)	9.2 (8.0)
拉伸模量 ASTM D 1623	MPa	49 (37)	55 (45)	75 (57)	95 (85)	130 (105)	175 (135)	205 (160)	250 (210)	320 (260)
抗剪强度 ASTM C 273	MPa	0.4 (0.3)	0.56 (0.46)	0.76 (0.63)	1.15 (0.95)	1.6 (1.4)	2.2 (1.9)	2.6 (2.2)	3.5 (3.2)	4.5 (3.9)
剪切模量 ASTM C 273	MPa	12 (9)	15 (12)	20 (16)	27 (23)	35 (28)	50 (40)	73 (50)	85 (75)	104 (88)
剪切应变 ASTM C 273	%	9 (4)	12 (8)	20 (10)	30 (15)	40 (25)	40 (30)	40 (30)	40 (30)	40 (30)

夹芯外板结构广泛地应用于小船，特别是救生艇，因为这种结构很容易解决不沉性问题。中等及较大船舶采用夹芯外板是否合适目前尚未得出结论，且缺乏相关规范的指导。

夹芯外板结构在船的建造与使用过程中具有一些缺点。较薄的壳板在集中载荷(特别是动力载荷)作用下引起芯材的损坏，且芯材与壳板脱开，这就降低了夹芯结构的工作能力。有时夹芯结构还渗水并在芯材中出现积水，这种现象在蜂窝夹芯结构中出现较多。此外，在夹芯外板上安装各种设备的加强结构也比较困难。与单层板有骨架的结构相比，夹芯外板结构一般成本也较高，制备工艺也更为复杂。在研究初期，上述这些缺点使得许多外国专家对夹芯结构持否定态度。但是随着材料性能和工艺的不断进步，美国、英国和荷兰等国继续研究、设计和制造了一批夹芯结构的船舶，舱壁更为光整，使用方便，并且可以利用比较便宜的工艺胎具(木条结构阳模)来建造船体，这有助于降低复合材料船的建造成本。根据国外资料，建造长 30 m 左右的船舶所用的阴模和辅助工艺设备的成本约占整个船建造成本的 25%。

9.4.3　夹芯加筋结构

普通夹芯结构由一层轻质芯材与两层面板共同组成。改变芯材的形式(泡沫材料、蜂窝形态等)以及外壳板之间的厚度比就形成各种不同的夹芯结构。带轻质芯材(如泡沫复合材料)的结构的构成最简单，制造也不复杂。但由于轻质芯材的力学性能不高，这种结构在船体上的应用范围受到限制。

复合材料加强结构的布设原则：夹芯外板结构的小船和中等船舶一般不再装设骨架，在大尺度船舶上则还需再布设骨架增强，此时骨架可采用框架形式，以较大的间距装在外板受力层上。由于板架总横弯曲刚度不足，抵抗局部集中载荷的能力不强，必须用较强材料制成的纵、横向骨架来加强，从而提高夹芯外板结构的总强度与局部强度。夹芯外板结构强度的提高取决于加强程度与方式，以及结构形式与制造工艺。

通常，具有加强材的泡沫夹芯外板结构中，加强元件是由相互垂直(沿船长和船宽方向)的薄壁“筋—板条”构成，呈现格子式骨架形式。研究表明：夹芯结构加筋增强时，其刚性的增加比容重的增加要快，这说明了加强的效果。但是如果以增加加强筋数量的方式提高加强系数时，加强筋与强力层的连结以及与泡沫复合材料的胶接的工作量都有所增加。因此，最好增加加强筋的厚度，加强筋的厚度增加而数量减少，工作量就可降低。

加强筋间距的选择与结构的工作条件及受力特点有关。当夹芯结构上作用的横向力集中在较小的一部分面积上时，为了提高其局部刚度就必须减小加强筋的间距。加强骨架以及整个夹芯外板结构的性能取决于加强筋与外壳板的结合状态，以及与泡沫复合材料的胶接质量，这在很大程度上与制造工艺有关。当采用块状泡沫复合材料时，要保持结构的整体可靠性就需要好的制造工艺。

加强筋和骨架本身的形式可以是多种多样的，如实心结构、框形结构、工字形结构、T 形结构、板条形结构等。图 9-4-3 给出了两种典型不同形式的夹芯加强结构。

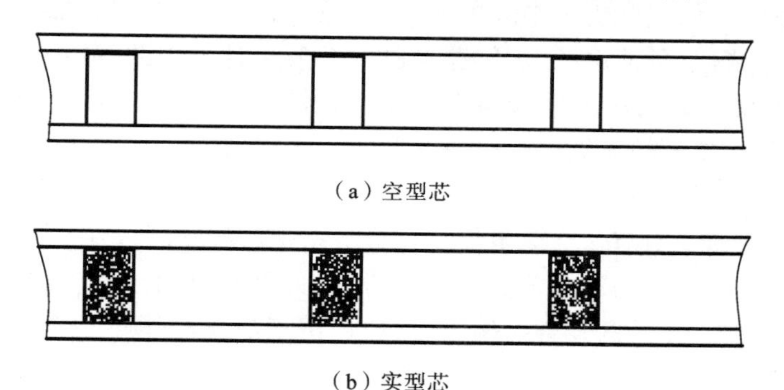

(a) 空型芯

(b) 实型芯

图 9-4-3　具有 Π 形加强筋的泡沫复合材料夹芯结构板

如果采用两个方向的框形加强筋，则纵、横加强筋交点处的节点使加强骨架的制造工艺明显复杂化，增加了建造的工作量。研究表明：受弯时，具有板条式加强筋的夹芯板的工作能力与具有 Π 形加强筋的大体相等。但在连接形式上，两种加强方式各有优劣。板条式加强筋与下面强力层可保证有强固的连接；但与上面强力层的连接不可靠。Π 形加强筋的腹板与下面强力层只有单面连接，所以连接较弱。较宽的 Π 形加强筋的背部则与上面强力层连接。采用板条式加强筋时局部刚度较大，若加强系数相同，则 Π 形加强筋的间距要大些。

通过比较各种 Π 形加强筋结构的应用情况，发现采用实型芯的加强筋较有利。例如，当板承受弯曲和压缩时，采用空型芯使得芯材出现脱落以及腹板失去稳定性的可能性较大。当芯材的厚度增加时，其抗剪强度不足的现象越来越严重。因为夹芯板受弯时，填料层沿其厚度方向剪切变形的增长导致两强力层不能通过剪切力的传递共同承受弯曲。因此，当夹芯结构厚度较大时最好增加中间强力层(见图 9-4-4)。它的作用是将切应力从一层芯材传递到另一层，因此其厚度只有外部强力层的几分之一。这种有两层填料的结构类似外板结构，在国外建造的一些船上出现过。

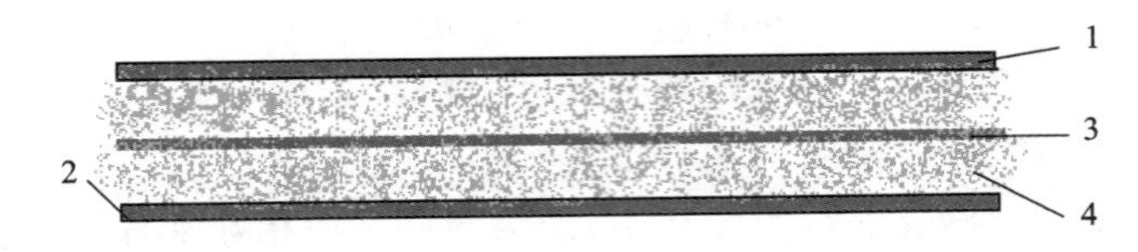

图 9-4-4 带中间层的三层板

1,2—外部强力层;3—中间层;4—泡沫复合材料填料

9.4.4 船体结构用复合材料发展前景

舰船所处的海洋环境是一种极苛刻的腐蚀环境,舰船用各种材料及其部件均不同程度地暴露于海洋环境中。要降低舰船及武器装备因腐蚀造成的维修费用,并延长其使用寿命,在采用腐蚀防护手段的同时,必须不断开发新型的耐腐蚀材料,而复合材料正是其中发展迅速的一大类。未来一段时间,复合材料的发展将主要集中在以下几个方面。

1. 高性能舰艇隐身复合材料

安静、隐身是当今舰船及武器装备发展的主要方向之一,各种高性能复合材料支撑了这种技术的发展。军事专家们在分析未来战争时认为:战争首先打的是信息战。能有效控制舰艇的特征信息,保持隐蔽性,是消灭敌人、保存自己的首要条件。因此,浮筏技术、泵推进器技术以及大量先进材料技术的应用就成为噪声治理的关键之一。同时,隐身材料对潜艇、水面舰艇、鱼雷和水雷的隐身技术的发展也是至关重要的。

美国提出 21 世纪提高舰艇隐身性能的措施中,最重要的就是发展新型材料,包括结构型、贴覆型及夹芯结构型的金属与非金属阻尼复合材料系列,以及吸收声呐波和雷达波、抑制红外特征和磁特征的隐身材料系列等。简而言之,就是着力研制出用于各种结构表面的雷达吸波涂料、用于水面舰艇上层建筑的复合结构吸波材料、用于潜艇艇体吸收声呐波的吸声材料,以及用于鱼雷、水雷隐身用的复合涂层材料等。

2. 舰船特种动力装置材料

潜艇燃料电池技术可增加续航力,减少巡航暴露率,被称为"绿色核动力"。目前有几种 AIP(不依赖空气推进)系统技术。最有发展前景的是燃料电池,其具有噪声小、效率高、无迹性好(含无热迹性)、不受下潜深度限制等特点。目前燃料电池存在的问题主要是氢的携带问题,重点要研究轻质、安全、大储量的贮氢材料及其应用技术。

永磁电机代替直流电机,以发挥永磁电机尺寸小、重量轻、效率高、噪声低的优势。耐腐蚀、高性能永磁材料是永磁电机的基础。

新一代超导电机,除具有永磁电机的优点外,还具有大功率的特点,因此高温超导材料及其应用技术是建造超导电机的物质基础。

3. 鱼水雷用材料

大杀伤力的鱼水雷技术需要用到高性能壳体材料,这对鱼水雷壳体用金属基、非金属基材料技术提出了高强、轻质及制造工艺方便等更高的要求。因此,鱼水雷用材料包括:铝锂合金、金属间化合物、永磁材料等金属材料,金属基、陶瓷基、树脂基等复合材料,以及电子与光学材料、隐身材料等。

4. 专用水声材料

声呐是海军舰船的专用装备,声呐专用水声材料是舰船材料的重要组成部分。水声材料技术体系涉及的型号有声呐发生及接收系统、水声对抗系统;涉及的材料专业技术为声电转换材料技术(超磁致伸缩材料、压电陶瓷材料),吸声、透声、反声材料技术等。

5. 特种功能材料

舰船特种功能材料主要包括:舱室绝缘隔热材料、高性能永磁材料、高温超导材料、防滑涂层、储氢材料、梯度功能材料等,目前相关研究取得了重大突破,且部分材料已获得推广应用。

新材料的发展涉及多学科交叉,利用现代科学技术的最新成就来制造与合成材料是创新的重要途径。材料研究正朝高性能、多功能、智能化、复合化、高可靠性、低成本的方向发展。新型舰船结构复合材料的发展趋势是把功能与结构材料结合在一起,在微观、介观、宏观等多个尺度上展开研究,实现材料设计与结构设计的统一。

第 10 章　船用复合材料承力连接结构设计

10.1　船体结构连接形式

10.1.1　板的对接

板的对接可分为无边缘斜口的、有边缘斜口的以及增强材料层自由端相互叠接的等几种。图 10-1-1 为无边缘斜口的对接示意图。

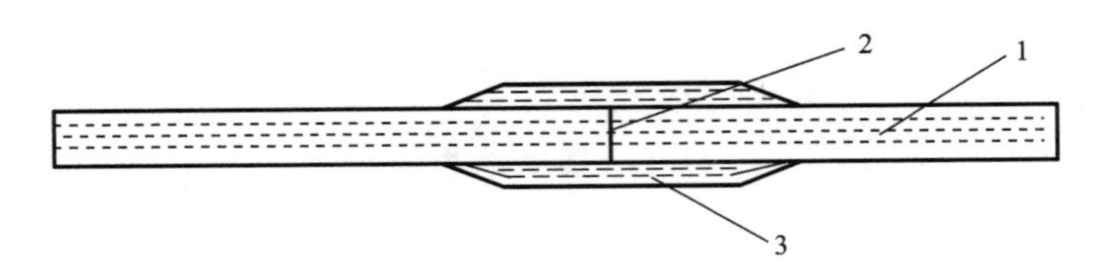

图 10-1-1　板的无斜口对接

1—板；2—对接口；3—盖板及附加层

在设计板的连接形式时，增强材料的结构选择应有利于承受作用在接头上的载荷。对接盖板中增强材料层的经纱方向应垂直于分段对接缝，而表面附加层的经纱在其整个长度内均应顺着对接缝的全长连续布置。

对于承受剪力作用的边接缝，盖板最好采用对角加强，增强材料层的经纱与边接缝成 45°角，但搭板最外面 2 或 3 层增强材料的经纱应顺着边接缝布置。

上述连接方法适用于板厚不大于 12 mm 的情况，此时连接边缘不做加工。当被连接板的厚度不同时(厚度差不大于 2～3 mm)，较厚板在成型时应在宽度大于或等于对接盖板厚度一半的区间内减少增强材料的层数以过渡到接近较薄板的厚度；所选择的连接尺寸等要素能保证足够的抗拉强度以及与船体主材料相同的抗压强度。

当板厚超过 12～14 mm 时，应采用工艺比较复杂的带斜口的对接方式，因为随着板厚的增加，在接头区玻璃钢内层之间会因缺少胶接而影响结构强度。

被连接板边缘的斜口可以用机动切削工具削制或在板的制造过程中成型。为了在板的成型过程中做好边缘斜口，可以预先在阴模上装设附加板条，在板条处切割各层增强材料层，形成斜口。带斜口接头一般具有阶梯式的对接表面；在每个阶梯上敷设 2 或 3 层浸过黏结剂的增强材料层。斜口填满以后，就敷设对接盖板(和无斜口连接相似)。充填斜口的增强结构应与被连接分段的结构相适应。被连接结构各层增强材料层自由端叠接式的对接(见图 10-1-2)按下述方式进行。

被连接结构的各层增强材料层端部在连接以前呈未成型状态(不浸树脂)的，可以考虑采用逐层交错对接的方式，即将增强材料浸以树脂，然后交替逐层敷设，先敷设一块板的增强材料层，再敷设另一块板的增强材料层。可以设想，这种逐层交错敷设增强材料形成的接头在固

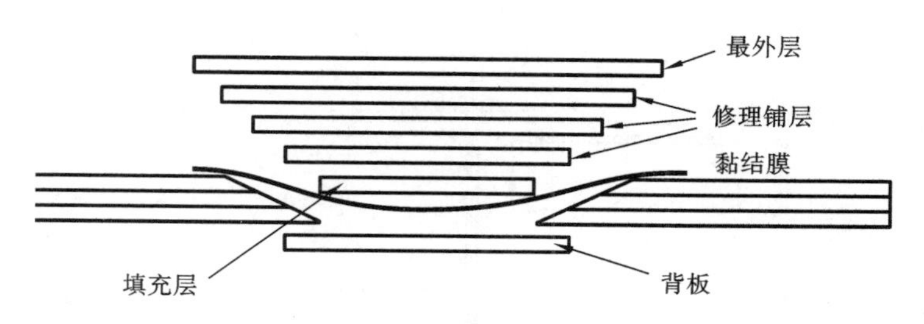

图 10-1-2　带斜口叠接层板的对接

化成型以后将得到与基本材料一样的强度。但是在连接过程中会发生增强材料层自由端伸长的情况，这会使连接强度大大降低，因而必须用加宽的对接盖板加强。由于工艺复杂，这种形式的连接未获得广泛应用。

与端接缝相交的边接缝盖板，应在端接盖板敷好以后再敷设，并盖在端接盖板上面。当边接缝在端接缝处间断时，则先设置边接盖板，再设置端接盖板。

10.1.2　板与骨架的连接

一般而言，板与骨架的连接成型(见图 10-1-3)均利用连接角材形成，这种连接角材和对接盖板一样，是由浸过树脂的不同宽度的在角部逐层敷设的增强材料层构成。

连接角材的尺寸可以根据下列经验方法确定：

① 每一角材的最大厚度 S 应不小于被连接构件中最薄板厚度的一半；

② 每一角材的翼缘宽度 b 应不小于(7～8)S；

③ 连接骨架时的最小翼缘宽度应不小于 30 mm，连接主横隔壁、上层建筑和内部甲板(平台)时一般不小于 70 mm，连接露天甲板时不小于 120 mm；

④ 在设计成型角接时应考虑到角接缝中往往作用有很大的剪力。因此，对于连接隔壁与甲板的大型连接角材，最好采用平行对角增强结构。

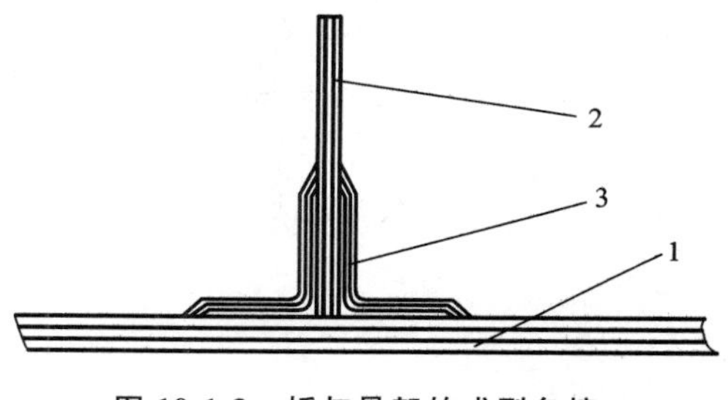

图 10-1-3　板与骨架的成型角接

1—板材；2—骨架；3—连接角材

还应注意：在连接结构中，树脂(胶层)的抗剥离性能不好，但抗剪切性能很好。所以，在所有结构的连接节点中应该尽量避免让树脂处于受剥离状态，而代之以受剪状态。应像对接盖板一样，所选择的连接角材的尺寸应按剪切和剥离强度进行校核。

10.1.3　骨架的对接

纵、横骨架的对接与板的对接有相似之处(见图 10-1-4)，但随骨架形式的不同而不同。目前应用最普遍的是 T 形型材，因此，这里关于选择连接元件的建议主要是针对这类型材的。由一块腹板和一块面板构成的 T 形型材的优点之一就在于可以在腹板和面板的两面设置盖板，这有助于保证被连接骨架获得必要的连接强度。

经验表明，骨架的对接结构组成元件的设计通常有下述情况：一块与型材面板同宽度的盖板，其厚度不小于面板厚度的一半，其长度不小于两倍型材的高度；两块腹板盖板，沿整个型材高度方向设置时，其厚度不小于腹板厚度的一半，其长度与面板盖板长度相等；与板相接处的

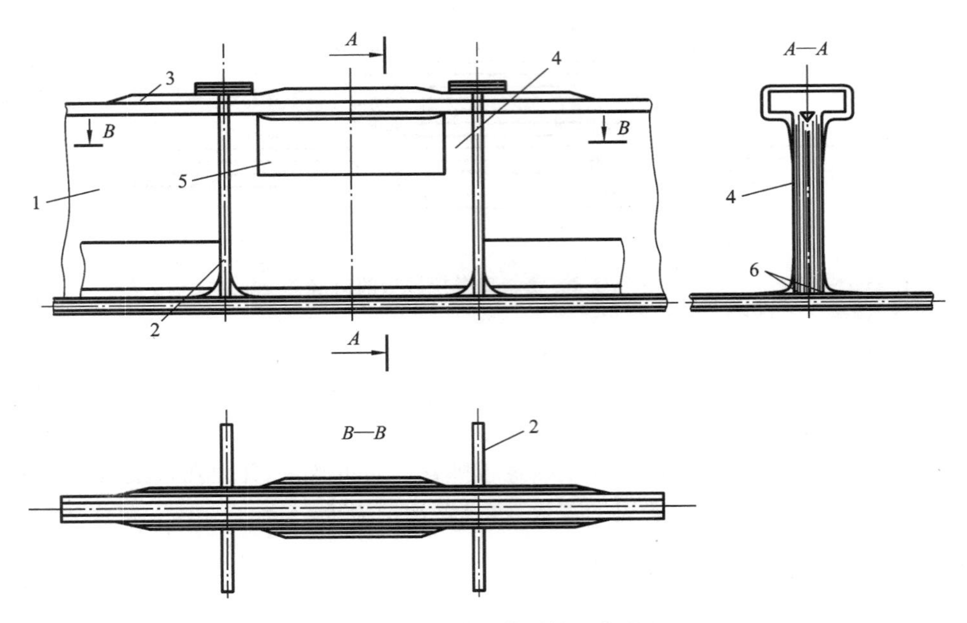

图 10-1-4　骨架的对接示意图

1—纵向梁；2—横向梁；3—面板盖板；4—腹板盖板；5—盖板包板；6—玻璃纤维

盖板下边，弯成连接角材翼缘形式，因此有时把腹板上的盖板称为盖板角材；一块盖板加包板，就可将面板盖板包覆起来并搭到腹板盖板上面，其厚度应不小于腹板厚度的一半，其长度应不小于型材高度的 1.5 倍。

上列连接盖板长度和厚度的关系仅供参考，可视连接结构和增强结构等的具体情况而有所变化。

10.2　连续连接

连续连接即成型连接，是指在复合材料结构的接缝处，通过逐层敷设浸过黏结剂的增强织物而形成对接盖板或连接角材的一种对接和角接。由于敷设在接缝中的各层增强材料的宽度是不同的，因此盖板（角材）的剖面是变化的。增强材料层的宽度从第一层（内层）开始逐渐增加。适当裁配各层增强织物的宽度，可以使盖板具有从中央到边缘逐步光顺削斜的形式。这就减少了应力集中和磨损，减轻了重量，并赋予接头良好的外观。

盖板应该两面都有，如果只在一面有盖板（即使是加强了的盖板），接头将在剥离状态下而不是在剪切状态下工作。胶膜的抗剥离强度很小，此时成型连接的强度实际上只由一层浸过黏结剂的玻璃布的黏着力提供。

成型连接时，结构及其连接元件的材料应该相同。

成型连接元件的尺寸应能补偿被连接结构的剖面并具有足够的抗剪与抗剥离强度。

被连接结构之间的空隙应用切断的增强纤维和聚酯树脂基体填充。为了保护连接元件不致磨损、分层和擦伤，在盖板和角材上面再敷设一附加层（每面一层），此附加层应超出连接元件最宽一层的边缘 100～150 mm。这一附加层有时也叫保护层或装饰层。

10.3　机械连接

复合材料船体结构制造过程中很多地方需要用到机械连接方式，主要包括螺栓、螺钉和铆钉连接等。

10.3.1　螺栓连接

复合材料结构的螺栓连接一般在下述情况可采用：

① 实现可拆连接；

② 需承受有很大剥离力的不可拆连接，特别是薄壁结构(厚度小于 5～7 mm)；

③ 与金属和木结构之间的连接，以及玻璃钢与其他复合材料之间的连接。

必须指出，只是在可拆连接中才采用纯螺栓连接，在其他场合一般采用复合式连接。

不可拆螺栓连接一般与胶接及其他成型连接配合使用。将船体内燃油箱盖固定到底部构架的凸缘上就采用胶-螺栓连接，可以保证密闭性，并且较简单的胶接成型连接有更大的抗剥离强度。

设计不可拆螺栓连接时，必须特别注意保证结构的密闭性。为此可采用密封膏、胶，在紧固件上缠绕浸过树脂基体的纤维，并加包覆盖板和垫板等。

设计复合材料的螺栓连接时还要考虑到复合材料对切口和冲击的敏感性，以及开口处应力集中、蠕变倾向、螺栓松动等各种可能性；同时还需考虑交变及长时载荷的影响和环境等其他因素。

一般而言，螺栓连接的基本参数主要包括：螺栓直径、螺栓间距、排数、螺栓排距、螺栓中心至边缘的距离等。上述各参数的数值要根据被连接构件的厚度、作用力的大小和方向以及连接的用途确定。

所以，为了选择螺栓连接的各要素，必须正确计算作用载荷的大小与特征，还要知道相应连接复合材料的力学性能，了解增强结构因开孔而受到削弱的材料的强度数据，并查阅同类型结构的螺栓连接强度的实验和使用资料。

关于玻璃钢及其他高性能复合材料结构螺栓连接要素的规范尚未统一，但通过民用玻璃钢游艇、渔船等的建造经验，在考虑采用螺栓连接的强固接缝等部位，下述几个方面是值得设计师参考的。

(1) 螺栓头加到玻璃钢上的压力不应超过 100～150 kg/cm^2；

(2) 挤压强度极限在第一次近似时可以取为抗压强度极限；

(3) 螺栓直径可取为 $d=(0.8\sim1.0)S$，此处 S 表示被连接零件的最大厚度；

(4) 螺栓中心到边缘的距离应为 $a>3d$(d 为板厚)；

(5) 螺栓间距应为 $t>4d$，螺栓排距应为 $c>3.5d$；最普遍的螺栓排列方式为错综式；

(6) 在螺栓和螺母下面应装设金属垫片，或直径加大的垫圈(垫圈直径$>2.5d$)。

(7) 玻璃钢上的螺栓孔直径可设计为$(1.02\sim1.05)d$。

在每个具体场合下要依靠工程师自己的经验，以及其他传统材料结构的螺栓连接数据来进行设计。螺栓间距及螺栓到边缘的距离可以比钢结构的大一些，而接近于木结构和胶合板结构的数据。

实践证明，单靠螺栓将板压紧，即使压到使其不能再靠近的程度，仍不能保证连接的紧密性，只有在连接中加入密封元件和进行包封才能保证其紧密性。

10.3.2 螺钉连接

利用螺钉将玻璃钢结构固定的连接方式称为螺钉连接，如图 10-3-1 所示。其主要特点是将螺钉拧入玻璃钢或与玻璃钢直接连在一起的金属零件上的螺钉孔中，将结构连接成一个整体。螺钉连接在复合材料船体结构中未获得广泛应用，因为在复合材料结构上很难钻螺钉孔，且容易形成纤维断裂或局部损伤。为了在胶接面上产生一定的压力，常在装配和安装工作中应用螺钉连接。此外，有时为固定各种形式的腹板也采用螺钉连接。

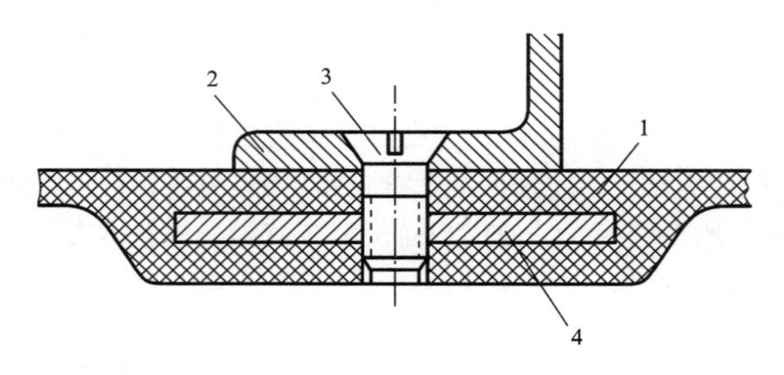

图 10-3-1 典型螺钉连接

1—甲板；2—连接板；3—螺钉；4—垫板

普通螺钉在玻璃钢中拧入困难，握持力小，建议应用自攻螺钉。螺钉应该垂直于玻璃钢层拧入，不允许在其端面拧入。螺钉连接经常与成型固定套筒或板条配合使用，这属于玻璃钢与金属连接。

为了得到平整表面可采用带螺母的螺钉连接，即在不可拆连接中，先采用半圆头或埋头螺钉，再覆以玻璃布层；在可拆结构中，可在连接薄板（厚度小于 6 mm）时使用。在后一种情况下，螺钉头下面应放置垫圈或金属板条。

10.3.3 铆钉连接

连接不承受很大载荷的轻型玻璃钢结构时可采用铆钉连接。例如，安装薄围壁和其他完整结构件等零件时不需要保证密闭性和高强度，就可用铆钉连接。铆钉连接在主船体结构中未获应用，主要是因为在冲击和强烈压缩下，铆钉头下面的玻璃钢易受到损坏。但有时铆钉连接比成型连接更适宜，因为铆接缝有良好的外形，重量轻，比成型连接容易制造。

铆钉连接一般应用铝镁合金铆钉，可以在冷状态下铆接。为了避免玻璃钢受损，铆钉头下面应装上直径加大的垫圈。与金属零件连接时，铆钉圆头应放在玻璃钢一面，且在接触面上涂胶。厚度为 2～3 mm 时，铆钉直径应等于被连接零件厚度总和，一般常用的铆钉直径为 4～6 mm。铆接缝的参数与螺栓接缝类似。

10.4 混合连接

对于现代船舶制造工艺而言，一艘复合材料船体以某种特定性能的复合材料为主时，还需要选用钢材、铝合金、钛合金等各种类型的其他材料，由于性能及应用部位的差异，需要用到不同的连接方式;有时即使是一个部位的连接,也需要同时用到多种连接方式,我们可以把它称为混合连接。混合连接主要包括箔片增强铆接,螺栓-销柱连接,螺柱-销柱连接,胶-机械混合连接等中的一种或几种。图 10-4-1 所示的角部连接方式就包含胶接、键接等方式;图 10-4-2 则是榫接与胶接相结合的混合连接。

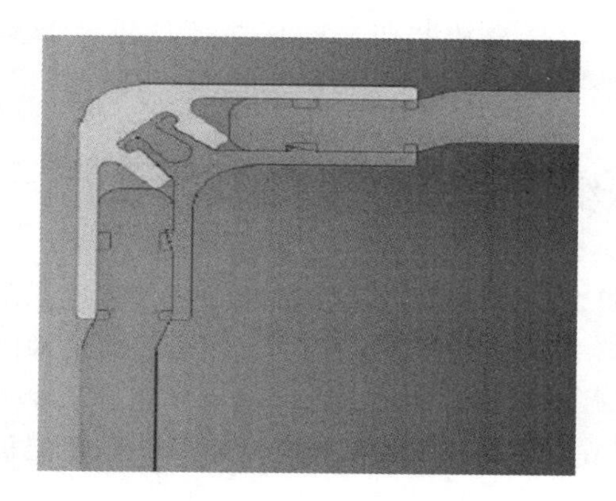

图 10-4-1　角部的混合连接结构

图 10-4-2　榫接与胶接的混合连接

对于复合材料加强结构的连接,加强筋原则上不应在结构的整个长度方向上间断。在有最大切应力作用的支持周边(例如在隔壁处)附近,加强筋与承载层的连接结构和工艺设计要依据应力状态确定,这与钢结构的焊接连接设计是有本质差别的。如果加强筋相交处没有被切断,则它们就可在整个结构中很好地起作用。纵、横加强筋交点处的结构最好做成半切断式。

稀疏设置强肋骨、旁龙骨,或同时设置两者可作为夹芯板支承周界。夹芯板在其支承周界之间的跨度减小时其厚度可相对减薄。在已建成的属于此类带骨架的夹芯板船体的船上,基本上采用的是强肋骨。

不同加强结构的连接形式对整体结构的力学性能影响较大。图 10-4-3 为带骨架的夹芯板结构形式,其肋骨装在外板的内强力层上,可看作船体的独立构件而成为外板的支承周界。

图 10-4-4 为带横骨架的夹芯板结构形式,其强肋骨成了夹芯板的组成部分而直接固定在外强力层上。

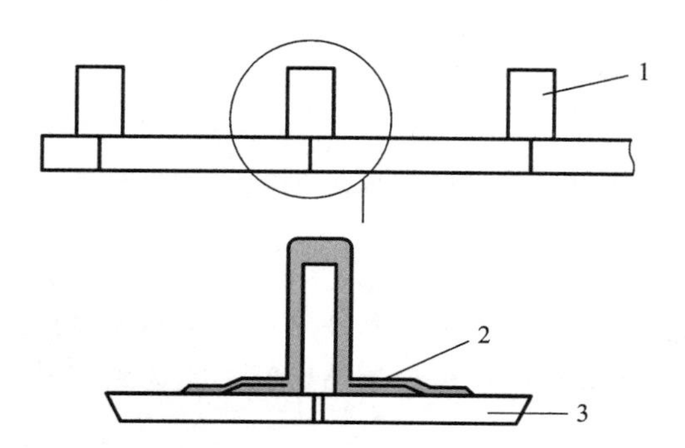

图 10-4-3　带骨架的夹芯板结构形式

1—强肋骨;2—强肋骨处的加厚层;3—夹芯板

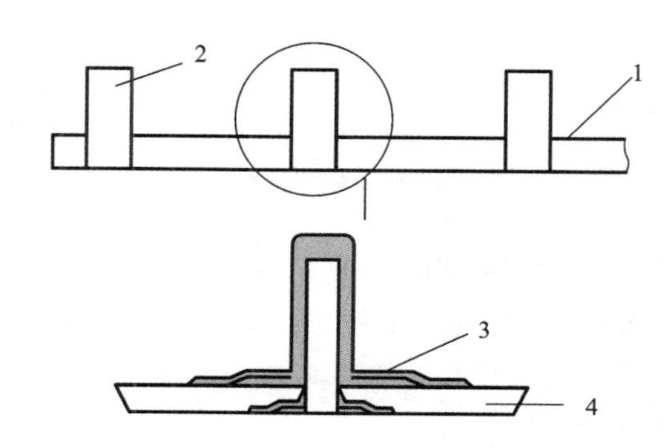

图 10-4-4　带横骨架的夹芯板结构形式

1—表层复合材料;2—强肋骨;3—强肋骨处的加厚层;4—夹芯板

直观上看，似乎带横骨架的夹芯板是一种整体性结构，但实际上它的抗弯能力要比第一种形式差得多。带横骨架的夹芯板的主要工作元件(强力层之一)在肋骨处被切断，用抗剥离能力不强的连接角材固定在肋骨腹板上(或部分地胶接在肋骨上)。当夹芯板受到弯曲，上强力层受到拉伸时，连接角材就可能脱开，上强力层因而不能参与工作。通过在肋骨处将加强筋的背部适当加强，可以部分补偿因上强力层被切断而对结构整体性带来的影响，但很难完全消除这种影响。由此可认为带横骨架的夹芯板的结构形式比第一种的差。

10.5　复合材料船体结构典型节点

对军用舰船而言，由于复合材料舰船尚处于初期研制和试用阶段，国内相关的规范还未出台，但 SC/T 8065—2001《玻璃钢渔船船体结构节点》等行业标准对军用复合材料舰船结构的设计具有重要的参考作用。

下面列出排水量较大的复合材料船体主要结构节点形式。这些节点形式适用于与单层板连接的骨架，目前应用比较普遍。

10.5.1　舷侧结构节点

1. 舷侧结构节点形式

以目前应用较多的玻璃钢复合材料船体为例，常见的舷侧结构节点形式主要包括垂直式和外飘式两种，分别如图 10-5-1 和图 10-5-2 所示。

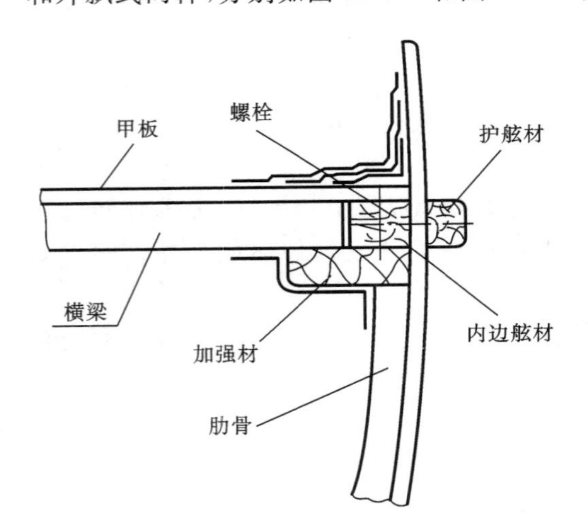

图 10-5-1　垂直式舷侧结构节点示意图

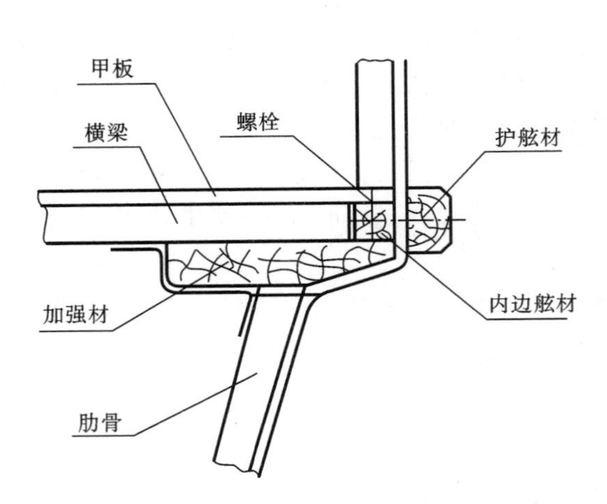

图 10-5-2　外飘式舷侧结构节点示意图

2. 甲板与舷侧的连接节点

舷板与上甲板(露天甲板)的连接节点是玻璃钢船体最重要的结构元件之一。正确地设计这一节点具有特别重要的意义，因为到目前为止，各种形式的玻璃钢连接结构都不能达到与材料本体相等的强度。

即使是在阴模或阳模中整体制造的小船，也不能回避船体与单独制造的甲板分段的连接。这一连接在整个船体周边上应是连续的和水密的，因为在船舶航行中此处受到较大的外载荷作用(波浪冲击、碰撞等)。

甲板与船体的连接节点可用折弯凸缘、木垫和护舷材。这些连接节点在小艇和小船上采用。用成型连接取代紧固件连接，成型连接整体性好、挠性小而且使用可靠。

舷部和甲板的成型连接包括板的连接及甲板骨架与舷侧骨架的连接。

对于玻璃钢船体，甲板与舷侧连接的典型节点形式有如下几种：

（1）甲板放置在内边舷材之上，周围缝隙用玻璃纤维和树脂腻子填充（见图 10-5-3）；

（2）甲板与内边舷材用螺栓连接；

（3）甲板上边缘与船舷用玻璃布加糊，并覆盖螺栓及填料；

（4）甲板下边缘用玻璃布将内边舷材包覆在甲板和外板上；

（5）对于船长小于 15 m 的玻璃钢渔船，甲板可用折边与外板连接（见图 10-5-4、图 10-5-5），其折边宽度取 90～180 mm。

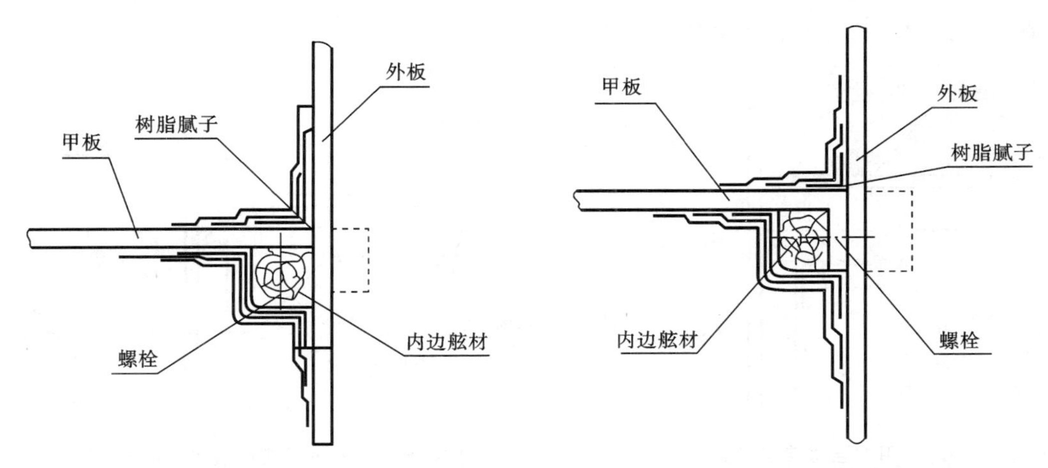

图 10-5-3　甲板与舷侧对接示意图　　图 10-5-4　甲板内折边节点示意图

3. 护舷材与舷侧的连接节点

对复合材料船体而言，采用特种塑料或新型发泡型材料作护舷材时，其断面一般呈矩形，固定螺栓处做成凹圆孔；用螺栓将护舷材与内边舷材连接固定；螺帽圆周与上方用树脂腻子填充，如图 10-5-6 所示。

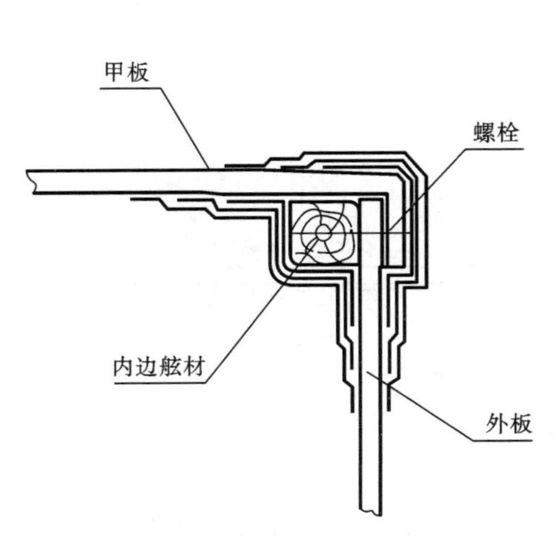

图 10-5-5　甲板外折边节点示意图

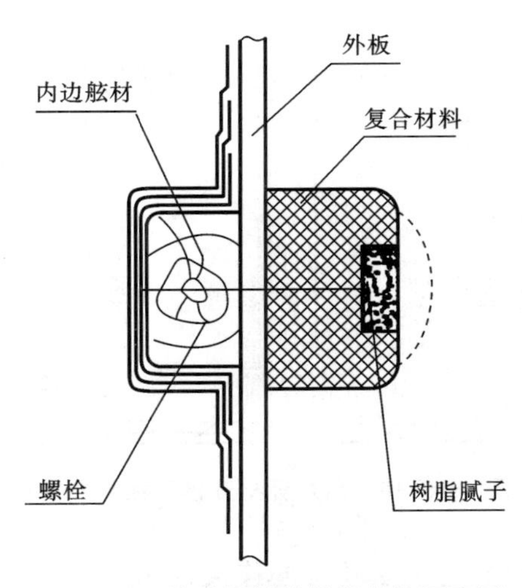

图 10-5-6　特种塑料护舷材结构示意图

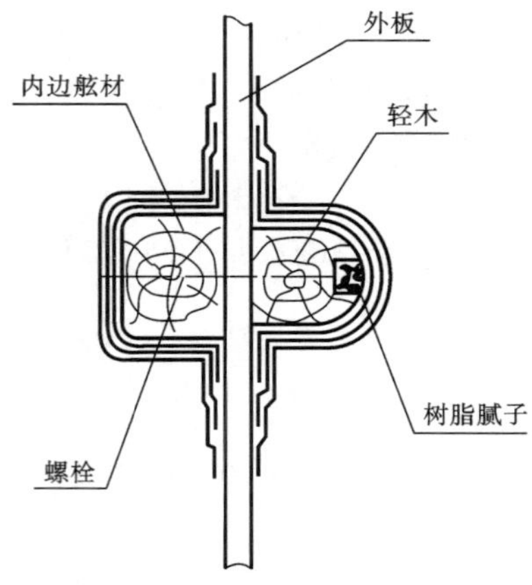

图 10-5-7 木质护舷材结构示意图

复合材料船体结构中,有时也采用木质护舷材。此时,用螺栓将护舷材与内边舷材连接固定;螺栓外部用树脂腻子填充,然后用玻璃布将整个护舷材包敷于船外板上,如图 10-5-7 所示。

10.5.2 横梁与肋骨的连接节点

横梁与肋骨的连接方式主要有两种:一种是用加强材连接横梁与肋骨,肋骨上端设置加强材,如图 10-5-8 所示,其中,$l=2h$,$b=h/2$;另一种是用肘板连接横梁与肋骨,周围用玻璃布包糊,如图 10-5-9 所示,其中,$a=2h$。

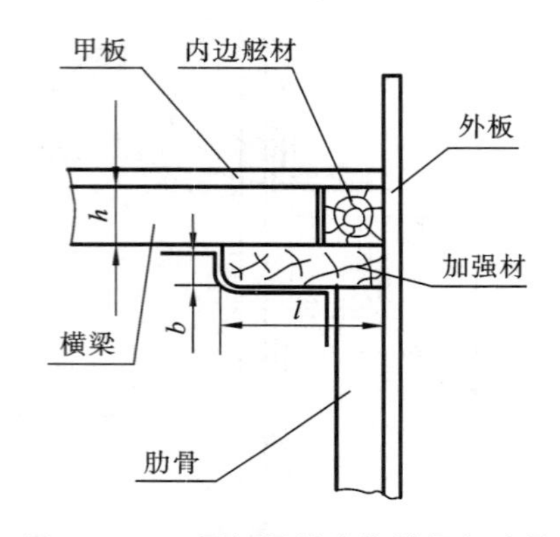

图 10-5-8 用加强材连接横梁与肋骨

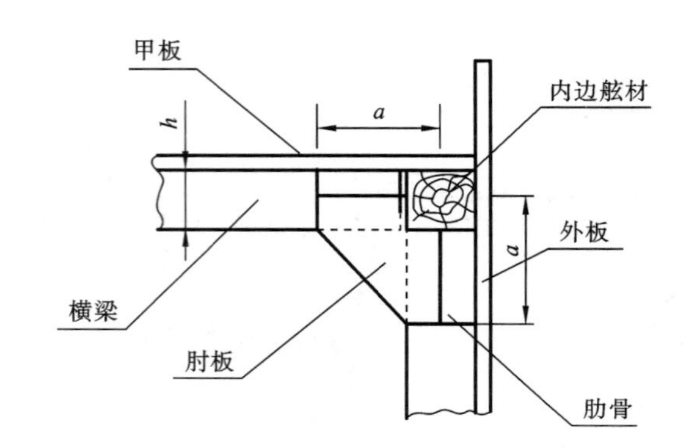

图 10-5-9 用肘板连接横梁与肋骨

10.5.3 甲板与上层建筑的连接节点

通常,甲板与上层建筑的连接方式主要有两种:一种是用加强材连接甲板与围壁结构,如图 10-5-10 所示;另一种是用螺栓连接甲板与围壁结构,如图 10-5-11 所示。

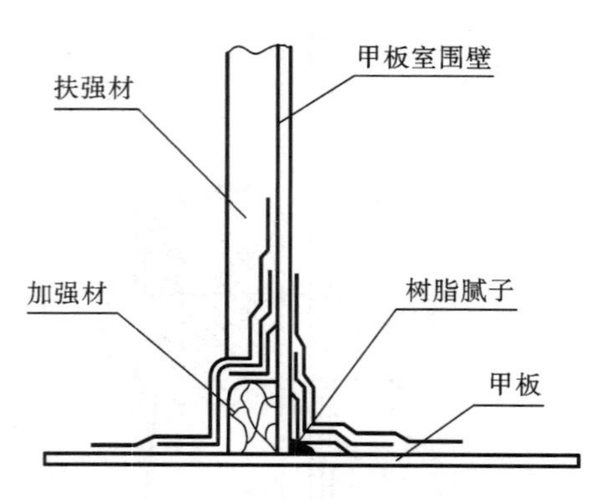

图 10-5-10 用加强材连接甲板与围壁结构

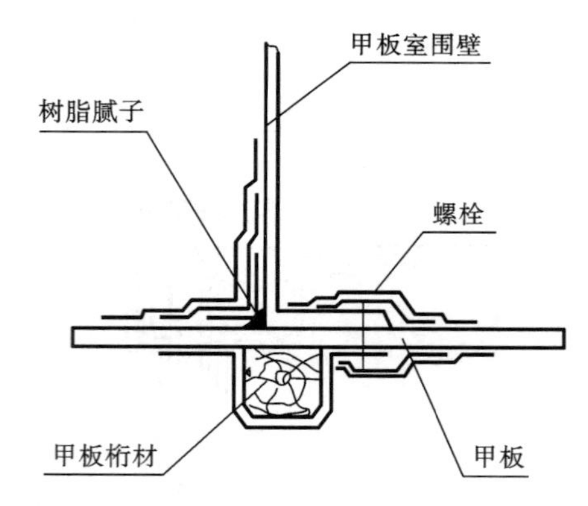

图 10-5-11 用螺栓连接甲板与围壁结构

甲板与上层建筑的连接方式应注意两点:一是用加强材连接时,围壁口四周应先用芯材糊制成加强材,围壁应紧贴加强材结构,围壁内外与甲板均加糊玻璃布;二是用螺栓连接时,围壁下端做成内折边，用螺栓将其与甲板连接，围壁外部用玻璃布包敷。

10.5.4　舭龙骨节点

1. 整体成型舭龙骨的典型节点形式

复合材料船体舭龙骨的典型节点主要有两种：一种为开放折角型舭龙骨（见图 10-5-12）；另一种为收缩型舭（见图 10-5-13）。

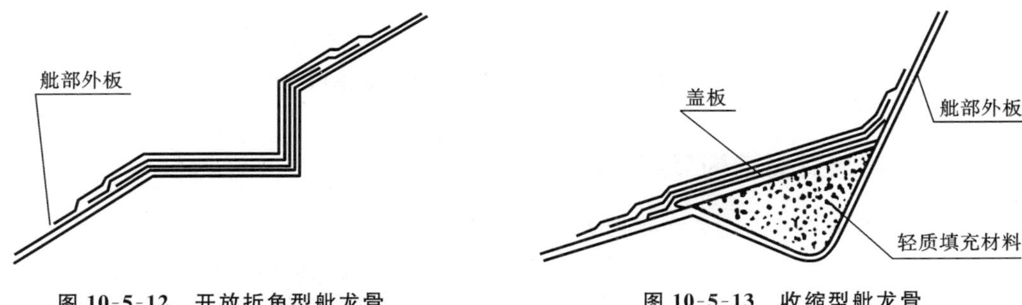

图 10-5-12　开放折角型舭龙骨

图 10-5-13　收缩型舭龙骨

2. 组合式梯形芯材舭龙骨的典型节点形式

组合式梯形芯材舭龙骨采用帽形泡沫塑料芯材或木材时应将芯材包敷于舭龙骨处，其铺层厚度略小于船壳外板厚度。糊制舭龙骨之前，船舭部用砂纸打磨，在船壳糊制成型时，先涂脱模剂，再糊一层蜡布，脱模后，撕去蜡布，使其表面粗糙，易于提高糊制舭龙骨的黏结强度。

组合式舭龙骨可采用芯材为木板与轻质填充材料混合的三角形舭龙骨，如图 10-5-14 所示；也可采用芯材为轻质填充材料的梯形舭龙骨，如图 10-5-15 所示。

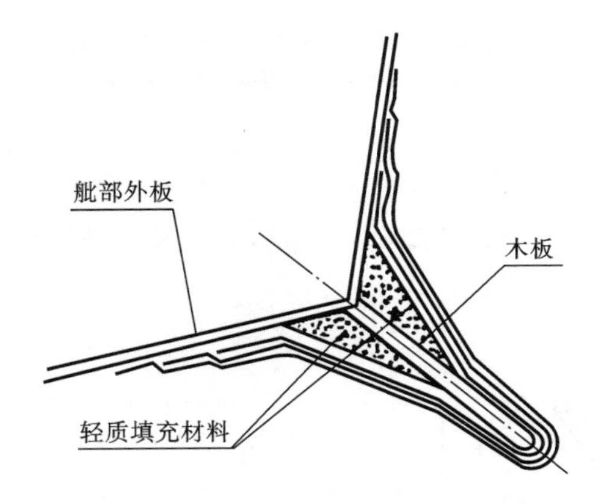

图 10-5-14　芯材为木板与轻质填充材料混合的三角形舭龙骨

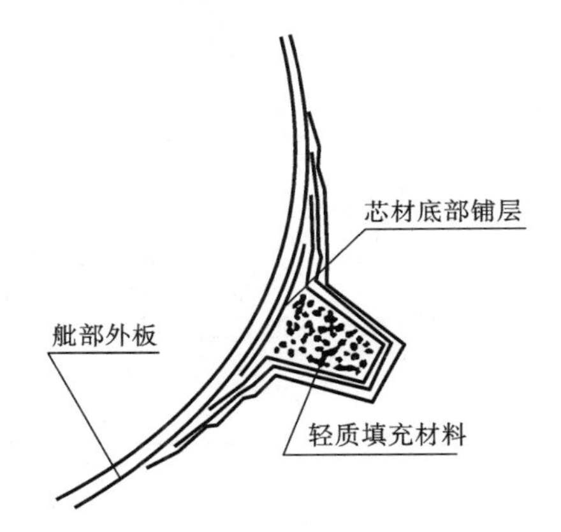

图 10-5-15　芯材为轻质填充材料的梯形舭龙骨

10.5.5　轴支架节点

轴支架与船壳板用螺栓连接，连接处用树脂腻子填充，然后加糊玻璃布，如图 10-5-16 所示。

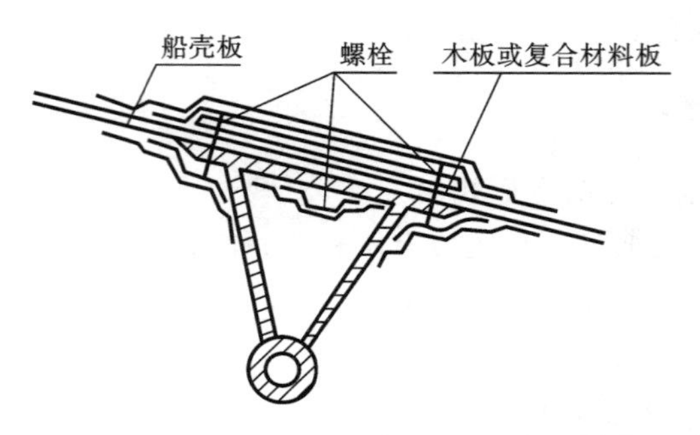

图 10-5-16　轴支架节点结构形式示意图

10.5.6　骨架交叉结构节点

常见骨架交叉结构节点主要包括两大类。

一类是等高骨架交叉结构节点，如图 10-5-17 所示。对玻璃钢船体骨架而言，上述节点连接可采用等高度、等截面芯材（泡沫塑料或木材），用包敷法将纵、横骨材分别固定在船板上，再按先纵向后横向的方式将芯材连续糊制在船板上；骨架交叉部位的上方用玻璃布铺层加强。另一类是不等高骨架交叉结构节点，如图 10-5-18 所示。

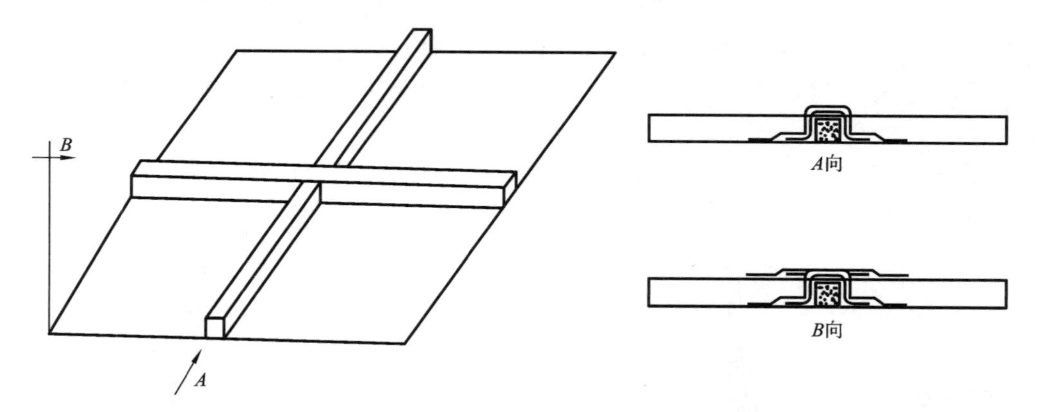

图 10-5-17　等高骨架交叉结构节点示意图

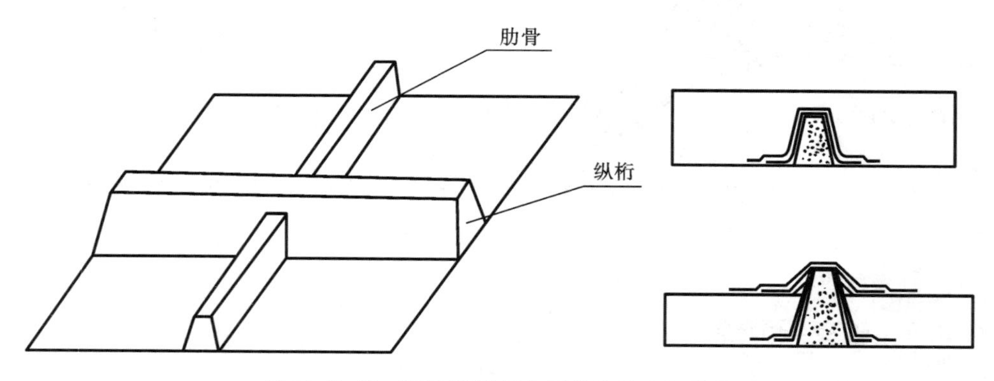

图 10-5-18　不等高骨架交叉结构节点示意图

上述结构节点可选用不同尺寸的相同芯，将交叉部位横向芯材上端、纵向芯材下端开口，开口高度等于横向芯材高度的一半；同时，将带开口的芯材交叉放置，开口缝隙用树脂腻子填充；在横材与纵材连接部位的上方沿横向横跨纵材用铺层加强，交叉部位的四角用铺层将纵、横材连接，分别用包敷法将纵、横材固定在船板上。但对不同的局部结构而言，骨架交叉结构节点的形式和连接方法是有区别的，下面将分别讨论。

1. 纵向加强筋与横向骨架交叉结构节点

下面讨论纵向加强筋与横向骨架交叉结构的几种节点，主要包括纵向加强筋与横梁、肋骨、肋板等交叉结构节点。图 10-5-19 为一典型加强筋通过骨架处的节点。

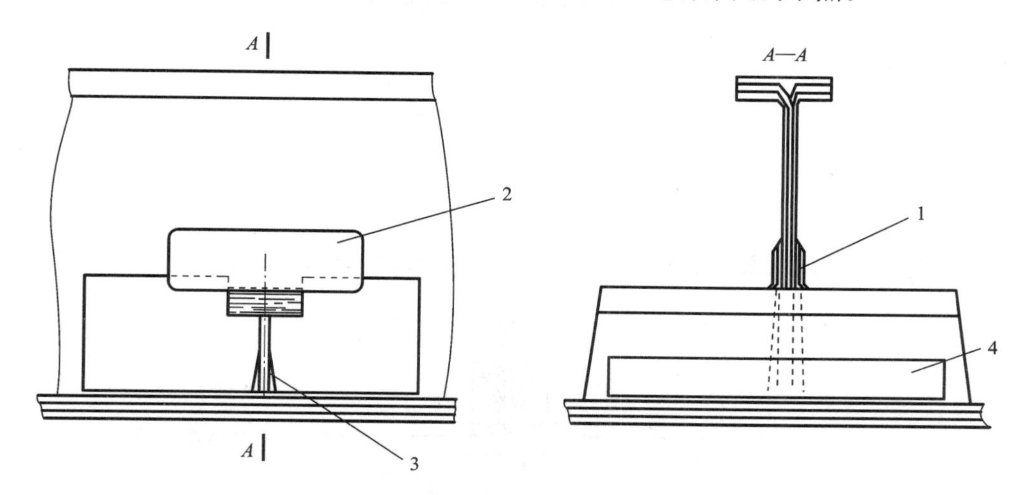

图 10-5-19　加强筋通过骨架处的节点(非水密)

1—开口补板(用玻璃纤维增强)；2—盖板；3—横向骨架连接角材；4—加强筋连接角材

图 10-5-19 所示节点的特点是必须在横向骨架腹板上的开口处设置补板。在钢结构中，这种补板不一定要有，因为将球扁钢的腹板和球缘焊到横向骨架腹板上就足够了。在玻璃钢结构中不加补板的开口将引起比钢结构中大得多的应力。只能依靠连接角材和盖板成型时产生的胶接将外力从加强筋传递到横向骨架上。

补板通常以下列方式安设。在横向骨架腹板的某一面固定一块涂有脱模剂的胶合板制模板，作为在开口处敷设浸过树脂的增强纤维的基础。在已经敷紧实的补板另一面用一块模板盖好，再用螺旋夹具将两块模板夹紧。待补板固化并取下模板以后，即进行加强筋与横向骨架腹板的双面成型连接。对于 T 形或球扁材形式的加强筋，则分别在加强筋的腹板处安设连接角材，而在横向骨架腹板上安设部分玻璃布弯折到加强筋翼缘上方的连接盖板。对于槽形加强筋则可沿其周边设置连续的连接角材，必要时可将玻璃布适当拉伸或局部切开。

如果制造质量好，这种节点能保证加强筋与横向骨架之间有可靠的连接，但只能做到强固连接，不能做到紧密连接；因此，可以在不要求高可靠性和长期水密性和气密性的地方使用。开口的高度不应该超过腹板高度的一半。

开口的形状可以是矩形或梯形。在板架上作用有很大内压力的场合(平台、压力柜顶盖)下，加强筋可能从横向骨架腹板上被拉脱，开口可做成带有内斜口的圆角。此时利用补板的楔形斜口将横向骨架腹板压到板上以防止其剥离。

2. 主要纵向骨架与横向骨架交叉结构节点

主要纵向骨架(甲板纵桁、旁龙骨、中内龙骨)与横向骨架(横梁、肋骨、肋板)相交时，横向骨架与主要纵向骨架相交处的节点可采用嵌装肘板并保持横向骨架面板连续的形式，如图10-5-20所示。

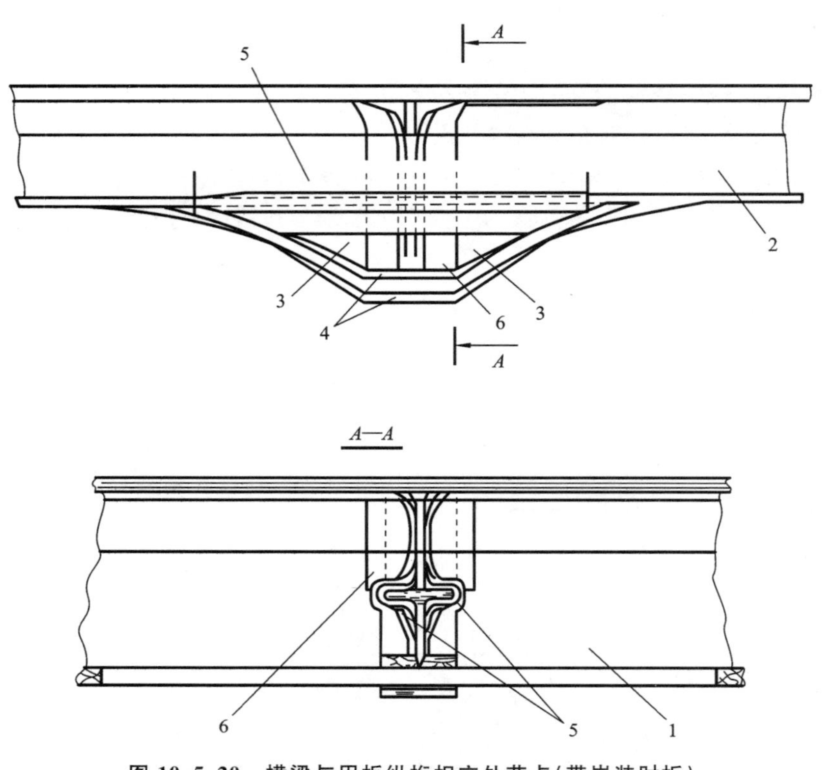

图 10-5-20　横梁与甲板纵桁相交处节点(带嵌装肘板)

1—甲板纵桁；2—横梁；3—肘板；4—盖板；5—盖板包板；6—连接材

在某种程度上，这种结构与金属船体中的肘板结构相同，只是将焊缝改为成型接缝。

等剖面横向骨架穿过纵向骨架腹板上的矩形开口(纵向骨架腹板高度大于或等于横向骨架高度的两倍)。开口在浸以树脂的玻璃纤维的状态下用双面补板补好，并用角形盖板连接。但是这样做对于力的传递(从横梁传到纵梁或从肋骨传到龙骨)仍是不够的。必须在两面加装带面板的肘板，并将其与相交骨架的腹板和面板连接。

此种主要纵向骨架与横向骨架交叉结构的优点在于能保持横向骨架面板的连续和腹板高度在全长上不变。这样就可以采用机械化方式生产骨架。其缺点是缺乏整体性，组合结构强度低，连接角材和盖板的用量和重量大，修配及连接肘板的工艺复杂。

骨架相交处节点还可以做成整体肘板式(开槽连接)，如图10-5-21所示。这种结构的特点是，保持骨架部分腹板和纵向骨架整个面板的连续性，横向骨架面板间断，其腹板光顺地升高，至骨架相交处与纵向骨架腹板等高。

横向骨架腹板与板架板相接的部分保持连续。这部分的高度应不小于骨架在跨间的腹板高度，以承受剪切载荷。横向骨架面板光顺地延伸至纵向骨架面板并在该处切断。横向骨架的升高腹板在骨架相交处开切口；在纵向骨架腹板与板相接的一面也开出类似的切口，其高度不应超过纵向骨架本身高度的一半。这样，骨架就以嵌槽方式连接。在这种情况下，承受船体总弯曲的纵向骨架面板及与面板相连的一半腹板仍然保持连续。为了补偿横向骨架面板的切断，在面板两面各设置厚度不小于面板厚度一半的盖板，如果型材高度较低，设置内盖板有困

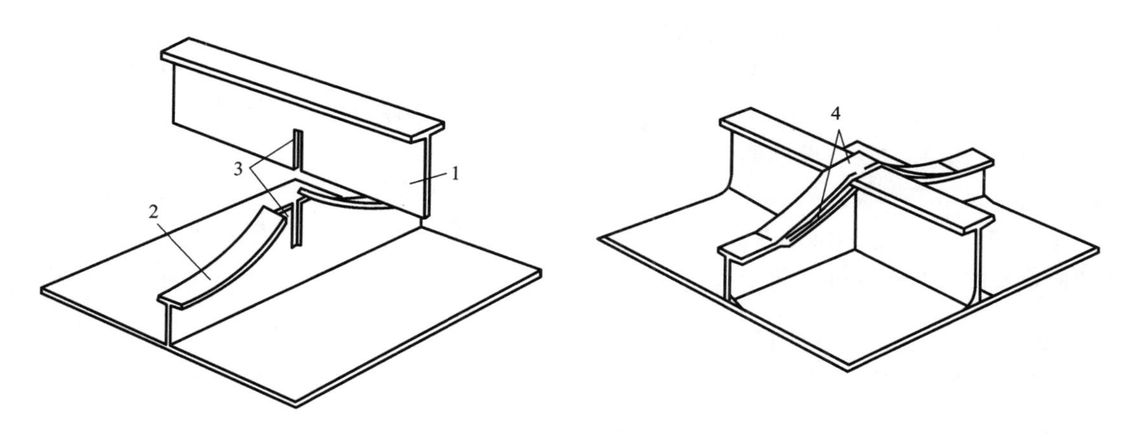

图 10-5-21　纵、横向骨架相交处节点(带整体肘板)

1—纵向骨架;2—横向骨架;3—开口;4—盖板

难时,可以只安设外盖板,但其厚度应不小于横向骨架面板厚度的 80%。

为了提高嵌槽连接节点的整体性,骨架相交处的四周均应用垂直角材将其相互连接起来。

横向骨架腹板与板架板相接节点需要一些较复杂的胎具,这样做能使节点具有整体性而且可靠。这种结构可使节点在剪切状态下工作而避免在剥离状态下工作,这就提高了船体板架最重要的节点之一——甲板纵桁与横梁、肋骨(肋板)相交处的承载能力。较大型复合材料船体结构广泛采用这种节点。在工艺及使用上均已证明了这种节点的优越性。

10.5.7　舷侧骨架与下甲板及纵向骨架与横隔壁处的连接节点

当舷侧板架与下甲板和平台板架相交时(见图 10-5-22),形成肋骨通过铺板处的水密节点和保证肋骨与横梁具有强固和可靠的连接是非常重要的。

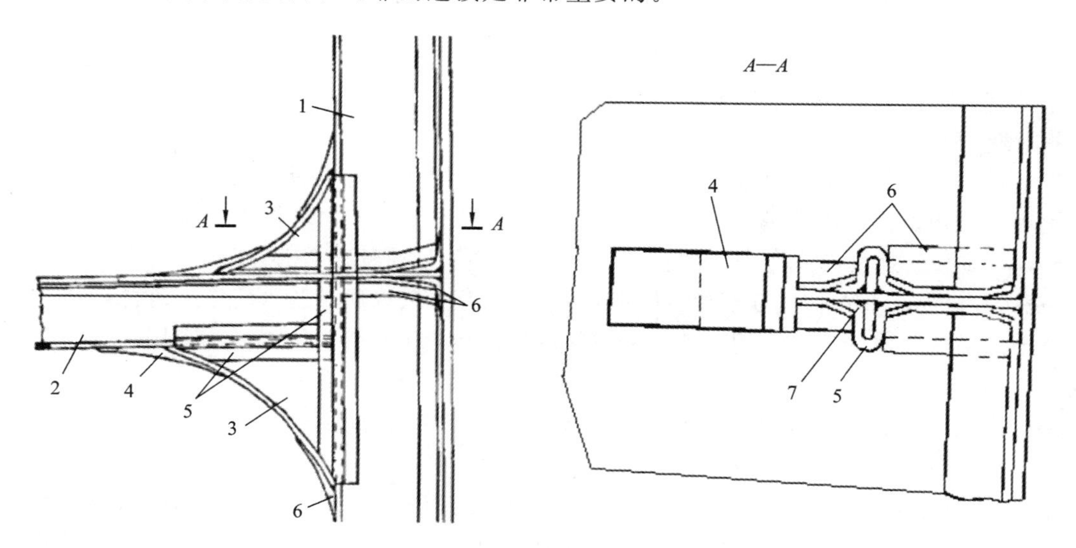

图 10-5-22　肋骨通过甲板处的节点(带嵌装肘板)

1—肋骨;2—横梁;3—肘板;4—盖板;5—盖板包板;6—连接材;7—玻璃纤维

甲板铺板在通过连续肋骨处开设矩形(梯形)开口。如果骨架不高,在其通过处填充浸过树脂的玻璃纤维;如果肋骨比较高(150 mm 以上),则可在开口处补上干的玻璃板块,板块与铺板的对接周边再填充以密封膏，然后再安设盖板和连接角材。

横梁与肋骨的连接可利用嵌装肘板，并将横梁腹板和肘板与肋骨面板成型连接；也可将横梁高度增加到原来的 1.5～2 倍，即将肘板与横梁做成一个整体而固定到肋骨面板上。

这两种方案都需要安设上部肘板以增加节点刚度和固定补板。

舷侧骨架与下甲板及纵向骨架与横隔壁处的连接结构适用于没有很大剥离载荷的节点。在一些小船上，肋骨通过艇体内玻璃钢制燃油柜的节点可以采用这种结构。对于下甲板和平台延伸很长的承受很大外载荷的结构，应该采用图 10-5-23 所示的肋骨通过甲板的节点。

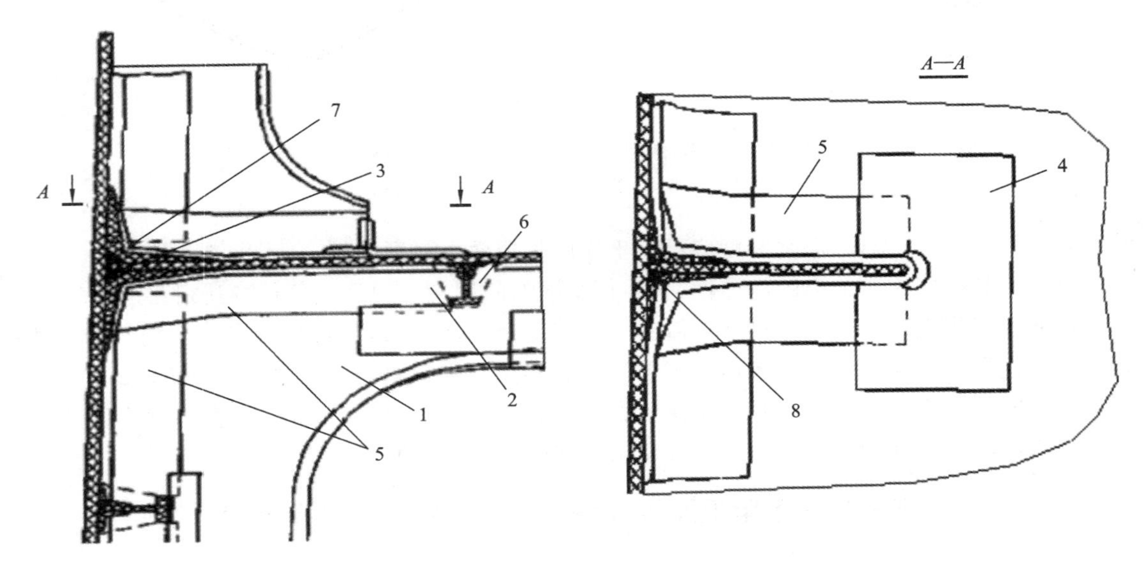

图 10-5-23　肋骨通过甲板的节点(带整体肘板)

1—肋骨；2—横梁；3—连接盖板；4—盖板；5—连接材；6—开口；7—止水口；8—密封料

肋骨通过甲板的节点的特点是：保持肋骨腹板的连续，肋骨腹板平顺地过渡到连接肋骨和横梁的特殊形状双面肘板的腹板；上部肋骨的面板间断，下部肋骨的面板平顺地过渡到横梁的面板，两者相互对接；甲板铺板上开有通过肋骨腹板的切口。

通过甲板处的腹板高度取决于为承受作用于肋骨在甲板处支承剖面的弯矩和剪力所必须的剖面惯性矩。由于该处没有型材的自由面板，因此不得不大大增加腹板高度到原来的 2～2.5 倍，有时还要增加其厚度。铺板上切口宽度取决于肋骨腹板厚度和工艺上要求的间隙大小(每边1～2 mm)；在切口顶部做成圆弧，在根部则开斜口以通过肋骨的连接角材。

上述措施可以形成一个用来填充密封料以保证连接密封性的周界。为了同一目的在肋骨腹板上与甲板的交线处开一直径为 15～20 mm 的半圆形小孔，孔内填充密封膏以后就可防止某一舱内的浸水通过肋骨腹板流到相邻隔舱中去，肋骨的连接角材在该处是间断的。

上部肋骨的面板按圆弧($R>h$)平顺地弯曲，并通过减小宽度和厚度而逐渐缩小(约缩小一半)。此处肋骨的腹板变为特殊形状肘板的上部，肘板的高度等于连接角材突肩的高度。

下部肋骨的面板按圆弧形式过渡到横梁面板的高度，其宽度和厚度也逐渐减少到横梁面板的尺寸，这样就形成了下部特殊形状肘板，其直线部分与横梁对接。这一段的肋骨腹板的高度平顺地增加，而厚度光顺地减少。腹板采用对角增强结构可使这部分外形相当复杂的肋骨的成型大大简化。

主要纵向骨架(甲板纵桁、边纵桁、中内龙骨)通过横隔壁处的节点与肋骨通过甲板的节点相同。此时,纵向骨架保持连续,隔壁扶强材则与其相连接。在隔壁板上或者开矩形切口以通过面板保持连续的甲板纵桁(边纵桁),并用肘板将面板与隔壁扶强材连接,或者开槽以通过特殊形状肘板的腹板,纵向骨架的面板则过渡为扶强材的面板。

考虑到主要纵向骨架参与保证船体总强度,在大挠度情况下肘板的成型连接有可能会剥离,所以甲板纵桁和边纵桁与隔壁扶强材最好不用肘板连接,这点和肋骨与横梁的连接有所不同。

10.5.8　加强筋通过水密结构处的节点

在建造复合材料(如玻璃钢)船体时,在保证密闭性方面的困难主要来自骨架,特别是各种用途的加强筋(纵向、横向)通过密闭结构(水密隔壁,甲板和平台,燃油柜、滑油柜、水柜的壁板和顶盖,气密舱室的围壁和壁板)处的节点。

制造这类节点的基本原则是:安设材料与基本结构材料相同的补板以封闭板架上加强筋通过处的开口。开口内填充浸过黏结剂的短切玻璃纤维,固化后所形成的玻璃钢起到了补板的作用;再利用连接角材和盖板将其固定起来。

在这种节点中,加强筋用成型角材与外板连接且通过隔壁板上的梯形开口。为了保证连接处的密闭性和强度,开口内要填充浸过树脂的玻璃纤维,然后将加强筋的面板和腹板与隔板胶接固定。

10.5.9　基座结构节点

1. 基座结构节点形式

图10-5-24为典型基座结构节点形式,可作为复合材料船体内设备安装基座的设计参考。

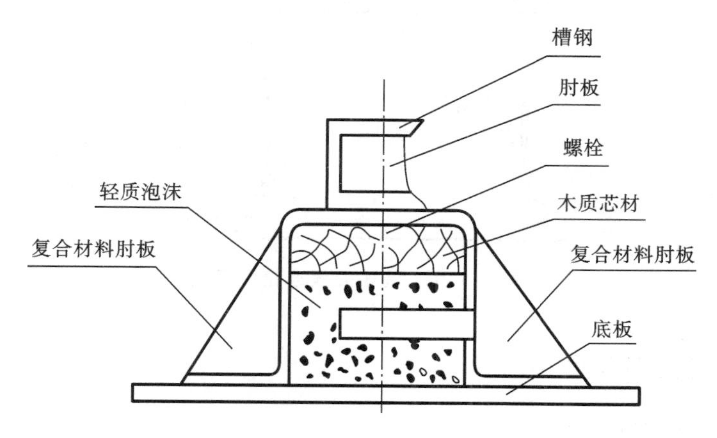

图10-5-24　典型基座结构节点形式示意图

2. 混合结构基座连接

典型混合结构基座的连接一般可选用矩形断面泡沫芯材,上加木材或结构泡沫等,从矩形芯材旁开设固定螺栓用的孔,并在芯材中部开设螺栓孔。将芯材包敷于船底板上,再糊制上玻璃钢肘板以支撑基座;基座上方可加一槽钢,并用螺栓与基座连接;最后焊上肘板支撑槽钢。

随着材料科技的发展,采用多种材料体系设计满足要求的基座结构已成为当下研究的热点。利用复合材料质轻、高强的特点,在满足基座结构刚度的同时,通过设计合理的阻尼夹芯结构，提高基座减震、耗能的能力，以高阻尼和高阻抗实现较好的减震效果。

图 10-5-25 为某型复合材料基座结构，该结构中有直支撑和弧形支撑两种复合材料结构形式。

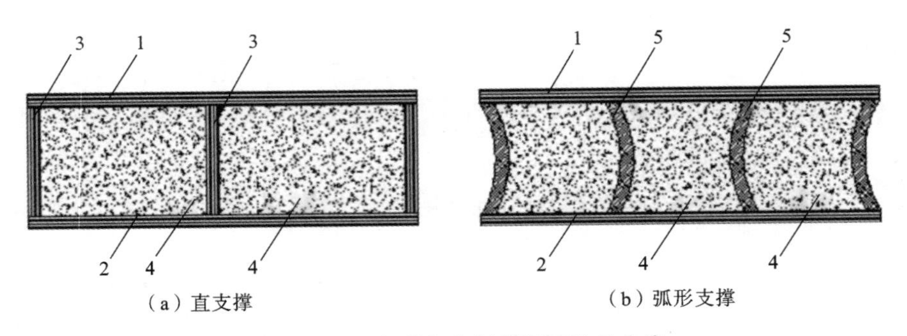

图 10-5-25　两种复合材料基座结构方案

1—上面板；2—下面板；3—直支撑；4—芯材；5—弧形支撑

其中，弧形支撑可设计性更强，可根据基座所受载荷以及基座振动频率等要求，调整面板铺层、面板厚度、弧形支撑弧度、弧形支撑厚度、夹芯厚度等参数来达到结构静/动力学要求。最为重要的是，弧形支撑可选择具备合理刚度和阻尼性能的芯材填充，以降低结构在共振频率区域的振动水平。对于基座面板与机械设备之间的连接节点，可采用预埋钢质板或者是多层夹芯板（夹芯材料为钢板和层合板），连接螺孔穿透增强面板，在芯材填充前连接螺杆，弧形支撑通过纤维布过渡黏结，如图 10-5-26 所示。

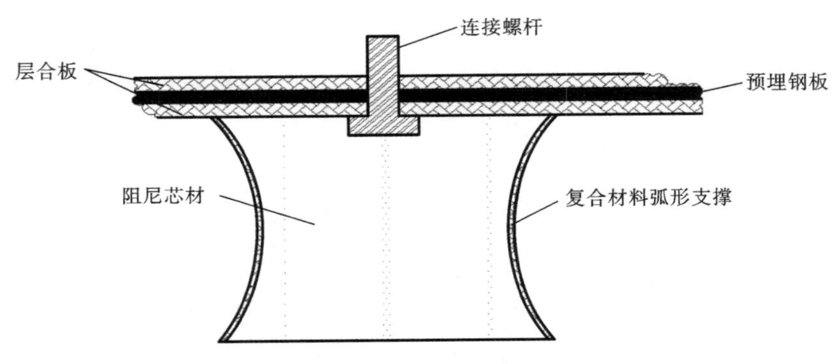

图 10-5-26　基座面板连接示意图

10.5.10　舱壁结构节点

1. 舱壁与船壳板直接连接

舱壁与船壳板直接连接时，要在连接部位先放置梯形泡沫塑料或先敷设 2～4 层玻璃布加强。舱壁与泡沫塑料之间用树脂腻子填充，两面加糊玻璃布将舱壁与船壳板连接起来。典型的连接结构形式如图 10-5-27 和图 10-5-28 所示。

2. 舱壁与扶强材连接

舱壁与扶强材连接时，将梯形或矩形芯材粘贴在舱壁上，两边角部用树脂腻子光顺过渡，再加玻璃布，如图 10-5-29 所示。

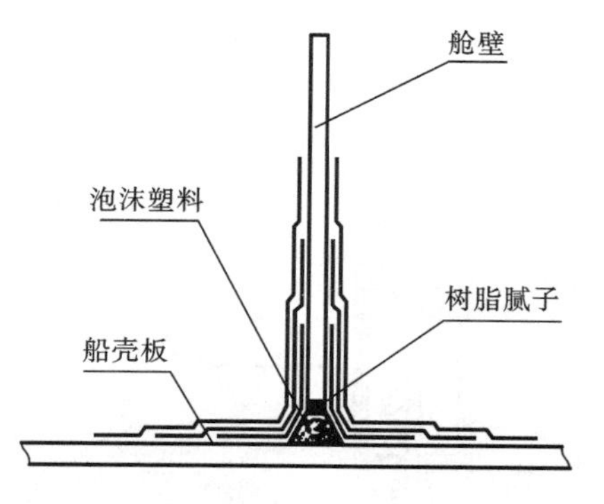

图 10-5-27　单板舱壁与船壳板的连接

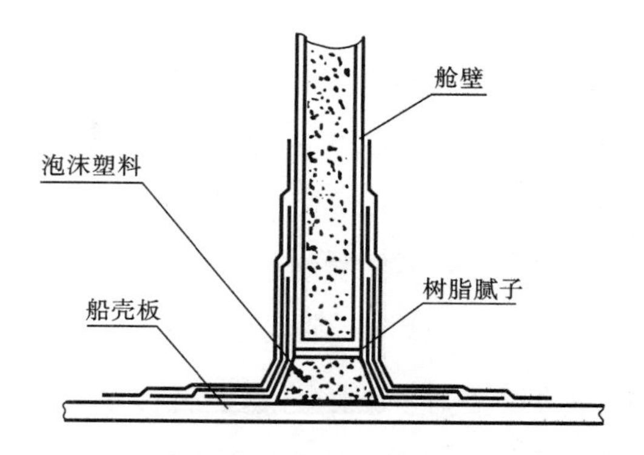

图10-5-28　夹芯结构复合材料舱壁与船壳板的连接

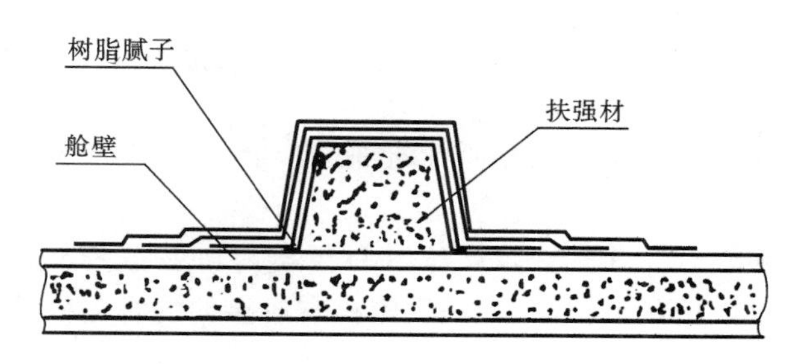

图 10-5-29　舱壁与扶强材的连接

3. 舱壁与肋骨连接

舱壁与肋骨连接时，舱壁与肋骨一边对齐，如图 10-5-30 所示；或舱壁与肋骨对接，对接处舱壁的厚度与肋骨的宽度相同并逐渐过渡，然后两面加糊玻璃布，将舱壁与肋骨、船壳板连接起来，如图 10-5-31 所示。

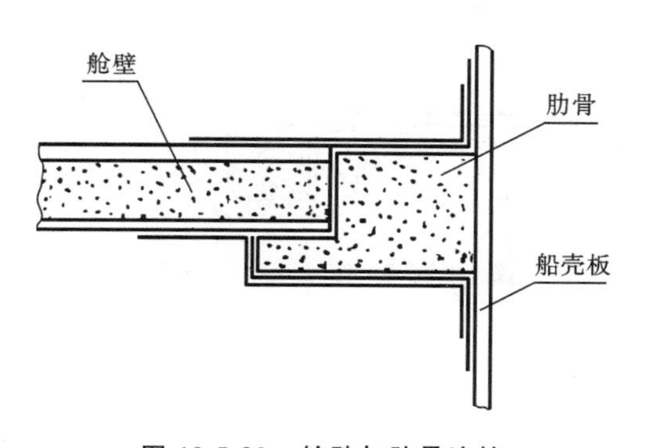

图 10-5-30　舱壁与肋骨连接

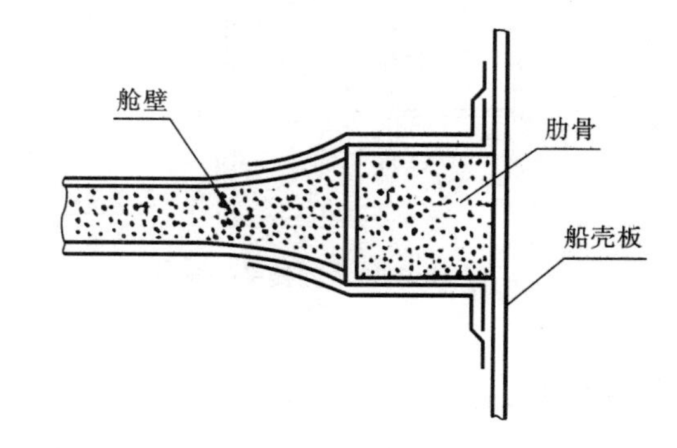

图 10-5-31　舱壁与肋骨对接

4. 纵桁通过舱壁处的结构节点

纵桁通过舱壁时，为保持纵桁的连续性，舱壁开孔使纵桁通过。舱壁上的开孔尺寸稍大于纵桁的尺寸，缝隙用增强纤维和树脂腻子填充。纵桁通过后两边用封板封闭，单块封板的高度为开孔高度的三分之二，封板的宽度为开孔宽度的 2 倍，并用铺层将封板包敷在舱壁与纵桁上，如图 10-5-32 所示。

5. 舱口结构节点

由于复合材料船体不能像金属材料船体一样随意切割、开口和焊接，因此其舱口节点结构

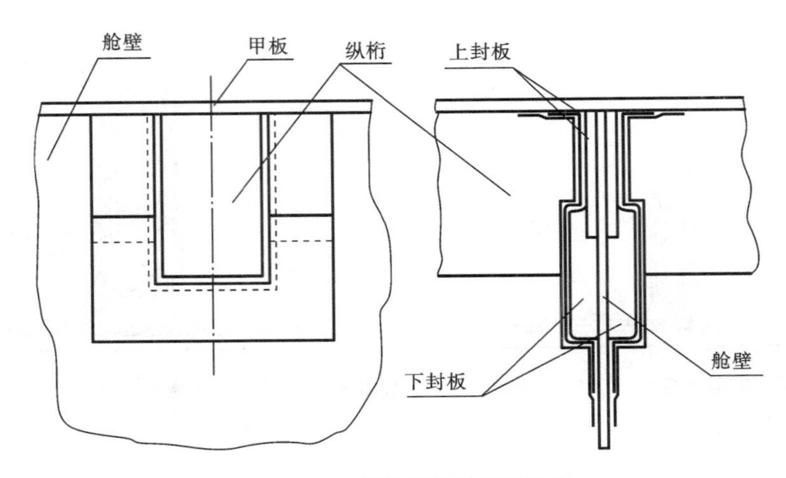

图 10-5-32　纵桁通过舱壁的连接

的设计非常重要，且要在制造过程中严格按工艺成型。图 10-5-33 为一个典型的复合材料胶接舱口节点。

其中，芯材用泡沫塑料或 Balsa 软木。舱口斜牙与内口舱盖的相接部分加铺密封橡胶。实际制造过程中，还可以使用其他结构，如采用螺栓与胶接的混合连接结构节点，如图 10-5-34 所示。

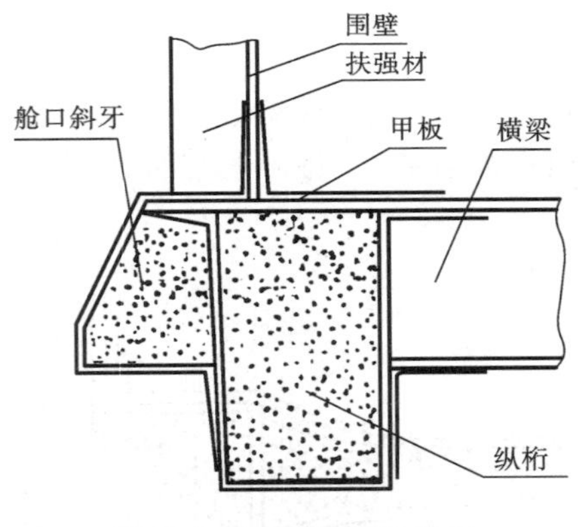

图 10-5-33　胶接舱口节点

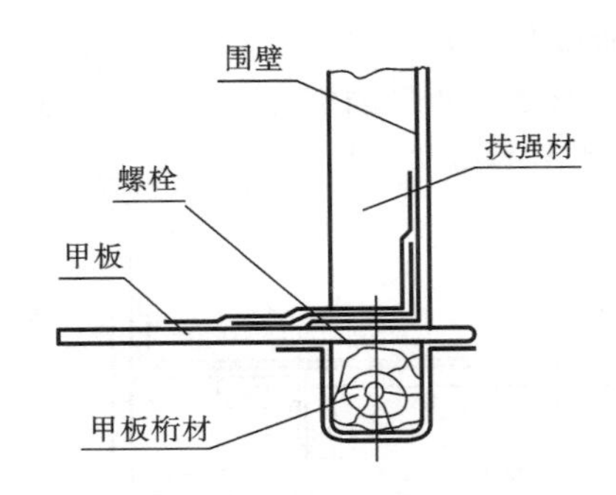

图 10-5-34　螺栓连接舱口节点

10.5.11　龙骨的结构形式

1. 方龙骨结构节点

方龙骨与船壳一体糊制成型；方龙骨内填充泡沫、增强纤维等填料并加聚酯树脂；方龙骨上方用铺层法封闭并与外板内表面连接，如图 10-5-35 和图 10-5-36 所示。

2. 方龙骨与中内龙骨的连接结构节点

方龙骨与船壳一体糊制成型，其内中部设置木质加强材，两边用增强填料及聚酯树脂（或泡沫）填充。方龙骨上方用盖板加封，在盖板上面设中内龙骨加强材，加强材上方用泡沫塑料作芯材，并用铺层法将中内龙骨及盖板包覆在船底板上，如图 10-5-37 所示。其中，构件的连接表面在连接前要经打磨、干燥、清洁处理。方龙骨构件的材料应符合 GB/T 8237 的要求；方龙骨及中内龙骨的糊制成型应符合 SC/T 8111 的要求;结构节点的检验按 SC/T 8112 的要求。

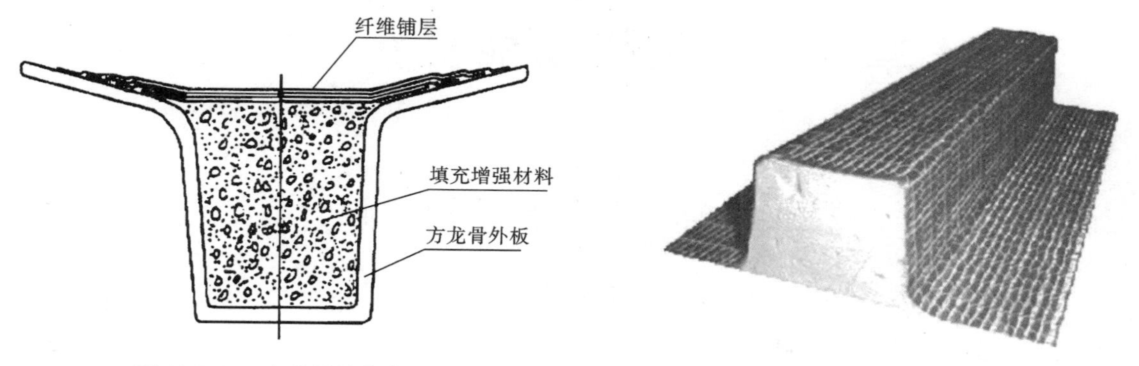

图 10-5-35　方龙骨结构节点

图 10-5-36　方龙骨结构模型实物

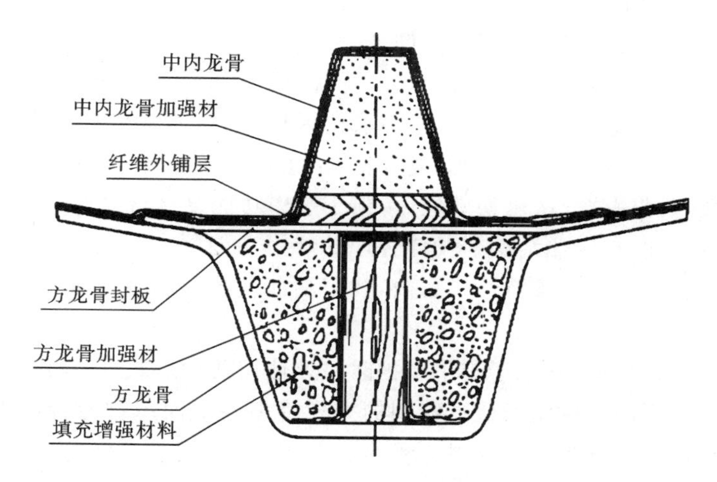

图 10-5-37　方龙骨与中内龙骨的连接图

第 11 章　舰用装甲功能复合材料动力学

11.1　装甲功能复合材料简介

在舰船上设置防护结构既要能够防御设定的高速破片，又要能够尽量减轻附加结构的重量，在进行装甲设计时需要利用舰船原有的结构用钢，将舰船用钢作为装甲的一部分，附加一种或数种复合材料，比如背衬式装甲（船用钢/复合材料）、轻型陶瓷复合装甲（陶瓷/船用钢）等。因此，在研究设计舰船防护结构时，必须在舰船用钢、陶瓷和纤维增强复合材料的抗弹性能进行研究的基础上来实现抗高速破片侵彻。

装甲功能复合材料是指为阻挡/抵御弹丸、弹片、破片和射流等的侵彻，具有抗侵彻/抗弹能力的一类复合材料。装甲功能复合材料要求抗弹性能好，通常也具有密度低、破损安全性好、耐腐蚀和减震性好等特点。装甲功能复合材料，尤其是纤维增强装甲功能复合材料具有良好的抗弹吸能特性，且没有“二次杀伤效应”。由于装甲功能复合材料通常要求轻质，并具有很好的可设计性和公益性，在船舶结构上设计合理的装甲功能复合材料，可同时兼备承力（结构件）和抗弹/防弹（功能件）的双重特性。目前，装甲功能复合材料在水面舰船防护领域得到了一定程度应用。

对于纤维增强复合材料，其用于装甲防护时主要使用两种形式，即单纯的纤维织物和复合材料层合板。前者是不添加树脂而通过缝纫的方式将多层平面织物缝合或采用纤维三维、多维编织的方式制作而成。该类装甲材料亦称为软装甲，主要用于人体防护，如防弹衣等，具备良好的穿着舒适性。这种软装甲一般只能用于防手枪或微冲的软金属弹，缺点是弹体冲击过程中，装甲的变形较大，冲击后的背面凸起高度大，易造成内伤。复合材料层合板装甲则由树脂与纤维层合而成，它可直接用于防弹，也可用作背板与陶瓷材料形成陶瓷/纤维复合装甲结构，用来抵御冲锋枪、机枪等的侵彻。在舰船装甲防护中，大多采用复合材料层合板，以抵御战斗部爆炸产生的高速破片的侵彻。

11.2　纤维增强复合材料及其动力学性能

对于纤维增强复合材料而言，可通过纤维的力学性能来预测单层板的力学性能，进而利用 Kirchhoff 经典理论来预测复合材料层合板的刚度矩阵等。但是，复合材料在船舶、航空和其他领域中被用来做成防撞击结构件、装甲功能件等时，无不是处在高压、高速冲击等恶劣条件之下。应变率效应的存在使得复合材料的动力学性能与静态时有很大不同，所以，研究复合材料的动力学性能、分析其动态响应，是一个十分重要的课题，并已受到了广泛重视。

11.2.1　纤维增强复合材料

装甲功能材料主要是通过材料的应变、断裂和能量的传递来吸收弹体动能。纤维增强复合材料的强度、模量和断裂伸长率较高，具有高的断裂应变能和能量传递速率，并且密度较低，有利于提高比动能吸收性且无"二次杀伤效应"等特点，越来越受到重视。对于复合材料的装甲性能，国内外学者均进行了大量研究，包括玻纤、碳纤维、芳纶、超高分子量聚乙烯(ultrahigh molecular weight polyethylene，UHMWPE 或简写为 PE)纤维、PBO 纤维、Zylon 和连续玄武岩纤维(continous basalt fibre，CBF)等。各种纤维均存在自己独特的优势，又都有各自的缺点。从抗弹性能上看，性能较好的是 Zylon 和 UHMWPE 纤维。其中，Zylon 价格昂贵，且受国外技术封锁，而 UHMWPE 纤维密度低，且已经实现了国产化，是用于抗弹的理想材料。目前，UHMWPE 纤维已在我国水面舰艇装甲功能防护结构中得到大量应用。UHMWPE 纤维是由具有高度取向的(—CH_2—CH_2—)相连的大分子链组成，是继玻纤、芳纶后的第三代纤维增强复合材料的增强材料。它具有密度低、断裂伸长率高的特点，比强度和比模量比芳纶更大，抗弹性能优于芳纶。UHMWPE 纤维增强复合材料具有较好的力学性能，如抗拉强度。通过对各种装甲功能用纤维的性能和特点来看，UHMWPE 纤维装甲功能复合材料特别值得关注。各种纤维的基本性能比较如表 11-2-1 所示。

表 11-2-1　几种纤维的基本性能

纤维类型	密度/(g/cm^3)	抗拉强度/GPa	弹性模量/GPa	断裂伸长率/(%)	工作温度/℃	声速/(km/s)
玄武岩纤维	2.6～2.8	3～4.84	79.3～110	3.1～3.3	−260～650	6.2
E-玻璃纤维	2.55～2.62	3.1～3.8	72.5～75.5	4.7	−60～350	5.26
S-玻璃纤维	2.54～2.57	4～4.65	83～86	5.6	300	5.94
碳纤维	1.78	3.5～6	230～600	1.2～2.0	500	14
芳纶	1.45	2.9～3.4	70～140	2.3～3.6	250	7
Zylon HM	1.56	5.8	1 720	2.5	<650	8.71
UHMWPE 纤维	0.97	3.6	107	3.7	<100	10.5

对于纤维材料，能量吸收速率是波速的函数，而波速又是纤维模量和密度的函数，要产生较高的波速，纤维就需要有较高的模量。但是，纤维的模量并不是越高越好，模量的不断提高会逐渐增加纤维的脆性，降低纤维的断裂伸长率，而最终导致纤维对应变能量的吸收能力降低。如碳纤维模量在 300 GPa 以上，而芳纶的模量是 124 GPa，但是芳纶的抗弹能力大于碳纤维。UHMWPE 纤维的弹性模量是 107 GPa，反而具有更好的抗弹性能。这是因为，在冲击载荷作用下，复合材料往往表现出很多与静态条件下不同的特殊行为和特点，如应力波传递的各向异性、应变率相关性和复合材料的损伤破坏模式的多重性等。通过对超高分子量聚乙烯等复合材料采用分离式霍普金森拉杆(SHTB)在应变率 1000 s^{-1} 附近进行冲击拉伸实验，结果表明复合材料断裂应力随应变率的提高而提高，而断裂应变有所降低，且 UHMWPE 纤维的应变率效应比其他材料明显。对 UHMWPE 纤维动态力学性能的研究结果表明，这种纤维材料具有良好的冲击能量吸收特性及明显的应变率相关特性。可以

说，超高分子量聚乙烯纤维复合材料是目前投入使用的性能最为优异的复合材料纤维。目前商品化的产品有美国 Spectra 公司以及荷兰 DSM 研究所和日本东洋纺织公司联合开发的 Dyneema 纤维。

11.2.2 不同应变率下的动力学性能

用于复合材料动力学性能的测试技术与舰船用钢的相似，主要有：落锤冲击实验、分离式霍普金森(Hopkinson)杆拉伸实验(见图 11-2-1)和爆炸自由膨胀环拉伸实验(见图 11-2-2)等。每一种实验技术都有各自对应的应变率应用范围，具体描述见表 11-2-2，利用分离式 Hopkinson 杆拉伸实验可实现装甲防护所需的应变率。

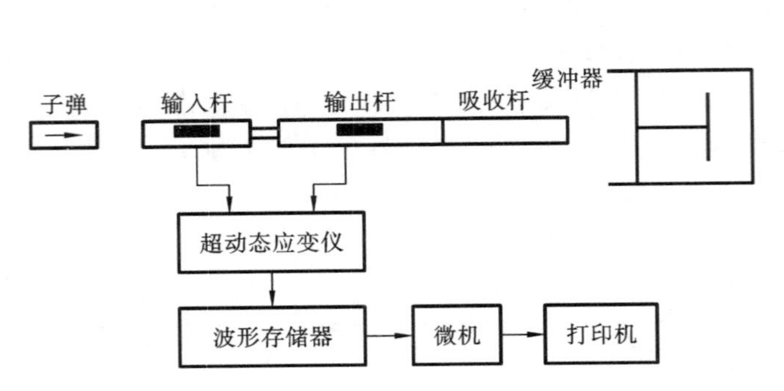

图 11-2-1　分离式 Hopkinson 杆拉伸实验装置示意图

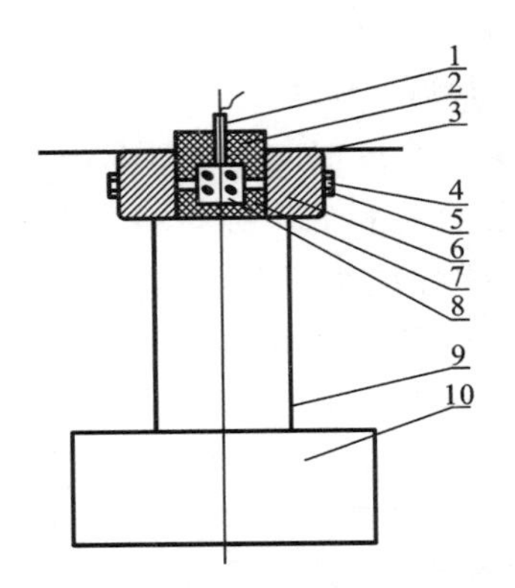

图 11-2-2　爆炸自由膨胀环拉伸实验装置示意图

1—雷管；2—上塞环；3—防护纸板；4—应变处；5—膨胀环试样；6—芯环；7—下塞环；8—药柱；9—桶状隔震纸筒支架；10—垫块

目前，对高速冲击下纤维复合材料的拉伸、压缩、剪切等动力学性能进行了很多研究，但由于试样标距段纤维损伤、截面积过小、材料不均匀和夹具损伤材料等诸多原因，使得实验数据具有一定的离散性。玻璃钢是一种具有应变率敏感性的黏弹性材料，当应变率达到 500 s^{-1} 时，层合板的刚度大约比静载时增加了 50%，而拉伸失效应变和应力增量大约为静载时的 20% 和 25%。通过 SHPB(split Hopkinson pressure bar，分离式霍普金森压杆)实验发现，玻纤/环氧三维编织复合材料的失效应力、失效应变、压缩刚度也随应变率的增大而增大；而在较高应变率下，失效应变却随应变率的增大而减小。这表明，在低应变率时，失效应变随应变率的增大而增大；在较高应变率时，失效应变随应变率的增大而减小。同时，GFRP(glass fiber reinforced plastics，玻璃钢)层合板的动态实验表明，在加载、变形阶段，结构已伴随损伤发生。更高应变率下，树脂基纤维增强复合材料的力学性能变化规律与增强纤维的种类有关：随着应变率的增加，玻纤单向增强和织物层合板的流变应力和应变先变小再变大；芳纶织物和碳纤维单向增强层合板的流变应力和应变逐渐增大。这些实验数据表明，增强纤维的种类对复合材料在高应变率下的性能有着显著的影响，这也是不同的复合材料在不同应变率下性能呈现差异的原因，如表 11-2-3 所示。

表 11-2-2　各种实验技术对应的应变率范围

应变率/s^{-1}	通用实验方法	需考虑的因素	是否考虑惯性力
10^7	高速碰撞	冲击波传播	考虑
10^6	炸药		
10^5	平板正冲击		
10^4	脉冲激光		
10^3	爆炸箔		
10^2	斜冲击(压剪)	剪切波传播	
10^1	高动态	塑性波传播	
10^0	Taylor 实验		
10^{-1}	Hopkinson 杆		
10^{-2}	膨胀环		
10^{-3}	低动态	结构力学响应	
10^{-4}	高速液压或气枪机构		
10^{-5}	塑度计		

表 11-2-3　高应变率下树脂基纤维增强复合材料的力学性能

层合板结构	应变率/$\times 10^4$ s^{-1}	流变应力 σ_θ/GPa	ε_θ/(%)
玻璃纤维单向增强	0.83	0.259	1.91
	1.06	0.166	0.78
	1.29	0.365	1.93
玻璃纤维 NCF 织物增强	1.08	0.580	4.00
	1.09	0.022	0.09
	1.12	0.166	1.23
芳纶纤维 NCF 织物增强	0.74	0.124	0.97
	0.75	0.159	1.40
	1.25	0.307	3.86
碳纤维(T700)单向增强	1.16	0.120	0.70
	1.83	0.161	1.51

除了纤维增强复合材料的拉伸性能外，其厚度方向和层间的动态力学性能在抗弹道冲击方面就显得更为重要。有研究表明，复合材料的压缩模量与应变率没有明显的相关性，仅与基体的响应有关，而抗剪强度、剪切模量都与应变率密切相关。而通过分析 Kevlar 纤维复合材料的准静态(见图 11-2-3)和动态(见图 11-2-4)压缩性能可知，该种纤维复合材料的屈服强度随应变率的增大而提高(见表 11-2-4)，并有明显的应变率效应；达到屈服强度后，都有明显的软化效应，且在高应变率下有一明显的屈服平台。

层间抗剪强度、剪切模量等层间特性主要由基体的性质决定，而复合材料层合板的面内剪切特性也有着重要意义。在测试层合板面内剪切模量等方面，采用±45°拉伸实验具有较高的精度。由于环氧树脂基体的强度随应变率变化的变动不大，动载时的玻纤/环氧层合板的层间抗剪强度与静载时的相等；相似地，层合板动态Ⅱ型分层强度与静载时的大小相当。玻纤/环氧的切应力-应变曲线呈现高度的非线性，并与非线性切应力-应变关系中的两个状态变量有关：剪切破坏应力和塑性切应变。这两个状态变形可根据实验得到，将其应用到有限元模型中，得到的数值模拟结果将会与实验结果吻合较好。

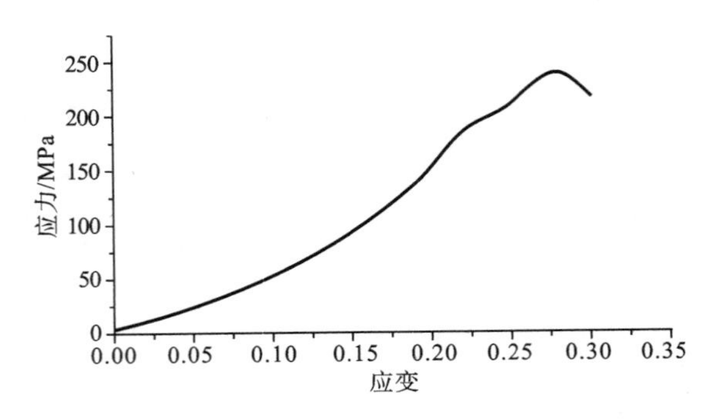

图 11-2-3　准静态压缩应力-应变曲线

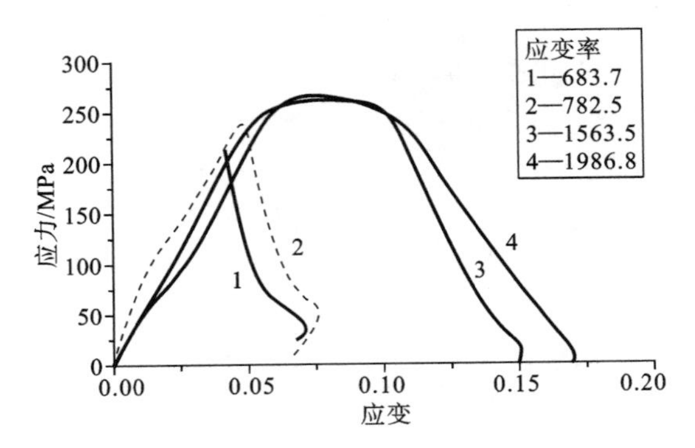

图 11-2-4　动态压缩应力-应变曲线

表 11-2-4　动态压缩试件参数及实验结果

实验编号	应变率/s^{-1}	屈服强度/MPa	失稳应变/(%)	弹性模量/GPa
1	683.7	215	4.1	4.74
2	782.5	239	4.8	
3	1 563.5	262	9.4	
4	1 986.8	267	10	

11.3　纤维增强复合材料的抗弹性能

纤维增强复合材料在不同的弹道速度冲击下，呈现出不同的变形模式和吸能机理。冲击速度为 0～10 m/s 时，称为低速冲击，相当于工具、重物等的跌落；冲击速度为 10～500 m/s 时，称为中速冲击，相当于导弹的攻击速度和钢装甲的“二次杀伤”速度；冲击速度为 500～2000 m/s 时，称为高速冲击，相当于导弹战斗部或炸弹爆炸后产生的高速破片的侵彻速度。

目前，测量弹体速度的方法主要有高速摄影、计时器法、光学传感器(ELVS)、微速度传感器和电流二极管法等，而用于评价复合材料损伤面积的方法则有液体渗透法、超声波扫描法、X 射线分析法、日光灯探测法等。

11.3.1　中低速冲击下的抗弹性能

低速冲击采用物体从高处下落即落锤冲击的方式实现，而中速冲击则采用气枪发射弹体或破片模拟。采用改进的多普勒激光系统来记录弹体速度，并通过多项式拟合的方法将速度历程转化为作用力历程。而在使用计时器法测量弹体速度时，在推导破片的无量纲阻力系数时，需要考虑空气阻力的影响。这样，可有效地提高速度测量的准确性。

弹道试验中，靶板的变形和破坏模式影响着其抗弹性能。可从层合板破口的形状来分析侵彻机理。在平头弹侵彻下,复合材料层合板一般会产生剪切破坏,形成圆形穿孔,而半球头弹的侵彻则大多产生拉伸破坏,形成矩形穿孔。中低速冲击下,复合材料层合板入射面的损伤区域近似呈方形,对角线方向为经纬方向,而出射面在纤维未发生破坏处会形成一个"十"字形向外延伸的泛白区域。对于三维编织复合材料而言,其侵彻区域呈圆形。相关研究结果表明,相同面密度下,三维编织复合材料的弹道极限速度小于复合材料层合压板即层合板。弹道冲击下层合板的吸能情况与靶板的分层和破坏面积、分层损伤等都有着密切的关系,当分层面积超过某个临界值时,它将会对靶板的剩余力学性能产生重要影响。当冲击速度小于弹道极限速度时,分层面积与初始能量近似成比例。通过对 20 层和 30 层纤维的 GFRP 在弹道冲击下的破坏面积的大小、形状的分析得出,层合板层间弹性常数的不匹配会造成层合板较大的分层。而当破片速度较小时,复合材料有更多的时间来传播应力,这会引起冲击区域的弯曲,并最终导致分层损伤。冲击动能相近的小质量弹丸将使复合材料层合板产生较大面积的损伤,在相同初始冲击动能下,速度越大的弹体引起的接触力、靶板变形及分层也越大。

层合板的制作工艺中的成型压力对其防弹性能也有着重要的影响。通过对防弹板与成型压力的关系研究可知,复合材料层合板的弹道吸能随成型压力会出现两个峰值,压力太小或者过大,都会导致弹道吸能的减小。一般而言,防弹芳纶复合材料的树脂含量以 13%～18%为宜,且固化压力为 2～3 MPa 最为合适。对于超高分子量聚乙烯模压层合板,成型压力在 8.7 MPa 左右时,层合板的抗弹吸能较大,抗弹/防弹性能较好。

纤维增强复合材料层合板的防弹性能受到很多因素的影响,且各因素之间交叉作用。研究结果表明,UHMWPE 纤维增强复合材料层合板的弹道极限速度 v_{50} 与面密度 A_d 基本成线性关系：

$$v_{50}=70.1755\times A_d+113.602 \tag{11-3-1}$$

UHMWPE 层合靶板的吸能 E_a 与 A_d 近似成二次抛物线关系：

$$E_a=134\ 063\times A_d^2-5.4299\times A_d+62.652 \tag{11-3-2}$$

对于中低速冲击,破片穿透复合材料层合板后的剩余动能与破片的初始冲击动能近似成线性关系,而靶板的吸能与初速度近似成抛物线关系。但当初始速度大于弹道极限速度时,抛物线的斜率随破片初始速度的增大不断减小。同时,大量研究表明,弹道冲击下的纤维增强复合材料层合板不同厚度位置纤维层的变形吸能机理存在较大差异,即存在厚度效应。

11.3.2　高速冲击下的抗弹性能

高速冲击弹道试验采用火药枪或二级轻气炮来发射弹丸或破片来模拟。复合材料的结构对其抗弹性能有着重要影响。三维编织复合材料是防弹领域常用的结构形式,对于其防弹性能,国内外已开展大量研究。通过开展 56 式钢芯制式弹对三维编织芳纶/环氧靶板的侵彻试验可得,弹丸侵彻速度与剩余速度基本成线性关系,在压缩和拉伸的共同作用下纤维分次破坏断裂,而纤维断裂后将不再受力,弹体在侵彻过程中所受载荷不断变化;同时,压缩应力波沿复合材料的横向和纵向进行传播,在遇到自由面和界面时就会发生反射,在入射波和反射波的共同作用下,靶板背面产生分层。高速弹道冲击下,三维编织复合材料的入射面以纤维剪切、压缩破坏为主要破坏模式,出射面以纤维的拉伸破坏为主要破坏模式,且复合材料的破坏面积比较集中,这一点明显区别于层压复合材料即复合材料层合板。

层压复合材料的防弹机制与三维编织复合材料有所差异。层压复合材料靶板在高速弹道冲击下,穿透及冲击载荷作用区域可分为侵彻区、靶前扰动区、靶前分层区和靶后变形锥以及靶后分层区，正面纤维层被弹体高瞬态剪断后的弹性恢复使得靶前扰动区呈现放射状变形模式；靶后变形锥分别呈现花瓣形和放射状冲出形两种变形模式。破片模拟弹冲击玻纤增强层合板时，通过分析破坏面积的大小和平均损伤分数（damaged fraction）可得出，层压复合材料靶板即复合材料层合板的损伤体积（damaged volume）与破片冲击速度近似成线性关系。

弹体的形状对纤维增强复合材料的防弹性能影响很大。目前使用较多的有：制式弹、破片模拟弹、柱形弹、球头弹和立方体破片等。立方体破片比制式弹和球头弹更能模拟出真实弹片的作用效果，能更准确地反映出纤维增强复合材料受弹片冲击后的破坏失效情况。立方体破片对超高分子量聚乙烯纤维叠层板的侵彻过程中，弹体的冲击速度影响纤维的变形模式，且靶板在弹体冲击下呈现多种多阶段的破坏模式，纤维除呈现剪切、拉伸破坏外，还有明显的塑性流动，且其弹道吸能和单位面密度吸能随弹速的提高而下降。

复合材料靶板的厚度对其抗弹性能也有着显著的影响。当初始弹速高于弹道极限速度时，薄复合材料板的抗弹效率随弹速的增加而下降，而中厚板、厚板的抗弹性能则表现优异。一般认为，层合板在弹道极限速度时呈现出最大的吸能量。而通过立方体破片侵彻UHMWPE纤维厚板的研究结果可得出，在弹道极限速度冲击下，靶板的吸能量并不是靶板吸能的最大值；但是，冲击速度接近弹道极限速度时，靶板呈现出较大的变形。而制式弹侵彻超高分子量聚乙烯层合板时，弹体变形能占弹体总损失能量的25%左右。通过采用3.9 g立方体破片侵彻复合材料叠层组合靶后可得出，弹体速度越接近弹道极限速度，靶板的变形越严重，所形成的鼓包越大，子弹变形也越厉害，所穿透的层数越多；当入射速度大于弹道极限速度时，弹体与靶板的作用时间变短，破坏程度减小，鼓包变形反而随入射速度的增大而变小。

纤维增强复合材料的组合结构也影响着其抗弹性能。将4 mm厚的特种橡胶片置于复合材料之间进行复合成型，弹性橡胶材料会使弹头的侵彻发生几毫秒的延迟。而在这个延迟的过程中，由于碳纤维复合材料的变形和橡胶的压缩，防弹材料已经吸收了相当多的能量，其防弹效果明显提高。因此，将橡胶引入复合防弹结构中能较大限度地提升整体防弹性能，是一种较好的组合结构形式。此外，将陶瓷材料前置于复合材料层合板或夹于纤维复合材料层之间的组合形式，能利用陶瓷材料对高速弹丸的镦粗、侵蚀和破碎效应，提升整体结构的防弹性能。

11.4　纤维增强复合材料穿甲动力学

纤维增强复合材料具有优良的力学性能和化学性能，其比强度、比模量均比金属材料高，更重要的是它具有较好的动能吸收性，且无“二次杀伤效应”，因而具有优良的防弹性能，被广泛用于船舶工程、航空航天、兵器工业、交通运输和工程防护等国民经济和国防建设的各个部门。由于纤维增强复合材料在装甲防护领域的广泛应用，其在冲击载荷下的动态力学行为和抗弹性能方面的问题引起了广泛关注。

纤维增强复合材料在不同弹速冲击下呈现出不同的破坏模式，这正反映了其在不同弹速作用下吸能机理和变形模式的差异。目前，通常以冲击速度将冲击过程划分为低速、高速和超高速冲击。在低速（弹速小于250 m/s）冲击范围内，很多问题属于结构动力学问题，局部的凹陷或侵彻与结构的总变形紧密联系在一起，典型的加载和响应时间都在毫秒量级；在高速（500～2000 m/s）冲击范围内，结构的变形发生在局部范围（2～3倍弹径）内，由惯性效应和应变率效应控制的局部响应变得更重要，此时用波动学说来描述是合适的，其典型的加载和响应时间在微秒量级；在超高速（>2000 m/s）冲击范围内，把材料视为可压缩流体，材料的惯性效应、可压缩效应和相变效应会起重要作用。也有人认为，速度低于100 m/s的冲击为低速冲击，速度高于1000 m/s的冲击为超高速冲击，冲击速度介于两者之间的冲击为高速冲击。但是，速度划分也不是绝对的，低速、高速和超高速的区别与靶板厚度也有关系，主要取决于冲击时所发生的物理现象。

目前，用于装甲防护的增强纤维主要有：玻璃纤维、碳纤维、氧化铝陶瓷纤维、芳纶纤维、超高分子量聚乙烯纤维、尼龙纤维、M5纤维、PBO纤维、玄武岩纤维和高强高模PVA纤维等。同时，复合材料的结构也从早期的单向板、角度铺层板发展为织物层压板，近年来又出现了三维编织复合材料，而成型工艺主要有手糊、喷射、模压、层压、缠绕和拉挤等，结构和成型工艺都直接影响着复合材料的抗弹性能。三维织物复合材料，特别是三维编织复合材料具有较高的层间抗剪强度和抗压强度，而角度铺层的层压复合材料则能产生较大的变形，具有较好的抗拉强度。所以，结合两阶段侵彻理论（剪切压缩侵彻和连续侵彻），将纤维增强复合材料在厚度方向按三维编织结构铺层或进行角度铺层，会得到较好的防弹效果。

11.4.1　中低速冲击下的穿甲动力学

1. 理论分析方面

复合材料层合板的分层面积和破坏形状对其抗弹性能有着重要影响。低速冲击下，层合板在分层过程中，其损伤和裂纹的出现是同时发生的，可采用复合材料损伤机理和裂纹机理来预测分层。损伤机理认为，当接触面上产生较大应力时，分层就出现了，且界面应力体现了分层大小；而裂纹机理则认为，层间裂纹的增长会导致分层。

关于层合板的失效顺序，有不同观点。一种观点认为，层合板在低速冲击下的失效顺序为基体开裂、纤维断裂、分层和背板材料的损失等。另一种观点则把层合靶板的响应过程分为压陷、变形、基体破裂、纤维与基体的脱粘、纤维的断裂及原纤化和分层等。也有观点认为，层合板的失效顺序为分层、纤维剥落带、纤维撕裂、层合板的折皱等。不同的失效顺序决定了复合材料靶板在低速冲击下不同的破坏和吸能机理。对于织物层合板，其吸能机理主要为靶板背锥的形成、主纱线的拉伸、次纱线的变形、分层、基体开裂、剪切冲塞和侵彻中的摩擦。对于复合材料夹层靶板，其能量吸收主要包括靶板局部破坏吸能和靶板整体变形、运动吸能，且靶板局部破坏吸能随冲击速度的增大而增加。而复合材料层合板的吸能主要为靶板弯曲变形吸能、分层吸能、纤维拉伸断裂吸能和摩擦吸能。

在中低速冲击下复合材料动力学理论方面，目前较多的是采用Hertz的接触定律和应力方法来分析弹体的侵彻行为。该方法假定接触力随层合板变形呈正比增加，且比例系数与材料参数有关。也有理论模型将弹靶阻力分为与靶板弹塑性变形有关的准静态阻力和与弹体初始冲击速度有关的动态阻力，并以此为依据建立弹体的运动方程。此外，还有的将球腔膨胀模型和柱腔膨胀模型相结合，来计算纤维增强复合靶抗贯穿规律的工程分析方法。

2. 数值仿真方面

对于中低速冲击下复合材料的数值仿真/模拟，主要采用两种方法：使用商用有限元软件和特有的分析代码。德国的CODAC损伤分析代码可以较好地预测复合材料薄板的分层问题，其线弹性和黏附裂纹机理及分层极限载荷法可用来预测裂纹引起的分层。

目前，层合板的破坏过程和分层情况大多利用商用有限元软件进行预测；或在商用有限元软件的基础上，通过损伤/破坏模型的二次开发来预测复合材料层合板的损伤分层过程。利用LS/Dyna软件可将复合材料层合板的破坏过程分为弯曲或切应力引起的基体微裂纹和基体微裂纹传播而引起的分层两个阶段，可将这两个阶段看作层合板损伤的传播和发展过程进行模拟分析。也可通过该软件研究弹体与织物、织物纱线间的摩擦力对层合板吸能的影响。不过，这两种摩擦力存在耦合作用，不仅能吸能，而且能增加织物的应变能和动能，在数值模拟过程中需要加以考虑。通过数值模拟，利用 Mindlin 假设，可捕捉应力波的传播过程。研究结果表明，应力波沿复合材料层合板的横向传播，使其发生分层，且穿透性破坏先从背层纤维的破坏开始。使用 MSC/Patran 和 LS/Dyna-3D 软件建立计算模型，以应力退化作为更新准则，可得到层合板的破坏顺序：分层、基体开裂、纤维断裂，且分层由厚度方向的压应力引起。刚性弹体侵彻三维编织复合材料的准细观结构有限元模型相对较为复杂，主要体现在三维建模方面，按 Chang-Chang 失效准则可较好地计算其弹道侵彻过程。采用刚度退化技术和改进的 Chang-Chang 失效准则判断损伤，可更好地模拟基体的开裂过程。研究结果表明，基体开裂首先发生，而它又导致了分层损伤。

11.4.2　高速冲击下的穿甲动力学

1. 理论分析方面

目前，关于高速冲击问题的研究，相应的分析方法主要有：① 局部相互作用法；② 空穴扩展近似法；③ Lambert-Jonas 近似法。局部相互作用法及简化分析模型是目前主要的分析方法之一。

相关学者基于动力学分析方法，结合应力波传播理论，对中厚层合板弹道侵彻过程的应力波传播特性和动力学特征进行了分析，提出了统一的层合板两阶段侵彻模型，并认为动态效应在高速条件下对剩余速度的影响较小。弹体撞击编织复合材料的过程可分为弹体镦粗和贯穿两个阶段，在弹体镦粗阶段，弹体头部出现镦粗；镦粗阶段结束后，认为弹体不再发生变形，即把贯穿阶段看成是刚性弹对刚塑性靶板的贯穿阶段。而在考虑弹体变形的情况下，弹体对靶板的侵彻可分为三个阶段。① 未变形弹体的侵彻阶段，这一部分的面密度 A_{d1} 与吸能量 E_{abs1} 的关系为：$E_{abs1}/S_1=A_{d1}\times k_1$。其中：$S_1$ 为该阶段的弹靶接触面积；k_1 为两者关系的斜率，是与材料相关的常量。② 弹体的变形阶段，这一阶段是瞬时完成的，这一部分的吸能量 E_{abs2} 与冲击速度无关，是一个常数。经过这个阶段后，弹靶接触面积是 S_2。③ 变形弹的侵彻阶段，这一部分的面密度 A_{d3} 与吸能量 E_{abs3} 的关系为：$E_{abs3}/S_2=A_{d3}\times k_3$。其中：$k_3$ 为该阶段的常量。

弹体高速冲击复合材料靶板的情形可分为三种：① 弹道极限速度以下，靶板的吸能量与层压板的几何尺寸及界面韧性有关；② 弹道极限速度左右，靶板从整体变形到局部变形加剧，将一部分纤维破坏，直至靶板贯穿；③ 高于弹道极限速度，随着冲击速度的提高，层压板的尺寸效应消失，分层面积也大大减小，材料的响应跟不上侵彻速度，此时层压板的局部变形与断裂可以看作是侵彻穿孔期间能量吸收的主导机理。

不同类型弹头侵彻下，复合材料层合板的破坏断裂模式差异较大。从贯穿能量和弹道极限速度方面对复合材料层合板的响应进行分类，复合材料层合板的弹道冲击可划分为两种模式，即总体响应模式和局部化破坏模式。假设弹体在侵彻过程中始终保持刚性，而其所受到的平均阻力 σ 由两部分组成，即由层合板的弹塑性变形引起的准静态应力 σ_s 和由速度效应引起的动态应力 σ_d。则有

$$\sigma=\sigma_s+\sigma_d=[1+\beta\sqrt{\rho_t/\sigma_e}\ v_i]\sigma_e \tag{11-4-1}$$

式中：β 为与弹头形状有关的系数；ρ_t 为复合材料层合板的质量密度；σ_e 为层合板的压缩弹性极限，即静态抗压强度；v_i 为弹体入射速度。若 v_i 定义为弹体初始入射速度，则侵彻过程中弹

体所受阻力是一个常量；若 v_i 定义为侵彻过程中的弹体瞬时速度，则侵彻过程中层合板对弹体的阻力是侵彻速度的函数。结合牛顿第二定律，可得锥头弹丸和平头弹丸的剩余速度 v_r 的计算公式分别为式(11-4-2)和式(11-4-3)。

$$v_r = v_i - \frac{A}{B}\ln\left[\left(1+\frac{B}{A}v_i\right)\Big/\left(1+\frac{B}{A}v_r\right)\right] - \pi BhL_n^2\tan(\theta/2)[\mu+\tan(\theta/2)]/m \quad (11\text{-}4\text{-}2)$$

$$v_r = v_i - \frac{A}{B}\ln\left[\left(1+\frac{B}{A}v_i\right)\Big/\left(1+\frac{B}{A}v_r\right)\right] - A_0Bh/m \quad (11\text{-}4\text{-}3)$$

式中：$A=\sigma_e$；$B=\beta\sqrt{\rho_t/\sigma_e}\sin(\theta/2)$；$\theta$ 为弹头锥顶角；L_n 为弹头长度；h 为层合板厚度；μ 为弹靶之间的摩擦系数；m 为弹体质量。

高速弹道冲击下，复合材料层合板沿厚度方向存在不同的破坏区（见图 11-4-1(a)）：Ⅰ区为压入破坏区，弹丸直接侵彻引起该区的压入变形，而压入变形的发展导致该区纤维的压-剪耦合断裂，即造成局部压入/剪切破坏，如图 11-4-1(b)所示；Ⅱ区（弯曲/拉伸破坏区），弯曲拉伸波的作用造成Ⅱ区的局部弯曲变形，背面出现鼓包，弯曲变形的发展进一步导致层合板背层纤维的拉伸断裂（见图 11-4-1(c)），断裂纤维被高速弹丸推出靶板，在背面形成弯瓣或鼓包。所考虑的吸能机制包括：Ⅰ区的压缩破坏和剪切破坏，Ⅱ区的弯曲吸能、拉伸断裂和弯瓣/鼓包吸收的惯性能。

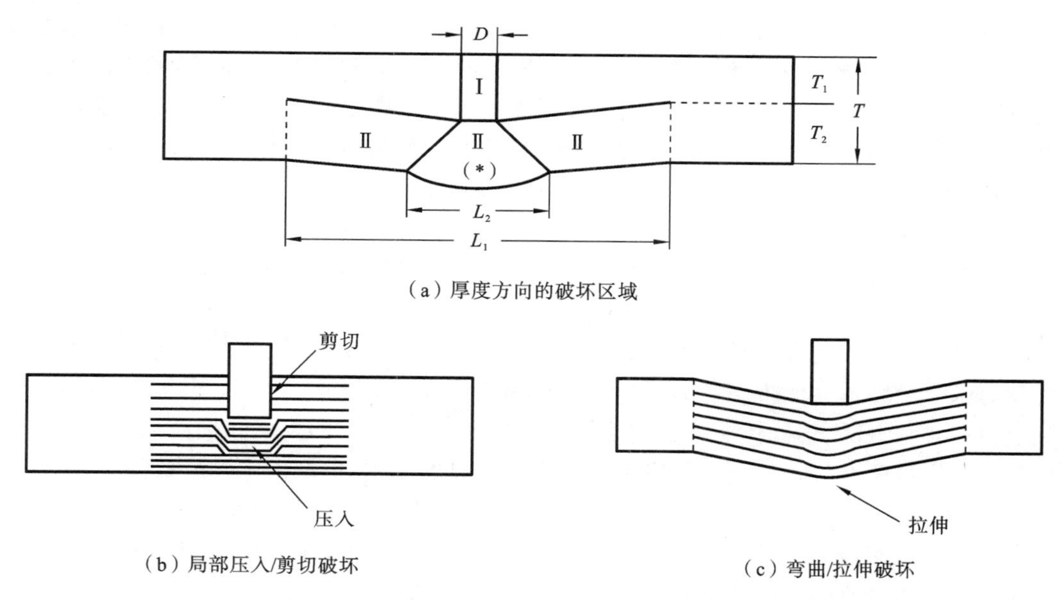

（a）厚度方向的破坏区域

（b）局部压入/剪切破坏　　（c）弯曲/拉伸破坏

图 11-4-1　高速弹道冲击下层合板的破坏区和主要破坏模式

2. 数值仿真方面

在数值计算/模拟中，纤维增强复合材料的本构模型、失效准则、边界条件、靶板大小及有限元网格的大小都对计算结果的准确性和精度有着显著影响。

由于高速弹道冲击下的局部效应较为明显，因此可将三维编织复合材料简化为由四块倾斜的单向板构成，并对其中一块单向板使用有限元方法，得到其弹道侵彻性能，根据能量守恒定律得到整个复合材料的最终弹道性能及弹道侵彻破坏模拟图、剩余速度等。基于真实几何结构，可利用有限元软件 LS/Dyna 建立 56 式制式弹正侵彻 12×4 型三维编织芳纶的细观结构有限元模型，从而可分析得到加速度-时间历程图。该加速度-时间历程图能较准确地反映纤维断裂、树脂碎裂和靶板变形的综合作用,剩余速度值也和试验值具有高度一致性,且破坏模拟图较为准确地反映了实际破坏形态。不过,由于摩擦对冲击区域的局部织物结构有着显著的影响,而且在有摩擦时,靶板吸能量较大。因此,采用考虑摩擦效应的细观结构进行有限元建模,并计算三维编织复合材料的弹道吸能具有高度的精确性。

高速弹道冲击的有限元模拟中,网格的划分方案、形态及稀疏程度都将对模拟计算结果产生显著影响。此外,需要在数值计算中引入人工体积黏性来修正静水压力项。不过,在弹击试验效果的基础上,可建立简约的弹道侵彻有限元模型,沿靶板厚度方向可采用非均匀的三段式结构和工艺:在入射面厚度方向三分之一的织物层间,应尽量减小基体,使其更易发生分层;在厚度方向中间的数层,应选取强度很高的材料;在背射面的少数层,应选用高伸长率的纤维,并采用相对较多的含胶量来抑制分层破坏;按强度关系在厚度方向应采用“弱-次强-强”三段组合的方式,可以得到最佳的防弹效果。

在采用有限元软件 AUTODYN 模拟计算钢质破片模拟弹冲击 7 层 2.4 mm 厚的 Kevlar/Vynilester 层压板建模过程中,需要考虑以下几点:① 材料失效是一瞬间发生在特定方向上的,失效后材料的刚度等于垂直于该方向的未失效材料的刚度(由于面内两个主方向的性能相同,失效后三个材料主方向的刚度相等,均为厚度方向的刚度,可近似为各向同性);② 材料的应变率问题在非线性状态方程中表现出来;③ 当厚度方向出现较大的拉伸应力或应变,或基体的切应力或应变较大时,分层就会发生,分层一旦发生,厚度方向的应力增量及与厚度有关的刚度系数为 0;④ 当面内出现较大的应力或应变时,纤维失效,纤维失效后,面内两个主方向的应力增量及与面内两个主方向有关的刚度系数为 0;⑤ 剩余剪切刚度通过系数来表现。这个模型可以为其他有限元软件计算侵彻问题提供一个较好的本构模型和损伤、失效准则。

另外,在弹、靶碰撞过程的数值仿真中,为了提高计算精度,应在弹、靶不同的接触阶段选用不同的破坏模式和破坏判据,问题的难点在于受剪切、压缩和拉伸的厚度与哪些因素有关。关于纤维增强复合材料的不同破坏模式和机理的研究是今后研究数值仿真模型的首要任务和前沿研究方向。

树脂基纤维增强复合材料的很强的各向异性、应变率敏感性、不同的制作工艺、不同的树脂含量等都会给弹道性能带来巨大差异。正是弹道侵彻问题的复杂性,使得该问题的研究需要综合使用各种方法。同时,要加强理论模型的建立、试验技术的发展和提高数值仿真计算的精度等。弹道试验在侵彻问题的研究中占有举足轻重的作用,但是由于弹道试验受到应变率、试验环境、试验条件、试验经费、试验手段等众多因素的影响,理论模型和数值仿真计算模型的研究已经成为未来研究的主要手段。同时,应加强对各种纤维增强复合材料动态力学性能的理论模型和数值仿真模型的研究。

11.5　陶瓷/金属复合结构抗弹动力学

陶瓷以其高刚度、高硬度、低密度,一直备受装甲防护领域研究者的关注。同时,陶瓷的脆性和低抗拉强度使它在抗弹道冲击过程中不能吸收大量的能量。因此,通常以陶瓷为面板,以金属或纤维增强复合材料为背板,组成陶瓷/金属、陶瓷/复合材料复合装甲,以提高其抗侵彻性能。在中、高速冲击下,陶瓷的主要作用是钝化、侵蚀和碎裂弹体,传递冲击载荷,背板的主要作用除产生大变形吸收冲击动能外,还可以支撑陶瓷面板等。为了减轻附加装甲的重量,同时兼顾船舶本身承力结构的设计,舰用陶瓷复合装甲通常以舰船本身钢质结构为背板。不过,考虑到防护效果,目前将陶瓷前置于复合材料层合板的复合结构形式也得到了一定程度的应用。本节主要介绍近些年来陶瓷/金属复合靶板的抗弹性能的研究情况。

11.5.1　抗弹冲击机理

关于弹体侵彻陶瓷/金属复合靶板的机理,即陶瓷/金属复合结构的抗弹冲击机理,国内外很多学者开展了大量的弹道试验和数值仿真等研究。

碎裂是陶瓷面板的主要破坏机理,陶瓷材料碎裂后碎片和粉末在冲击载荷作用下,将产生横向和反冲击方向的流动。因此,陶瓷材料的断裂韧性和陶瓷粉末的摩擦效应对其抗侵彻性能的影响较大。陶瓷材料的抗弹性能随陶瓷的断裂韧性的增加而增加。然而,通过测量断裂陶瓷面积并计算断裂功可知,陶瓷碎裂形成的新表面只吸收了很少的弹体动能,很大一部分弹体动能被重新分配为陶瓷碎片的动能。弹体以较高的速度撞击陶瓷/金属复合靶板时,会产生应力波,然后应力波在陶瓷面板中传播并发生衰减。应力波在陶瓷与金属的分界面处发生反射,并与入射的应力波叠加,当产生的应力大于陶瓷的屈服极限时,材料会发生破坏。因此,陶瓷面板的破坏为冲击压缩和应力波反射共同作用的结果。对于不同的背板支撑,其反射应力的方向不同,可能产生拉应力或压应力。只有在产生拉应力的情况下,才可能发生层裂,陶瓷的破坏为拉伸破坏,陶瓷破碎锥的形成为冲击压缩和层裂破坏共同作用的结果。当应力波反射叠加产生的应力为压应力时,陶瓷破碎锥的形成为冲击压缩破坏。在此过程中,陶瓷的高硬度和高抗压强度是决定整个装甲系统抗弹性能的主要因素之一,陶瓷面板的硬度和抗压强度越高,弹体的破碎及侵彻时的磨蚀作用加剧,弹体的破坏更加完全,从而子弹的动能消耗和对背板的冲击作用减小,使整个装甲系统的抗弹性能得到提高。总之,当弹体撞击陶瓷复合板时,陶瓷材料的高强度和高硬度使弹体在弹着初期就发生较大的塑性变形,并在贯穿过程中产生较严重的质量侵蚀,此时弹体的侵彻能力受到较大削弱。此外,陶瓷材料的高模量使碰撞产生的应力波迅速传播,并在面板和背板的界面处反射,在面板中形成了锥形断裂区。虽然陶瓷断裂所消耗的能量与弹体的碰撞能相比非常小,但在阻止弹体前进时,其陶瓷锥断裂区的形成具有重要意义。

背板材料对整体复合装甲的抗弹性能影响主要体现在两个方面:一是要求背板有高的韧性,其通过拉伸、层裂等变形方式,吸收弹体在侵彻陶瓷层之后的剩余能量,同时其在面对弹体、陶瓷的碎片对装甲的共同冲击时,起到“捕捉手套”的作用;二是要求背板有一定的刚度,以对陶瓷层起有效的支撑作用,增加装甲的整体刚性,从而提高整体的抗弹性能。大量的研究表明,高速破片冲击下船用钢背板与船用钢装甲的破坏模式明显不同:船用钢装甲的破坏模式为延性扩孔和剪切冲塞的组合形式;增加陶瓷面板后,钢背板的冲击响应类似于低速卵形弹冲击下的薄板穿甲,变形范围和变形程度大大增加,其变形失效模式有碟形变形和花瓣开裂形穿甲,此外陶瓷对弹体的侵蚀、钝化大大降低弹体的侵彻能力,碎裂陶瓷锥还将吸收部分弹体动能,降低弹体剩余速度,并和剩余弹体共同冲击背板。因此,陶瓷复合靶作为一个整体,背板在阻止弹体侵彻的过程中也起到至关重要的作用。由于陶瓷的脆性使其极易产生弯曲拉伸断裂,因此,背板对面板的支撑作用极为重要,可以预测:如果能适当延迟陶瓷的拉伸断裂时间,则可以提高陶瓷复合装甲的抗侵彻性能。为了可以有效吸收弹体的能量,要求背板具有一定韧性,以便能通过大的塑性变形吸收弹丸的剩余动能。

综上,陶瓷/金属复合靶抗弹体侵彻和贯穿机理主要取决于以下几个方面:高强度、高硬度的陶瓷面板对弹体产生的严重质量侵蚀及破碎作用;陶瓷锥断裂区的形成及其中陶瓷破片对弹体的侵蚀及阻滞作用；背板对面板的支撑作用及塑性变形吸收弹体的部分动能。在整个过程中，主要的能量消耗是弹体的塑性变形能、陶瓷碎片获得的动能以及背板的变形能。

11.5.2　抗弹冲击解析模型

在分析陶瓷/金属复合装甲抗弹道冲击时，往往希望能得到解析模型，进而用以指导复合装甲的设计。因此，通过假设和简化一些实际的侵彻过程，得到陶瓷复合装甲抗侵彻的解析模型，将其作为研究的热点。

高速弹道冲击/侵彻下，陶瓷/铝合金复合靶板的破坏形式为：陶瓷面板破坏区为一个锥体，铝合金背板的破坏形式为隆起或鼓包，或者产生击穿撕裂、剪切破坏。因此，在将铝合金背板的塑性变形能作为唯一吸能的假设下，根据薄板在冲击载荷作用下的动力响应理论，利用能量法可建立陶瓷/金属复合靶板抵抗小型穿甲弹侵彻的弹道极限速度的理论分析模型。而结合薄板冲塞的极限速度方程、剩余速度方程与 Florence 模型建立的钢/Al_2O_3 陶瓷/钢轻型复合装甲板的抗弹极限速度预测模型，可分析不同面板、背板及陶瓷厚度组合对钢/Al_2O_3 陶瓷/钢轻型复合装甲的弹道极限速度的影响。通过将弹体的镦粗变形、陶瓷面板碎裂及陶瓷锥的形成变化和金属背板(拉伸和弯曲变形)的变形结合起来，建立可变形弹体垂直侵彻陶瓷/金属靶板的理论分析模型，该理论模型分析结果与数值模拟结果同试验结果均具有较好的一致性。在高速侵彻中，应同时考虑弹体的变形和质量消蚀，并且应该考虑金属背板厚度的变化，最终陶瓷材料被彻底侵蚀，弹体直接作用于背板，使背板穿透。在高速弹道冲击下，可忽略陶瓷锥以外陶瓷材料的强度和质量，将弹、靶系统简化为"一维运动的弹体和陶瓷锥＋黏结层＋固支背板"系统，并将侵彻过程分为两个阶段：第一阶段，弹体主要与陶瓷面板作用，当弹丸与陶瓷锥断裂区达到相同速度时，第一阶段结束，弹丸停止磨蚀，此阶段，弹丸损失质量和动能，陶瓷锥断裂区被加速获得动能；第二阶段，剩余弹体推动陶瓷锥断裂区冲击黏结层和背板，弹体的剩余动能和陶瓷锥断裂区获得的动能转化为黏结层和背板的变形耗能。根据侵彻的两个阶段，可建立陶瓷/金属复合靶板的弹道极限速度计算模型。该计算模型考虑的主要耗能机制是背板耗能和弹体的质量损失耗能。

陶瓷/金属复合结构抗侵彻理论模型的建立，通常基于以下两个阶段的假设：① 弹体对陶瓷面板的侵彻阶段，弹体产生侵蚀、变形耗能和陶瓷锥断裂区的动能，是第一阶段的主要耗能机制；② 背板在弹体的作用下产生的大变形耗能，是第二阶段的主要耗能机制，且背板的塑性变形是陶瓷/金属复合结构的主要耗能机制。

11.6　超高分子量聚乙烯复合装甲抗弹动力学

当半穿甲战斗部穿透舰船舷侧并在内部舱室结构附近爆炸时，其爆炸所产生的高速破片(包括战斗部壳体破裂所产生的高速破片以及近距离爆炸时舱室结构自身碎裂形成的高速碎片)会对舱室内部人员和重要设备产生严重的毁伤作用。因此，开展结构抗高速破片侵彻的研究，对于提高舰船的生命力和战斗力具有重要的意义。而如何抵挡住高速破片的侵彻即高速破片的防护问题，已成为舰船防护领域的研究重点。对于高速破片的防护，其防护思路主要分为两种，即以陶瓷材料等为代表的"以强制强"的防护思路和以纤维增强材料等为代表的"以柔克刚"的防护思路。前者主要通过镦粗、侵蚀和碎裂高速弹体的方式达到防护目的；而后者则利用纤维材料快速的能量扩散能力和较好的韧性来耗散高速弹体的动能，从而达到良好的防护效果。

超高分子量聚乙烯纤维(又称高强聚乙烯纤维)是继玻纤和芳纶纤维后的第三代高性能纤维,由于其具有更高的比模量和比强度以及更好的抗弹性能,近年来在防护领域得到了广泛的关注。针对高强聚乙烯纤维增强复合装甲(以下简称高强聚乙烯复合装甲)的抗侵彻问题,本节将结合高速立方体破片侵彻中厚高强聚乙烯层合板的特点,考虑层合板在弹体高速侵彻初期纤维熔断以及弹体的镦粗变形对侵彻过程的影响,基于能量守恒原理并采用应力波传播理论,给出高速钝头弹侵彻中厚高强聚乙烯层合板的剩余速度和弹道极限速度理论预测模型。

11.6.1　以柔克刚的防护思想

以柔克刚的思想来源于太极拳法,即用柔和的拳法来卸掉对方的强硬进攻。对于舰船舱室结构而言,战斗部爆炸产生的高速破片速度高且能量密度大,若采用传统的金属装甲来进行防御,要么很难防住,要么所需代价过大。此时,若采用纤维增强复合材料作为装甲材料,由于其密度低、抗拉强度大,因此可通过纤维的快速大变形和较强的抗拉能力来“兜”住破片,从而实现对高速破片的防御效果。而高强聚乙烯纤维、芳纶纤维等作为舰船复合装甲的主要优势体现在以下几个方面。

(1) 密度低,且比强度和比模量高。纤维增强复合装甲的密度大多不到传统钢甲密度的1/4,甚至更低,而其抗拉强度要比钢甲的高得多,使得纤维增强复合装甲的比强度要远远高于传统钢甲。

(2) 由于密度低,其面内的塑性波传播速度较大。根据塑性波波速的计算公式 $c_p=\sqrt{\sigma_s/\rho}$ 可知,在压缩相等的情形下,密度越低,塑性波波速越大。因此,纤维增强复合装甲在抗压强度稍低于钢甲的情形下,由于其密度远低于钢甲密度,因而塑性波波速要大大高于钢甲的。塑性波波速大的好处,就在于能够迅速将侵彻区的横向变形沿面内传播,从而增大变形的范围,实现“网兜”的效果。图 11-6-1 给出了金属装甲和纤维增强复合装甲的塑性波传播导致的不同侵彻模式。由图可看出,相同的弹体侵彻速度下,塑性波波速大的纤维增强复合装甲的变形范围要远大于金属靶板。

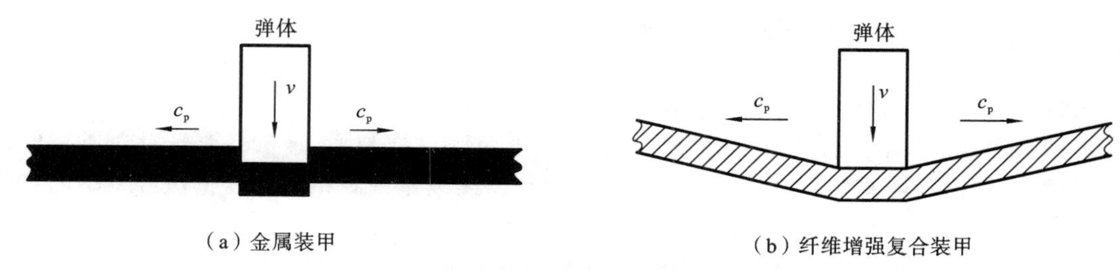

图 11-6-1　不同塑性波波速下高速侵彻的变形模式

(3) 纤维增强复合装甲的抗拉强度要大于钢甲的。纤维增强复合装甲的抗拉强度主要由纤维的抗拉强度决定,高强聚乙烯纤维、芳纶纤维的抗拉强度要大大高于钢质材料的,甚至能达到钢质材料的好几倍。因此,尽管纤维的拉伸断裂应变小于钢质材料,但由于其抗拉强度高,因此纤维增强复合装甲的抗弹吸能效果更好。根据第(2)点优势可知,纤维增强复合装甲很容易在抗高速侵彻过程中产生大拉伸变形,此时纤维的拉伸性能能够很好地起到对弹体动能的耗散作用。而且,纤维增强复合装甲的变形范围较金属装甲大得多,因而纤维增强复合装甲的抗弹吸能更大。

11.6.2　抗高速侵彻破坏机理

1. 弹道试验设计

开展高强聚乙烯纤维增强中厚和厚层合板的抗高速侵彻弹道试验时，试验使用边长为7.5 mm 的立方体破片，密度为 7800 kg/m^3，材料为 45 钢。试验所用的层合板为不同厚度的 PE 层合板，其由高强聚乙烯平纹织布通过热模压方法制备。靶板面内尺寸均为 300 mm×300 mm。对 PE 层合板进行了准静态力学性能实验，得到的主要材料参数如表 11-6-1 所示。

表 11-6-1　高强聚乙烯层合板材料参数

质量密度 ρ_t/(g/cm^3)	拉伸模量 E_L/GPa	压缩模量 E_c/GPa	剪切模量 E_s/GPa	抗拉强度 σ_L/MPa	抗压强度 σ_c/MPa	抗剪强度 τ_s/MPa	失效应变 ε_f/(%)
0.97	29.8	2.89	0.75	950	273	360	2.62

2. 抗侵彻破坏模式

采用高速摄影设备拍摄了弹道试验中弹体的侵彻过程，取侵彻开始、侵彻中和侵彻结束三个阶段作为典型的考察阶段，典型侵彻情况如图 11-6-2 所示。从图中可看出，侵彻开始阶段，有大量的白色粉末状物体向靶后喷出，这显然是高强聚乙烯层合板表层破坏时喷射出的纤维及基体碎片。而随着弹体的进一步侵彻，高强聚乙烯层合板背面出现了较大程度的“鼓包”现象，该“鼓包”即层合板背面形成的变形锥。

图 11-6-2　典型侵彻过程高速摄影图(破片初速 v_0=1624.1 m/s)

高强聚乙烯层合板的典型破坏形貌如图 11-6-3 至图 11-6-5 所示。由图 11-6-3 正面破坏形貌可明显看出，层合板正面即迎弹面表层出现了垂向层状剥离带，冲击区存在纤维的熔断并伴随纤维的收缩和原纤维化现象。而纤维的收缩和原纤维化现象正是由冲击区纤维熔断产生的。由图 11-6-3(b)可知，层合板的背面产生了较大程度的鼓包即凸包现象，且凸包的范围较大。在凸包的边缘还存在明显的皱缩现象，这可能是弹丸冲击后期纤维层的弹性恢复以及动能的耗散引起的。

由图 11-6-4 可看出，层合板弹孔附近正面表层也出现了垂向层状剥离带，背面表层则出现了水平向层状剥离带。这与弹孔附近存在较大的剪力和层合板的组成(正面纤维垂向布置，背面纤维水平向布置)有关。试验后，层合板的迎弹面也存在一定程度的纤维熔断和原纤化现象，而其背面有纤维拔出现象。

由图 11-6-5 可看出，层合板迎弹面出现垂向层状剥离带的同时，在冲击区存在纤维的反向拔出现象。这正是由于在初始冲击阶段，层合板表层纤维破坏后，断裂纤维及基体碎片向冲

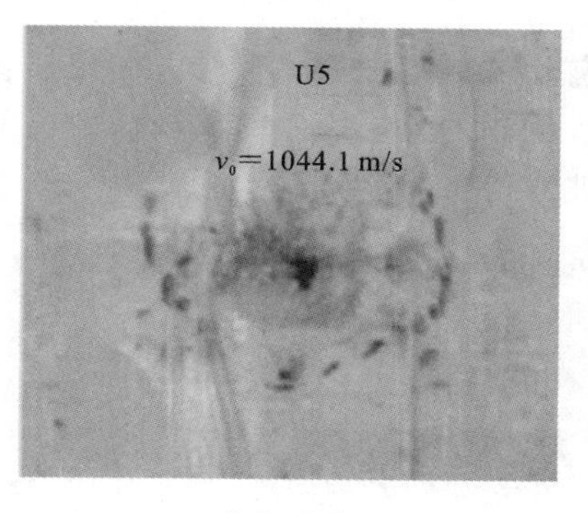

(a) 正面

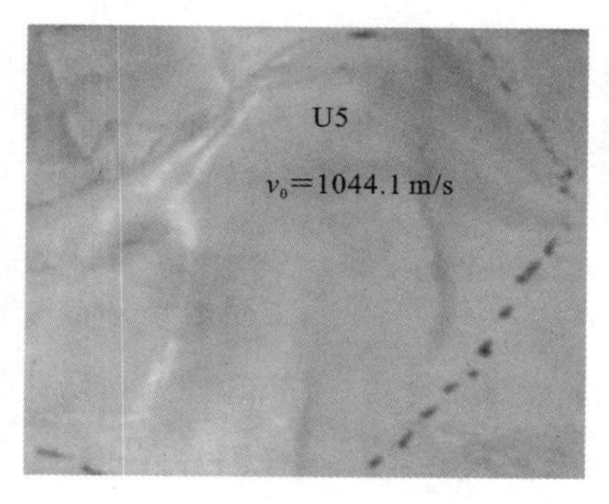

(b) 背面

图 11-6-3 高强聚乙烯层合板的破坏形貌(破片初速 v_0 =1044.1 m/s)

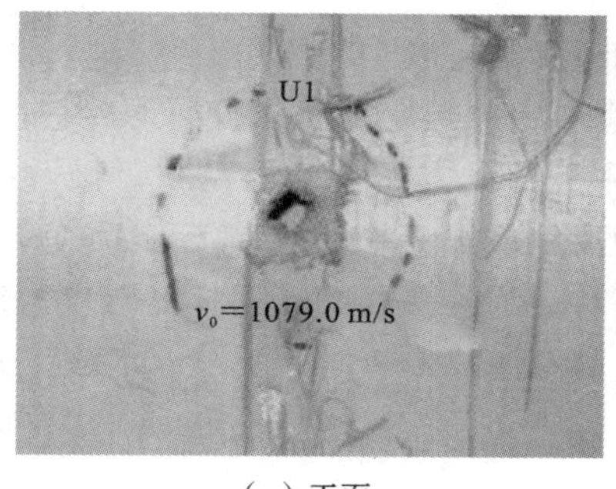

(a) 正面

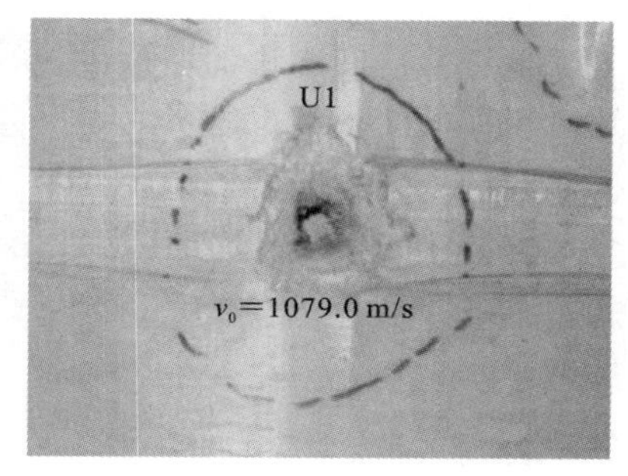

(b) 背面

图 11-6-4 高强聚乙烯层合板的破坏形貌(破片初速 v_0 =1079.0 m/s)

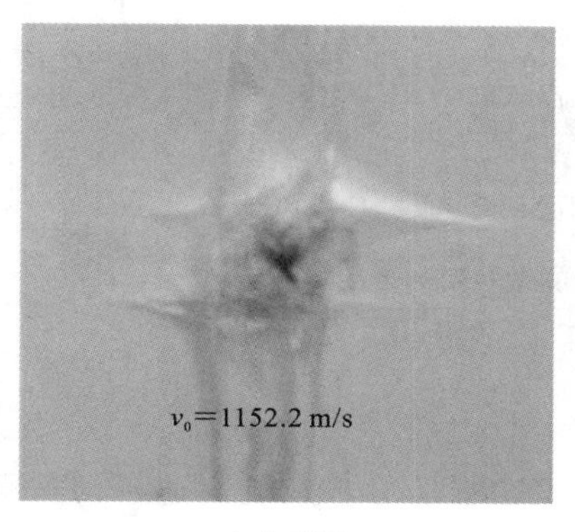

(a) 正面

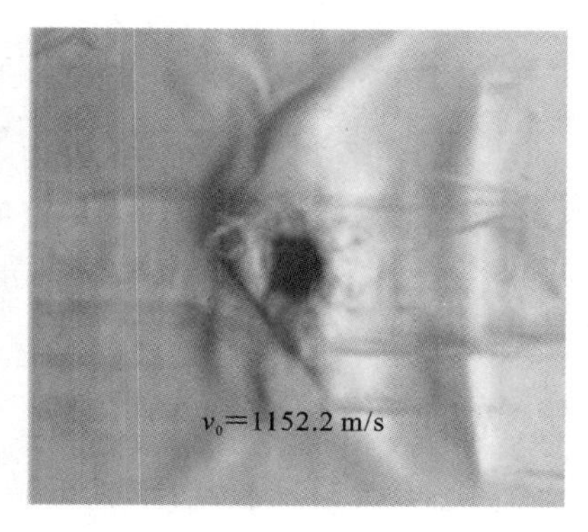

(b) 背面

图 11-6-5 高强聚乙烯层合板的破坏形貌(破片初速 v_0 =1152.2 m/s)

击反方向喷射的效应引起的。高速摄影图 11-6-2 说明了这一点。进一步从图 11-6-5 背面的破坏形貌可知,层合板背面也出现了水平向的层状剥离现象。此外,与图 11-6-3 中层合板背面的破坏形貌相似,图 11-6-5 中层合板背面也出现了较大程度的凸包现象,并伴随明显的皱缩现象。

为了更直接地观察厚层合板内部剪切失效和拉伸变形这两种破坏模式的过渡情况,用水刀将高强聚乙烯层合板在侵彻区横向切开,具体的变形情况如图 11-6-6 所示。从图中可以清楚地看到两个不同的吸能阶段:横向变形很小的剪切失效和横向变形较大的拉伸破坏。剪切失效部分的分层很小,而拉伸变形部分则出现了大面积的分层现象。出现这种现象的主要原因是拉伸阶段持续的时间较长,有利于层间剪切波的传播。

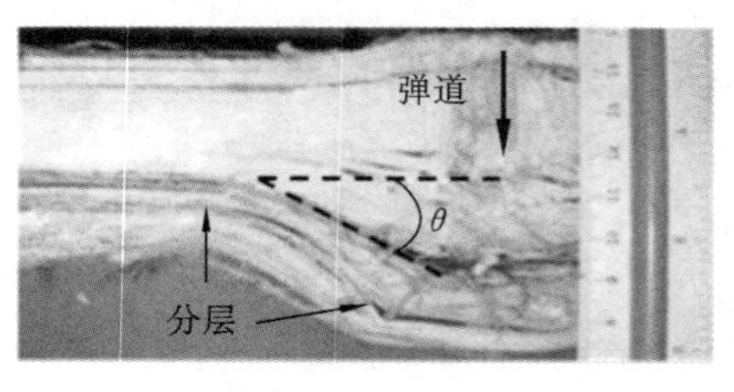

(a) v_0=1234.2 m/s

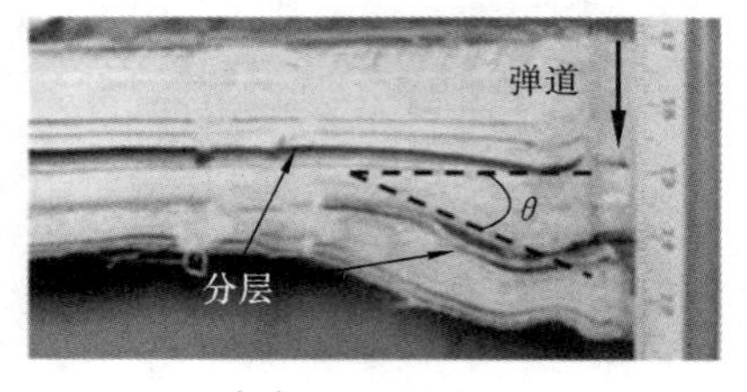

(b) v_0=1667.8 m/s

图 11-6-6 高强聚乙烯层合板的横向典型破坏形貌

试验后为了核查破片的镦粗变形情况,采用破片回收器收集破片。图 11-6-7 给出了部分收集到的破片镦粗后的变形情况。可以看到,随着初始冲击速度和靶板面密度的增大,破片从发生较小的变形到产生较大的塑性镦粗变形,弹体头部从方形变为蘑菇状。破片镦粗对侵彻过程产生两方面的影响:一是破片产生塑性变形的吸收;二是破片镦粗后截面变大,作用于靶板的面积增大,从而使更多的纤维失效或参与变形。因此,弹丸的镦粗变形对厚层合板变形模式及抗弹吸能的影响很大。

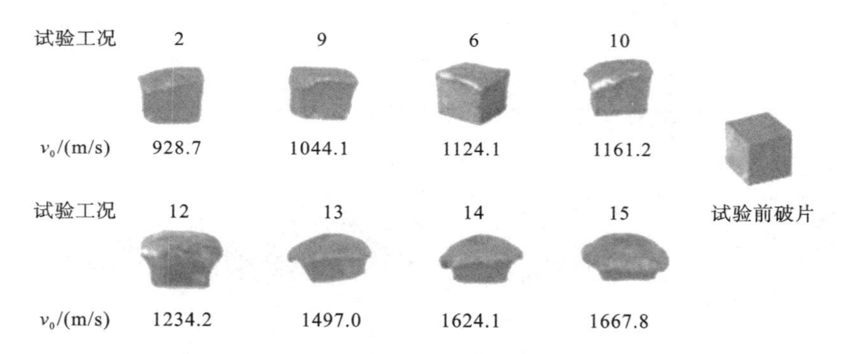

图 11-6-7 高速破片的镦粗变形形貌

11.6.3 抗高速侵彻过程分析

结合 11.6.2 小节弹道试验结果可知,高强聚乙烯层合板在抗高速侵彻过程中会出现迎弹面的纤维熔断和弹体镦粗现象,层合板的厚度方向呈现剪切冲塞和拉伸变形两种破坏模式,并存在明显的过渡区。因此,将钝头弹高速侵彻中厚高强聚乙烯层合板的过程简化为图 11-6-8 所示阶段,根据各阶段变形情况和受力特征将侵彻过程分为压缩镦粗、剪切压缩、拉伸变形、弹体贯穿阶段。

(1) 压缩镦粗阶段:从弹体接触层合板开始,弹体被减速,与其接触的纤维层被加速,此时弹-靶接触界面的速度最高,产生的压缩应力最大,大大超过层合板的动态抗压强度,层合板在碰撞的局部区域发生变形失效,同时弹体被镦粗,如图 11-6-8(a)所示。在很短的时间内,层合板接触区纤维层的变形以及弹、靶之间的相互摩擦把弹体的一部分动能迅速转变成热能,且热量来不及散失到周围的区域，被侵彻纤维层被加热到炽热的程度。由于高强聚乙烯纤维的熔点较低，因而纤维被熔断破坏，加上弹体的挤压作用，熔断的纤维及碎裂的基体材料将向抵抗力最小的方向即迎弹面飞溅排出，这就形成了弹道试验过程中大量白色粉末状物向靶后喷出的现象。

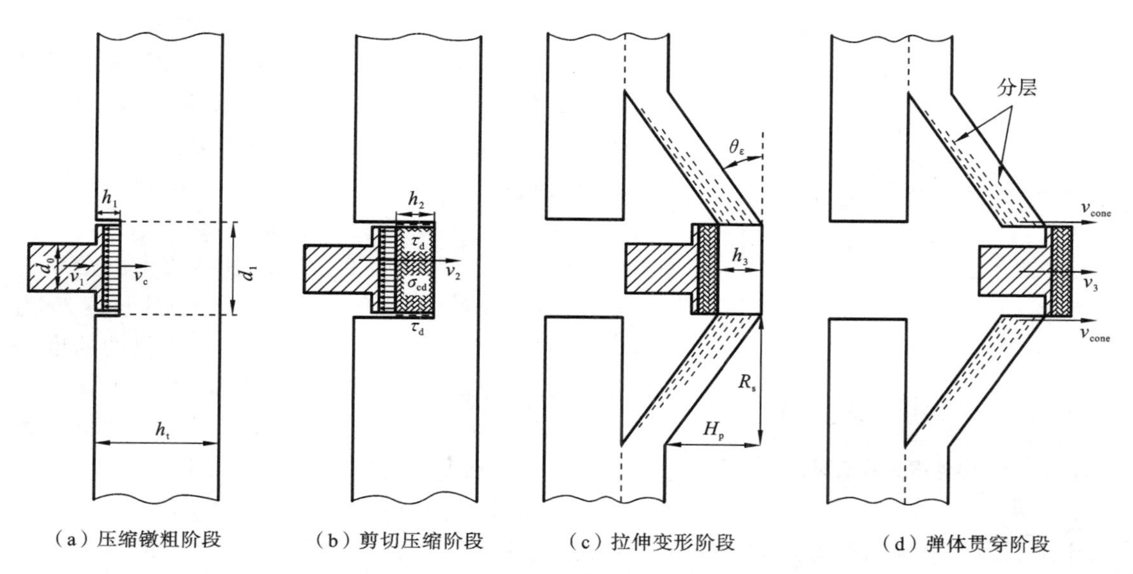

图 11-6-8　高强聚乙烯复合装甲抗侵彻过程示意

(2) 剪切压缩阶段：随着弹体的进一步侵彻，沿层合板厚度方向继续传播压缩应力波。同时，与弹体直接接触的纤维层及压缩波传播到的区域（以下简称接触区）获得较大的横向速度，如图 11-6-8(b)所示。沿面内传播的剪切波使与接触区相邻的纤维层（以下称为协变区）也获得一定的横向速度，而接触区与协变区之间巨大的速度梯度是导致纤维层发生剪切失效的根本原因。压缩波在横向传播的过程中，接触区纤维层质量不断增加，并获得一定的横向速度，从而形成惯性力，消耗弹体动能。当压缩波传播至层合板背面时，由于背面无约束，压缩波反射并形成拉伸波。拉伸波形成后立即沿弹体侵彻相反的方向在层合板厚度方向上传播，此过程中弹体继续以剪切压缩的方式侵彻层合板纤维层。当拉伸波与弹-靶接触区界面相遇时，剪切压缩阶段结束。

(3) 拉伸变形阶段：在剪切压缩阶段过后，未穿透纤维层逐渐形成动态变形锥，且此时变形锥接触区的速度与弹体速度相同，接触区与协变区的横向运动速度也基本一致。弹体在纤维层拉伸应力分量的作用下不断减速，弹体的动能随变形锥沿的变化和扩展在纤维层面内扩散，能量主要转化为纤维层拉伸应变能和变形锥的动能以及过渡区层间断裂能。当变形锥的锥角达到极限锥角时，变形锥区域纤维层处于极限拉伸状态，如图 11-6-8(c)所示。此时，背面未穿透纤维层的拉伸变形基本趋于稳定。

(4) 弹体贯穿阶段：随着弹体的进一步侵彻，变形锥接触区纤维层陆续断裂，直至弹体穿透背面各纤维层，如图 11-6-8(d)所示。而在背面纤维连续拉伸断裂的同时，各纤维层之间也存在一定的层间分层裂纹的扩展现象。假设在弹体贯穿过程中，变形锥的大小保持不变，即变形锥沿的径向扩散速度为零。弹体贯穿整个靶板后，变形锥仍存在一定的动能，该动能主要通过后期的弹性变形及振动等方式耗散掉。

11.6.4　抗高速侵彻理论预测模型

1. 压缩镦粗阶段耗能

由 11.6.2 小节的弹道试验结果并结合大量的试验研究可以发现，钝头弹在高速侵彻高强聚乙烯层合板时，其头部均会出现一定程度的镦粗现象，且侵彻速度越高，弹体头部镦粗越明显，假设弹体的镦粗变形仅发生在压缩镦粗阶段。压缩镦粗阶段结束后，认为弹体不再发生镦粗变形，并假设弹体镦粗变形长度与该阶段侵入靶板深度 h_1 相等。类似于金属靶板的弹体镦粗问题，将层合板看作可变形的靶板，弹体高速撞击可变形靶板的过程如图 11-6-9 所示。图中，l 和 l_p 分别为弹体刚性区（未变形区）和塑性区（变形区）的长度，h 为弹体侵入靶板的深度，u 为塑性界面向左传播的速度，v 为弹体刚性区的运动速度（即弹体的运动速度），v_c 为弹-靶接触界面的运动速度。此外，需要进一步指出的是，图 11-6-9 中所有的速度均是以地面作为参考的，靶板被认为是相对于地面静止的。在相对于地面的坐标系中，水平方向的坐标轴正向为从左至右。计算过程中速度变量 u、v 和 v_c 均为标量，仅表示各自的大小，若沿坐标轴负方向，则在前面加负号表示。

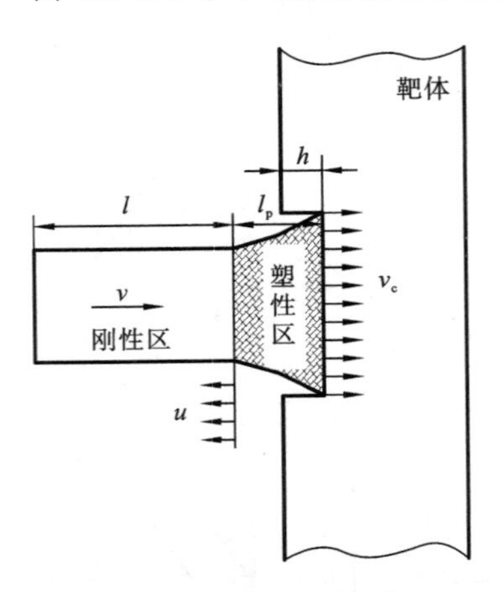

图 11-6-9　弹体撞击可变形靶板示意

弹体刚性区、塑性区长度以及侵入靶板深度的增长分别为

$$\mathrm{d}l=-(u+v)\mathrm{d}t,\quad \mathrm{d}l_p=(u+v_c)\mathrm{d}t,\quad \mathrm{d}h=v_c\mathrm{d}t \tag{11-6-1}$$

弹体刚性部分受作用力为 $\sigma_{dp}A_0$，其中 σ_{dp} 为弹体材料的动屈服强度。由刚性区的运动方程可得

$$\frac{\mathrm{d}v}{\mathrm{d}t}=-\frac{\sigma_{dp}}{l\rho_p} \tag{11-6-2}$$

假设材料是不可压缩的，根据体积不变原理，得到塑性界面处的连续性方程为

$$A_0(u+v)=A(u+v_c) \tag{11-6-3}$$

式中：A_0 为刚性区材料截面面积；A 为变形后的塑性区材料截面面积。

考虑在微小时间步长 $\mathrm{d}t$ 内弹、靶的撞击问题。假设在微小时间步长 $\mathrm{d}t$ 内，接触界面塑性区横截面的变化是一个均匀的减速过程即等减速过程。换句话说，就是在微小时间步长 $\mathrm{d}t$ 内，接触界面塑性区横截面面积的增长率被假设为随时间线性增大。令 S 为任意时刻 $\tau(0<\tau<\mathrm{d}t)$ 接触面的横截面面积，w_0 为接触面在初始时刻（$\tau=0$）面积的增长率。由此可得 $\mathrm{d}t$ 时间内，弹体动量转化为塑性区中压缩力的增量 I 为

$$I=\int_0^{\mathrm{d}t}\sigma_{dp}(S-A_0)\mathrm{d}\tau=\frac{2}{3}\sigma_{dp}(A-A_0)\mathrm{d}t \tag{11-6-4}$$

对于弹-靶接触界面，根据动量冲量守恒定律，有

$$\rho_pA_0(u+v)\mathrm{d}t\cdot v=\frac{2}{3}\sigma_{dp}(A-A_0)\mathrm{d}t \tag{11-6-5}$$

式中：ρ_p、σ_{dp} 分别为弹体密度和动屈服强度。联立式(11-6-4)和式(11-6-5)可得

$$\frac{3\rho_pv^2}{2K\sigma_{dp}}=\frac{(A-A_0)^2}{AA_0} \tag{11-6-6}$$

式中：$K=1+(\rho_p c_p)/(\rho_t c_t)$，$\rho_p$、$\rho_t$ 分别为弹体和靶板的密度，c_p、c_t 分别为压缩应力波在弹体和靶板中的传播速度。引入初始条件和终止条件可得

$$\frac{3\rho_p v_0^2}{2K\sigma_{dp}}=\frac{(A_1-A_0)^2}{A_1 A_0} \tag{11-6-7}$$

式中：v_0 为弹体初始侵彻速度；A_1 为弹体镦粗后的截面面积。令 $e=A_1/A_0$，$\lambda=3\rho_p v_i^2/(4K\sigma_{dp})$，则有

$$e=\lambda+1+\sqrt{\lambda^2+2\lambda} \tag{11-6-8}$$

式中根号前取正号是为了保证 $e>1$。由此得到弹体镦粗后的直径 d_1 和截面面积 A_1 分别为

$$d_1=d_0\sqrt{e},\quad A_1=A_0 e \tag{11-6-9}$$

设弹-靶接触界面的接触应力为 σ_j，弹体由于接触应力作用而引起的向左后退的速度为 v_1，靶体由于接触应力作用而引起的向右运动的速度为 v_2（即接触界面的运动速度 v_c），则有 $v_c=v_2=v_i-v_1$。根据撞击时的动量冲量守恒定律有

$$\sigma_j \mathrm{d}t=\rho_p v_1 \mathrm{d}x,\quad \sigma_j \mathrm{d}t=\rho_t v_2 \mathrm{d}x \tag{11-6-10}$$

根据应力波的定义有

$$\left(\frac{\mathrm{d}x}{\mathrm{d}t}\right)_p=c_p,\quad \left(\frac{\mathrm{d}x}{\mathrm{d}t}\right)_t=c_t \tag{11-6-11}$$

由式(11-6-10)和式(11-6-11)可得弹-靶接触界面的运动速度为

$$v_c=\frac{\rho_p c_p}{\rho_p c_p+\rho_t c_t}v_0 \tag{11-6-12}$$

在弹体高速侵彻靶板的初期，弹体被不断减速，与弹体接触的靶板材料被不断加速。不考虑弹体质量的损失，假设弹体的速度被减小至与弹-靶接触界面的运动速度一致时，弹体即进入后续“稳定侵彻”状态，此时压缩镦粗阶段结束。因而得到压缩镦粗阶段结束时刻弹体的侵彻速度 $v_1=v_c$。

因此，压缩镦粗阶段层合板的耗能 W_1 等于该阶段弹体损失的动能：

$$W_1=0.5m_p(v_0^2-v_1^2)=0.5m_p(v_0^2-v_c^2) \tag{11-6-13}$$

通过数值方法并结合初始条件 $v=v_0$、$A=A_0$ 和终止条件 $v=v_1$、$A=A_1$ 可求得压缩镦粗阶段弹体的侵彻时间 t_1，因而可得压缩镦粗阶段弹体的侵彻深度为

$$h_1=v_c t_1 \tag{11-6-14}$$

2. 剪切压缩阶段耗能

经过第一个阶段后，弹体被镦粗，在镦粗的弹体高速侵彻下，侵彻区即接触区纤维层被压缩而造成弹体与层合板之间产生很大的压缩力。同时，接触区与协变区之间巨大的速度梯度使得接触区边缘受到剪力的作用。另外，根据边界相容条件，弹体与纤维层接触界面的运动速度与弹体速度一致，而压缩波前沿纤维层的运动速度则为零。因此，侵彻区纤维层具有一定的惯性效应。将层合板侵彻区横向受力近似视为一维应力，则弹体在剪切压缩阶段所受到的力包括层合板的动压缩反力、剪切反力和惯性阻力。对于中厚层合靶板，考虑厚度方向应力波的传播效应是非常必要的。因此结合前面的分析，将剪切压缩阶段分为两个子阶段：① 初始压缩波的传播，从压缩波产生到传播至层合板背面为止；② 反射拉伸波的反向传播，从压缩波传播至背面即拉伸波的产生到拉伸波反向传播与弹-靶接触界面相遇为止。

在初始压缩波传播期间，弹体所受到的动压缩反力 F_{c21} 可表示为

$$F_{c21}=\sigma_{cd}A_1=0.25\pi d_1^2\sigma_{cd} \tag{11-6-15}$$

式中：A_1为弹体镦粗后的截面面积；σ_{cd}为层合板动压缩应力。相关研究表明，纤维增强层合板材料具有一定的速度效应，对于高速侵彻问题速度效应更为明显，因此可将动压缩应力表示为

$$\sigma_{cd}=(1+\beta\sqrt{\rho_t/\sigma_c}v_{2p})\sigma_c \tag{11-6-16}$$

式中：β为弹丸弹头形状系数，对于钝头弹$\beta=1$；σ_c为层合板厚度方向静态压缩屈服极限；v_{2p}为剪切压缩阶段弹丸的瞬时速度。

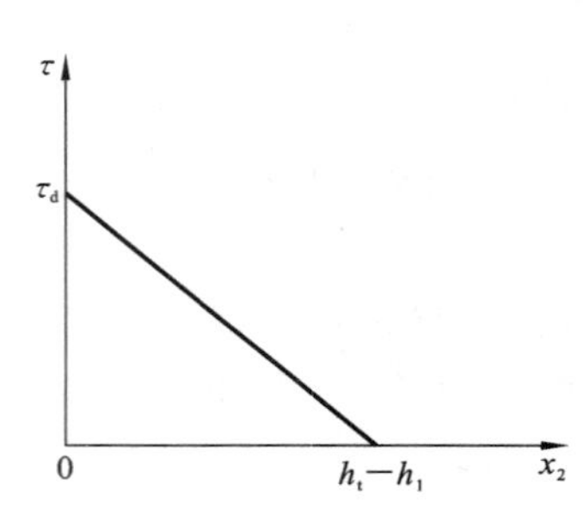

图 11-6-10　切应力随侵彻距离的变化

假设切应力沿层合板厚度方向线性递减（见图 11-6-10），则在初始压缩波传播期间，层合板的剪切反力为

$$F_{s21}=\pi d_1\tau_d[(h_t-h_1)-x_2]/2,\quad 0\leqslant x_2<(h_t-h_1) \tag{11-6-17}$$

式中：h_t为层合板的总厚度；x_2为弹体的侵彻距离；τ_d为层合板的动态抗剪强度，可表示为

$$\tau_d=\tau_s+\mu\dot{\gamma} \tag{11-6-18}$$

式中：τ_s为层合板的静态抗剪强度；μ为黏性系数；$\dot{\gamma}$为切应变率。

层合板的惯性力是由与弹体接触的层合板接触区材料和弹体一起做加速运动产生的，惯性阻力F_{i21}对弹体所做的功等于被弹体排开的层合板接触区材料动能的增量。假设接触区各点速度沿横向线性递减，压缩波波阵面处的速度为零。用接触区纤维层的平均速度来表示惯性力，则可得

$$F_{i21}=\rho_t c_t A_1 v_{2p}/8=\pi d_1^2\rho_t c_t v_{2p}/32 \tag{11-6-19}$$

式中：c_t为层合板厚度方向压缩波的传播速度。考虑到第一阶段压缩波即开始传播，因此在剪切压缩阶段即初始压缩波的传播期间，压缩波的传播时间即弹体的实际侵彻时间为

$$t_{21}=h_t/c_t-2h_1/(v_i+v_1) \tag{11-6-20}$$

在初始压缩波传播期间，弹体的运动方程为

$$m_p\frac{\mathrm{d}v_{2p}}{\mathrm{d}t}=-F_{21}=-(F_{c21}+F_{s21}+F_{i21}) \tag{11-6-21}$$

由式(11-6-21)可得v_{2p}与时间t的关系，令$v_{2p}=v_{2p}(t)$，则可得在初始压缩波传播期间，弹体的侵彻深度为

$$h_{21}=\int_0^{t_{21}}v_{2p}(t)\mathrm{d}t \tag{11-6-22}$$

将式(11-6-15)、式(11-6-17)和式(11-6-19)代入式(11-6-21)，结合式(11-6-22)并采用数值积分方法可得剪切压缩第一个子阶段的侵彻深度h_{21}。则剪切压缩阶段中，在初始压缩波传播期间层合板的压缩耗能为

$$W_{c21}=\int_0^{h_{21}}F_{c21}\mathrm{d}x_2=0.25\pi d_1^2h_{21}\sigma_{cd} \tag{11-6-23}$$

在初始压缩波传播期间层合板的剪切耗能为

$$W_{s21}=\int_0^{h_{21}}F_{s21}\mathrm{d}x_2=0.5\pi d_1\tau_d h_{21}[(h_t-h_1)-0.5h_{21}] \tag{11-6-24}$$

当压缩波传播至层合板背面后，在反射拉伸波和继续向前传播的压缩波的共同作用下，层合板处于复杂应力状态，且随着侵彻速度的降低和接触区速度的增加，弹、靶间的速度差逐渐减小，压缩应力的速度效应也逐渐减小直至可以忽略。假设动态压缩应力随弹体侵彻距离的变化呈线性递减变化，则在反射拉伸波传播期间，层合板的动压缩反力可表示为

$$F_{c22}=\sigma_{cd}A_1\left(1-\frac{x_2-h_{21}}{h_t-h_1-h_{21}}\right),\quad h_{21}<x_2<h_t-h_1 \tag{11-6-25}$$

在反射拉伸波传播期间，仍假设切应力沿横向线性递减，则层合板的剪切反力为

$$F_{s22}=\pi d_1\tau_d[(h_t-h_1)-x_2]/2,\quad h_{21}<x_2<h_t-h_1 \tag{11-6-26}$$

根据惯性力的定义可知，当压缩波传播至层合板背面后，惯性质量将随着侵彻的进行而不断减小。同时，由于应力波在层间振荡，接触区速度迅速均匀化，并与弹体速度相协调。因此，在反射拉伸波传播期间，层合板的惯性阻力 F_{i22} 应与初始压缩波传播期间的惯性阻力有所区别，结合惯性力的定义可得

$$F_{i22}=\rho_t A_1 v_{2p}^2/2=\pi d_1^2\rho_t v_{2p}^2/8 \tag{11-6-27}$$

在反射拉伸波传播期间，弹体的运动方程为

$$m_p\frac{dv_{2p}}{dt}=-F_{22}=-(F_{c22}+F_{s22}+F_{i22}) \tag{11-6-28}$$

由式(11-6-28)可得 v_{2p} 关于 t 的关系式，令 $v_{2p}=v_{2p}(t)$，则可得在反射拉伸波传播期间，弹体侵彻深度为

$$h_{22}=\int_0^{t_{22}}v_{2p}(t)\,dt \tag{11-6-29}$$

式中：t_{22} 为反射拉伸波的传播时间即弹体在此期间的实际侵彻时间。根据前面的分析可得

$$t_{22}=(h_t-h_1-h_{21}-h_{22})/c_L \tag{11-6-30}$$

式中：c_L 为拉伸应力波的传播速度。结合式(11-6-29)和式(11-6-30)并通过数值积分可得到侵彻深度 h_{22}。由此可得，剪切压缩阶段中，在反射拉伸波传播期间，层合板的压缩耗能为

$$W_{c22}=\int_{h_{21}}^{h_{21}+h_{22}}F_{c22}\,dx_2=0.25\pi d_1^2\sigma_{cd}h_{22}\frac{(h_t-h_1)-(h_{21}+0.5h_{22})}{h_t-h_1-h_{21}} \tag{11-6-31}$$

此子阶段层合板的剪切耗能为

$$W_{s22}=\int_{h_{21}}^{h_{21}+h_{22}}F_{s22}\,dx_2=0.5\pi d_1\tau_d h_{22}[(h_t-h_1)-(h_{21}+0.5h_{22})] \tag{11-6-32}$$

剪切压缩阶段弹体总的侵彻深度为

$$h_2=h_{21}+h_{22} \tag{11-6-33}$$

剪切压缩阶段层合板的总耗能为

$$W_2=W_{c21}+W_{s21}+W_{c22}+W_{s22} \tag{11-6-34}$$

层合板在剪切压缩阶段被剪切冲塞的纤维层的质量为

$$m_s=0.25\pi\rho_t d_1^2 h_2 \tag{11-6-35}$$

被弹体剪切掉的层合板材料附着在弹体头部并与弹体一起运动。考虑层合板材料剪切冲塞部分的动能，则在剪切压缩阶段结束时刻有

$$0.5(m_p+m_s)v_2^2=0.5m_p v_1^2-W_2 \tag{11-6-36}$$

从而得到剪切压缩阶段结束时弹体的速度为

$$v_2=[(m_p v_1^2-2W_2)/(m_p+m_s)]^{0.5} \tag{11-6-37}$$

3. 拉伸变形阶段耗能

当反射拉伸波与弹-靶接触界面相遇时，剪切压缩阶段结束，层合板背面的未失效纤维层进入拉伸变形阶段，如图 11-6-8(c)所示。拉伸变形阶段应主要考虑结构的动力学瞬态响应。在拉伸变形阶段的初始阶段，弹体的位移小于变形锥锥角和拉伸失效应变所需要的弹体位移，弹前未失效的纤维层尚未达到拉伸失效应变，协变区的纤维层将随弹体的运动被拉伸而形成

变形锥并不断扩展。层合板背面未失效纤维层在拉伸应力作用下与剪切失效的纤维层在横向逐渐分离，即初始变形锥的形成需要过渡区。过渡区的存在表现为层合板弹道冲击后厚度方向上出现的较为明显的分层现象。本小节理论模型中考虑过渡区的影响，将拉伸变形阶段也分为两个子阶段：① 层合板背面变形锥即初始变形锥的形成和扩展，此子阶段从变形锥的形成开始，当变形锥扩展至纤维层的应变达到失效应变时，该子阶段结束。该子阶段即剪切压缩阶段向拉伸变形阶段过渡的区间，如图 11-6-8(c)所示；② 当变形锥扩展至纤维面达到极限应变状态后，弹体继续侵彻背面纤维层，纤维层相继发生拉伸失效断裂直至弹体完全穿透整个纤维层，如图 11-6-8(d)所示。

对于 PE 层合板结构，背面变形锥的形成和扩展过程中主要由剪切波控制，即变形锥锥沿的传播速度与剪切波的传播速度一致。当变形锥扩展至背面纤维层达到失效应变时，变形锥的形成和扩展过程结束。此时，变形锥的锥角称为极限锥角 θ_ε，如图 11-6-11 所示。而大量的研究结果表明，不同材料层合板变形锥的形成可用相同的机理来解释，在弹体侵彻过程中，变形锥锥角的大小基本保持不变。采用最大应变失效准则，失效判据取为纤维层材料主方向面内拉伸极限应变，即当接触区的纤维层应变达到失效应变时，认为整个纤维层发生完全破坏，若层合板背面各层均发生破坏，则认为整个层合板被完全穿透。在变形锥的形成和扩展过程中，假设背面未失效纤维层变形锥形状和锥半径基本一致，且变形锥锥角增大至极限锥角时，变形锥侵彻区纤维均处于极限应变状态。根据变形锥变形情况可得(见图 11-6-11)：

$$\varepsilon_L=\frac{c_s}{c_L}\left(\frac{1}{\cos\theta}-1\right)\leqslant\varepsilon_f \tag{11-6-38}$$

式中：ε_L 和 ε_f 分别为纤维层的拉伸应变和失效应变；c_s 和 c_L 分别为横向剪切波和面内拉伸纵波的传播速度。由此得到变形锥的极限锥角 θ_ε 为

$$\theta_\varepsilon=\cos^{-1}\left(\frac{c_s}{c_L\varepsilon_f+c_s}\right) \tag{11-6-39}$$

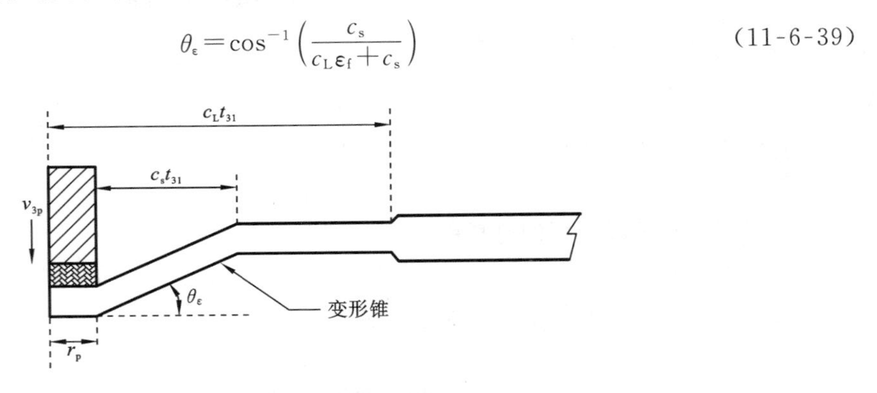

图 11-6-11 变形锥示意图

变形锥的形成和扩展过程中，弹体动能主要转化为变形锥拉伸变形能和变形锥动能。弹体所受到的力主要为纤维层的拉伸应力分量。同时，由于侵彻过程中弹体做减速运动，弹体和变形锥之间存在相对运动的协调问题。相关文献对两阶段模型提出了弹、靶的相对运动比例系数，并指出了它的取值范围和影响因素，但此比例系数的确定往往建立在试验数据的初步理论分析基础上，具有一定的难度。本小节将层合板变形锥相对于弹体的运动简化为作用在弹体上的一个惯性力。

假设与弹体接触处变形锥纤维层的横向运动速度与弹体速度 v_{3p} 一致，而变形锥侵彻区纤维层运动速度沿横向线性递减，取变形锥侵彻区速度的平均值，得到变形锥的惯性阻力为

$$F_{3i}=\rho_t A_1 v_{3p}^2/8=\pi\rho_t d_1^2 v_{3p}^2/32 \tag{11-6-40}$$

弹体受到的纤维层的拉伸反力 F_{3L} 即纤维层的拉伸反力在弹体侵彻方向的分量为

$$F_{3L}=\pi d_1 h_3 \sigma_{Ld}\sin\theta \tag{11-6-41}$$

式中：h_3 为层合板背面未穿透纤维层的厚度，$h_3=h_t-h_1-h_2$；θ 为变形锥形成和扩展过程中的瞬时锥角；σ_{Ld} 为层合板的动态抗拉强度，考虑速度效应的影响，则有

$$\sigma_{Ld}=(1+0.5\beta\sqrt{\rho_t/\sigma_L}\,v_{3p})\sigma_L \tag{11-6-42}$$

式中：v_{3p} 为弹体的瞬时速度；σ_L 为层合板的准静态抗拉强度。

变形锥的形成和扩展过程中，弹体的运动方程可表示为

$$(m_p+m_s)\frac{\mathrm{d}v_{3p}}{\mathrm{d}t}=-F_3=-(F_{3i}+F_{3L}) \tag{11-6-43}$$

由式(11-6-43)可得 v_{3p} 关于时间 t 的关系式，令 $v_{3p}=v_{3p}(t)$，则有

$$H_p=\int_0^{t_{31}} v_{3p}(t)\mathrm{d}t \tag{11-6-44}$$

式中：H_p 为弹体的运动距离；t_{31} 为弹体的运动时间。根据前面分析可得变形锥的半径为

$$R_s=c_s t_{31} \tag{11-6-45}$$

式中：c_s 为剪切波的传播速度。变形锥扩展过程中的瞬时锥角可表示为

$$\theta=\tan^{-1}(H_p/R_s) \tag{11-6-46}$$

联立式(11-6-43)～式(11-6-46)，采用数值方式并以 $\theta=\theta_\varepsilon$ 作为计算终止条件，可得到在变形锥形成和扩展过程结束时刻变形锥的锥半径和变形锥高度(即弹体的运动距离 H_p)。

在变形锥的形成和扩展过程中，过渡区存在明显的分层现象。假设分层只在初始变形锥形成的层间发生，如图 11-6-8(c)所示，则过渡区分层吸能 E_{de31} 可表示为

$$E_{de31}=\pi P_{de31}R_{de31}(R_{de31}+d_1)G_{del} \tag{11-6-47}$$

式中：P_{de31} 为分层折减系数；G_{del} 为层合板层间断裂韧性值；R_{de31} 为裂纹传播半径，$R_{de31}=c_{del}t_{31}$，c_{del} 为裂纹传播速度。弹道高速冲击下层间分层的分布与面内纵波的传播相关，则可设裂纹传播速度为

$$c_{del}=k\sqrt{c_L/\rho_t} \tag{11-6-48}$$

式中：k 为层间裂纹传播系数，目前主要通过靶后分层面积测量加以确定。

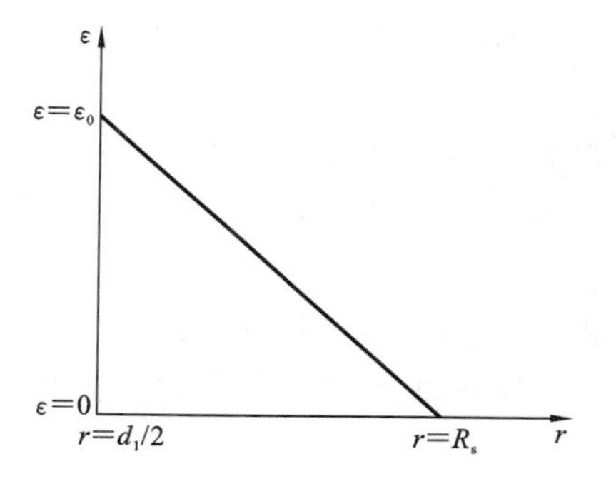

图 11-6-12　变形锥的应变随位置的变化

拉伸变形阶段第一个子阶段即变形锥的形成和扩展过程结束时，变形锥达到极限状态，层合板的耗能主要包括变形锥的弹性变形能及其动能。如图 11-6-12 所示，假设变形锥的应变沿径向线性递减，则变形锥各点处的应变 ε 可表示为

$$\varepsilon=\frac{R_s-r}{R_s-d_1/2}\varepsilon_0 \tag{11-6-49}$$

式中：ε_0 表示侵彻区边缘即 $r=d_1/2$ 处纤维层的应变，当变形锥达到极限状态时有 $\varepsilon_0=\varepsilon_f$。

因此，变形锥的弹性变形能为

$$E_{ED}=\int_{d_1/2}^{R_s} 0.5E_L\varepsilon^2\cdot 2\pi r h_3\,\mathrm{d}r \tag{11-6-50}$$

式中：E_L 为层合板的拉伸模量。将 ε 的表达式(11-6-49)代入式(11-6-50)并整理可得

$$E_{\mathrm{ED}}=\frac{\pi E_{\mathrm{L}}\varepsilon_0^2 h_3}{(2R_{\mathrm{s}}-d_1)^2}\left(\frac{R_{\mathrm{s}}^4}{3}-\frac{R_{\mathrm{s}}^2 d_1^2}{2}+\frac{R_{\mathrm{s}} d_1^3}{3}-\frac{d_1^4}{16}\right) \tag{11-6-51}$$

式中：R_{s} 取变形锥扩展至极限状态时的锥半径值。

变形锥的扩展过程结束时，变形锥具有一定的动能。此时，变形锥的动能 E_{kc31} 包括侵彻区的动能和外围变形区的动能。假设变形锥的横向运动速度沿厚度方向和径向均线性递减，则有

$$E_{\mathrm{kc31}}=\frac{1}{32}\pi\rho_{\mathrm{t}} d_1^2 h_3 v_{31}^2+\frac{\pi\rho_{\mathrm{t}} h_3 v_{31}^2}{(2R_{\mathrm{s}}-d_1)^2}\left(\frac{R_{\mathrm{s}}^4}{3}-\frac{R_{\mathrm{s}}^2 d_1^2}{2}+\frac{R_{\mathrm{s}} d_1^3}{3}-\frac{d_1^4}{16}\right) \tag{11-6-52}$$

式中的 R_{s} 均取变形锥扩展至极限状态时的锥半径值。当变形锥扩展至极限状态时有

$$0.5(m_{\mathrm{p}}+m_{\mathrm{s}})v_{31}^2=0.5(m_{\mathrm{p}}+m_{\mathrm{s}})v_2^2-E_{\mathrm{de31}}-E_{\mathrm{ED}}-E_{\mathrm{kc31}} \tag{11-6-53}$$

由此拉伸变形阶段第一个子阶段结束时的弹体速度为

$$v_{31}=[v_2^2-2(E_{\mathrm{de31}}+E_{\mathrm{ED}}+E_{\mathrm{kc31}})/(m_{\mathrm{p}}+m_{\mathrm{s}})]^{0.5} \tag{11-6-54}$$

变形锥达到极限应变状态后，弹体即开始穿透变形锥纤维层，在此过程中假设变形锥保持不变，纤维层被弹体陆续破坏直至完全穿透所有纤维层。因此，在弹体陆续穿透纤维层的过程中主要涉及纤维层的拉伸断裂耗能和层间分层耗能，当弹体完全穿透后变形锥存在一定的动能。

假设所有纤维为弹性失效断裂，则侵彻区材料失效断裂后的单位体积吸能即比吸能 ω_{f} 可近似表示为

$$\omega_{\mathrm{f}}=2(\sigma_{\mathrm{L}}\varepsilon_{\mathrm{f}}/2) \tag{11-6-55}$$

式中的乘以 2 表示纤维层平面内张力场的双向性质。因此，侵彻区纤维层的拉伸断裂吸能为

$$E_{\mathrm{TF}}=0.25\pi d_1^2 h_3\omega_{\mathrm{f}}=0.25\pi d_1^2 h_3\sigma_{\mathrm{L}}\varepsilon_{\mathrm{f}} \tag{11-6-56}$$

弹体穿透背面所有纤维层所需的时间 t_{32} 可近似表示为

$$t_{32}=2h_3/(v_{31}+v_3) \tag{11-6-57}$$

式中：v_3 为弹体完全穿透层合板后的速度，即弹体的最终剩余速度 v_{r}。因而弹体陆续穿透背面纤维面后，背面纤维层之间的层间分层吸能为

$$E_{\mathrm{de32}}=0.5\pi P_{\mathrm{de32}} R_{\mathrm{de32}}(R_{\mathrm{de32}}+d_1)n_{32}G_{\mathrm{del}} \tag{11-6-58}$$

式中：P_{de32} 为分层折减系数；R_{de32} 为裂纹传播半径，$R_{\mathrm{de32}}=c_{\mathrm{del}}t_{32}$；$n_{32}$ 为层合板背面透胶层层数。

因此，拉伸变形阶段层合板的总耗能为

$$W_3=E_{\mathrm{de31}}+E_{\mathrm{ED}}+E_{\mathrm{TF}}+E_{\mathrm{de32}} \tag{11-6-59}$$

弹体完全贯穿层合板后，变形锥仍存在一定的动能，如图 11-6-8(d)所示。变形锥的动能为

$$E_{\mathrm{kcone}}=\frac{\pi\rho_{\mathrm{t}} h_3 v_{\mathrm{cone}}^2}{(2R_{\mathrm{s}}-d_1)^2}\left(\frac{R_{\mathrm{s}}^4}{3}-\frac{R_{\mathrm{s}}^2 d_1^2}{2}+\frac{R_{\mathrm{s}} d_1^3}{3}-\frac{d_1^4}{16}\right) \tag{11-6-60}$$

经过拉伸变形阶段后，层合板被弹体完全穿透，弹体将以速度 v_3 脱离层合板，即弹体的最终剩余速度 v_{r}。对整个侵彻过程运用能量守恒原理，有

$$0.5(m_{\mathrm{p}}+m_{\mathrm{s}})v_3^2=0.5m_{\mathrm{p}}v_{\mathrm{i}}^2-(W_1+W_2+W_3+E_{\mathrm{kcone}}) \tag{11-6-61}$$

由此得到弹体的最终剩余速度为

$$v_{\mathrm{r}}=v_3=\{[m_{\mathrm{p}}v_{\mathrm{i}}^2-2(W_1+W_2+W_3+E_{\mathrm{kcone}})]/(m_{\mathrm{p}}+m_{\mathrm{s}})\}^{0.5} \tag{11-6-62}$$

假设弹体剩余速度为零，则其初始侵彻速度即相应弹体的层合板的弹道极限速度为

$$v_{\mathrm{bl}}=[2(W_1+W_2+W_3)/m_{\mathrm{p}}]^{0.5} \tag{11-6-63}$$

11.6.5　抗弹性能对比分析

1. 弹体余速的比较

11.6.2 小节中的弹道试验使用的是边长为 7.5 mm 的立方体破片，弹体密度为 $\rho_p=7800$ kg/m^3。弹体材料为 45 钢，其是一种对应变率非常敏感的材料：在室温(25 ℃)时，准静态屈服应力约为 420 MPa；当应变率约为 4.5×10^3 s^{-1}时，准静态屈服应力则升高到 900 MPa 左右。弹道试验中弹体初始侵彻速度约为 1000 m/s，材料的应变率达到 10^3 量级。因此，根据 Johnson-Cook 模型近似计算得到 45 钢动态屈服应力 $\sigma_{dp}=1064$ MPa。弹体材料的应力波速 $c_p=5127$ m/s。

层合板材料的切应变率与弹体冲击速度有关，结合 11.6.2 小节试验工况弹体的冲击速度范围，取层合板的切应变率为 1000 s^{-1}。高强聚乙烯层合板材料的比热容 $c=2.3$ J · g^{-1} · K^{-1}，熔化温度 $T_m=110$ ℃。由于本节提出的钝头弹计算模型是按照圆柱形破片建立的，因此，在保证质量不变和弹、靶接触面积不变的前提下，将边长为 a 的立方体破片等效成高度为 a、半径为 $a/\pi^{0.5}$ 的圆柱体破片。

采用本节的理论模型和相关文献的两阶段模型分别对 11.6.2 小节的弹道试验工况进行计算，得到了弹体侵彻不同厚度高强聚乙烯层合板后的剩余速度值，如表 11-6-2 所示。表中：m_p 为弹体质量；h_t、ρ_A、N 分别为层合板厚度、面密度和层数；v_0、v_r 分别为弹体初速和剩余速度。

表 11-6-2　理论计算剩余速度值与试验结果的比较

序号	h_t /mm	ρ_A /(kg/m^2)	N /mm	v_0 /(m/s)	v_r/(m/s)			相对误差/(%)	
					试验值	计算值		本节模型	相关文献模型
						本节模型	相关文献模型		
1	7.6	7.1	88	817.2	571.6	598.9	611.1	4.8	6.9
2	7.6	7.1	88	928.7	753.0	700.9	821.0	−6.9	9.0
3	7.7	7.1	88	1079.0	873.3	835.8	983.6	−4.3	12.6
4	7.7	7.1	90	1284.8	1143.2	1012.4	1231.9	−11.4	7.8
5	7.8	7.1	88	1325.8	1164.4	1050.5	1308.3	−9.8	12.4
6	10.6	10.1	126	1124.1	827.6	787.4	892.8	−4.9	7.9
7	10.1	9.9	125	1152.2	856.5	818.9	929.2	−4.4	8.5
8	10.5	10.1	126	1155.4	865.7	842.6	949.1	2.7	9.6
9	15.2	15.4	186	1044.1	未穿透	未穿透	691.6	—	—
10	15.2	15.4	186	1161.2	666.7	660.6	809.8	−0.9	21.5
11	20.8	20.6	248	962.0	未穿透	未穿透	未穿透	—	—
12	20.8	20.6	248	1234.2	521.8	525.7	707.7	0.7	35.6
13	30.2	30.8	372	1497.0	未穿透	未穿透	未穿透	—	—
14	30.2	30.8	372	1624.1	未穿透	未穿透	523.4	—	—
15	30.2	30.8	372	1667.8	未穿透	未穿透	642.2	—	—

从表 11-6-2 可以看出，对于大部分试验工况，采用本节建立的理论模型得到的弹体剩余速度值与试验结果吻合得较好，只有试验 4 呈现出较大的误差，这可能与试验结果测试、材料动态参数取值等有关。同时，从表 11-6-2 中还可以看出，采用相关文献两阶段模型计算得到的弹体剩余速度值与试验结果相差较大，剩余速度计算值均较试验结果偏大，且随着弹体初始侵彻速度的提高，误差不断增大。主要原因是相关文献中的两阶段模型假设弹体为刚性体，未考虑侵彻过程中弹体的变形耗能以及弹体镦粗后对后续耗能的影响，因此在弹体初始冲击速度较高时误差较大。此外，两阶段模型还忽略了过渡区对侵彻过程的影响。对比计算结果可以得出，本节建立的计算模型较好地反映了弹道试验结果，这表明本节模型假设的侵彻过程更接近于真实的超高分子量聚乙烯层合板抗高速侵彻的试验现象。

2. 弹道极限速度的比较

采用本节理论模型对不同厚度层合板的弹道极限速度进行计算，如表 11-6-3 所示。从表中可以看出，采用本节理论模型得到的弹道极限速度与试验结果吻合较好。当层合板较薄时，本节模型计算得到的弹道极限速度较试验结果偏高，误差稍大。从表 11-6-3 还可看出，采用本节理论模型得到的弹道极限速度均较试验结果稍大，这与本节假设的变形锥的状态有关。在拉伸变形阶段的侵彻过程中，弹、靶之间的相对速度与变形锥锥角之间也存在相互的协调，由于这种协调关系的存在，变形锥锥角还应满足 $\theta=\theta_v=\tan^{-1}(v_{3p}/c_s)$。当弹体侵彻速度在弹道极限速度附近时，侵彻过程后期会出现 $\theta_v<\theta_\varepsilon$ 的情况，此时纤维层的能量扩散速度大于弹体侵彻速度，一般认为此时的弹体不能穿透弹前未失效纤维层。然而，弹道侵彻试验结果显示，当 $\theta_v<\theta_\varepsilon$ 时，弹体依然能够穿透层合板背面未穿透的纤维层，只是剩余速度一般较低。这主要是因为在弹体侵彻后期背面变形锥整体处于极限应变状态，此时弹-靶接触处呈现复杂应力状态(拉应力和切应力共同作用)，因此弹体剩余动能仍然具有一定的侵彻能力。而本节理论模型中假设的变形锥锥角达到 θ_ε 后保持不变，即认为弹体在侵彻过程中的速度始终大于纤维层能量扩散速度，因此本节理论模型得到的弹道极限速度要稍高于试验值，且层合板较薄时误差较大。

表 11-6-3　理论模型计算得到的层合板弹道极限速度值与试验结果的比较

ρ_A /(kg/m²)	试验值 /(m/s)	计算值/(m/s)		相对误差/(%)	
		本节模型	文献模型	本节模型	文献模型
7.1	609.2	665.3	580.4	9.2	−4.7
10.1	786.7	838.2	719.4	6.5	−8.6
15.4	1100.2	1149.6	836.7	4.5	−24.0
20.6	1223.5	1229.5	972.4	0.5	−20.5
30.8	1789.0	1835.8	1535.0	2.6	−14.2

表 11-6-3 中还给出了采用相关文献两阶段模型计算得到的弹道极限速度值。从表中可看出，相关文献两阶段模型计算得到的弹道极限速度值均较试验结果小，且层合板厚度较大时偏差过大。主要原因是层合板厚度较大，弹道极限速度较高，实际弹体镦粗较严重，从而使得相关文献两阶段模型计算得到的结果与实际值相差较大。因此，可以预测的是，弹体的初始速度越高，相关文献两阶段模型计算得到的层合板弹道极限速度偏差越大。

通过以上分析可得，本节提出的侵彻理论模型对于高速钝头弹侵彻中厚超高分子量聚乙烯层合板的剩余速度和弹道极限速度的预测较为准确，能够较好地反映高速钝头弹侵彻中厚超高分子量聚乙烯层合板的过程，能够用来预测高速钝头弹侵彻中厚超高分子量聚乙烯层合板的剩余速度和弹道极限速度。不过，应该指出的是，本节模型对于速度较低（<800 m/s）的薄超高分子量聚乙烯层合板以及超高速（>2000 m/s）的厚超高分子量聚乙烯层合板的侵彻情形可能误差较大，甚至可能由于侵彻机理的不同而不再适用。

3. 与传统钢质装甲比较

采用超高分子量聚乙烯复合材料作为舰船防护装甲材料，其最大的好处就是能大大降低防护装甲的重量，这为舰船轻量化设计提供了很大的设计空间。对于本节试验中使用的立方体破片的高速侵彻，表 11-6-4 给出了采用超高分子量聚乙烯复合材料作为防护装甲材料时所需的单位面积质量即面密度的比较。

表 11-6-4　超高分子量聚乙烯(PE)装甲的减重效果

破片初速 $v_0/(\mathrm{m/s})$	防住破片所需 PE 装甲单位面积质量 $\rho_{\mathrm{Ap}}/(\mathrm{kg/m^2})$	防住破片所需钢甲单位面积质量 $\rho_{\mathrm{As}}/(\mathrm{kg/m^2})$	减重百分比 $(\rho_{\mathrm{As}}-\rho_{\mathrm{Ap}})/\rho_{\mathrm{As}}$
609.2	7.1	23.6	69.92%
786.7	10.1	34.0	70.29%
1100.2	15.4	55.0	72%
1223.5	20.6	64.0	67.81%
1789.0	30.8	110.1	72.03%

表 11-6-4 中，防住破片所需的超高分子量聚乙烯（PE）装甲单位面积质量根据 11.6.4 小节的理论预测模型计算得到，而防住破片所需钢甲的单位面积质量则根据德·玛尔公式计算得到，其中德·玛尔公式中的系数 K 取为 67650。所有计算工况均为垂直入射，则德·玛尔公式中的 $\cos\theta=1$。钢甲的密度取为 7800 kg/m^3。

由表 11-6-4 可看出，在与本节相同的破片质量和初速侵彻下，要想防住该初速下的破片，所需超高分子量聚乙烯（PE）装甲的单位面积质量要比钢甲的低得多，减重百分比在 60%以上。换言之，相对于传统钢甲，在同等抗弹防护效果下，超高分子量聚乙烯（PE）装甲可减重 60%以上。由此可见，用超高分子量聚乙烯（PE）复合材料作为抗弹防护装甲材料，较传统钢甲具有很大的减重优势。

第 12 章　舰用复合材料装甲防护结构设计

12.1　舰船水上装甲防护结构形式

反舰武器对舰船水线以上部分的毁伤作用主要包括两个部分：弹体对舰船结构的连续侵彻（或穿甲）和战斗部爆炸对舰船结构的毁伤作用。其中，战斗部爆炸对舰船结构的毁伤作用又包括爆炸冲击波作用下舰船结构的动态冲击响应及失效破坏问题，以及战斗部爆炸后产生的大量高速破片对舰船结构的侵彻问题。因此，现代舰船水线以上防护结构主要包括防护装甲和抗爆结构两大类，其中防护装甲又可分为抵御战斗部动能穿甲的防护装甲、抵御高速破片的防护装甲，以及一些特殊用途的装甲，如登陆舰船上用以抵御小口径枪、炮的防护装甲。

真正现代意义上的防护装甲首先在舰船上得到应用，在坦克等装甲车辆上得到了最充分的发展，从结构形式上可分为：均质和非均质装甲结构、多层间隔装甲、复合装甲、间隙复合装甲、主动反应装甲、爆炸反应装甲，等等。现代舰用装甲由于受舰船特殊使用环境及防御目标的限制，主要采用均质装甲、多层间隔装甲、复合装甲以及间隙复合装甲等结构形式（见图 12-1-1）。

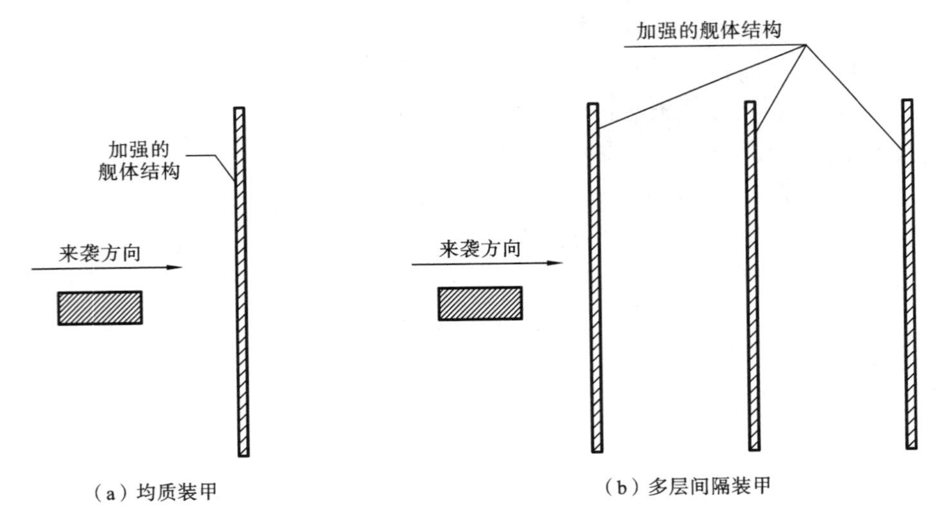

图 12-1-1　典型舰用均质装甲结构

均质装甲结构是最早的装甲结构，主要由均质金属材料（如防弹钢、高强度钢、铝合金、钛合金等）组成，主要针对原有舰体结构以抗弹为目标来实现，也可在原有舰船结构的基础上增设装甲板。均质装甲结构主要用于舰船舱室抵御战斗部非接触爆炸所产生的高速破片，包括自然破片和预制破片，也可用于舰船外层抗战斗部动能穿甲。

多层间隔装甲主要用于舰船外层抵御战斗部动能穿甲，也可用于距离舰体外壳板较远的重要舱室对高速破片的防护，通常由加强的舰体结构组成。

舰船复合装甲目前较为普遍地采用纤维增强复合材料，主要包括：Kevlar 纤维、超高分子量聚乙烯纤维，高强玻璃纤维等，此类材料密度小，有远大于钢的比强度和比刚度。另外，纤维增强材料具有较好的吸声、减振性能。中小型舰船采用纤维增强轻型复合材料装甲的结构形式有两种：一种是与舰体原有钢板一起形成钢-纤维增强材料的组合装甲结构。主要应用在重要舱室的装甲防护中，也可应用于舰船外层抗战斗部动能穿甲防护中。对于高速破片的防护，复合材料装甲板的厚度一般为 15～25 mm，具体厚度与舱壁钢板的性能和厚度直接相关，并最终取决于防御指标的要求；用于抗动能穿甲的防护时，复合材料板厚度通常为 50～150 mm。另一种是采用单一纤维增强材料作为装甲结构，应用于雷达天线防护罩、导波电缆防护管道等装甲防护中。

纤维增强复合材料属“柔性”防护装甲，其抵御较低速（<1000 m/s）弹丸的穿甲具有很大优势。由于目前主要的反舰导弹的末弹道速度约为声速，因此采用此类装甲防护结构作为舰船外层抗动能穿甲结构和远离舰船外壳重要舱室抗高速破片穿甲结构，均具有很好的防护效果，其典型的结构形式如图 12-1-2 所示。其中，船体结构钢为船体外板、甲板、舱壁等，图 12-1-2(b)中的隔离构件为船体肋骨、扶强材等；复合材料装甲板所使用的增强纤维材料主要有高强玻纤、芳纶纤维或高强聚乙烯等，或采用不同增强纤维的混合结构。隔离间距根据舰船舱壁加筋型材高度的差异而有所变化，一般大于 50 mm，这种装甲结构也称为有间隙组合结构；取出隔离构件，钢板将与层板靶板紧密贴合，称为无间隙组合结构。

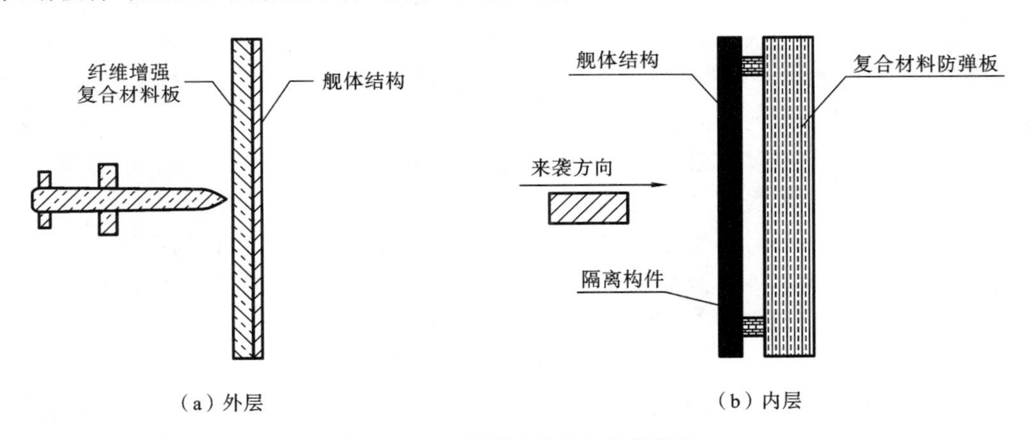

图 12-1-2　典型舰用复合装甲结构

对于距离舰船外壳较近的重要舱室或者登陆舰船抗高速小口径火炮、重机枪的防护，可采用陶瓷与纤维增强复合材料组合的复合装甲结构。由于陶瓷材料为高硬度脆性材料，属“刚性”装甲防护材料，在抵御高速（>1000 m/s）弹丸时，能有效将弹丸击碎，并形成陶瓷锥分散弹体的冲击动能。当与纤维增强复合材料组合使用时，形成刚柔并济的防护装甲，典型结构如图 12-1-3 所示。面层采用陶瓷面板主要用来粉碎弹体，同时通过陶瓷锥的形成，扩大背层钢板的抗弹变形范围和吸能量，提高整体抗弹性能，在舰船上使用时一般依托船体结构钢，背衬复合材料装甲板来吸收弹丸、陶瓷锥和钢背板碎片，以防御“二次杀伤”作用。

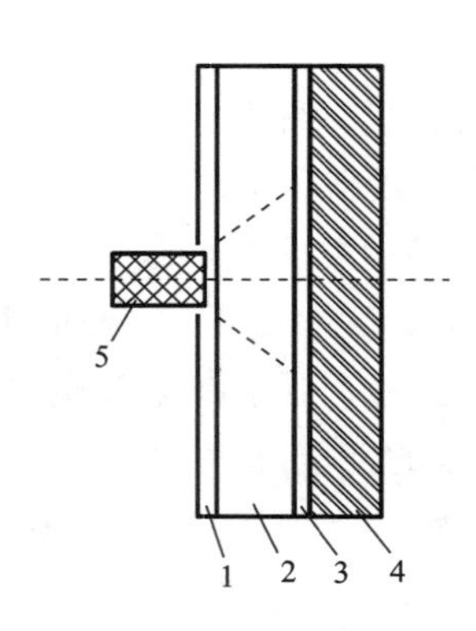

(a) 典型的陶瓷轻型复合装甲结构

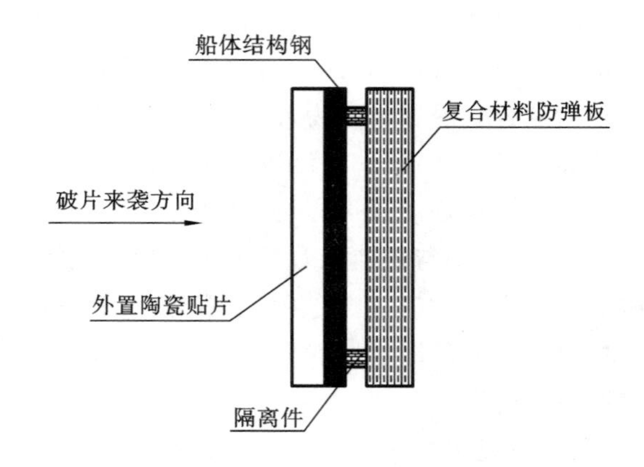

(b) 舰用陶瓷轻型复合装甲结构

图 12-1-3　防高速破片的陶瓷复合装甲典型结构

1—面板(轻合金或钢板);2—高增韧陶瓷;3—缓冲层(纤维增强高分子材料);
4—结构装甲(轻合金或钢板);5—高速破片或制式枪弹

12.2　装甲防护结构设计方法

装甲防护结构设计方法通常有三种:① 经验公式法(实验研究设计),这种方法基于由大量实验数据形成的经验公式,简单易行;② 理论分析法,这种方法通过引入一些简化假设重点考虑问题的一个或多个方面(如:冲塞失效、花瓣破坏、层裂崩落、开坑阶段等),建立冲击过程的物理模型,并进行求解;③ 数值分析方法,这种方法应用动力学分析程序对弹靶冲击过程进行基于有限差分法或有限元法的求解,具有很大的灵活性和适用性。但是目前,对高应变率下材料的力学行为的描述精度有限,数值分析方法所带来的误差远大于数值方法中的固有误差,因此数值分析方法的应用受到了较大限制。

内爆式半穿甲战斗部对舰船的毁伤机理是依靠其初始动能,侵入舰体内部爆炸,以充分发挥其毁伤效能。大型舰船外层结构及其装甲的主要目的是抵抗反舰武器战斗部向舱室内部穿透,防护结构形式包括:均质装甲、多层间隔装甲和复合装甲。

由于现代水面舰船结构及其防护装甲普遍采用多层薄壁结构,半穿甲反舰导弹对舰船结构的攻击速度通常约为声速,其弹径通常在舰船结构及防护装甲厚度的 5 倍以上,因此,半穿甲导弹对舰船外层均质装甲的冲击是典型的薄板抗低速穿甲问题。

当均质装甲的材料确定后,其防护性能主要取决于均质装甲的厚度 h_0。现代舰船普遍采用的加筋板结构可将加强筋按重量等效原则平摊到板厚上。由于外层防护装甲难以确保将战斗部的剩余速度减小到 0,因此通常要求确保半穿甲战斗部引爆点到内层防爆结构及防护装甲的距离 R 大于某一临界值。

12.2.1　均质装甲抗动能穿甲的装甲防护结构设计

均质装甲用于抗战斗部动能穿甲时,要求:

$$R=S-V_{r}t_{delay}\geqslant R_{cr} \tag{12-2-1}$$

式中:S 为外层抗动能穿甲的装甲到内层防爆结构及防护装甲的距离;R_{cr} 为半穿甲战斗部引

爆点到内层防爆结构及防护装甲的最小距离；V_r 为战斗部穿透外层均质装甲后的剩余速度；t_{delay} 为半穿甲战斗部的延时。

战斗部穿透外层均质装甲后的剩余速度 V_r 可用下式进行估算

$$V_r=\sqrt{\frac{2(E_{k0}-W)}{m_p}} \tag{12-2-2}$$

式中：W 为穿甲过程中均质装甲的吸能量；E_{k0} 为半穿甲战斗部的初始动能；m_p 为半穿甲战斗部的质量。

12.2.2　多层间隔装甲抗动能穿甲的装甲防护结构设计

多层间隔装甲用于抗战斗部动能穿甲时，要求：

$$R = S - V_r\left(t_{delay} - \sum \frac{\Delta L_i}{V_{ri}}\right) \geqslant R_{cr} \tag{12-2-3}$$

式中：V_{ri} 为战斗部穿透多层间隔装甲中第 i 层后的剩余速度；ΔL_i 为多层间隔装甲中第 i 层与第 $i+1$ 层间的距离；V_r 为战斗部穿透多层间隔装甲后的剩余速度。

弹体穿透第 i 层后的剩余速度 V_{ri} 可用下式进行估算：

$$V_{ri}=\sqrt{\frac{2(E_{k(i-1)}-W_i)}{m_p}} \tag{12-2-4}$$

式中：W_i 为穿甲过程中第 i 层的吸能量；$E_{k(i-1)}$ 为半穿甲战斗部的初始动能；m_p 为半穿甲战斗部的质量。

12.2.3　复合装甲抗动能穿甲的装甲防护结构设计

对于抗战斗部动能穿甲的复合装甲通常由纤维增强复合材料与原有船体结构组合而成，防护要求为

$$R=S-V_r t_{delay}\geqslant R_{cr} \tag{12-2-5}$$

式中：S 为外层抗动能穿甲的装甲到内层防爆结构及防护装甲的距离；R_{cr} 为半穿甲战斗部引爆点到内层防爆结构及防护装甲的最小距离；V_r 为战斗部穿透外层复合装甲后的剩余速度；t_{delay} 为半穿甲战斗部的延时。

在抗动能穿甲过程中，复合装甲的吸能量 W 可分为两部分，即纤维增强复合材料板的吸能量 W_f 和舰船结构的吸能量 W_{st}。实践表明，复合装甲在抗穿甲破坏吸能时，两者的相互影响很小，可分别近似计算。因此，战斗部穿透外层复合装甲后的剩余速度 V_r 可用下式进行估算：

$$V_r=\sqrt{\frac{2(E_{k0}-W)}{m_p}} \tag{12-2-6}$$

式中：W 为穿甲过程中复合装甲的吸能量；E_{k0} 为半穿甲战斗部的初始动能；m_p 为半穿甲战斗部的质量。

W_{st} 的计算可根据低速薄板穿甲中的靶板变形吸能公式进行计算。

W_f 的计算较复杂，与纤维增强复合材料板的纤维材料特性及其破坏模式有关。对于碳纤维、高强玻璃纤维等脆性增强层合板，可近似用下式计算：

$$W_f=U_{sdb}[\sqrt{2}\pi h(h+2r_p)] \tag{12-2-7}$$

式中：U_{sdb} 为试验测试的纤维动态横向剪切断裂能；h 为纤维增强复合材料板的厚度；r_p 为半

穿甲战斗部的半径。玻璃纤维层合板的动态强度为准静态值的 1.5～2.0 倍。

对于柔性复合材料层合板(如芳纶纤维、超高分子量聚乙烯等增强层合板)，纤维增强材料在迎弹面为动态剪切破坏，背层为动态拉伸断裂破坏，忽略层间剪切破坏和基体碎裂吸能，W_f 可近似用下式计算：

$$W_f = U_{sdb}[\sqrt{2}\pi h_1(h_1 + 2r_p)] + 2U_{tdb}\pi r_p(h - h_1) \tag{12-2-8}$$

式中：U_{tdb} 为试验测试的纤维动态拉伸断裂能；h_1 为迎弹面纤维增强复合材料板动态剪切破坏厚度。

12.3　舰用复合装甲防护结构设计实例

目前对于半穿甲战斗部的动能穿甲作用，工程中常通过增加船体板厚或设置复合装甲的方式，尽可能地减小战斗部侵深。半穿甲战斗部的侵深主要依赖两个因素：一是战斗部引信的延迟时间；二是战斗部穿透舷侧外板后的剩余速度。在引信延迟时间一定的情况下，战斗部的剩余速度决定其侵深。纤维增强复合材料由于具有高比强度和高比刚度以及良好的抗侵彻性能等优点，在舰船结构防护领域中得到了广泛应用。

当导弹战斗部在舰船船体外或舰船舱室内部爆炸后，战斗部壳体在爆轰产物作用下将发生膨胀、破裂，形成大量大小不等的高速(>800 m/s)破片。舰船一般依托内部舱壁结构设置轻型复合装甲防护结构抵御高速破片的穿甲作用，其防护要求通常是抵御某一防护等级的高速破片，使其弹速减小到 0。因此，抗高速破片装甲防护结构设计通常采用弹道极限速度法或 V_{50} 法。

抗高速破片穿甲的纤维增强复合材料装甲通常设置于原有舰船结构后。高速破片首先必须穿透原有舰船结构，穿透后，高速破片将发生头部镦粗变形和质量损失，并会使原结构产生剪切冲塞质量块，其剩余总质量及剩余速度的计算过程中均须考虑冲塞块的影响。

由于纤维增强复合材料在抗穿甲过程中的破坏吸能与纤维的强度、铺层设计、编制方式，基体的含量、粘接强度等诸多因素有关，因此通常依赖试验方法进行评价与优化设计。设计的基本步骤如下：① 确定防御目标；② 确定初步的防护结构方案；③ 设计制作系列靶板；④ 开展试验测试与结果分析；⑤ 进行防护效率的对比与评估，确定防护结构方案。

12.3.1　舷侧复合装甲结构抗动能穿甲设计实例

1. 舷侧复合装甲结构形式

目前舷侧复合装甲结构主要存在外设和内敷两种形式。通过外敷或外挂复合材料装甲，船体外板形成多层复合装甲结构(见图 12-3-1，简称外设复合装甲)，可大幅降低战斗部穿透舷侧结构后的剩余速度，从而大大减小战斗部的侵深，降低战斗部内爆对舰船内部舱室结构的毁伤程度与范围。外设复合装甲结构虽然在制造及施工工艺等方面存在较大优势，但在海洋环境中受干湿交变、温度变化以及光照等影响，易产生老化现象，会使得纤维复合材料的力学性能明显降低，从而导致复合装甲整体力学性能下降。与此相反的是舷侧内设复合装甲结构(见图 12-3-2，简称内设复合装甲)，除不易发生老化现象外，内置于船体外板的方式能更好地发挥复合材料纤维的抗弹吸能能力，有效提高舷侧复合装甲结构的整体抗动能穿甲性能。因此，从防护的角度来看，采用内设形式的舷侧复合装甲不失为一种较好的选择。

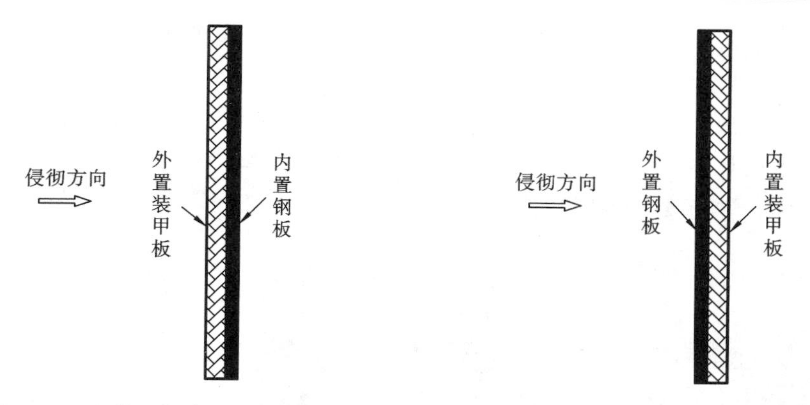

图 12-3-1　外设复合装甲示意图　　图 12-3-2　内设复合装甲示意图

2. 舷侧复合装甲结构穿甲破坏模式

图 12-3-3 为球头弹低速冲击下外设复合装甲结构中外置装甲板的破坏形貌。该外置装甲板由 CT736 平纹织布制成，制作方式为热模压，外置装甲板与钢质背板之间有环氧黏结胶。由正面的破坏形貌（见图 12-3-3(a)）可知，外置装甲板迎弹面冲击区边缘存在一定的剪切断裂现象，但冲击区的大部分纤维呈现拉伸断裂的破坏模式。由背面破坏形貌（见图 12-3-3(b)）可知，在外置装甲板背面的绝大部分纤维呈拉伸断裂破坏，且断裂端纤维出现了一定的原纤化现象，这是拉伸断裂后的纤维因弹丸表面的磨蚀作用造成的，也是纤维高韧性材料特性导致的结果。进一步结合侧面形貌（见图 12-3-3(c)）和横截面形貌（见图 12-3-3(d)）可知，外置装甲板的破坏模式主要为纤维的拉伸断裂破坏，发生破坏的区域局限于弹体冲击区，冲击区以外的横向变形很小，而破坏区的大小即穿孔直径与弹丸直径基本相等。可见，外置装甲板弹道冲击的

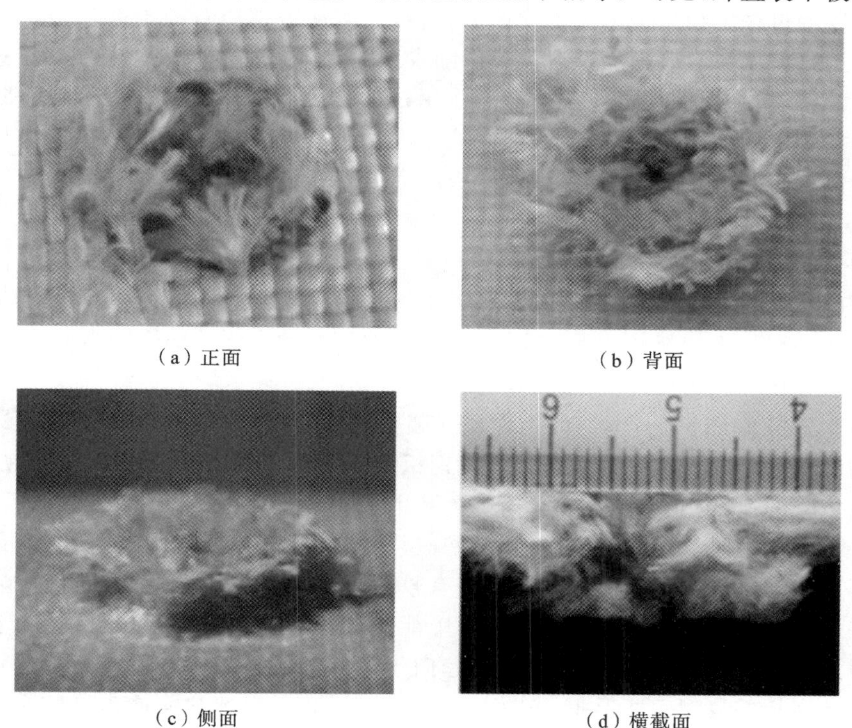

(a) 正面　(b) 背面　(c) 侧面　(d) 横截面

图 12-3-3　外设复合装甲结构外置装甲板的破坏形貌

响应主要是局部响应。

图 12-3-4 为球头弹低速冲击下外设复合装甲结构钢质背板的典型破坏形貌。由图可知，钢质背板冲击区大部分呈现花瓣开裂破坏，且冲击区以外的变形很小。从整体破坏情况来看，钢质背板的穿甲破坏模式主要为花瓣开裂破坏。在相近实验条件下，单一钢板的穿甲破坏模式则主要为隆起—碟形变形—贯穿破坏或隆起—剪切冲塞破坏，伴随有明显的剪切冲塞痕迹。

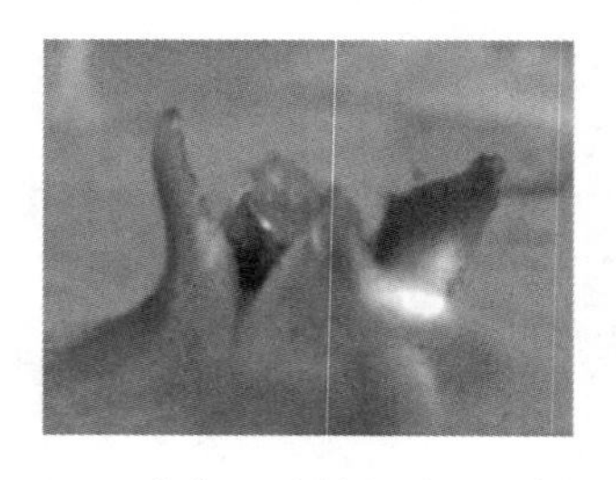
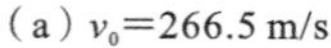
（a）v_0=266.5 m/s

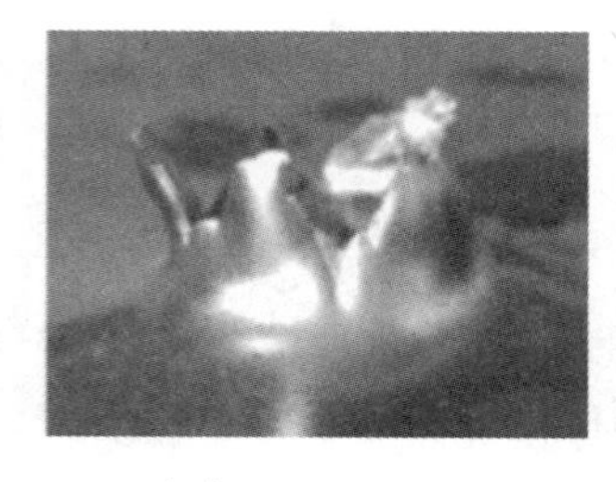
（b）v_0=295.3 m/s

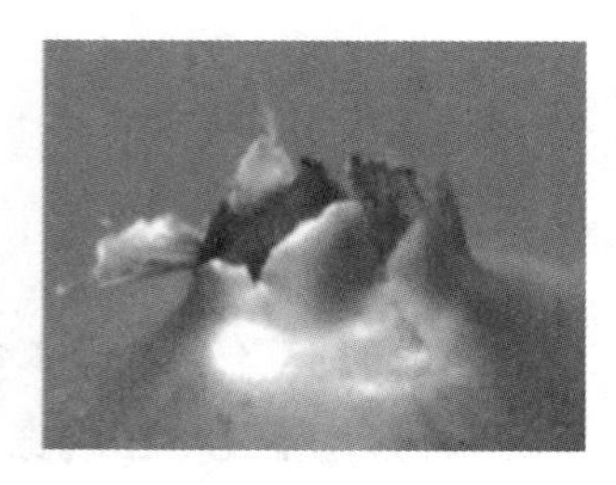
（c）v_0=325.7 m/s

图 12-3-4　外设复合装甲结构中钢质背板的典型破坏形貌

通过与单一钢板比较可知，在球头弹低速冲击下，外设复合装甲结构钢质背板穿甲破坏模式发生了明显变化，产生这种变化的原因主要有两方面：一方面，由于外置装甲板的影响，使得弹体在穿透外置装甲板后冲击钢质背板时的速度大大降低。结合上面的分析可知，钢质背板形成冲塞块的隆起变形区半径会随着冲击速度的降低而减小，即弹体冲击钢质背板时的速度越低，越不容易产生剪切冲塞破坏。另一方面，在弹丸对钢质背板的穿甲过程中，外置装甲板断裂的纤维附着在弹头表面，从而增大了弹丸对钢质背板冲击区的作用面积。同时在对初始冲塞破口挤压的过程中相当于增大了弹体的直径，因而使得钢质背板沿剪切破口边缘的环向应力迅速达到材料的屈服应力而产生裂纹。随着弹体和附着在弹头表面断裂纤维进一步的挤压作用，裂纹沿径向扩展并伴随花瓣的弯曲作用，最终形成花瓣开裂破坏。此外，断裂纤维对弹头表面存在一定的摩擦作用，这使得弹丸的速度降低得更快。因此，外设复合装甲结构在球头弹低速冲击下，外置装甲板改变了钢质背板的穿甲破坏模式。

内设复合装甲结构由于复合材料板设置的位置不同，使得外置钢板的破坏模式与外设复合装甲结构中的内置钢板的破坏模式截然不同。图 12-3-5 给出了内设复合装甲结构中外置钢板的典型破坏形貌。由图可知，外置钢板冲击区边缘存在明显的剪切冲塞痕迹，同时冲击区外围区域存在一定程度的塑性变形。由此可得，外置钢板的主要破坏模式为剪切冲塞破坏，外置钢板的穿甲破坏响应为局部响应。

比较图 12-3-4 和图 12-3-5 可知，内设复合装甲结构中外置钢板的穿甲破坏模式与外设复合装甲结构的明显不同。这主要是由于外置钢板直接受到弹丸冲击导致的，相同初速条件下，弹丸冲击钢板时的速度相对较高。同时，内置装甲板对外置钢板的变形响应存在一定程度的限制作用，使得外置钢板更容易产生剪切冲塞破坏。然而，与单一钢板进行比较可看出，外置钢板的破坏模式与单一钢板的破坏模式还是有较大差别的。由于背面没有其他结构的限制，内设复合装甲结构的内置装甲板在抗弹过程中能充分变形，同时外置钢板降低了弹丸冲击内置装甲板时的速度，从而使得冲击区纤维更趋向于拉伸断裂破坏。图 12-3-6 为内设复合装甲结构中内置装甲板的典型破坏形貌。由图可看出，内置装甲板迎弹面冲击区的绝大部分纤维呈现拉伸断裂破坏，冲击区边缘被剪切破坏的纤维很少。同时，冲击区外围存在少量的横向变形。而从背面破坏形貌可看出，内置装甲板背面冲击区的绝大部分纤维呈现拉伸断裂破坏，断

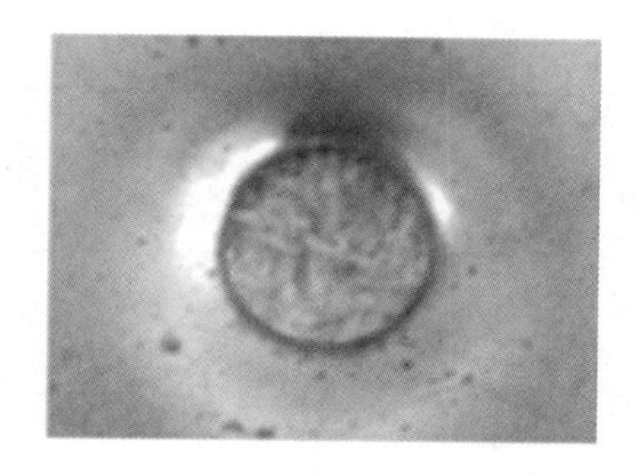
（a）正面

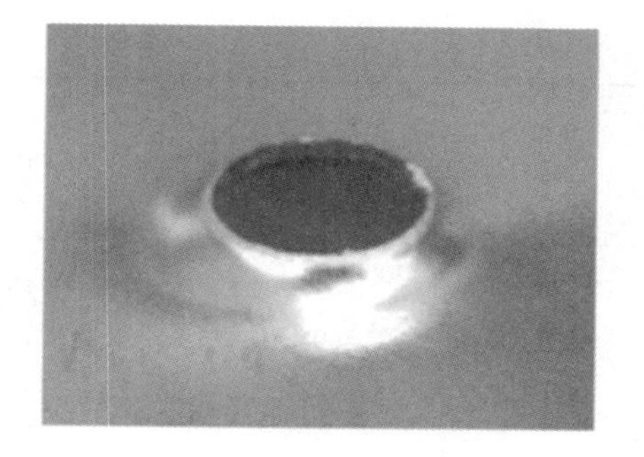
（b）背面

图 12-3-5　内设复合装甲结构中外置钢板的破坏形貌（$v_0 = 339.3$ m/s）

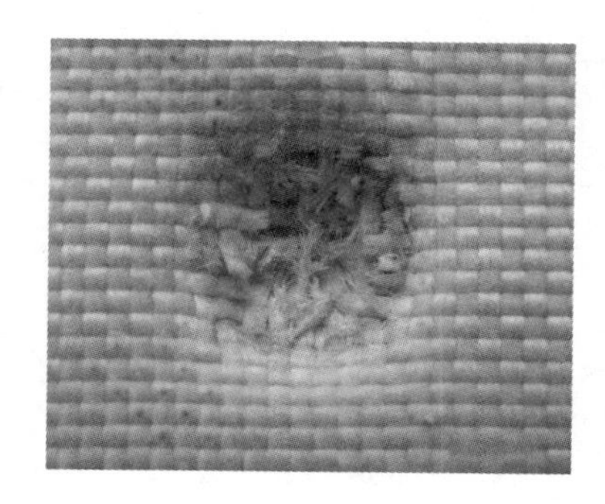
（a）正面

（b）背面

图 12-3-6　内设复合装甲结构中内置装甲板的破坏形貌

裂的纤维出现了较严重的原纤化现象。

进一步比较图 12-3-3 和图 12-3-6 可知，虽然内设复合装甲结构的内置装甲板的穿甲破坏模式也主要为纤维的拉伸断裂破坏，但其拉伸断裂纤维的比例较外设复合装甲结构的外置装甲板要大。由此可见，内设复合装甲结构这种结构形式更易使复合材料板发生纤维拉伸断裂破坏。

3. 防护效能分析

在球头弹低速冲击下，材料相同（复合材料板均为 T750 芳纶纤维、钢板均为 Q235 钢）、面密度相近的外设和内设复合装甲结构的抗弹性能比较如表 12-3-1 所示。

表 12-3-1　实验结果抗弹吸能对比

结构形式	试验序号	h_1/mm	h_2/mm	m_p/g	v_0 /(m/s)	v_r /(m/s)	E_A /(J · m²/kg)	E_A 平均值 /(J · m²/kg)
单一钢板	1	—	1.36	25.7	—	316.8	—	20.3
	2	—	1.36	25.6	352.1	314.2	30.5	
	3	—	1.36	25.7	317.1	288.7	20.8	
	4	—	1.36	25.8	277	245.7	19.9	
	5	—	1.36	25.7	259.5	232.7	16	
	6	—	1.36	25.8	187.7	152.6	14.5	

续表

结构形式	试验序号	h_1/mm	h_2/mm	m_p/g	v_0 /(m/s)	v_r /(m/s)	E_A /(J・m²/kg)	E_A 平均值 /(J・m²/kg)
外设复合装甲结构	7	0.455	1.36	25.7	332.9	273.4	32.8	32.8
	8	0.459	1.36	25.8	343.5	284.1	33.9	
	9	0.453	1.36	25.6	295.3	224.8	33.2	
	10	0.457	1.36	25.7	264.4	186.6	31.8	
	11	0.46	1.36	25.6	—	225.7	—	
	12	0.457	1.36	25.6	295.8	226.7	32.6	
	13	0.459	1.36	25.6	326	263.4	33.3	
	14	0.431	1.36	25.7	325	265.4	32.4	
内设复合装甲结构	15	1.36	0.474	25.8	352	282.9	39.5	40.5
	16	1.36	0.454	25.8	355.8	293.6	36.8	
	17	1.36	0.454	25.6	360.3	279.7	46.6	
	18	1.36	0.444	25.8	391.7	327.5	42.3	
	19	1.36	0.444	25.7	365.9	288.1	46.5	
	20	1.36	0.417	25.8	348.1	285.8	36.8	
	21	1.36	0.417	25.8	311.8	244.8	34.7	

表 12-3-1 中，h_1 和 h_2 均为等面密度钢甲厚度（钢甲质量密度为 7.8 kg/m³），m_p、v_0 和 v_r 分别为弹体质量、初速和剩余速度，E_A 为靶板的整体单位面密度吸能。由表可知，外设和内设复合装甲结构均较单一钢板的抗弹性能要好，防护效能即抗弹效能分别提高 61.6％和 99.5％。由于外设和内设复合装甲结构均存在复合材料板，而复合材料板在抗穿甲过程中的纤维拉伸断裂耗能的效率较单一钢板的要高得多，因而使得复合装甲结构的整体抗弹效能要大大高于单一钢板的。

进一步比较表 12-3-1 中外设和内设复合装甲结构的抗弹效能可知，内设复合装甲结构的要高于外设的形式。这主要是由于内设复合装甲结构中的内置复合装甲板背面没有其他结构的限制，其在抗穿甲过程中能够充分变形，同时外置钢板降低了弹丸冲击内置复合装甲板时的速度，从而使得内置复合装甲板冲击区的纤维更趋向于拉伸断裂破坏，从而更有利于纤维抗弹吸能能力的发挥。同时，又由于复合材料板的抗弹效能要远大于单一钢板的，因而使得内设复合装甲结构的整体抗弹效能较外设复合装甲结构的要高。

通过以上对内设复合装甲结构和外设复合装甲结构防护效能的比较分析可得，舰船舷侧采用内设复合装甲板的结构形式能在很大程度上提高舷侧结构的整体防护效能。主要原因在于内设的复合装甲能够更为充分地发挥复合材料纤维在抗穿甲过程中的拉伸断裂吸能能力。因此，仅从防护的角度来看，在工程实际中可考虑在舰船舷侧采用内设复合装甲的结构形式，以更大限度地减小反舰导弹战斗部穿透舰船舷侧结构后的剩余速度，从而减小其侵深。至于舷侧内设复合装甲结构形式的设计安装及其施工工艺问题，则需进一步开展研究。

4. 战斗部余速的理论预估

工程中，舰船舷侧结构难以完全抵御半穿甲战斗部的低速动能穿甲，因此应更多关注战斗部穿透舷侧结构的剩余速度即余速的大小，并根据余速大小确定战斗部爆炸点离内部重要舱室舱壁结构的爆距值，从而为内部重要舱壁的结构设计提供依据。

弹丸穿透复合装甲结构后的剩余速度理论预估模型的思路是首先分别求出外置复合装甲板和内置钢质背板（或外置钢板和内置复合装甲板）的抗弹吸能，再基于能量守恒定律建立复合装甲结构总吸能与弹丸穿透前后动能变化的关系式，进而求得弹丸穿透后的余速值。对于外设复合装甲结构，弹丸穿透后的余速 v_r 可近似按下式计算：

$$v_r=\left\{\left(1-\frac{0.31\pi\rho_s d^2 h_s}{m_p}\right)\left[v_0^2-\frac{\pi d^2 h_c\sigma_e}{2m_p}\left(1+\beta\sqrt{\frac{\rho_c}{\sigma_e}}\ v_0\right)\right]-\frac{\pi d^2 h_s\sigma_y}{4m_p}\right\}^{0.5} \tag{12-3-1}$$

式中：d、m_p 和 v_0 分别为弹丸弹体直径、质量和初速；ρ_s、h_s 和 σ_y 分别为钢板（此为内置钢板）体密度、厚度和抗压强度；ρ_c、h_c 和 σ_e 分别为复合材料板（此为外置复合装甲板）的体密度、厚度和抗压强度；β 表示与弹丸头型有关的系数，对于球头弹 $\beta=1.5$，平头弹 $\beta=1$，球形弹 $\beta=0.5$，锥头弹 $\beta=\sin^2\alpha$，其中 α 为半锥角。

对于内设复合装甲结构，假设外置钢板的穿甲破坏模式为开坑屈服模式，构建开坑屈服模型，如图 12-3-7。图中，r 和 z 分别表示径向和厚度方向位置，则得到弹丸穿透内设复合装甲结构后的余速为

$$v_r=\left\{\left(1-\frac{0.31\pi d^2\rho_s h_s}{m_p}\right)v_0^2-\frac{\pi d^2 h_s\sigma_y}{4m_p}-\frac{\pi d^2 h_c\sigma_e}{2m_p}\left(1+\beta\sqrt{\frac{\rho_c}{\sigma_e}}\ v_{ic}\right)\right\}^{0.5} \tag{12-3-2}$$

式中：v_{ic} 表示弹丸穿透外置钢板后，侵彻内置装甲板时的瞬时初速。

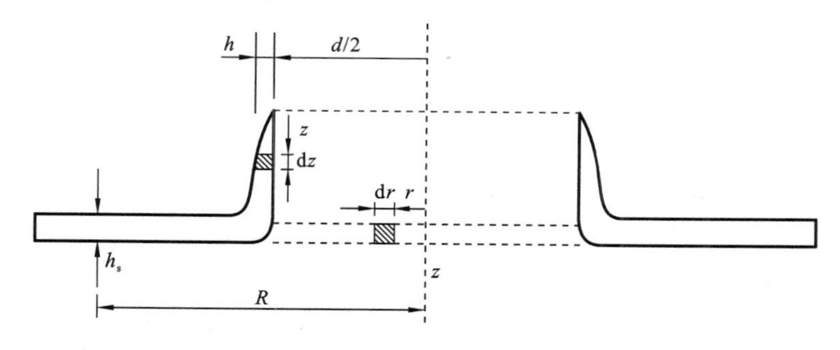

图 12-3-7　开坑屈服模型示意图

图 12-3-8 和图 12-3-9 分别给出了球头弹丸穿透外设和内设复合装甲结构后的剩余速度理论预估值与实验结果的比较。由图可看出，本模型的理论预估值与试验实测值均吻合较好，验证了模型的合理性和有效性。由于本模型所用参数较少，且易于从简单测量中获得，整个理论预估过程方便快捷，具有一定的工程应用价值。

5. 抗导弹战斗部动能穿甲设计实例

舷侧复合装甲防护结构设计的原则是尽可能减少战斗部侵入舰体内部的深度，即减小战斗部穿透舷侧防护结构后的剩余速度。考虑施工和建造等因素，将舷侧复合装甲设置在舷侧外板的外侧，如图 12-3-10 所示，即外设复合装甲结构形式。半穿甲战斗部在穿透舷侧防护结构后，由于引信延时作用会继续飞行一段时间。因此，战斗部侵深 H 即战斗部剩余速度 v_r 与引信延时 τ 之积。根据舱内防护结构设计的要求，应使战斗部爆炸点与内部舱壁之间的距离不

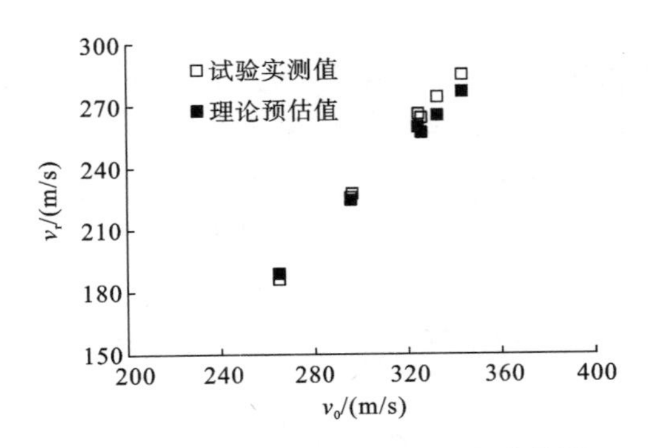

图 12-3-8　球头弹丸穿透外设复合装甲结构后的余速比较

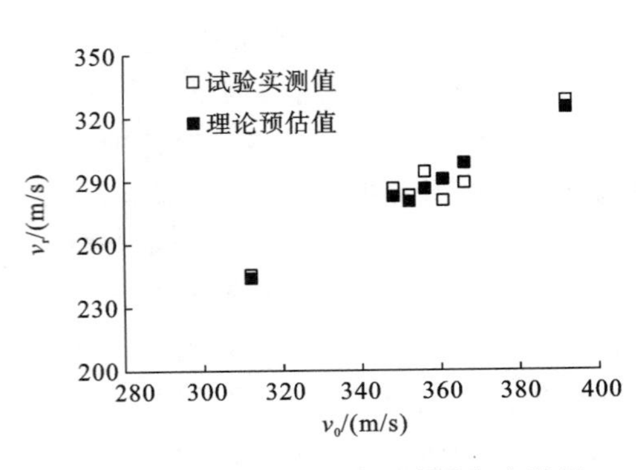

图 12-3-9　球头弹丸穿透内设复合装甲结构后的余速比较

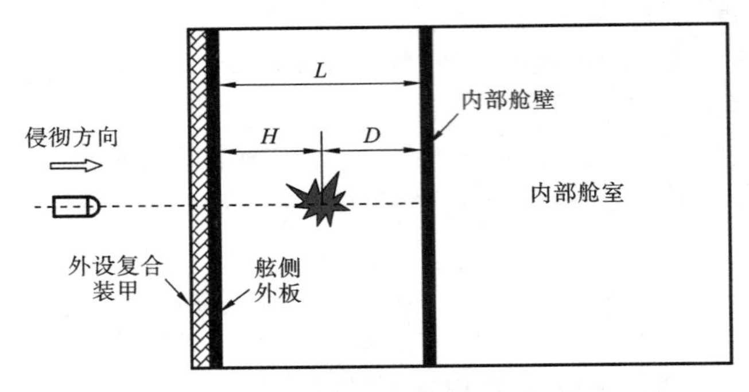

图 12-3-10　舷侧复合装甲防护结构设计示意

小于设定的距离 D。

设舷侧外板与内部舱壁之间的距离为 L，则有

$$L-v_r\tau\geqslant D \tag{12-3-3}$$

则战斗部剩余速度 v_r 满足：

$$v_r\leqslant(L-D)/\tau \tag{12-3-4}$$

其中，v_r 由式(12-3-1)计算得到。

舷侧外板的厚度 h_s 根据船体结构强度的设计要求得到。因此，在舷侧外板厚度确定的情况下外设复合装甲的厚度 h_c 由剩余速度满足的条件式(12-3-4)计算得到。根据典型大型舰船舷侧结构尺寸设计，本小节的示例设计中取舰船舷侧外板与舱壁之间的距离 $L=4.3$ m，舷侧外板厚度 $h_s=16$ mm。

以掠海飞行半穿甲反舰导弹为防御目标，战斗部质量 230 kg，直径 374.4 mm，初速 $v_0=340$ m/s，战斗部引信延时 $\tau=15$ ms。表 12-3-2 给出了在舷侧外板厚度和外板离内部舱壁距离确定的情况下，计算得到爆炸点离舱壁的距离随外设复合装甲厚度变化的情况。

表 12-3-2　爆炸点离舱壁距离随外设复合装甲厚度变化的情况

舷侧外板厚度 h_s/mm	外设复合装甲厚度 h_c/mm	剩余速度 v_r/(m/s)	战斗部侵深 H/m	外板离内部舱壁距离 L/m	爆炸点离舱壁的距离 D/m
16	25	275.0	4.13	4.3	0.17
16	30	265.4	3.98	4.3	0.32

续表

舷侧外板厚度 h_s/mm	外设复合装甲厚度 h_c/mm	剩余速度 v_r/(m/s)	战斗部侵深 H/m	外板离内部舱壁距离 L/m	爆炸点离舱壁的距离 D/m
16	35	255.3	3.83	4.3	0.47
16	40	244.8	3.67	4.3	0.63
16	46	231.6	3.47	4.3	0.83
16	50	222.4	3.34	4.3	0.96
16	51	220.0	3.30	4.3	1.00
16	52	217.6	3.26	4.3	1.04

由表 12-3-2 可看出，当舷侧外板厚度为 16 mm 时，外设复合装甲的厚度达到 50 mm 以上才能使战斗部爆炸点离舱壁的距离小于 1 m。即若要求爆炸点离内部舱壁的距离大于 1 m，则外设复合装甲的设计厚度需要在 50 mm 以上。

进一步地，固定外设复合装甲板的厚度为 52 mm，变化舷侧外板的厚度，得到爆炸点离舱壁的距离随舷侧外板厚度的变化情况，如表 12-3-3 所示。结合表 12-3-2 和表 12-3-3 可得，战斗部爆炸点离内部舱壁的距离受舷侧外板厚度的影响较小，主要取决于外设复合装甲板的厚度。

表 12-3-3　爆炸点离舱壁距离随舷侧外板厚度变化的情况

舷侧外板厚度 h_s/mm	外设复合装甲厚度 h_c/mm	剩余速度 v_r/(m/s)	战斗部侵深 H/m	外板离内部舱壁距离 L/m	爆炸点离舱壁的距离 D/m
10	52	225.6	3.38	4.3	0.92
12	52	223.0	3.34	4.3	0.96
16	52	217.6	3.26	4.3	1.04
18	52	214.9	3.22	4.3	1.08
20	52	212.2	3.18	4.3	1.12
22	52	209.4	3.14	4.3	1.16
25	52	205.1	3.08	4.3	1.22

12.3.2　舰用轻型混杂复合装甲结构设计实例

1. 确定防御目标

假定防御对象为 45 钢立方体破片，尺寸为 7.5 mm×7.5 mm×7.5 mm，经机加工磨光，质量为 3.2 g，防护等级为三级防护，则破片初速为 1000～1300 m/s。

2. 确定初步的防护结构方案

针对此防御对象的穿甲特性，可认为它是小质量体的高速穿甲，基于复合装甲结构设计经验，拟采用船体结构钢＋混杂纤维增强复合材料层合板组成轻型复合装甲结构加以防御。

3. 设计制作系列靶板

所用复合材料靶板的序号及面密度参数见表 12-3-4。复合材料靶板基体材料采用聚碳酸酯，基体含量为(质量比)25％左右。纤维增强材料分别为 S2 玻纤织布和 T750 织布，按一定方式混杂层合，体积比约为 4∶1，为了与防弹钢的抗弹性能进行比较，对 F-1G 防弹钢和外置钢板进行了破片侵彻实验研究。

表 12-3-4 复合材料防弹板材料参数

复合材料靶板序号	170	171	172	173	175	176	178	179	180
面密度/(kg/m^2)	21.7	21.7	21.9	22.5	8.4	10.6	14.36	16.4	14.40

4. 开展试验测试与结果的分析

对于采用有间隙组合形式的复合装甲结构，为更为有效评估背层复合材料层合板的抗弹效率，针对不同外置船体钢以及相应的防弹钢单一抗弹效率进行测试，然后针对组合式复合装甲结构进行分析。

表 12-3-5 立方体破片打靶实测结果

序号	靶板类型	靶前速度/(m/s)	靶后速度/(m/s)	面密度/(kg/m^2)	现象及单位面密度吸能量/(J·m^2/kg)
1	3.92 mm 船体钢	1066	449.5	31.2	穿透(38.30)
2	3.92 mm 船体钢	1083	433	31.2	穿透(41.62)
3	3.92 mm 船体钢	1253.3	603.8	31.2	穿透(44.54)
4	6.1 mm 船体钢	1048.6	177	48.05	穿透(34.10)
5	6.1 mm 船体钢	1252	337.5	48.08	穿透(42.96)
6	7.6 mm 防弹钢	1348	237	59.2	穿透(44.93)
7	7.6 mm 防弹钢	1280	174.5	59.2	穿透(42.00)
8	8.5 mm 防弹钢	1325	未测到	66.3	穿透(＜42.4)
9	8.5 mm 防弹钢	1239.8	未测到	66.3	穿透(＜37.1)
10	6.1 mm 船体钢＋$173^{\#}$	1287	—	48.5＋22.5	未穿透，背板稍凸起(＞37.30)
11	6.1 mm 船体钢＋$172^{\#}$	1254	—	48.5＋21.9	未穿透，背板稍凸起(＞35.70)
12	6.1 mm 船体钢＋$180^{\#}$	1269.7	—	48.5＋14.4	未穿透，背板稍凸起(＞35.40)
13	6.1 mm 船体钢＋$176^{\#}$	1226.9	—	48.5＋10.6	未穿透，背板稍凸起(＞40.80)
14	6.1 mm 船体钢＋$175^{\#}$(1)	1253.5	—	48.5＋8.4	未穿透，背板稍凸起(＞44.18)
15	6.1 mm 船体钢＋$175^{\#}$(2)	1201.5	—	48.5＋8.4	未穿透，背板稍凸起(＞40.59)
16	3.92 mm 船体钢＋$170^{\#}$	1059	—	31.2＋21.7	未穿透，背板凸起(＞33.92)
17	3.92 mm 船体钢＋$178^{\#}$	1250.3	—	31.2＋14.4	未穿透，背板凸起(＞54.87)
18	3.92 mm 船体钢＋$179^{\#}$	1250.3	—	31.2＋16.4	未穿透，背板凸起(＞52.52)
19	3.92 mm 船体钢＋$180^{\#}$	1231.5	—	31.2＋14.4	未穿透，背板凸起(＞53.26)

弹道冲击/打靶试验采用火药弹道枪进行破片发射，通过火药量控制破片发射初速，速度采用间隙触发测速系统进行测量，实测数据如表 12-3-5 所示。表中给出了船体钢板、防弹钢板、外置船体钢板与复合材料防弹板组合板的立方体破片打靶试验测试结果。图 12-3-11 为典型立方体破片穿透船体钢板后的变形模式。实验中部分靶板破坏模式，如图 12-3-12 和图 12-3-13 所示。

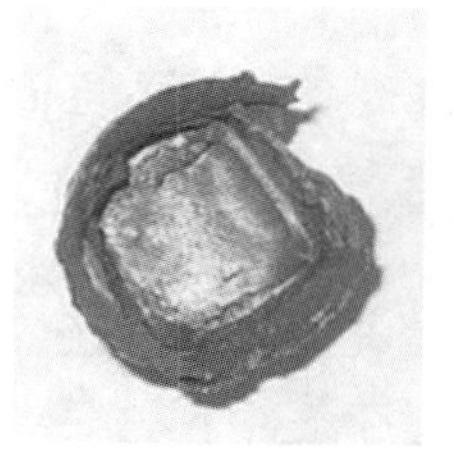
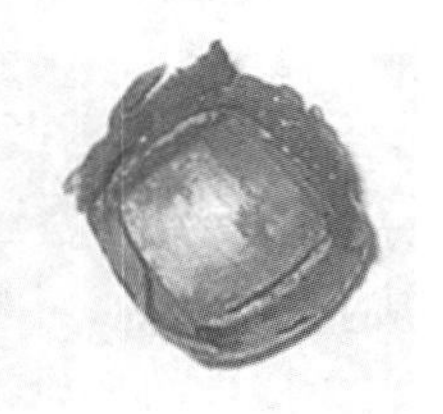

图 12-3-11　破片穿透靶板后的变形模式

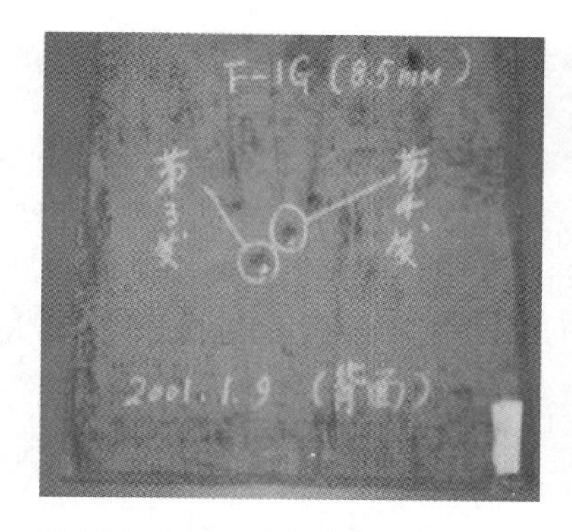

图 12-3-12　破片高速侵彻 3.92 mm 船体钢板和 8.5 mm 防弹钢板破坏模式以及破片穿透靶板后的变形模式

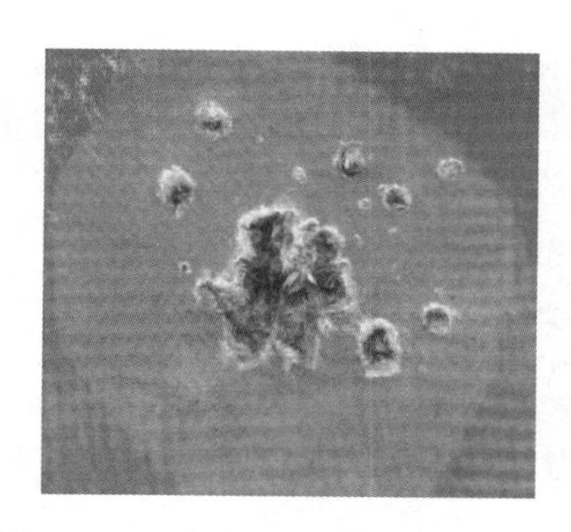
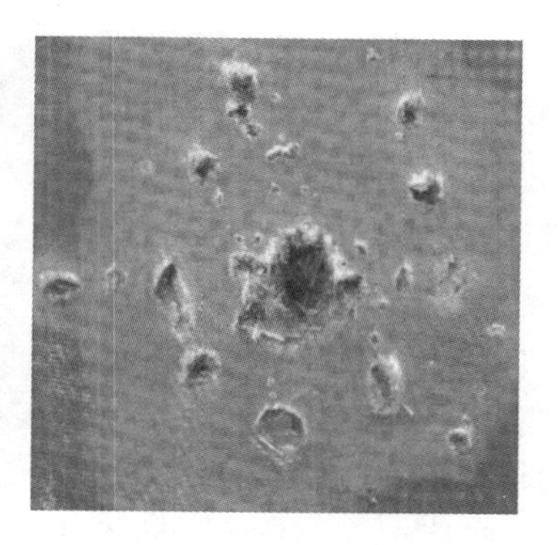

图 12-3-13　破片高速侵彻内置 178# 纤维和内置 180# 纤维靶破坏形貌(迎弹面)

钢靶板及纤维复合靶板的破坏模式显示：钢靶板在破片的高速侵彻下，弹孔很小，局部高速破片穿透钢板，产生冲塞剪切破坏模式；混杂纤维组合靶板，则表现出背板凸起、大面积层间分层等特点。以 178# 靶板为例，高速破片穿透钢板后着靶速度降低，破片前端发生较大的塑性变形镦粗(见图 12-3-11)，破片与纤维靶接触面积增大，开坑面压力相对下降，穿透能力降低；破片对纤维板的侵彻，由于冲击过程中厚度方向的压缩波反射为拉伸波，导致层间基体开裂，而弹体的后继侵彻和层向剪切波的作用，导致层间分层的扩展和背板凸起。外置钢板、纤维板的拉伸断裂和层间分层损伤(能量扩散)，是纤维板产生优异抗弹性能的主要原因。

在此基础上，对试验所得靶板单位面密度吸能量进行比较：钢靶板以 7.6 mm 厚防弹钢板抵抗 1348 m/s 破片侵彻时的单位面密度吸能量最高，为 44.93 J · m^2/kg。而采用轻型复合装甲(如 3.92 mm 船体钢+178#)抵抗破片的高速侵彻，由于靶板未被穿透，可以认为，综合单位面密度吸能量高于 54.87 J·m²/kg(破片速度 1250.3 m/s)。由于钢板的单位面密度吸能量低于综合单位面密度吸能量平均值,可以推断纤维靶板的单位面密度吸能量将高于综合单位面密度吸能量。

5. 防护效率的对比与评估

对于钢靶与组合结构靶的防护性能,可采用如下的评估方法:选取某种钢靶作为参考靶,与组合结构靶进行比较,在较为接近的初始侵彻速度条件下,按下式进行评估。

$$\bar{m}=\rho_r/\rho_t \tag{12-3-5}$$

式中:$\bar{m}$ 为质量防护系数;ρ_r 为参考钢靶的面密度;ρ_t 为钢-纤维组合结构靶的面密度。当质量系数大于 1 时,质量系数越大,则钢-纤维增强复合材料组合结构靶的防护性能越好,反之,防护性能越差。

根据实验结果可知,对于 8.5 mm 厚的防弹钢靶,在 1239.8 m/s 的弹速下被击穿,其面密度为 66.3 kg/m²,而 3.92 mm 船体钢板＋178# 复合材料防弹板组成的组合结构靶防住了 1250.3 m/s 弹速的破片,其面密度为 45.6 kg/m²。由式(12-3-5)可得组合结构靶的质量防护系数为 1.45,较一般认为的动能穿甲防护系数 1.2～1.3(目前的国际水平)有较大提高。

12.3.3 舰用轻型陶瓷复合装甲结构设计实例

1. 防御对象

假定防御对象为 26 g 破片模拟弹,冲击速度为 1000～1200 m/s。

2. 防护结构初步方案

针对此防御对象的穿甲特性,采用陶瓷＋船体结构钢＋混杂纤维增强复合材料层合板组成的轻型复合装甲结构加以防御。设置陶瓷材料的主要目的是通过其高硬度来侵蚀、钝化和碎裂弹体,降低弹体的侵彻性能,此外,陶瓷材料碎裂后形成的陶瓷锥还能吸收弹体的冲击动能、传递冲击载荷,增大船体结构钢背板的破坏程度。设置混杂纤维增强复合材料的主要目的是吸收碎裂弹体及陶瓷锥的剩余冲击动能,防止其对结构、设备及人员产生“二次杀伤”效应。

3. 系列靶板的设计制作

针对此防御对象,共设计了 4 个系列靶板。

(1) 船用钢装甲(参照结构)。为研究舰船结构在高速破片弹道冲击下的响应,考察船用钢装甲结构的抗弹性能,第 1 种靶板结构设计为船用装甲靶板。

(2) 陶瓷＋船用钢复合装甲。面板选用目前应用较广的装甲陶瓷(99 瓷),背板厚度为舰船水线以上较典型的舱壁板厚(6 mm 和 4 mm);面板和背板采用 AB 胶粘接,粘接后经过 24 小时固化。靶板结构为:止裂层(C 玻纤增强层压板)＋陶瓷＋船用 D 级钢。陶瓷面板边界用玻璃钢复合材料层压板约束。设计这种靶板的目的是研究陶瓷材料侵蚀、钝化和碎裂弹体的能力,及弹体侵彻能力、背板破坏形式和破坏程度。实践经验证明,由于这种靶板存在“二次杀伤”的缺陷,为了充分发挥纤维增强复合材料的优势,分别设计第(3)、(4)种靶板结构。

(3) 陶瓷＋纤维增强复合材料装甲。面板选用 Al_2O_3 陶瓷(95 瓷和 99 瓷),背板采用抗弹性能和经济性均较优的混杂纤维增强复合材料层合板。靶板结构为:止裂层(C 玻纤增强层压板)＋陶瓷＋纤维增强复合材料。陶瓷面板边界用玻璃钢复合材料层压板约束。

(4) 陶瓷＋船用钢＋纤维增强复合材料组合装甲。根据舰船的实际结构,为了充分发挥陶瓷材料侵彻、碎裂弹体的能力和纤维增强复合材料防止“二次杀伤”效应的能力,降低装甲结构的面密度,设计的靶板结构为:止裂层(C 玻纤增强层压板)＋陶瓷＋船用钢＋间隙＋纤维增强复合材料,或者为外置钢板+间隙+陶瓷+纤维增强复合材料。陶瓷面板边界用玻璃钢复合材料层压板约束。

材料性能及装甲靶板的具体结构分别如表 12-3-6、表 12-3-7 和表 12-3-8 所示。

表 12-3-6　背板材料力学性能

材料	E/GPa	ρ/(kg/m^3)	泊松比 ν	σ_y/MPa	σ_b/MPa	伸长率 δ_s/(%)	断面收缩率 Ψ/(%)
945 钢	205	7770	0.32	≥440	550～685	≥20	≥50
船用 D 级钢	210	7800	0.3	≥235	400～490	≥22	—
45 钢	205	7800	0.3	355	600	16	40

表 12-3-7　Al_2O_3 陶瓷材料性能

材料	Al_2O_3 含量	密度 /(kg/m^3)	弹性模量 /GPa	断裂韧性 K_{IC} /(MPa · m$^{0.5}$)	维氏硬度 /GPa	抗压强度 /GPa
99 瓷	99.5%	3616	355	3.390	10.982	2.416
95 瓷	95%	3441	227.2	3.207	8.932	2.187

表 12-3-8　装甲靶板具体结构

编号	系列	靶板结构	ρ_A /(kg/m^2)	编号	系列	靶板结构	ρ_A /(kg/m^2)
1	(1)	4mm945 钢	31.08	7	(2)	12.31mm99 瓷+6mmD 级钢	91.31
2	(1)	6mm945 钢	46.62	8	(3)	4.35mm95 瓷+纤维增强复合材料	29.01
3	(1)	8.32mm945 钢	64.65	9	(3)	12.20mm99 瓷+纤维增强复合材料	75.79
4	(1)	11mm945 钢	85.47	10	(4)	外置 4mm945 钢,2.30mm95 瓷+纤维增强复合材料	46.92
5	(1)	20.8mm945 钢	155.4	11	(4)	12.20mm99 瓷+6mmD 级钢+间隙 60mm+纤维增强复合材料	105.56
6	(2)	15.12mm99 瓷+4mmD 级钢	85.87	12	(4)	12.50mm99 瓷+4mmD 级钢+间隙 90mm+纤维增强复合材料	90.9

4. 试验测试及结果分析

为研究不同冲击速度及冲击能量下的船用复合装甲结构形式,分别进行三种不同冲击动能下的弹道冲击试验。其中,冲击动能较高的试验采用质量为 26 g 的破片模拟弹(FSP),冲击速度约为 1200 m/s 和 1000 m/s,采用面密度较大的陶瓷复合装甲靶板结构:6、7 和 11、12。冲击动能较小的试验采用立方体破片,冲击速度约为 1200 m/s,采用面密度较小的靶板结构:8 和 9。

(1) 船用钢装甲的破坏模式及抗弹性能。

在弹体冲击下,有限厚金属靶板的穿甲破坏模式主要有花瓣开裂、延性扩孔、剪切冲塞以及破碎穿甲等。影响靶板的破坏模式的基本因素除冲击速度,冲击角度,弹、靶材料的特性和靶板的相对厚度外,还有弹头形状。一般认为,钝头弹侵彻中厚靶或薄板时容易发生冲塞穿甲,而塑性良好的钢甲则常出现延性扩孔穿甲。破片模拟弹由于具有独特的弹头形状、平面凸缘和切削面，因而侵彻初期同时具有钝头弹和尖头弹的特性。

由表 12-3-8 的试验 1～5 可知，船用 945 钢靶板在 FSP 冲击下，开始时，靶板将产生延性扩孔破坏，使靶板破口正面产生翻起的唇边（延性扩孔的结果）（见图 12-3-14（a）和（b）），随着弹体侵入深度的进一步增加，由于弹体头部平面凸缘受到侵蚀，弹体与一般的钝头弹的区别变小，当靶板剩余厚度的剪切冲塞抗力小于延性扩孔抗力时，弹体的侵彻使靶板产生剪切冲塞，靶板破口背面产生明显的剪切口（见图 12-3-14（c）和（d））。因此，靶板的破坏模式为延性扩孔和剪切冲塞的组合形式。

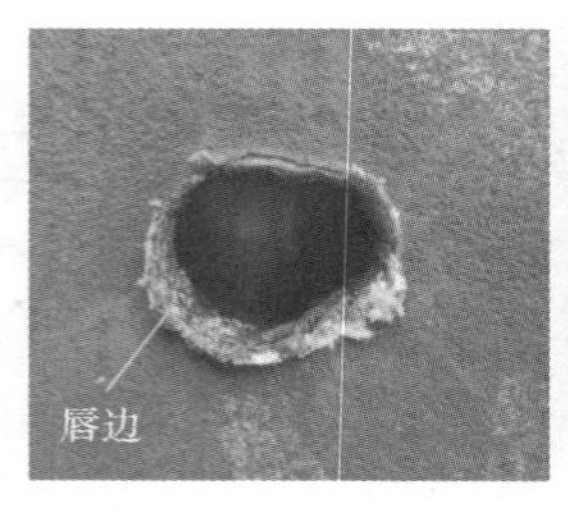

（a）试验1

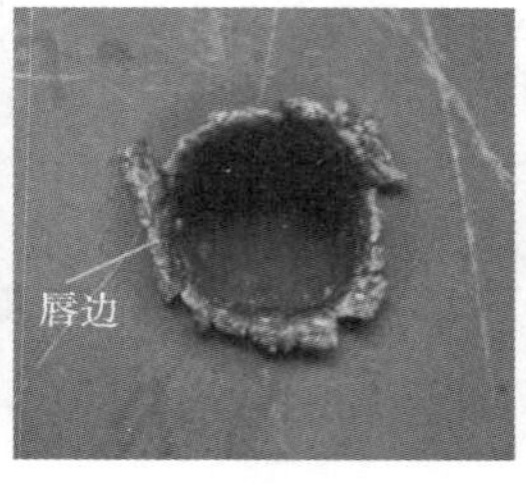

（b）试验3

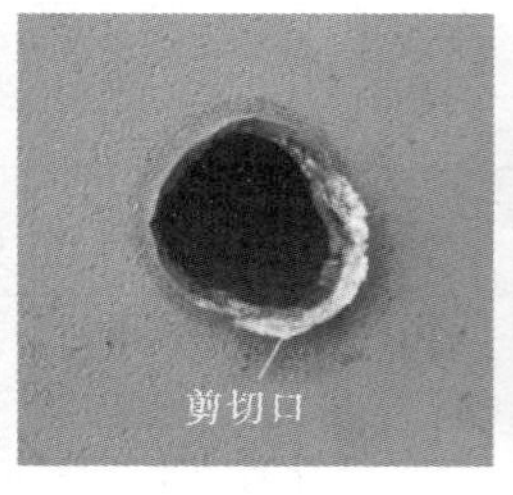

（c）试验4

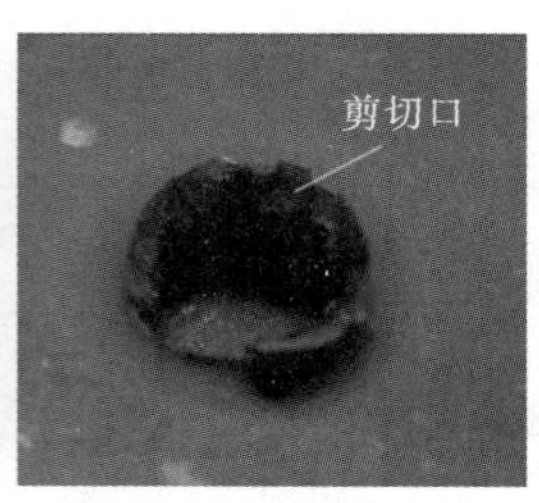

（d）试验5

图 12-3-14　船用钢靶板破口形貌

船用钢装甲弹道试验结果如表 12-3-9 所示。其中，剩余速度 v_r 是剩余弹体与剪切塞块的最大速度。高速破片穿透船体钢时弹体质量损失较少，部分剩余质量还略大于初始质量，而靶板的冲塞块厚度与靶板的厚度及弹径有关。假设冲塞块的速度与弹体剩余速度相同，直径与镦粗后的弹径相同，可得高速破片的冲击下船用 945 钢靶板的单位面密度吸能量 E_A。其中，由于冲塞块对于靶后目标同样具有杀伤性，因此计算中不考虑冲塞块吸收的动能。

表 12-3-9　船用钢靶板的抗弹性能

编号	靶板厚/mm	弹型/质量	v_0/(m/s)	v_r/(m/s)	E_A/(J·m²/kg)	靶板穿透情况
1	4	FSP/26g	1067.5	843.8	135.1	穿透
2	4	FSP/26g	1238.8	1006.1	156.3	穿透
3	6	FSP/26g	1055.1	726.6	130.0	穿透
4	6	FSP/26g	1235.7	812.1	200.5	穿透
5	8.32	FSP/26g	1052.9	681.8	99.5	穿透
6	8.32	FSP/26g	1232.7	755.3	154.1	穿透
7	11	FSP/26g	1035.3	557.2	95.2	穿透
8	11	FSP/26g	1226.6	577.9	155.9	穿透
9	20.8	FSP/26g	1208.5	0	＞117.5	未穿透

高速破片穿透普通舰船结构（板厚 4～11 mm）后仍具有较强杀伤威力（剩余速度 500 m/s 以上），必须为舰船设置专门防护装甲抵御高速破片的冲击；高速破片冲击下船用 945 钢靶板的单位面密度吸能量随初始冲击速度的增大而增大，分别对初始速度相近的试验结果取算术平均，可得 26g 的 FSP 在 1052.7 m/s 和 1228.5 m/s 冲击下，船用 945 钢靶板的 E_A 分别约为 115.0 J·m²/kg 和 156.9 J·m²/kg。

（2）陶瓷复合装甲的破坏模式及抗弹性能。

弹体撞击陶瓷面板后在弹体和陶瓷面板内同时产生压缩应力波，当冲击速度较高时，压缩应力波将使弹体产生钝化、侵蚀和碎裂；而压缩应力波传播到陶瓷面板背面时，会反射为拉伸应力波，拉伸应力波和周向应力共同作用，在陶瓷面板中形成周向和径向裂纹，最终形成碎裂陶瓷锥（见图 12-3-15(a)）。陶瓷锥形成后，陶瓷碎片的运动将吸收部分弹体动能，剩余弹体速度进一步减小；随后弹体和陶瓷锥共同冲击背板（见图 12-3-16），增加了弹体的作用面积，背板在弹体和陶瓷锥的共同冲击下，其冲击响应类似于低速卵形弹冲击下的薄板穿甲，变形范围和变形程度大大增加，其变形失效模式有隆起大变形和花瓣开裂型穿甲（见图 12-3-15(b)和(c)）。对于第 4 种装甲结构，弹体穿透陶瓷和钢背板后，弹体和陶瓷碎片将呈喷射状作用于间隙设置的复合材料背板（见图 12-3-17），喷射状弹体和陶瓷碎片的速度、侵彻能力较初始弹体大大下降，而其在复合材料板上的作用面积则大大增加，有利于复合材料背板提高吸能量，因此，这种结构结合了陶瓷材料降低弹体侵彻性能的能力和纤维增强复合材料防“二次杀伤”效应的能力。

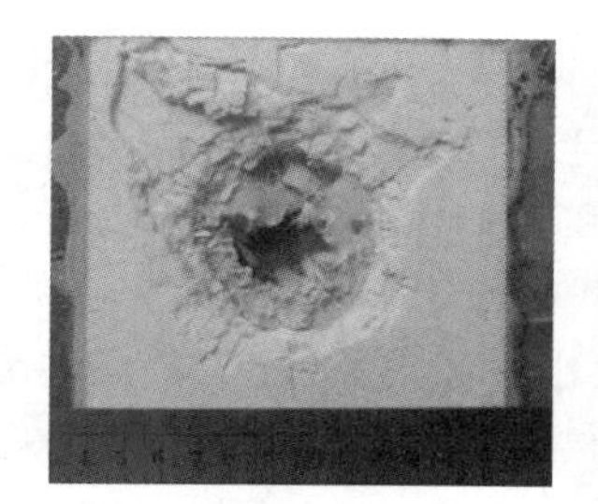

（a）靶板6：陶瓷面板锥形失效

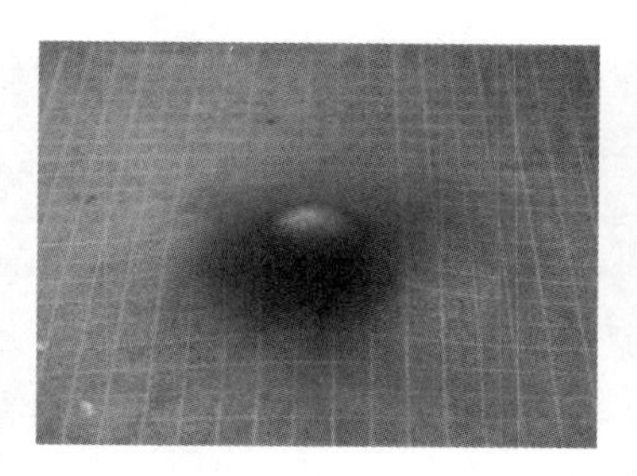

（b）靶板7：背板隆起大变形

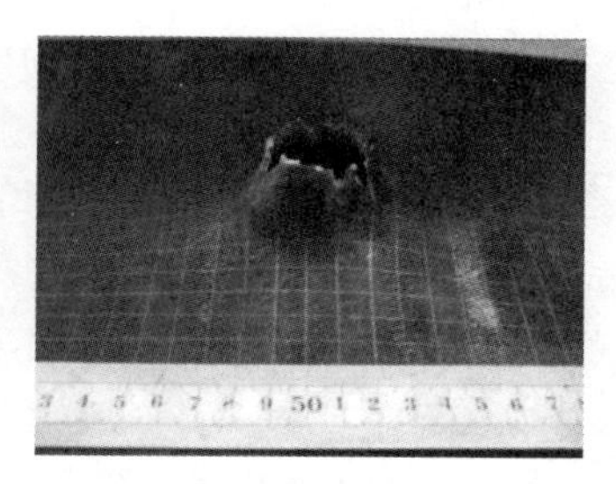

（c）靶板6：背板花瓣开裂失效

图 12-3-15　陶瓷复合装甲的破坏模式

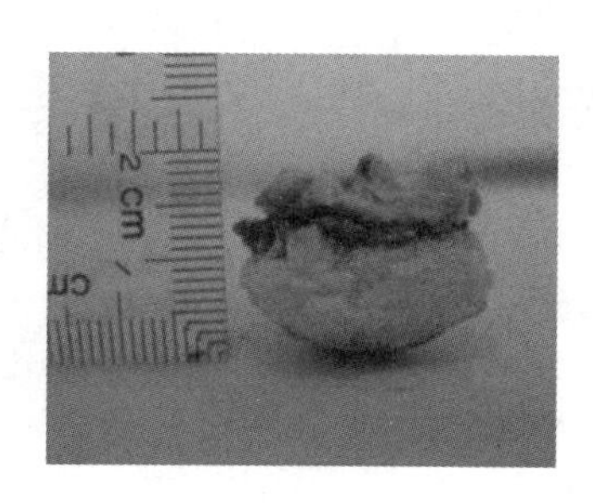

图 12-3-16　弹体和碎裂陶瓷锥

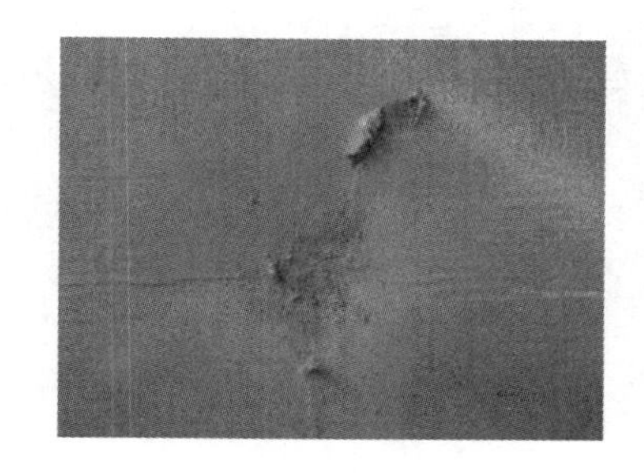

图 12-3-17　复合材料背板破坏形貌（靶板 11 正面）

陶瓷复合装甲的弹道试验结果如表 12-3-10 所示，其中 v_0 为弹体初速，v_r 为弹体和陶瓷碎片最大剩余速度，E_A 为单位面密度吸能量。对于靶板被穿透的情况，假设陶瓷面板上与弹体截面积相同的柱形部分的速度与弹体的剩余速度相同，忽略其余陶瓷碎片的运动，可得其 E_A。

表 12-3-10　陶瓷复合装甲的弹道试验结果

编号	靶板编号	弹型/质量	V_0 /(m/s)	V_r /(m/s)	E_A /(J·m²/kg)	靶板穿透情况
10	6	FSP/26g	1197.1	568.6	150.3	穿透

续表

编号	靶板编号	弹型/质量	V_0 /(m/s)	V_r /(m/s)	E_A /(J · m^2/kg)	靶板穿透情况
11	7	FSP/26g	1041.0	0	>154.3	陶瓷面板穿透，钢背板未穿透
12	8	立方体/3.2g	1206.3	410.7	71.0	穿透
13	9	FSP/26g	1061.0	395.4	158.4	穿透
14	10	立方体/3.2g	1174.4	340.9	44.4	穿透
15	11	FSP/26g	1220.4	0	>183.4	陶瓷面板和钢板穿透，复合材料背板未穿透
16	12	FSP/26g	1028.9	328.7	131.3	穿透

根据试验 11 及其靶板破坏情况可知，26g 的 FSP 在 1041.0m/s 冲击下，陶瓷＋船用 D 级钢复合装甲单位面密度吸能量大于 154.3 J · m^2/kg；试验 15 中复合材料背板仅受到轻微损伤，因而可以认为试验 15 的靶板中，陶瓷＋船用 D 级钢复合装甲的弹道极限速度接近 1220.4 m/s，单位面密度吸能量接近 212.8 J · m^2/kg；而 26g 的 FSP 在 1220.4m/s 冲击下，陶瓷＋船用 D 级钢＋纤维增强复合材料组合装甲的单位面密度吸能量大于 183.4 J · m^2/kg，根据复合材料背板的破坏情况，其面密度可大大降低，单位面密度吸能量和抗弹性能可进一步提高。根据试验 10、11、15 可知，靶板 6、7、11 中陶瓷＋船用钢复合装甲部分面密度相近，但是靶板 7、11 的抗弹能力大于靶板 6，主要原因是靶板 6 的背板厚度相对太小，不能为陶瓷面板提供足够的支撑，从而不能充分碎裂弹体。由试验 13 可知，26g 的 FSP 在 1061.0 m/s 冲击下，陶瓷＋纤维增强复合材料装甲的单位面密度吸能量约为 158.4 J · m^2/kg；由试验 12 可知，3.2g 立方体破片在 1206.3 m/s 冲击下，单位面密度吸能量可达 71.0 J · m^2/kg，根据 12.3.2 小节可知，3.2g 立方体破片在约 1200 m/s 冲击下，船用钢的单位面密度吸能量约为 40 J · m^2/kg。由于靶板 9 中纤维增强复合材料背板中采用的纤维大部分为强度和价格较低的玻璃纤维，而抗弹性能较好的凯夫拉纤维较少；若进一步增加凯夫拉纤维的用量，其单位面密度吸能量将进一步提高。

因此，陶瓷复合装甲的单位面密度吸能量较船用钢提高 35％以上，其结构重量较船用钢轻 25％以上，通过对装甲结构和材料的优化设计，其抗弹性能还可进一步提高。

第 13 章　舰用隐身功能复合材料及其应用

13.1　雷达波隐身功能复合材料

吸波材料是雷达波吸收材料（radar absorbing material，RAM）的简称，指能够吸收和衰减入射的电磁波，并通过吸收剂的介电振荡、涡流以及磁致伸缩将电磁能转化成热能或其他形式的能量而耗散掉或使电磁波因干扰而消失的一类材料。

13.1.1　雷达波隐身材料的吸波原理

雷达隐身材料的基本吸波原理是材料对入射电磁波实现有效吸收，将电磁波能量转换为热能或其他形式的能量而耗散掉。吸波材料应具备两个特性：阻抗匹配特性和衰减特性。

1. 阻抗匹配特性

阻抗匹配是指创造特殊的边界条件使入射电磁波在材料介质与自由空间之间的表面反射率最小，从而尽可能地从表面进入介质内部。阻抗匹配原则来源于电磁波的传输线理论，如图 13-1-1 所示，长度为 L 的传输线终端接有阻抗为 Z_L 的负载，双导线的中间为空气介质，坐标轴 z 自传输线终端指向负载。

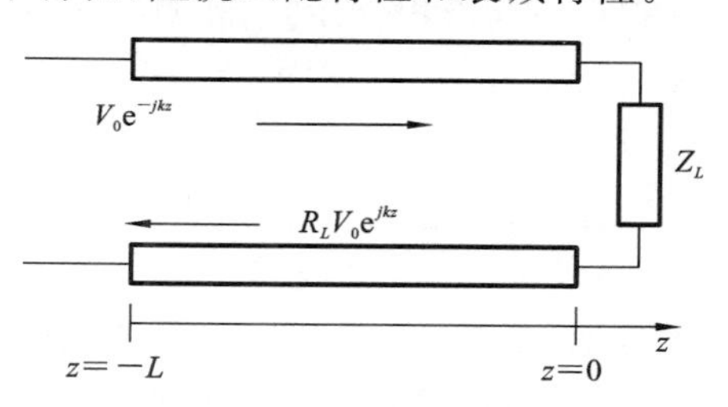

图 13-1-1　双导线模型

传输线方程的解可表示为

$$\left.\begin{aligned} V(z)&=V_0(\mathrm{e}^{-jkz}+R_L\mathrm{e}^{jkz}) \\ I(z)&=\frac{V_0}{Z_0}(\mathrm{e}^{-jkz}-R_L\mathrm{e}^{jkz}) \end{aligned}\right\} \tag{13-1-1}$$

式中：V_0 为信号源的振幅；Z_0 为传输线的特征阻抗；R_L 为负载的反射系数。

对于 $Z_L=Z_0$（Z_L 为负载）时，即满足阻抗匹配时，对于吸波体的设计来说是具有重要指导意义的。对于单层板状吸波体或涂层来说，只需吸波体的阻抗与大气的阻抗相接近或相等即可。对于多层吸波体，不仅要求表层与大气的阻抗相接近，而且要求总的 Z_L 与 Z_0 相近或者相等，即负载处的 $Z_{\mathrm{in}}=1$，吸波体将产生最少的反射或零反射。此时电磁波的绝大部分或全部进入吸波体，吸波体内的吸波剂才有最大限度发挥其作用的可能。需要指出的是，仅仅满足零反射而不注意让吸波剂沿电磁波的传输路径分布，也不能最大程度地发挥吸波剂的作用。因此，零反射仅仅是吸波体发挥吸收性能的必要条件，而不是充分条件。从大气射向吸波体的电磁波，只要吸波体使用绝缘性能优良的透波材料，就完全满足了零反射，但是却几乎没有吸波性能。因此，好的吸波体既要满足阻抗匹配，又要使吸波剂沿着电磁波的传输路径有效分布，或者说用吸波剂包围电磁波的所有通道，同时该通道又允许电磁波通过，在通过的途中逐步为吸波剂所吸收。这样的吸波体才是性能良好的吸波体。当然，这里还涉及电磁波传输路径长短的问题，这是提高吸波体吸收效率必须考虑的问题。如果吸波剂沿电磁波通路形成有效的分布，则其通道越长，吸收效能就越好。显然电磁波的传输通道呈网状分布将会大大增加其传输路径。通过增加吸波体的厚度很容易获取尽可能长的传输路径，就像吸波暗室所用的吸波锥体那样。但是通过增加厚度来提高吸收效果是有条件的，不是在任何条件下增加厚度都有效。这个条件就是确保在增加厚度后仍然保证电磁波的传输通道畅通无阻。否则，增加厚度非但不能提高吸波性能，甚至会使性能下降。其中的道理在于增加厚度会使原本匹配的情况遭到破坏，即总的 $Z_L \neq Z_0$，使负载 R_L 发生变化。只有改变厚度后使 R_L 变小才能提高吸收效能，而改变厚度后的 R_L 增大反倒会减少吸收效能。

此外，从吸波材料本身的角度来看，当电磁波从自由空间垂直射入吸波体时，在吸波体表面电磁波的反射系数 R 可以用本征阻抗表示为

$$R=\frac{\eta_r-\eta_{0r}}{\eta_r+\eta_{0r}} \tag{13-1-2}$$

式中：η_r 为吸波体的相对本征阻抗；η_{0r} 为自由空间的相对本征阻抗。

在阻抗匹配情况下，$R=0$，由式(13-1-2)可得 $\eta_r=\eta_{0r}$，而

$$\eta_{0r}=\sqrt{\mu_{0r}/\varepsilon_{0r}},\quad \eta_r=\sqrt{\mu_r/\varepsilon_r} \tag{13-1-3}$$

式中：ε_{0r} 和 μ_{0r} 分别为自由空间的相对介电常数和相对磁导率，其值均为 1；ε_r 和 μ_r 为吸波体的相对介电常数和相对磁导率。

当介质为有损介质时，相对介电常数 ε_r 和相对磁导率 μ_r 则变为复数：

$$\left.\begin{aligned}\varepsilon_r&=\varepsilon'-j\varepsilon''\\ \mu_r&=\mu'-j\mu''\end{aligned}\right\} \tag{13-1-4}$$

因此可得，阻抗匹配时，吸波体的电磁参数有如下关系

$$\varepsilon_r=\mu_r \tag{13-1-5}$$

可见，要使直射电磁波完全进入吸波体，则吸波体的相对磁导率和相对介电常数要严格相等。事实上，自然界中目前还未发现这种电磁参数的材料，因此只能尽可能地使之匹配。

2. 衰减特性

衰减是指进入材料内部的电磁波因损耗而迅速地被吸收。损耗的大小可用电损耗因子 $\tan\delta_E(\varepsilon''/\varepsilon')$ 和磁损耗因子 $\tan\delta_M(\mu''/\mu')$ 来表征。δ_E 和 δ_M 分别称为电损耗角和磁损耗角。在满足阻抗匹配的条件下，复介电常数虚部 ε'' 和复磁导率虚部 μ'' 越大，损耗越大，越利于电磁波的吸收。不同的吸波材料对于电磁波的损耗形式和损耗机制是不同的。

① 电阻型损耗。即交变电磁场作用下的漏电损耗和交变磁场作用下的涡流损耗，相当于电磁波能量衰减在电阻上。

② 介电损耗。介电损耗与反复极化有关，极化过程包括：电子云位移极化、离子位移极化、极性介质电矩转向极化、铁电体电畴转向极化及畴壁位移、高分子中原子团局部电矩转向极化、缺陷偶极子转向极化等。

③ 磁损耗。磁损耗与反复磁化有关，主要来源有：磁滞、磁畴转向、畴壁位移、磁畴自然共振等。

对于无损耗的各向同性介质，各点电位移矢量 $\boldsymbol{D}$ 与电场强度 $\boldsymbol{E}$ 同相位，磁感应强度 $\boldsymbol{B}$ 与磁场强度 $\boldsymbol{H}$ 同相位。对于有损耗介质，由于介电常数 ε 和磁导率 μ 为复数，则 $\boldsymbol{D}$ 与 $\boldsymbol{E}$ 有相位差(滞后)，$\boldsymbol{B}$ 与 $\boldsymbol{H}$ 也有相位差(滞后)，该相位差即电损耗角 δ_E 和磁损耗角 δ_M。

由分析中可以看出，要提高介质吸波效能，必须提高 ε'' 和 μ''。基本途径是提高介质电导率，增加极化“摩擦”和磁化“摩擦”，同时还要满足阻抗匹配条件，尽量减少电磁波在介质表面的反射而进入介质内部被吸收。对单一组元的吸收体，阻抗匹配和吸波性能要同时满足常常

会有矛盾，真正的 $\varepsilon_r=\mu_r$ 的材料也难找到。这样就有必要进行材料多元复合，以便调节电磁参数，使之尽可能在条件匹配的情况下，提高吸收损耗能力。

13.1.2　雷达波隐身材料的分类

按照材料的种类划分，雷达波隐身材料大致可以分为：铁氧体系、高分子系、碳化硅系、导电纤维、手性材料、超微颗粒、空心微珠、团簇型材料、稀土吸波材料、视黄基席夫碱、纳米材料、铁砂尾矿、铁磁微晶玻璃、光子晶体等。其中铁氧体、金属微粉、钛酸钡、碳化硅、石墨、导电纤维等均属于传统吸波材料，它们通常都具有吸收频带窄、密度大等缺点；而新型吸波材料则包括纳米材料、多晶铁纤维、手性材料、导电高聚物及电路模拟吸波材料等，它们具有不同于传统吸波材料的吸波机理。

按照成型工艺和承载能力划分，雷达波隐身材料可分为涂敷型和结构型。涂敷型吸波材料是将吸收剂与黏结剂混合后涂敷于目标表面形成吸波涂层的材料。它适用于复杂曲面形体，耐候性及综合力学性能良好，且具有无须对武器装备的结构、形状进行大的改造，见效快，技术难度相对较低的优点，适宜在现有装备上推广使用，因此是目前研究的重点。结构型吸波材料通常是指将吸收剂分散在特种纤维（如石英纤维、玻璃纤维等）增强的结构材料中所形成的复合材料。它同时具有较高的吸收雷达波能力、结构承载能力和维持形状功能，克服了涂敷型吸波材料易于腐蚀、损坏、脱落等缺点，与雷达吸波涂料相比，具有高比强度、比刚度及质量轻的优点，但其加工设计的难度较大，还存在某些技术方面的问题没有完全解决。

按材料损耗机理划分，雷达波隐身材料可分为电阻型、电介质型和磁介质型。碳化硅纤维、导电高聚物、石墨等属于电阻型吸波材料，电磁能主要衰减在材料的电阻上；钛酸钡等属于电介质型吸波材料，其机理为介电极化弛豫损耗；磁介质吸波材料的机理主要归结为磁滞损耗和铁磁共振损耗，这类材料有铁氧体、磁性金属粉、多晶铁纤维等。

按吸收原理划分，吸波材料可分为吸收型和干涉型。吸收型吸波材料本身可以对雷达波进行能量转换并加以损耗吸收；干涉型吸波材料则利用进入涂层经由目标表面反射的反射波和直接由涂层表面反射的反射波二者振幅相等、相位相反的特性，让它们相互干涉，使总的回波为零。

13.1.3　雷达波隐身材料发展趋势

雷达波隐身材料一般由基体材料（黏结剂）与吸收介质（吸收剂）复合而成。吸波材料的工作波段很宽，从 100 MHz 到 300 GHz，就美国和苏联雷达分布频率情况看，应用比较广泛的波段是 2～18 GHz，所以目前吸波材料的研究，大部分都是针对这个波段进行的。从发展趋势上看，未来雷达波复合材料一般要求具备以下特性。

（1）厚度薄。“薄”是指涂层在满足一定吸收性能的前提下，在工作频带中，使入射到材料内部的电磁波在尽量薄的厚度范围内被快速损耗吸收。涂层对电磁波的损耗是由材料的介电损耗和磁损耗决定的，因而一般从阻抗匹配和提高材料的电磁参数方面提高材料的吸收率，降低涂层的厚度。涂层过厚将使材料质量增加，并且会降低其力学性能。例如铁氧体涂料的密度约为 5 g/cm^3，如涂层厚度为 4 mm，涂覆面积为 50 m^2，附加重量就达到 1000 kg，这对于飞机、导弹等武器来说都是不切实际的。此外，涂层过厚和过重还会影响飞行器的气动特性，增加涂覆工艺的难度等。

（2）质量轻。“轻”是指吸波涂层材料的面密度要小。吸波涂料的质量对武器来说完全是附加的。目前,许多国家都在加强轻型吸波材料的研究,主要的研究方向是导电聚合物吸波材料、纳米吸波材料、纤维吸波材料和陶瓷吸波材料等。

(3) 频带宽。"宽"是指吸波涂层要有足够宽的工作频带,一般用反射损耗 RL(reflection loss)小于某一值的频带宽度表示,实践应用中常以 RL 值小于 -10 dB 的频带宽衡量涂层的带宽性能。增加带宽要求尽可能达到阻抗匹配,使空气与材料界面的总反射损耗很小,采用多层复合是增加涂层带宽的有效途径之一。雷达工作频带很宽,在 1～140 GHz 范围,并且范围还在拓宽。对于隐身飞行器,吸波涂料的主要覆盖频段为 1～18 GHz,坦克车辆的主要覆盖频段为 26.5～40.0 GHz 和 90～140 GHz。

(4) 功能强。"强"是指吸波涂层要有足够高的力学性能和良好的环境适应性以及物理化学性能。涂层材料既要黏结强度高,又要耐一定的温度和环境变化;既可以用作吸波材料,又可以用作结构材料,具有优秀的力学性能、良好的环境适应性和物理化学性能。

13.2　舰艇声隐身复合材料

在水声工程中,内耗大、阻尼性能好的高分子材料适宜作水声吸声材料,如丁基橡胶、聚氨酯橡胶、互穿聚合物网络(IPN)等。当声波作用于这类高分子介质时,会将能量传递给大分子链段,引起大分子链段的相对运动,分子链间产生内摩擦将入射声波的能量转化为热能而衰减吸收。经过半个多世纪的发展,水声吸声材料的研究已取得了较为丰硕的成果,以橡胶类和聚氨酯类为基体的水声吸声材料研究日益成熟,各种新型吸声材料的开发也方兴未艾。目前,高分子水声吸声材料已被用于国防军事、建筑等多个领域。

由于性能优良的水声吸声高分子材料可用于制备消声瓦,以降低潜艇的辐射噪声,因此各国都高度保密,能查到的相关文献较少,从有限的公开资料出发,本节将综述近年来水声吸声材料研究的发展概况,将从水声吸声理论、吸声材料以及吸声结构等方面进行总结,并在此基础上,提出相应的研究目的、研究思路和主要研究内容。

13.2.1　水声吸声理论

水声吸声理论的研究是吸声材料开发和吸声结构设计的基础,经过漫长的积累,吸声理论已各成体系,主要包括谐振吸声理论、周期结构声散射理论、分层介质系统的声散射理论、复合材料的等效介质吸声理论、高分子材料的微观吸声机理等。

1. 谐振吸声理论

对于谐振吸声的认识始于对水中气泡和悬浮物共振吸声的研究。后来才逐渐演变为在橡胶材料中引入空腔或其他填充体。其中,Meyer 及其同事对谐振吸声的研究起到了奠基作用,他们花多年时间研究了水中气泡谐振以及橡胶材料中的球形空腔谐振对声吸收的影响,发现无论是均匀吸声材料的共振还是水中气泡或材料中的空气孔共振都对吸声性能有着直接的影响。Gaunaurd 也是这一领域比较早的工作者,发表了很多有关谐振吸声理论的研究文章。

2. 周期结构声散射理论

周期结构的声散射是水声学的一个经典问题,由多个完全相同的单元规则排列组成的阵列,不仅可能在某些频段内对入射声产生有效吸收,也可能产生有效反射。为了了解其内部的物理机制以帮助指导这类结构的设计,人们对周期结构建立了多种数学模型。Burke, Brigham, Dumery 等人利用了多次散射理论,对于管栅系统进行了研究。Vovk, Radlinski 等人利用波导理论对其进行了分析。Achenbach 利用三维模型，考虑了任意声波入射方向的情况，并对弹性介质中的二维和三维球形空腔阵列的频散关系进行了研究。这些针对周期结构的解析研究方法虽然很有效，但都要经过大量复杂的数学推导，使其应用范围只局限于少数典型的几何结构形式。Hennion 等人在周期介质中声传播理论的基础上结合有限元法，简化数学推导的同时可以对更多周期结构进行分析。

3. 分层介质系统的声散射理论

对含有高分子材料的多层结构而言，其与一般的多层弹性介质的区别是其中的吸声材料层为阻尼材料。多数学者的研究方法都是采用分层弹性介质系统声传播的转移矩阵理论，并将吸声材料的阻尼考虑进去，利用复数模量的虚部表示材料的损耗。在平面波研究的基础上，Stepanishen 利用傅里叶变换技术，研究了宽带平面波从分层黏弹性介质系统的反射和折射。Lauriks 等则研究了介质层系统中有多孔材料的情形。Cervenka 进行了固体和流体介质按任意厚度、任意顺序组合系统的研究，并考虑了衰减波。Gaunaurd 等在研究中利用了黏弹性动力学关系来描述吸声材料。国内也有学者分别利用转移矩阵和薄板振动理论对均匀材料层的吸声效果进行研究。

4. 复合材料的等效介质吸声理论

目前，水声工程中广泛应用的复合吸声材料是在基体中引入填料等分散相，对于这类复合材料的研究常利用等效介质理论，即这种复合材料虽然从微观上看是非均匀的。但从宏观上，其对声波吸收和散射的总体效果可以与某种均匀材料等效。Gaunaurd 分析了弹性或流体介质填充情况下复合材料的动态等效介质参数，考虑了材料阻尼损耗、外加压力以及散射体尺寸分布密度等因素的影响。对于添加微粉填料的吸声材料，有学者建立了添加微粉的复合涂层的声反射系数与微粉尺寸和涂层厚度之间的函数关系。

5. 高分子材料的微观吸声机理

在声波的作用下，高分子材料的形变性质介于弹性材料和黏性材料之间，应力大小同时依赖于应变和应变速率，在交变压力作用下，分子链构象状态的变化需要一定的时间，这就使得应变滞后于应力，即应变和应力之间存在一个相位差，因此，在声波引起的交变压力场中，每一循环过程中都要消耗功，最终将声能转化为热能而损耗，这就是高分子黏弹性阻尼材料的吸声机理。

由于高分子材料大多是性能优异的黏弹性阻尼材料，因此研究其阻尼机制与吸声效应间的关系是备受关注的高分子与声学交叉的学术问题。通过对聚合物松弛与吸声峰的高度(h)和宽度(d)的关系进行研究，可得到它们与频率(f)之间有如下关系：$h \times d = 15 \times f$。Shilov 等进一步研究了聚合物材料吸声系数、声速与频率的关系。国内的于晓强等指出：聚合物具有特征吸声谱，提出材料吸声特性与聚合物分子结构及形态特性有关，也与其在玻璃化转变区分子运动的特定模式有关。但上述研究工作多是针对空气媒介的吸声情况，对水媒介的相关研究报道甚少。

从国内外发表的理论性文献来看，目前水声吸声材料的理论研究主要有以下两个方向：

① 对典型的吸声层结构，直接用解析法求其声学性能参数的解析解；对复杂的水下结构，采用有限元法、边界元法等对其进行计算和预测，并结合实验结果探讨其吸声机理。

② 借助最新仪器设备描述水声吸声材料的微观形态结构，并阐明微观结构与材料吸声性能之间的关系，揭示材料的微观吸声机理。这将随着材料微观形态测试技术的提高而逐渐建立起更为完善的理论体系。

13.2.2　水声吸声材料

水声吸声材料的设计目的主要是吸收声能，减小反射。当声波在特性阻抗不同的介质中传播时，在界面处会发生声反射，反射系数为

$$R=(Z-\rho c)/(Z+\rho c) \tag{13-2-1}$$

式中：ρ 为水的密度，c 为声波在水中的速度，ρc 表示水的特性阻抗；Z 为材料的特性阻抗。根据式(13-2-1)可知，相邻介质的特性阻抗相差越大则反射越强，当吸声材料特性阻抗与水的阻抗匹配时，反射系数 r 趋于最小，即入射声波几乎无反射地从水中进入吸声材料。因此，水声吸声材料必须满足两个条件：① 材料的特性声阻抗与水的特性阻抗匹配，使声波能够进入材料内；② 材料本身具有良好的声衰减性能，入射的声波大部分能被衰减吸收。因此，在水声工程中，损耗因子大、与水的阻抗匹配的材料适宜用作水声吸声材料，如丁基橡胶、聚氨酯橡胶、互穿聚合物网络等。

1. 橡胶类水声吸声材料

橡胶类材料作为水下吸声材料，研究始于二战时期，主要用于降低潜艇噪声。俄罗斯制造的潜艇一般使用橡胶材料作为吸声覆盖层。美国也曾研究了四种橡胶材料(丁基、丁苯、氯丁、聚硫橡胶等)在 0～30 ℃、0～350 m 水深、10～10 kHz 范围内的声压反射系数和吸声系数。橡胶材料的吸声性能取决于橡胶材料的分子结构特征，相关的研究报道很多，相关文献研究了丁基橡胶的分子结构与阻尼性能的关系，得出：第二种聚合物通过自由基聚合在丁基橡胶主链上形成支链，拓宽了阻尼峰值，增强了吸声性能；300～1000 kHz 频率范围内，丁基橡胶的水声吸声性能有所提升。

由于橡胶的特性阻抗和水接近，且可以通过改变组分和填料含量来进一步满足阻抗匹配的要求；橡胶类材料一般具有较大内耗，能有效地吸收声能；还具有优异的物理化学性能，适合在海水环境下长期使用；同时，具有良好的加工特性，容易硫化成型等优点。这些特性在声学工程设计中极为有用，因此橡胶在水声工程中是非常重要的声学材料。目前，各类常用水声橡胶都有较详细的声学参数。

2. 聚氨酯水声吸声材料

聚氨酯是通过氨酯反应把带羟基的树脂(软段)和异氰酸酯(硬段)链接而成的聚合物。聚氨酯类吸声材料的研究和应用始于 20 世纪 80 年代，以英国为代表的北约国家一般采用此种材料作为潜艇水下吸声覆盖层。通过选择合适的配方，加入适当的填料，在一定的范围内解决了潜艇的消声问题。相关文献研究了聚氨酯分子链的侧基数量、接枝链和扩链剂对吸声性能的影响。METDO 公司通过实验研究证实，选择不同的软、硬区段，可以配制出具有不同物理性能的聚氨酯材料，从软质凝胶状材料到硬质塑料和韧性弹性体，再加入短链增强树脂、空心微球或其他填料等，可进一步改进材料的物理声学性能。表 13-2-1 列出了常见聚氨酯弹性体的声学性能参数。

聚氨酯类材料是继传统橡胶之后的第二代水下吸声材料，具有优异的水下吸声性能和很好的分子结构可设计性，将成为未来水下吸声材料研究的重要方向。与橡胶类吸声材料相比，聚氨酯分子链的活性大，分子结构可设计性更强，可以通过改变软硬段比例、接枝、共聚以及互穿网络等方法，控制主链的长度，支链的数量以及交联度等微观结构，进一步设计材料的声学性能。另外，聚氨酯材料黏结性好，易于与填料混合制成复合吸声材料；而且聚氨酯材料的制备工艺相对简单，常温条件下即可进行，有望在水下吸声领域得到更广泛的应用。

表 13-2-1　聚氨酯弹性体的声学性能

聚氨酯弹性体(PU)	密度/(g/cm^3)	温度/℃	声速/(m/s)	衰减常数/(dB/cm)	特性阻抗/(×10^3 g/cm^2/s)
PU01	1.031	14.3	1520	<0.05	1.57
PU02	1.383	12.6	1440	0.05	1.99
PU03	1.410	12.6	1440	0.06	2.03
PU04	1.403	14.5	1520	0.05	2.13
PU05	1.430	14.3	1500	0.06	2.15
PU06	1.190	14.5	1540	0.12	1.82
PU07	1.128	14.2	1680	0.09	1.78
PU08	1.092	14.2	1510	0.1	1.65

3. 水声吸声涂层

水声吸声涂层可用于水下复杂结构的吸声处理，具有良好的工艺性，涂敷和成型都很方便，近年来相关的研究报道逐渐增加，主要有以下几类：

① 压电吸声涂层。Lacour 发明了一种消声涂层，这种材料由未极化的压电高分子材料制成，材料中有无定形相和结晶相，结晶相至少占 80%，无定形相通过添加炭粉或本征导电高分子使其具有导电性。这种材料可以将水声信号转化为电能而耗散，适合用作水声吸声材料。与添加金属粉的材料相比，它具有重量轻、更易成型的优点。

② 主动吸声涂层。该类涂层由聚合物弹性体、压电复合材料激励器和高分子压电传感器组成，高分子压电传感器检测、分离出入射声波，并将信号通过电路放大产生一个适当的驱动电压，驱动激励器在很宽的频率范围产生一个与入射扰动相匹配的动态阻抗，使涂层不产生声反射，也不出现声透射，达到理想的吸声效果。

③ 多层复合吸声涂层。Vacher 提出了一种用于船体外壳的称为被动声天线的吸声层，吸收外来主动声呐的信号，这种吸声层由四层聚氨酯材料复合而成，可以大面积敷设，其优点是最大限度地减少己方水听器接收到的杂音，以达到最大限度吸收敌方主动声呐信号的目的。

④ 梯度吸声涂层。王源升等完成了几个系列的水溶性高分子涂层，并可用于水下航行体的声隐身处理。声波在梯度层中被多次反射吸收，从而实现噪声的有效衰减，梯度结构的存在是水溶性涂层声衰减性能的关键。

4. 压电复合吸声材料

20 世纪 90 年代初，日本学者最先将炭黑加入压电陶瓷/聚合物压电复合材料中，开发出了一种新型压电阻尼复合材料。将导电微粒与聚偏二氟乙烯(PVDF)混合可制得压电吸声材料。压电复合吸声材料是由压电颗粒(如：锆钛酸铅(PZT)、锆钛酸镧铅(PLDZT)等)、导电颗粒(如：炭黑、金属粉末等)和聚合物基体一起混合得到的复合材料，通常具备减振吸声的功能。其机理是：导电微粒在基质材料中形成微观局部的电流回路，有效地将声能及振动能转换为电能再经压电颗粒作用以热能的形式耗散掉，起到吸声减振的作用。压电复合吸声材料是一种智能型的阻尼吸声材料，通过改变导电填料的含量，调整材料的阻抗，且其阻尼吸声的能力可随外界条件的变化而协调变化。

近年来，国外压电材料用于水下吸声的研究已步入实际应用阶段。美国海军的“海狼”级攻击型核潜艇上的大孔径声呐基阵就使用了密度较大的 PZT 压电材料。日本 NGK 公司研制的压电橡胶性能优异，既能用作吸声材料，又可用于制造水听器，已被美国海军选为新一代攻击型核潜艇的声呐基阵材料。此外，聚偏二氟乙烯(PVDF)压电材料的研究也得到了各国的重视，挪威海军已将它试用于舰艇，法国海军也计划把这种材料用在新型弹道导弹核潜艇上。

5. 新型吸声材料

近年来，对新型水声吸声材料的研究，特别是对高分子微粒、负泊松比材料等的研究成为热点。

高分子微粒材料是一种非常有发展潜力的新型吸声材料。研究发现，高分子微粒的多层次结构对材料的吸声性能影响显著，通过对高分子微粒的调控，可从材料的微观结构调控材料的声学性能，并探索材料多层次结构与材料吸声性能的关系。美国海军研究实验室(NRL)曾报道，将环氧树脂与高分子微粒粘接起来具有超强的隔声和吸声效果，但这一现象的机理还有待更深入的研究。

负泊松比(NPR)材料是另一类值得高度关注的材料。美国海军研究实验室曾组织人员对具有负泊松比的材料进行了情报调研，旨在评定这类材料在水声工程中应用的潜在可能性，并选择了具有负泊松比的聚氨酯泡沫进行试验。结果显示，具有 NPR 的泡沫在 100～1600Hz 的整个频率范围内是良好的吸声材料。调研表明弹性体泡沫和凹状空腔的蜂窝结构均可产生负泊松比，具有负泊松比的材料具有非同寻常的声学性能。但迄今为止，对 NPR 材料的研究还很有限，尚无法准确评价它们在水声工程中的应用前景。然而，NPR 材料的发展是一个令人兴奋的课题，值得关注这些材料的学者进一步深入研究。

6. 水声吸声材料的发展趋势

目前，水声吸声材料的研究正朝着耐压、低频和宽频段吸收的方向发展。尽管高分子水声吸声材料的研究已经取得了较为丰硕的成果，但还远不能满足各种工程应用的需要，主要是因为对其吸声机理的研究还不够深入，这使得高分子吸声材料的研发存在一定的盲目性。因此，需要更多的高分子科学家去研究声波的作用原理，同时让更多的声学专家来了解高分子的多尺寸结构、高分子特有的转变与松弛运动，以及通过分子结构和材料结构的设计对这些特性的可控性。总之，更系统地将高分子的多尺寸结构、黏弹阻尼特性等与吸声原理，乃至更广谱的物理学联系起来，揭示水下吸声材料的分子结构与声学性能的关系，并最终探索出材料微观结构对宏观声学性能的影响规律，这将是未来水声材料发展的重点之一。

13.2.3 水声吸声结构

对单一均质材料而言，根据无限厚均匀弹性体吸声材料声学理论分析。当 $Z \approx \rho c$ 时，声波在界面的反射系数 R 可用式(13-2-2)近似计算：

$$|R| = \sqrt{(\eta^2/4)/(4+\eta^2/4)} \approx \eta/4 \tag{13-2-2}$$

式中：η 为材料损耗因子。

由上式可知，阻抗匹配的要求与增大材料对声能的损耗之间存在矛盾。在阻抗匹配的前提下，材料的反射系数与损耗因子成正比，损耗因子越大，则反射系数越大，因此必须在材料内部引入声学结构，保证与水阻抗匹配的同时，增强材料对入射声波的衰减效果。常见的水下吸声结构主要有空腔过渡型、阻抗渐变型、夹芯结构型等。

1. 空腔式吸声结构

空腔式吸声结构是在均匀吸声材料内部留有球形、圆柱形、圆锥形等声学空腔，将透声橡胶作为与水的阻抗匹配层，将声波引入橡胶内部，利用其内部的声学锥空腔谐振吸声，并辅以损耗因子高的吸声橡胶层增大声能的损耗。Alberich 消声瓦就是典型的这类空腔谐振吸声结构。

空腔式吸声结构主要用于增加低频段的声吸收，同时也可以在整个频段上改善材料的吸声效果，技术成熟。相关学者采用有限元方法对含有球形、喇叭形、圆台形等各种空腔形状的结构消声层声特性进行了研究，结果表明空腔结构对吸声层的低频声特性有明显改善，通过改变空腔结构的形状、大小、位置、间距及采用复合结构等，吸声层的声特性可以进一步得到改善。但随着水压的增加，锥形空腔受压变形，上部的等效阻抗不再是渐变形式，与水的阻抗失配，反射会逐渐增强；另外，空腔的固有频率升高，则低频吸声性能下降。

2. 阻抗渐变式吸声结构

采用高损耗吸声材料时，损耗材料的特性阻抗一般与水的特性阻抗不匹配，所以有必要采用阻抗渐变的结构形式，以降低反射增强吸声效果。阻抗渐变式吸声结构能够解决采用高阻尼损耗材料产生的阻抗不匹配，以及采用低损耗材料往往需要很大厚度的问题。

英国的 Emery 等对水下吸声材料进行研究指出：高频时，阻抗匹配可以减小反射系数；低频时，通过采用不同厚度、阻抗的多层结构（见图 13-2-1），可以解决因各层界面反射波的干涉而出现反射系数的峰值问题；也可逐渐改变各层填料含量来实现阻抗的多层渐变，达到减小反射的目的，如图 13-2-2 所示。Beretil 等人也研究了多层结构吸声层的声特性，结果表明：在不增加吸声材料厚度的情况下，多层结构不仅具有消声和减振功能，而且能极大提高材料的低频吸声性能。

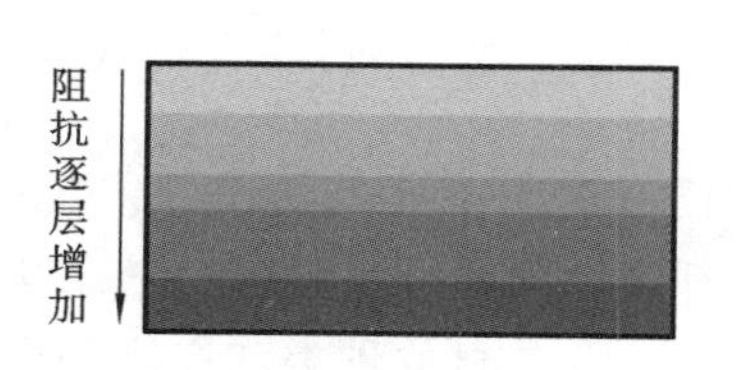

图 13-2-1　阻抗渐变的多层复合结构

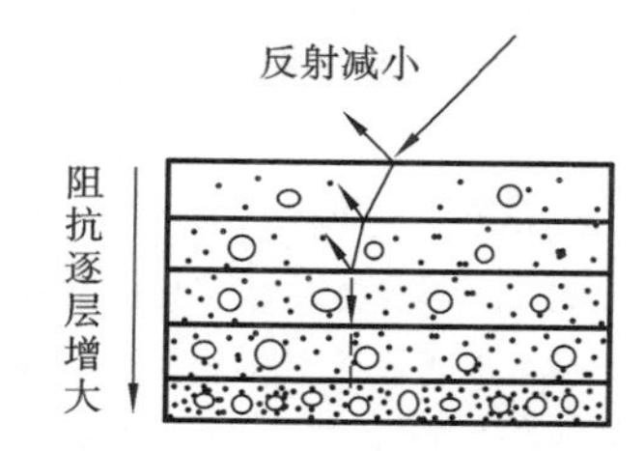

图 13-2-2　填料含量变化的阻抗渐变结构

对于阻抗渐变复合结构，如何进行阻抗梯度的设计是关键。在去耦涂层上面覆盖一层消声涂层制成双层涂层，具有良好的消声和去耦功能。L. Forest 等选用粒度为 80 μm 和 3.5 mm 的二氧化硅气凝胶颗粒，并制成含阻抗匹配层和吸声层的双层吸声结构，研究结果表明在 20 Hz～2500 Hz 范围内，其吸声性能要高于相同厚度的均匀结构。王源升等在阻抗渐变梯度吸声材料的研究方面做了很多卓有成效的工作，详细研究了梯度高分子溶液在不同频率、不同厚度、不同梯度结构情况下对声衰减效果的影响。结果表明，梯度高分子溶液浓度梯度的形成是决定声衰减效果的关键。

对一定频段的声波而言，阻抗渐变吸声结构的设计不仅需要利用分层介质声传播理论进行分析计算，还必须结合具体的实验才能最终确定。其中梯度阻抗的变化、吸声层的厚度，以及声波频率等因素对材料的吸声效果都有影响，其影响规律尚需进一步深入研究。

3. 耐压吸声结构

在材料中引入一定的声学空腔可以改善其吸声效果，但随着水压的逐渐增大，带有声学结构孔的高分子材料往往因空腔变形而使吸声性能变差，尤其是低频吸声性能急剧下降。为解决水压对吸声结构声学性能的影响，耐压复合吸声结构一般都采用透声性能较好的刚性骨架或刚性填料与吸声基体复合的结构形式。

美国 Westinghouse 电器公司报道了膨胀聚苯乙烯微球填充聚氨酯吸声材料，聚苯乙烯微球无规分散于聚氨酯基体中，形成一种泡沫材料，由聚苯乙烯微球提供的压缩刚度使材料在一定水压下可以保持良好的吸声特性。Sullivan 等采用铝质蜂窝结构做芯材，在蜂窝中填满含铝粉的聚氨酯，粘在厚铝板上，表皮蒙 0.1 mm 的不锈钢箔，制成复合耐压吸声材料。另外，在橡胶基体中加入铝粉、中空玻璃微球等，如图 13-2-3 所示，也能提高耐压吸声效果。在声压的作用下，填料的界面处会产生剪切形变，使入射的弹性纵波转换成剪切波，增加了对入射声能的衰减；材料中的刚性微粒还能使入射声波发生多重散射，进一步衰减入射声能。此外，一些具有特殊吸声材料和结构的设计也取得了较好的效果，如图 13-2-4 所示，将添加有填料的氯化丁基橡胶装入空心铅球壳体内，构成带有壳体的吸声单元，再包覆聚氨酯透声材料。随着水压的增加，壳体会被聚氨酯包覆得更加紧密，在声波作用下吸声单元与聚氨酯失去了相互位移的空间，这时的吸声任务主要靠壳体内的材料来完成，从而解决了材料的耐压吸声问题。

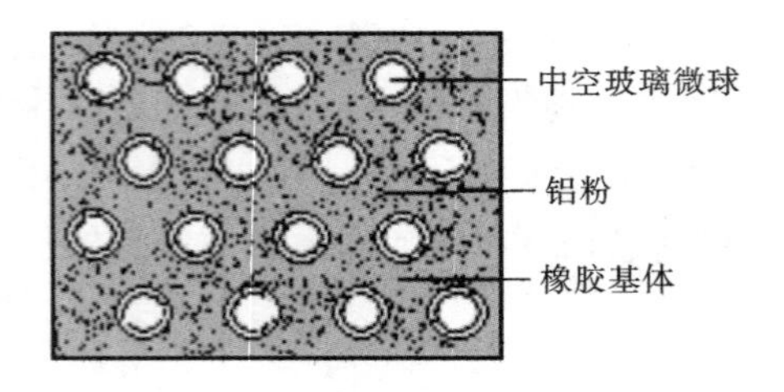

图 13-2-3　耐压填料填充的吸声材料

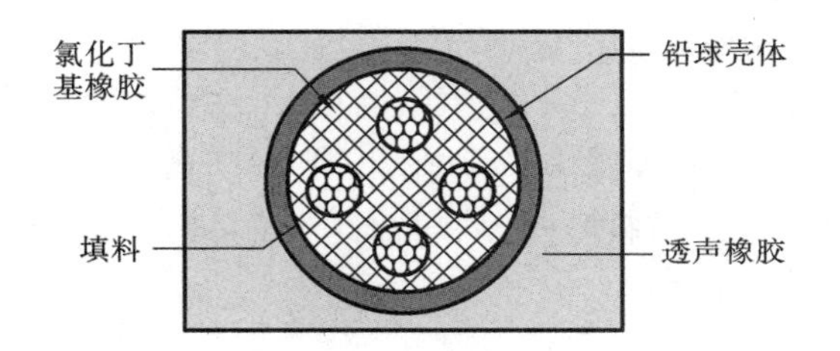

图 13-2-4　复合耐压吸声结构单元

4. 三明治夹芯吸声结构

在国外，三明治夹芯复合材料用于水下吸声结构已有四十多年的历史。由于夹芯结构吸声材料往往集承载与吸声功能于一体，尤其是表层为纤维增强复合材料的夹芯结构，其力学强度高、可设计性强、成型工艺方便，且声学性能也可通过改变芯材的种类和厚度等进行再设计，因此随着技术的进一步成熟，直接使用三明治夹芯吸声结构代替原有的“消声覆盖层＋钢板”结构，已成为未来舰艇水下吸声结构的发展趋势之一。

典型的三明治夹芯吸声结构是用透声性能好的纤维增强复合材料制作表层板，用高分子吸声材料作为芯材而制备的。吸声芯材还可根据需要设计为多层结构，如图 13-2-5 所示。这种夹芯结构具有优异的振动阻尼和吸声功能的同时，其力学性能也可根据水下结构的承载进行设计；内部还可以设计支撑，如图 13-2-6 所示。夹芯材料、结构形式等对三明治夹芯吸声结构的吸声性能和力学性能影响较大。通过合理选择内部吸声芯料及优化各层配置，材料良好的吸声性能和力学性能可以同时被满足。

5. 微结构吸声单元

除研究上述吸声结构外，新型水声吸声材料的微结构研究近年来也成为热点，通过对材料吸声单元的微结构设计，进而调控材料的吸声性能。这类微结构的研究主要有声学晶体、阻尼微结构吸声单元等。

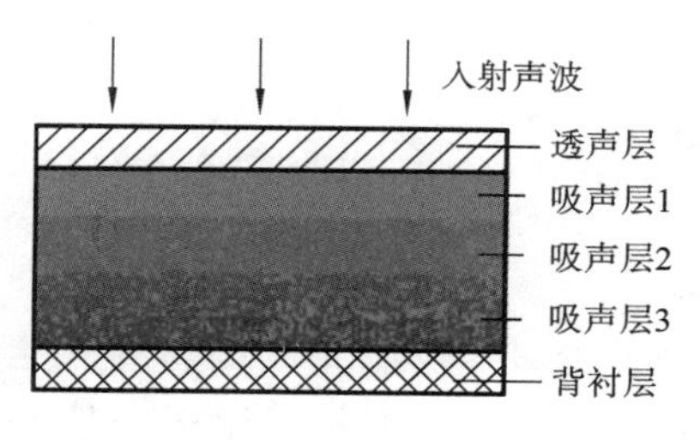

图 13-2-5　三明治夹芯吸声结构

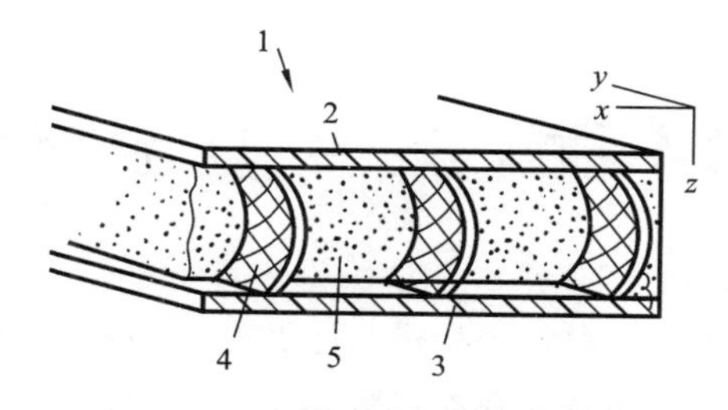

图 13-2-6　带加强支撑的夹芯结构吸声板

1—透声面板；2,3—表层纤维复合材料；4—内部支撑；5—夹芯吸声材料

(1) 声学晶体。

材料微观结构对性能的影响是理论研究的核心，通过微观结构的调整来控制材料的宏观性能一直是研究人员的目标。通过类比金属完全反射电磁波的机制，有学者在复合介质中引入弹性波和声波的微共振单元，设计出了一种声学晶体(sonic-crystal)。这种晶体由包裹橡胶的微小铅球构成共振单元，周期性地分布在环氧树脂的基体中而制成，通过完全反射某一频段的声波，它能有效地降低低频噪声。实验和理论研究结果均表明，反射的频带可通过改变微共振单元的大小和结构得到完全控制。在深入分析这些实验现象和总结其规律的基础上提出的声学晶体和负弹性常数的概念，被誉为 2000 年十大物理及天文发明之一。这为新型高分子吸声材料和结构的研究提供了新的启发。

(2) 阻尼微结构吸声单元。

阻尼机制与吸声效应的确切联系是备受关注的高分子与声学交叉的一个学术问题。随着高阻尼聚合物材料在水声吸声工程的广泛应用，材料阻尼损耗特性的研究也由简单的添加阻尼填料(如石墨、云母等)向更精细化的阻尼微结构设计发展。El-Aasser 等设计的核-壳结构胶乳粒子具有优异的阻尼性能，以高阻尼 IPN 为核，以玻璃态的聚合物为壳组成；在 IPN 中可引入填料等其他组分共混；且考虑了结构单元与基体的界面过渡。这类精细设计的微结构阻尼单元可作为水声吸声材料的添加剂。根据不同的工程背景设计不同的阻尼微结构单元，并研究其在基体中的分布对材料吸声性能的影响规律，然后将其与基体材料复合可得到满足需要的复合吸声结构，这也将是未来新型水声吸声材料研究的热点之一。

6. 水声吸声结构的发展趋势

随着对水声吸声材料性能要求的不断提高，在现有高分子吸声材料的基础上，传统的单一的声学结构已很难满足需要，这需要在进行声学设计时充分考虑各种声能吸收和耗散的机制，有效地将声能转化为热能、声能转化为电能再转化为热能损耗掉；或利用散射原理，将集中的声能分散弱化，减小回波的强度等机理，并复合使用多种声学结构，最终达到良好的吸声效果。同时，除对宏观声学结构的研究外，通过更为精细的微观声学结构的研究设计，调控材料的宏观声学性能，进而揭示水声吸声材料微观结构对宏观性能的影响规律等，仍将是未来水声吸声结构发展的重点方向。

第14章 船用复合材料的湿热及老化效应

对船用复合材料结构进行耐久性评估时,需要考虑海洋环境对复合材料结构的影响。复合材料结构长期暴露在海洋环境中,尽管其在海洋环境中长期浸泡、风吹雨淋、日晒等条件下的性能优于传统金属材料,但是,这些恶劣的海洋环境条件仍会在一定程度上降低复合材料的性能。因此,在复合材料结构的耐久性设计中,需要考虑由于海洋环境引起的复合材料结构的湿热及老化效应。

14.1 海洋湿热环境

除北冰洋和高纬度地区外,大部分海洋环境是典型的湿热环境。这种湿热环境对船舶复合材料性能衰减起到加速作用。有研究表明,层间抗剪强度随吸湿率增加近似直线下降。水分子在复合材料中的渗透和扩散会发生一系列的物理与化学作用。复合材料表面吸附水分子后,缺陷和裂纹会被水分子填满,水分子通过组分及界面逐渐向内部传递,造成树脂溶胀;纤维和基体界面上产生内应力,使得界面结合强度降低。此外,水分子的扩散还会促使微裂纹的扩展。水分子在复合材料内外的扩散达到动态平衡。另外,当使用玻璃纤维作为增强体时,水分子会与玻璃纤维产生一系列化学反应,导致玻璃纤维强度降低,进而影响复合材料强度。

从船用复合材料实际的应用情况上来看,湿度和温度一般都同时对复合材料产生影响,并且湿度与温度之间还会产生相互影响,即湿热耦合效应。温度对复合材料的吸湿速率和吸湿量的影响较为明显,湿热同时作用对复合材料力学性能的影响更为严重。事实上,湿热老化一直是海洋环境中复合材料老化的常见形式之一。目前对于复合材料受到湿热环境耦合影响的失效模式和老化机理还不是很清楚,所以大部分研究都是通过试验的方式对复合材料的湿热老化性能进行直接测定。通过试验结果可以了解到,湿热环境主要是通过对树脂基体和界面相的影响而降低复合材料的整体性能。吸湿使树脂的玻璃化转变温度、模量和强度下降,同时削弱其界面性能,高温也可能造成基体模量下降。复合材料的横向性能主要由基体提供,因此湿热对复合材料的横向力学性能影响最为严重。

除了温度本身对于复合材料性能的影响,由于昼夜温度变化所带来的内应力使得结构更容易发生疲劳、受损,因此也不可忽视。大部分聚酯树脂的加热变形温度为65~95 ℃,这意味着,当树脂被加热到该温度时会变得很软,当夜晚温度降低时,树脂受冷却收缩,由于受到玻璃纤维的限制,会产生较大的内应力。此外,甲板上移动的阴影对疲劳也有一定影响。因为阴影边缘处会产生20~30 ℃的温度差,随着阴影的移动,其边缘处会产生剧烈的加热和冷却行为,从而产生较大应力。还需要注意的一点是聚合物基体的玻璃化温度(T_g)对聚合物材料力学性能的影响。当温度低于 T_g 时,聚合物材料一般表现出弹性和脆性,这是由于聚合物的分子链段运动在温度低于 T_g 温度时被冻结。当温度高于 T_g 时,聚合物则表现出其黏弹性和韧性。对于主要承力部位的聚合基复合材料,为了避免其发生蠕变效应,需要保证其温度低于 T_g。有研究表明,环境湿度的增加会引起聚合物基体复合材料玻璃化温度 T_g 的降低。

高温一般出现在暴露在热带阳光下的船体甲板、侧舷、上层建筑以及海洋平台结构上部,高温暴晒很难与极端波浪冲击载荷同时作用在船体的主要结构上。局部温度的升高一般出现在机舱室、厨房等位置，这些位置需要考虑由机械和其他因素引发的静载荷与温度共同作用的影响。温度升高对聚合物基体和增强纤维的力学性能的影响差别很大。碳纤维可以在 1000 ℃以上的温度下保持其强度和刚度（只要没有氧气参与其中）。而 E-玻璃纤维在 350 ℃高温下其强度仅为 20 ℃时的 75%，在 500 ℃高温下降至 50%。芳纶纤维（Kelvar49）在 200 ℃高温下，其强度仅为 20 ℃的 75%。

寒冷温度（或低温）也会对复合材料结构产生影响。由于树脂基体和纤维复合材料在低温下的收缩率差别较大，当树脂在低温下收缩时，纤维将会阻止其收缩，从而造成复合材料结构的应力集中，树脂中会产生局部裂纹。不过，现代的树脂基体一般具有较好的抗低温/寒温收缩性能，能够在低温环境下达到与纤维材料相匹配的收缩率。如在环境温度为 −50 ℃的北极，复合材料船舶和海洋平台复合材料上层建筑等均能达到较好的极区/寒区性能要求。

14.2　海洋辐照环境

海洋辐照环境对船用复合材料结构的影响主要是指紫外线辐照的影响。海洋环境中光照强度大，这就导致复合材料在使用过程中不可避免地长期暴露在紫外线辐射之下。紫外线辐射是导致复合材料老化的重要组成部分之一，长期的紫外线照射不仅会严重破坏复合材料表面，并且在氧化降解和氧化交联的作用下，基体材料大分子链破坏，导致复合材料基体玻璃化温度下降、力学性能降低。

船用复合材料结构中常用的三类树脂，即聚酯树脂、乙烯基酯树脂和环氧树脂，它们对阳光照射有不同的反应。环氧树脂通常对紫外线非常敏感，如果暴露于紫外线的时间过长，其强度会有一定的缩减。乙烯基酯树脂也对紫外线十分敏感，但强度下降的速度没有环氧树脂明显。聚酯树脂虽然也会受紫外线影响产生性能退化，但在三种材料中属于对紫外线最不敏感的一种材料。

通过对玻璃纤维/环氧树脂复合材料和石墨纤维/环氧树脂复合材料进行紫外线老化试验、紫外线和热协同老化试验，复合材料在紫外线照射下的性能变化可归结为以下几点。

① 随着紫外线照射时间的延长，材料的失重率不断提升，其原因是部分基体材料在紫外线的作用下发生氧化反应，转化为气体逸散。

② 由于紫外线对复合材料的穿透性较差，紫外线对复合材料的破坏主要集中在表面及表面附近，因此紫外线是复合材料表面裂纹产生的主要原因。

③ 复合材料在受到紫外线辐射初期，力学性能会有短暂的提升，这是由于复合材料后固化所导致的。

④ 长时间的紫外线辐射会对复合材料的抗拉强度有较大影响，对冲击性能的影响相对较弱。

⑤ 紫外线对复合材料的断裂特性没有影响，仍表现为脆性断裂模式。

大部分应用在船舶结构上的玻纤层合板的外部有涂料或胶衣防护，在这种情况下，环境因素（日照、风、雨、冰雹和雪等）对结构的影响较小。上述情况造成的力学性能损失一般小于吸湿性和起泡产生的影响。此外，海洋环境下复合材料的胶衣一般都含有大量的颜料（大多数胶衣颜料用于防紫外线），船体还经常添加一些紫外线屏蔽手段来保护树脂。

一般来说，紫外线的照射会导致胶衣褪色和发黄。褪色主要是由胶衣内的颜料所引起的，而发黄主要是因树脂的粉化导致的。较薄的胶衣层在紫外线的作用下发生降解，使得胶衣层内的填充物和颜料暴露出来，发生粉化现象。此时，复合材料表面的涂层已经降解，表面失去光泽，这是粉化现象的主要特征。

聚合物基体的氧化反应在室温环境下是非常缓慢的。但是，在海洋环境中，在辐照、湿热等条件的共同影响下，聚合物基体的氧化反应会得到明显加速，进而影响复合材料的整体性能。光氧老化是复合材料受到辐照和氧化的共同作用而引起的，会导致复合材料出现泛黄、变脆、龟裂、表面丧失光泽并出现机械强度下降等现象。光氧老化是复合材料常见的老化方式之一。

14.3 海洋盐雾环境

海洋环境中，含有多种能够对复合材料产生腐蚀作用的盐(如氯化钠等)。所以，在辐照和湿热等的共同作用下，盐雾的腐蚀性对复合材料性能也有一定的影响。如海水中有大量氯离子，在辐照和湿热等的共同作用下，聚合物复合材料也可能发生氯化，出现腐蚀现象。目前对于盐雾腐蚀产生的机理一般依靠腐蚀深度模型来进行模拟，国内外大量的学者对盐雾腐蚀与复合材料性能变化之间的关系进行研究，得出海洋盐雾环境对复合材料的影响规律：

① 在盐雾条件下，复合材料吸湿率会逐渐增加。在吸湿过程中，主要是复合材料对水分的吸收，盐雾沉积是次要因素。

② 经过盐雾老化的复合材料，由于增塑效应，抗剪和抗压强度表现出部分塑性特征，对抗拉强度的影响不明显。

③ 力学性能随盐雾老化时间的增加而下降，且老化初期力学性能下降速度最快。抗压和层间抗剪强度变化不规则，抗拉强度的变化呈指数趋势。

④ 盐雾腐蚀也会对复合材料产生后固化的效果，导致复合材料在盐雾腐蚀初期，玻璃化转变温度 T_g 会有所增加。

14.4 复合材料的湿热效应

14.4.1 层合板的湿热变形

在湿热环境下，温差会导致复合材料层合板产生面外的湿热变形，这种变形也称为翘曲。非对称层合板的翘曲可通过积分曲率位移方程进行计算：

$$\kappa_x = -\frac{\partial^2 w}{\partial x^2} \tag{14-4-1}$$

$$\kappa_y = -\frac{\partial^2 w}{\partial y^2} \tag{14-4-2}$$

$$\kappa_{xy} = -2\frac{\partial^2 w}{\partial x \partial y} \tag{14-4-3}$$

通过对上面的方程式进行积分，可以导出平面外挠度 w。首先，对方程式(14-4-1)积分可得

$$w = -\kappa_x \frac{x^2}{2} + f_1(y)x + f_2(y) \tag{14-4-4}$$

其中，$f_1(y)$和$f_2(y)$是未知函数。将式(14-4-4)代入式(14-4-3)得到

$$\kappa_{xy}=-2\frac{\partial^2 w}{\partial x\partial y}=-2\frac{\mathrm{d}f_1(y)}{\mathrm{d}y} \tag{14-4-5}$$

通过积分求解式(14-4-5)得到

$$f_1(y)=-\kappa_{xy}\frac{y}{2}+C_1 \tag{14-4-6}$$

其中，C_1 是未知的积分常数。根据公式(14-4-4)和公式(14-4-6)可得

$$w=-\kappa_x\frac{x^2}{2}-\kappa_{xy}\frac{xy}{2}+C_1x+f_2(y) \tag{14-4-7}$$

将式(14-4-7)代入式(14-4-2)得到

$$\kappa_y=-\frac{\partial^2 w}{\partial y^2}=-\frac{\mathrm{d}^2 f_2(y)}{\mathrm{d}y^2} \tag{14-4-8}$$

通过积分求解式(14-4-8)得到

$$f_2(y)=-\kappa_y\frac{y^2}{2}+C_2y+C_3 \tag{14-4-9}$$

将式(14-4-9)代入式(14-4-7)得到

$$w=-\frac{1}{2}(\kappa_x x^2+\kappa_y y^2+\kappa_{xy}xy)+(C_1x+C_2y+C_3) \tag{14-4-10}$$

式中：$C_1x+C_2y+C_3$ 是简单的刚体运动项。因此，得到层合板的变形即翘曲为

$$w=-\frac{1}{2}(\kappa_x x^2+\kappa_y y^2+\kappa_{xy}xy) \tag{14-4-11}$$

14.4.2　单层板的湿热应力-应变关系

对于复合材料单层板，其应力-应变关系与温度和湿度关系如下：

$$\begin{bmatrix}\varepsilon_1\\ \varepsilon_2\\ \gamma_{12}\end{bmatrix}=\begin{bmatrix}S_{11} & S_{12} & 0\\ S_{12} & S_{22} & 0\\ 0 & 0 & S_{66}\end{bmatrix}\begin{bmatrix}\sigma_1\\ \sigma_2\\ \tau_{12}\end{bmatrix}+\begin{bmatrix}\varepsilon_1^T\\ \varepsilon_2^T\\ 0\end{bmatrix}+\begin{bmatrix}\varepsilon_1^C\\ \varepsilon_2^C\\ 0\end{bmatrix} \tag{14-4-12}$$

式中：上标 T 和 C 分别表示温度和湿度。注意，因为在材料轴上没有切应变，所以温度和湿度的变化没有任何切应变项。温度导致的应变如下：

$$\begin{bmatrix}\varepsilon_1^T\\ \varepsilon_2^T\\ 0\end{bmatrix}=\Delta T\begin{bmatrix}\alpha_1\\ \alpha_2\\ 0\end{bmatrix} \tag{14-4-13}$$

式中：α_1 和 α_2 分别为纵向和横向热膨胀系数；ΔT 为温度变化。湿度导致的应变如下：

$$\begin{bmatrix}\varepsilon_1^C\\ \varepsilon_2^C\\ 0\end{bmatrix}=\Delta C\begin{bmatrix}\beta_1\\ \beta_2\\ 0\end{bmatrix} \tag{14-4-14}$$

式中：β_1 和 β_2 分别为纵向和横向水分系数；ΔC 为单层板单位体积的吸湿重量。

由式(14-4-12)可反求出复合材料单层板的应力-应变关系为

$$\begin{bmatrix}\sigma_1\\ \sigma_2\\ \tau_{12}\end{bmatrix}=\begin{bmatrix}Q_{11} & Q_{12} & 0\\ Q_{12} & Q_{22} & 0\\ 0 & 0 & Q_{66}\end{bmatrix}\begin{bmatrix}\varepsilon_1-\varepsilon_1^T-\varepsilon_1^C\\ \varepsilon_2-\varepsilon_2^T-\varepsilon_2^C\\ \gamma_{12}\end{bmatrix} \tag{14-4-15}$$

14.4.3　层合板的湿热应力-应变关系

湿热负荷产生的环境包括从加工温度冷却下来的环境，与加工温度不同的操作环境，以及潮湿的环境，如船舶甲板在炎热夏季的海洋潮湿环境。

层合板中的每一层都受到相邻层板变形差异产生的应力。只有应变大于或小于非约束层中的湿热应变才会产生残余应力。这些应变差称为工程应变，由它们引起的应力称为工程应力。

仅由湿热负荷引起的工程应变为

$$\begin{bmatrix}\varepsilon_x^M \\ \varepsilon_y^M \\ \gamma_{xy}^M\end{bmatrix}=\begin{bmatrix}\varepsilon_x \\ \varepsilon_y \\ \gamma_{xy}\end{bmatrix}-\begin{bmatrix}\varepsilon_x^T \\ \varepsilon_y^T \\ \gamma_{xy}^T\end{bmatrix}-\begin{bmatrix}\varepsilon_x^C \\ \varepsilon_x^C \\ \gamma_{xy}^C\end{bmatrix} \tag{14-4-16}$$

式中：上标 M 表示工程应变；T 表示自由膨胀热应变；C 表示自由膨胀水分应变。

利用满足胡克定律的层合板应力-应变式

$$\begin{bmatrix}\sigma_x \\ \sigma_y \\ \tau_{xy}\end{bmatrix}=\begin{bmatrix}\bar{Q}_{11} & \bar{Q}_{12} & \bar{Q}_{16} \\ \bar{Q}_{12} & \bar{Q}_{22} & \bar{Q}_{26} \\ \bar{Q}_{16} & \bar{Q}_{26} & \bar{Q}_{66}\end{bmatrix}\begin{bmatrix}\varepsilon_x \\ \varepsilon_y \\ \gamma_{xy}\end{bmatrix} \tag{14-4-17}$$

可得层合板的湿热应力为

$$\begin{bmatrix}\sigma_x^{TC} \\ \sigma_y^{TC} \\ \gamma_{xy}^{TC}\end{bmatrix}=\begin{bmatrix}\bar{Q}_{11} & \bar{Q}_{12} & \bar{Q}_{16} \\ \bar{Q}_{16} & \bar{Q}_{26} & \bar{Q}_{26} \\ \bar{Q}_{16} & \bar{Q}_{26} & \bar{Q}_{66}\end{bmatrix}\begin{bmatrix}\varepsilon_x^M \\ \varepsilon_y^M \\ \gamma_{xy}^M\end{bmatrix} \tag{14-4-18}$$

式中：上标 TC 表示温度效应和湿度效应。

湿热应力在层合板中导致的合力和力矩为零。因此，对于图 14-4-1 所示的 n 层层合板，有

$$\int_{-h/2}^{h/2}\begin{bmatrix}\sigma_x^{TC} \\ \sigma_y^{TC} \\ \tau_{xy}^{TC}\end{bmatrix}\mathrm{d}z=0=\sum_{k=1}^{n}\int_{h_{k-1}}^{h_k}\begin{bmatrix}\sigma_x^{TC} \\ \sigma_y^{TC} \\ \tau_{xy}^{TC}\end{bmatrix}_k\mathrm{d}z \tag{14-4-19}$$

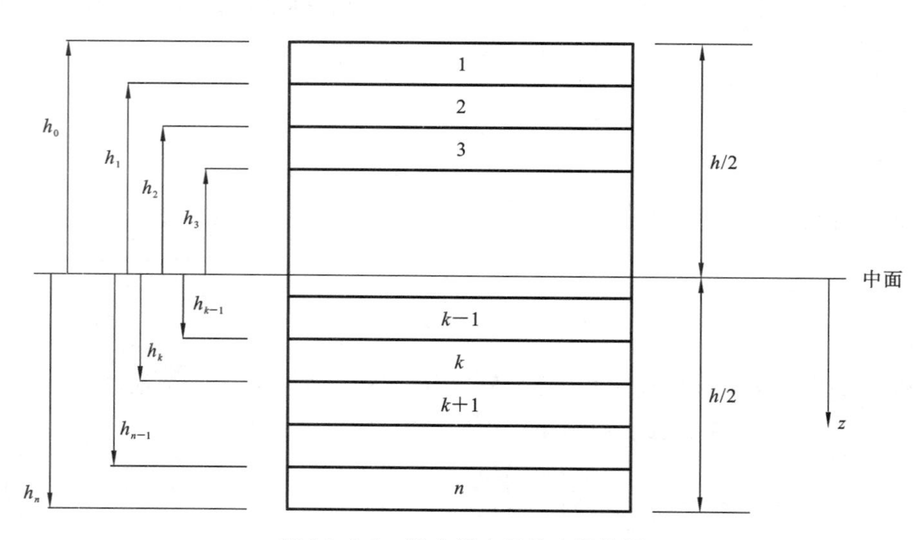

图 14-4-1　层合板中层的坐标位置

$$\int_{-h/2}^{h/2}\begin{bmatrix}\sigma_x^{TC}\\ \sigma_y^{TC}\\ \tau_{xy}^{TC}\end{bmatrix}z\,\mathrm{d}z=0=\sum_{k=1}^{n}\int_{h_{k-1}}^{h_k}\begin{bmatrix}\sigma_x^{TC}\\ \sigma_y^{TC}\\ \tau_{xy}^{TC}\end{bmatrix}_k z\,\mathrm{d}z \tag{14-4-20}$$

结合式(14-4-18)至式(14-4-20)可得

$$\sum_{k=1}^{n}\int_{h_{k-1}}^{h_k}\begin{bmatrix}\bar{Q}_{11} & \bar{Q}_{12} & \bar{Q}_{16}\\ \bar{Q}_{12} & \bar{Q}_{22} & \bar{Q}_{26}\\ \bar{Q}_{16} & \bar{Q}_{26} & \bar{Q}_{66}\end{bmatrix}\begin{bmatrix}\varepsilon_x^M\\ \varepsilon_y^M\\ \gamma_{xy}^M\end{bmatrix}\mathrm{d}z=0 \tag{14-4-21}$$

$$\sum_{k=1}^{n}\int_{h_{k-1}}^{h_k}\begin{bmatrix}\bar{Q}_{11} & \bar{Q}_{12} & \bar{Q}_{16}\\ \bar{Q}_{12} & \bar{Q}_{22} & \bar{Q}_{26}\\ \bar{Q}_{16} & \bar{Q}_{26} & \bar{Q}_{66}\end{bmatrix}\begin{bmatrix}\varepsilon_x^M\\ \varepsilon_y^M\\ \gamma_{xy}^M\end{bmatrix}z\,\mathrm{d}z=0 \tag{14-4-22}$$

根据前面复合材料宏观力学的理论，层合板的应变为

$$\begin{Bmatrix}\varepsilon_x\\ \varepsilon_y\\ \gamma_{xy}\end{Bmatrix}=\begin{Bmatrix}\varepsilon_x^0\\ \varepsilon_y^0\\ \gamma_{xy}^0\end{Bmatrix}+z\begin{Bmatrix}\kappa_x\\ \kappa_y\\ \kappa_{xy}\end{Bmatrix} \tag{14-4-23}$$

将式(14-4-23)代入式(14-4-21)和(14-4-22)，得到考虑湿热效应的合力和合力矩方程式分别为

$$\begin{bmatrix}A_{11} & A_{12} & A_{16}\\ A_{12} & A_{22} & A_{26}\\ A_{16} & A_{26} & A_{66}\end{bmatrix}\begin{bmatrix}\varepsilon_x^0\\ \varepsilon_y^0\\ \gamma_{xy}^0\end{bmatrix}+\begin{bmatrix}B_{11} & B_{12} & B_{16}\\ B_{12} & B_{22} & B_{26}\\ B_{16} & B_{26} & B_{66}\end{bmatrix}\begin{bmatrix}\kappa_x\\ \kappa_y\\ \kappa_{xy}\end{bmatrix}=\begin{bmatrix}N_x^T\\ N_y^T\\ N_{xy}^T\end{bmatrix}+\begin{bmatrix}N_x^C\\ N_y^C\\ N_{xy}^C\end{bmatrix} \tag{14-4-24}$$

$$\begin{bmatrix}B_{11} & B_{12} & B_{16}\\ B_{12} & B_{22} & B_{26}\\ B_{16} & B_{26} & B_{66}\end{bmatrix}\begin{bmatrix}\varepsilon_x^0\\ \varepsilon_y^0\\ \gamma_{xy}^0\end{bmatrix}+\begin{bmatrix}D_{11} & D_{12} & D_{16}\\ D_{12} & D_{22} & D_{26}\\ D_{16} & D_{26} & D_{66}\end{bmatrix}\begin{bmatrix}\kappa_x\\ \kappa_y\\ \kappa_{xy}\end{bmatrix}=\begin{bmatrix}M_x^T\\ M_y^T\\ M_{xy}^T\end{bmatrix}+\begin{bmatrix}M_x^C\\ M_y^C\\ M_{xy}^C\end{bmatrix} \tag{14-4-25}$$

式(14-4-24)和式(14-4-25)右边的四个数组分别为

$$[N^T]=\begin{bmatrix}N_x^T\\ N_y^T\\ N_{xy}^T\end{bmatrix}=\Delta T\sum_{k=1}^{n}\begin{bmatrix}\bar{Q}_{11} & \bar{Q}_{12} & \bar{Q}_{16}\\ \bar{Q}_{12} & \bar{Q}_{22} & \bar{Q}_{26}\\ \bar{Q}_{16} & \bar{Q}_{26} & \bar{Q}_{66}\end{bmatrix}\begin{bmatrix}\alpha_x\\ \alpha_y\\ \alpha_{xy}\end{bmatrix}_k(h_k-h_{k-1}) \tag{14-4-26}$$

$$[M^T]=\begin{bmatrix}M_x^T\\ M_y^T\\ M_{xy}^T\end{bmatrix}=\frac{1}{2}\Delta T\sum_{k=1}^{n}\begin{bmatrix}\bar{Q}_{11} & \bar{Q}_{12} & \bar{Q}_{16}\\ \bar{Q}_{16} & \bar{Q}_{26} & \bar{Q}_{26}\\ \bar{Q}_{16} & \bar{Q}_{26} & \bar{Q}_{66}\end{bmatrix}\begin{bmatrix}\alpha_x\\ \alpha_y\\ \alpha_{xy}\end{bmatrix}_k(h_k^2-h_{k-1}^2) \tag{14-4-27}$$

$$[N^C]=\begin{bmatrix}N_x^C\\ N_y^C\\ N_{xy}^C\end{bmatrix}=\Delta C\sum_{k=1}^{n}\begin{bmatrix}\bar{Q}_{11} & \bar{Q}_{12} & \bar{Q}_{16}\\ \bar{Q}_{12} & \bar{Q}_{22} & \bar{Q}_{26}\\ \bar{Q}_{16} & \bar{Q}_{26} & \bar{Q}_{66}\end{bmatrix}\begin{bmatrix}\beta_x\\ \beta_y\\ \beta_{xy}\end{bmatrix}_k(h_k-h_{k-1}) \tag{14-4-28}$$

$$[M^C]=\begin{bmatrix}M_x^C\\ M_y^C\\ M_{xy}^C\end{bmatrix}=\frac{1}{2}\Delta C\sum_{k=1}^{n}\begin{bmatrix}\bar{Q}_{11} & \bar{Q}_{12} & \bar{Q}_{16}\\ \bar{Q}_{12} & \bar{Q}_{22} & \bar{Q}_{26}\\ \bar{Q}_{16} & \bar{Q}_{26} & \bar{Q}_{66}\end{bmatrix}\begin{bmatrix}\beta_x\\ \beta_y\\ \beta_{xy}\end{bmatrix}_k(h_k^2-h_{k-1}^2) \tag{14-4-29}$$

式(14-4-26)到式(14-4-29)中的载荷称为虚拟湿热载荷，是已知的。

根据式(14-4-24)和式(14-4-25)可以计算层合板的中面应变和曲率：

$$\left[\frac{N^T}{M^T}\right]+\left[\frac{N^C}{M^C}\right]=\left[\begin{array}{c|c}A & B\\ \hline B & D\end{array}\right]\left[\frac{\varepsilon^0}{\kappa}\right] \tag{14-4-30}$$

利用式(14-4-23)可以计算任意层合板的整体应变。这些整体应变是层合板中的实际应变。它是实际应变与自由膨胀应变的差值,从而产生工程应力。结合式(14-4-16),层合板中第 k 层的工程应变可表示为

$$\begin{bmatrix}\varepsilon_x^M\\\varepsilon_y^M\\\gamma_{xy}^M\end{bmatrix}_k=\begin{bmatrix}\varepsilon_x\\\varepsilon_y\\\gamma_{xy}\end{bmatrix}_k-\begin{bmatrix}\varepsilon_x^T\\\varepsilon_y^T\\\gamma_{xy}^T\end{bmatrix}_k-\begin{bmatrix}\varepsilon_x^C\\\varepsilon_y^C\\\gamma_{xy}^C\end{bmatrix}_k \tag{14-4-31}$$

然后,计算第 k 层的工程应力为

$$\begin{bmatrix}\sigma_x\\\sigma_y\\\tau_{xy}\end{bmatrix}_k=\begin{bmatrix}\bar{Q}_{11}&\bar{Q}_{12}&\bar{Q}_{16}\\\bar{Q}_{12}&\bar{Q}_{22}&\bar{Q}_{26}\\\bar{Q}_{16}&\bar{Q}_{26}&\bar{Q}_{66}\end{bmatrix}\begin{bmatrix}\varepsilon_x^M\\\varepsilon_y^M\\\gamma_{xy}^M\end{bmatrix}_k \tag{14-4-32}$$

虚构的湿热载荷表示方程式(14-4-26)至式(14-4-29)中的载荷,可以机械地施加这些载荷以引起与湿热载荷相同的应力和应变。因此,如果同时施加工程载荷和湿热载荷,则可以将工程载荷加到虚拟的湿热载荷上,以求出层合板中的逐层应力和应变;或者分别施加工程载荷和湿热载荷,然后将所求得的应力和应变进行叠加。

14.4.4　层合板的热、湿膨胀系数

层合板的热膨胀系数定义为每单位长度和单位温度的层合板尺寸的线性变化。对于对称层合板,由于其耦合刚度矩阵 $[B]=\mathbf{0}$,即在湿热载荷下不发生弯曲。此种情形下,热膨胀系数的求解较为简单。

本小节以对称层合板为例,定义层合板的三个热膨胀系数,分别在 $x(\alpha_x)$ 方向、$y(\alpha_y)$ 方向和 $xy(\alpha_{xy})$ 方向。假设 $\Delta T=1$, $C=0$,则得到三个热膨胀系数的计算式:

$$\begin{bmatrix}\alpha_x\\\alpha_y\\\alpha_{xy}\end{bmatrix}\equiv\begin{bmatrix}\varepsilon_x^0\\\varepsilon_y^0\\\gamma_{xy}^0\end{bmatrix}=\begin{bmatrix}A_{11}^*&A_{12}^*&A_{16}^*\\A_{12}^*&A_{22}^*&A_{26}^*\\A_{16}^*&A_{26}^*&A_{66}^*\end{bmatrix}\begin{bmatrix}N_x^T\\N_y^T\\N_{xy}^T\end{bmatrix} \tag{14-4-33}$$

式中:$[N^T]$ 是由式(14-4-26)给出的热内力,对应于 $\Delta T=1$ 和 $\Delta C=0$。

类似地,假设 $\Delta T=0$ 和 $\Delta C=1$,可得到湿膨胀系数的计算式:

$$\begin{bmatrix}\beta_x\\\beta_y\\\beta_{xy}\end{bmatrix}\equiv\begin{bmatrix}\varepsilon_x^0\\\varepsilon_y^0\\\gamma_{xy}^0\end{bmatrix}=\begin{bmatrix}A_{11}^*&A_{12}^*&A_{16}^*\\A_{12}^*&A_{22}^*&A_{26}^*\\A_{16}^*&A_{26}^*&A_{66}^*\end{bmatrix}\begin{bmatrix}N_x^C\\N_y^C\\N_{xy}^C\end{bmatrix} \tag{14-4-34}$$

式中:$[N^C]$ 是由式(14-4-28)给出的湿内力,对应于 $\Delta T=0$ 和 $\Delta C=1$。

14.5　船用复合材料的老化效应

船用复合材料在使役过程中,由于海洋环境包括高温、高湿、辐照等环境因素,复合材料的微观结构或者化学组分发生改变,通常出现的变化有:基体膨胀、纤维/树脂界面剥离、基体微裂纹及基体高分子材料断链等。上述变化将使复合材料的弹性模量、失效强度和最大伸长率等材料性能发生改变。因此,需要掌握复合材料的老化效应对其性能的影响。目前,船用复合材料的耐久性大多是根据材料的使用环境来评定的,最终根据复合材料的性能来预测其使役寿命。

14.5.1　主要的老化类型

1. 湿热老化

湿热环境对复合材料的影响主要体现在对树脂基体、增强纤维以及树脂-纤维粘接界面的不同程度的破坏。温度变化易产生热应力损伤，而水对结晶性的破坏易产生裂纹扩展、对基体有增塑作用等。树脂基体的玻璃化转变温度(T_g)受吸水量的影响严重，T_g 随吸水量的增加线性降低。对于碳纤维复合材料层合板，其湿热老化机理主要是水分对基体的塑化/溶胀作用以及因树脂与纤维膨胀的不匹配所产生的内应力引起的微观开裂。对于玻纤复合材料层合板，其湿热老化机理则主要是由于水分子扩散至材料内部造成的材料界面脱粘。

2. 辐照老化

太阳光辐照造成复合材料老化，主要是紫外光的作用。太阳光中的紫外光会引起树脂基体中大分子链部分降解，是造成聚合物老化失效的主要因素。长时间的紫外光照射会导致复合材料表面的环氧树脂发生化学反应，使部分分子发生链断裂或交联，而在表面产生微裂纹、龟裂以及纤维裸露。随辐照老化时间的延长，基体与纤维基体界面发生降解，导致复合材料的强度下降。

3. 热氧老化

热氧老化会使复合材料减重，同时会改变基体的玻璃化转变温度，从而改变复合材料的强度和失效应变。热氧化机理包括脱湿、残余低分子组分的挥发、后固化、热分解和物理老化等，各机理的比重取决于老化温度。老化性能不是随时间单调下降的，而是呈现出先下降后提高再下降的规律。

对于聚合物基复合材料而言，其耐老化性能与树脂基体本身和纤维/树脂界面的附着情况有关。通常，纤维复合材料的耐老化性能较树脂体积要好。从老化类型的影响来看，复合材料整体耐热氧老化性能较好，而耐紫外光和湿热老化性能较差。船用复合材料大多采用聚合物基复合材料，而海洋环境多为湿热环境，因而湿热老化是船用复合材料的主要老化类型。因此，下面主要介绍湿热老化的影响。

14.5.2　湿热老化机理

以船舶工程领域常用的纤维增强树脂基复合材料(fiber reinforced polymer，FRP)为对象，简要介绍其湿热老化机理。在湿热环境中水分对复合材料的影响机理可以分为：对树脂基体的影响和对纤维-树脂基体界面产生的影响。“两段论”的提出将复合材料的吸水性分为 2 个相对独立的部分进行描述，如图 14-5-1 所示。开始阶段是梯度较大的吸水阶断，随后是一段相对平缓的阶段，最后达到平衡。

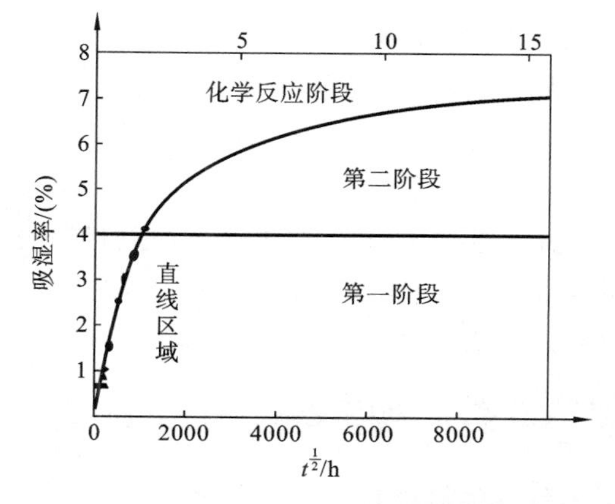

图 14-5-1　常见树脂基复合材料吸湿性规律

水分在复合材料中的吸湿扩散行为有多种吸湿扩散模型：如 Langmuir 不规则吸湿扩散模型、单相 Fick 吸湿扩散模型、Non-Fickian 扩散模型以及描述不规则扩散的模型等，其中应用最广泛的单相 Fick 吸湿扩散模型可以将聚合物基复合材料的吸湿过程进行比较直观的描述。湿热环境主要对树脂基体纤维-基体界面造成影响,对纤维本身的性能影响很小,可忽略。因此,下面主要介绍树脂基体和纤维-基体界面的老化机理。

1. 树脂基体湿热老化机理

吸湿会对树脂基体自身微结构造成不同程度的影响,具体可表现为溶胀、塑化和裂纹扩展等。水分子进入树脂基体后,会使得树脂基体的体积膨胀,即发生溶胀现象。溶胀又会使树脂基体中大分子之间的间距变大、分子链的柔性变强,进而发生增塑作用,使基体分子内刚性基团的活性增加,造成吸水后复合材料的玻璃化转变温度降低。值得注意的是,在树脂基体中发生的溶胀和增塑通常是可逆的。在潮湿环境中,水分子渗入基体中会与基体分子链中的某些极性基团发生反应,使材料体积不断增大,此时由于树脂基体内部存在细微缺陷,使得基体发生水解,缺陷不断增多,基体水解造成的老化通常是不可逆的。此外,水分子会与基体中的高分子基团形成氢键使其具有更高的活化能后,进而发生二次交联。

2. 纤维-基体界面湿热老化机理

纤维-树脂基体界面作为一种极其重要的微观结构,它的界面黏结性能及其他性能的改变会直接影响复合材料的整体使用性能和使用寿命。在湿热环境中,纤维-基体界面的老化成为材料失效的主要形式之一。湿热环境对界面造成的损伤主要是由于水分渗入,水分透过界面的细小空隙,通过“毛细管效应”迅速通过界面扩散进入材料内部。通过大量试验研究发现,水分子浸入复合材料内部有三种途径:① 可以通过树脂基体中的宏观断裂处;② 借助树脂基体中水溶性杂质产生的渗透压使树脂基体产生微裂纹;③ 材料在加工过程中会出现气泡,气泡破坏后会留下空洞。如果基体对水分子润湿不完全,则水分子倾向优先通过扩散进入复合材料内部。

渗入的水分子一方面会对纤维表面结构造成破坏,并且纤维中的可溶基团迅速在基体中扩散,使树脂基体发生溶胀、降解、交联等,造成树脂基体结构的破坏;另一方面由于纤维和树脂基体的热膨胀系数不同,会造成纤维和树脂基体的膨胀收缩程度不一。这种热性能的差异表现在相界面,会造成界面不断松弛、回复、蠕变。如此不断反复,会使界面产生“热疲劳”,从而发生老化。再者,应力也会对界面造成影响,由于纤维和树脂基体的强度不同,当界面出现应力时,应力集中势必会发生,特别在纤维端部会产生应力的高度集中。在发生湿热老化的整个过程中,纤维-基体界面层因水分的渗入发生溶胀效应,当产生的应力大于界面间的黏结力时,界面就会产生破坏,分子链的运动受阻。通常水分的渗入有损复合材料的力学性能,尤其在湿热环境下,水分子的扩散会在基体中产生膨胀应力,环境温度的升高还会带来热应力。复合材料在水分子、膨胀应力和热应力的耦合作用下,在材料内部产生残余应力,从而影响材料的使用性能。复合材料的水分渗透机制也比未增强基体的渗透机制要复杂,水分在基体之间的空隙和纤维-基体界面之间的传输是一种常见的传输机制,在这些区域中发生的损伤也会使得材料的力学性能发生急剧下降。

14.5.3 湿热老化对复合材料性能的影响

纤维增强树脂基复合材料对湿热环境比较敏感,湿热环境中水分及温度的共同作用会对树脂基体及纤维造成影响。同时由于树脂基体和纤维的强度、热膨胀系数不同,材料在湿热环境中会有内应力出现，导致纤维与基体之间发生脱粘，从而出现很多微观缺陷，进而影响材料的力学性能和使用性能。复合材料在水分吸收阶段，损伤主要发生在材料内部，在解吸阶段，树脂与纤维发生明显脱粘，出现较多空隙，在基体和边界区域会出现较多的微裂纹。

基体和纤维之间的黏结性能是判断复合材料力学性能变化的重要方法，层间抗剪强度(interlaminar shear strength，ILSS) 是用来表征纤维和树脂基体间的黏结程度，反映复合材料综合性能的一种常用测试指标。通过老化试验得到在两种不同介质(NaCl 溶液、去离子水)和不同温度(30、80 ℃) 条件下浸泡对 CFRP 复合材料力学性能的影响。试验测得试样的抗剪强度(τ_{LT}^b)、剪切模量值(G_{LT})见表 14-5-1。由表可知，在高温去离子水中，浸泡对复合材料力学性能的破坏更明显。

表 14-5-1　湿热环境对复合材料静态力学性能的影响

介质	试验条件		τ_{LT}^b/MPa	G_{LT}/MPa
	温度/℃	时间/天		
NaCl	30	10	88.3722	3.977
		20	88.1347	4.843
		30	86.8431	3.843
	80	10	80.0522	3.522
		20	69.9449	3.536
		30	68.6759	3.603
纯水	30	10	89.1373	4.056
		20	91.5721	3.713
		30	92.2759	4.083
	80	10	70.8504	3.357
		20	63.7742	3.183
		30	67.4402	3.174

表 14-5-2 给出了 T700、T300 碳纤维增强树脂基复合材料在湿热环境(70 ℃、85%RH)下进行的加速老化试验，对老化后材料的力学性能湿热环境没有改变复合材料的失效形式，纤维-基体界面的黏结强度下降，但没有对界面产生损伤。湿热老化前后两种材料的力学性能基本相当，说明这两种纤维增强复合材料的耐湿热老化性能均较好。

表 14-5-2　不同碳纤维/树脂基复合材料老化后的力学性能

力学性能	T700 复合材料		T300 复合材料	
	老化前	老化后	老化前	老化后
纵向抗拉强度/MPa	2097	2248	1875	1832
横向抗拉强度/MPa	42	48	49	55
纵向抗压强度/MPa	1258	1115	1248	927
横向抗压强度/MPa	175	146	214	176
纵横抗剪强度/MPa	119	125	125	100

玻璃化转变温度(T_g) 指由玻璃态转变为高弹态所对应的温度。T_g 是反映材料耐热性能的一种重要参数,作为非晶态高分子材料的固有特性,主要反映聚合物基体的强度及交联程度的变化。复合材料经过老化后,树脂基体发生的变化则具体体现在 T_g 上。

通过将碳纤维增强树脂基复合材料 F1B-8.00 和 F1B-9.50 两种芯棒分别静置在 160 ℃和 180 ℃空气循环烘箱中进行湿热老化试验,结果见表 14-5-3。湿热老化过程中,树脂基体发生的溶胀现象和基体分子内刚性基团活性的增大,使芯棒 T_g 降低。在试验过程中,芯棒的 T_g 为非线性变化。湿热老化后复合材料芯棒的失重率很小,抗拉强度有所下降,主要是因为水分对纤维的影响是不可逆的,表现为由腐蚀引起纤维强度的损失。湿热老化后芯棒的 T_g 降低,主要是因为水分的存在可以使树脂基体发生溶胀现象,促使基体大分子间的间距增加,因而使基体分子内刚性基团的活性增加,从而使吸水后复合材料的 T_g 下降。湿热处理温度为 60 ℃时,抗弯强度略微降低;湿热处理温度为 80 ℃时,抗弯强度最低;湿热处理温度为 100 ℃时,抗弯强度增高,超过了初始试样的抗弯强度,这主要是因为在芯棒的基体与纤维界面之间,高温导致的膨胀会使芯棒产生内应力,抗弯强度反而会有所增加。

表 14-5-3 不同湿热条件处理后的复合材料性能对比

性能	原始样品		60 ℃热处理		80 ℃热处理		100 ℃热处理	
	FIB-8.00	FIB-9.50	FIB-8.00	FIB-9.50	FIB-8.00	FIB-9.50	FIB-8.00	FIB-9.50
失重率/(%)	0	0	0.037	0.032	0.028	0.026	0.040	0.034
抗拉强度/MPa	2686	2672	2600	2535	2593	2447	2597	2594
抗弯强度/MPa	669	654	660	647	652	609	693	662
T_g/℃	210	210	205	211	211	210	209	209

14.5.4 复合材料老化剩余强度等效预测

俄罗斯航空材料研究院 г. м. 古尼耶夫等通过对无负载情况下聚合物基复合材料的自然老化寿命研究得出,聚合物基复合材料老化过程中存在可逆与不可逆的性能变化,环境中的因素对材料性能有正面影响(增强作用),也有负面影响(损伤作用)。假设增强过程和损伤过程是相互独立的,在无负荷条件下暴露于环境中的热固性复合材料性能的不可逆变化所造成的强度变化可用式(14-5-1)来描述:

$$S=S_0+\eta(1-e^{-\lambda t})-\beta\ln(1+\theta t) \tag{14-5-1}$$

式中:S 为材料老化后的强度;S_0 为初始强度;η 为材料的固化参数;β 为材料抗裂纹扩展参数,对于特定材料为常数;λ,θ 为材料及影响状态参数,会根据不同的实际老化环境有所变化。

上述公式在以下两方面值得改进:

① 从式(14-5-1)可看出,г. м. 古尼耶夫等考虑了后固化作用对材料性能的增强作用,但在材料的实际工作环境中,材料的后固化增强过程与服役时间相比,可以忽略不计,因此可以通过拟合的方法添加一个材料性能的增强项 ΔS 来替代 $\eta(1-e^{-\lambda t})$;

② 式(14-5-1)只采用一个宏观的参数 θ 来表示环境中各种老化因素对材料性能的影响,但是单一的宏观参数 θ,一方面不能够反映实际老化环境的各种因素变化,另一方面没有考虑到材料实际服役环境中各个主要因素的影响,使得其在不同老化环境中的等效计算和适用性不强。

影响聚合物基复合材料老化的外界因素很多，例如阳光、温度、酸、碱、盐等。在兼顾材料服役环境各主要影响因素的情况下，根据以上对中值老化剩余强度公式的分析，提出两点假设：

① 相同材料在相同影响因素下老化机理相同，老化衰减速率只与影响因素强弱有关；

② 老化过程中各因素对材料性能的影响是相互独立的；

基于以上分析，相关学者提出了与老化因素相关的聚合物基复合材料老化剩余寿命(强度)估算公式：

$$S = S_1 - \sum A_i \ln[1 + B_i T(x_i)]\ (i = 1,2,\cdots) \tag{14-5-2}$$

式中：S 为材料老化后的强度；S_1 为材料固化后的强度，$S_1 = S_0 + \Delta S$，S_0 为初始强度值，ΔS 为材料后固化增强项；x_i 为环境老化因素；A_i 表示老化因素 x_i 对某种材料某一性能影响的显著性参数，随材料和需要测定的材料性能参数的变化而变化；B_i 为材料对老化因素 x_i 的抗老化能力参数，与材料组分及工艺类型有关，对于特定材料为一定值，随环境老化谱的变化而变化；$T(x_i)$ 表示老化因素为 x_i 的等效当量老化时间，表达式为

$$T(x_i) = \frac{(\text{影响因素 } x_i \text{ 强度指数}) \times (x_i \text{ 作用下的老化时间})}{x_i \text{ 基准指数}} \tag{14-5-3}$$

在湖北武汉和海南三亚分别进行手糊工艺玻纤/环氧复合材料和 T300/环氧复合材料为期 350 天的自然老化试验，老化试验谱为海水浸泡-阳光曝晒循环老化，一个循环周期包括海水浸泡 7 天，阳光曝晒 7 天。分别在老化时间为 0 天、70 天、140 天、210 天、280 天、350 天时取样，干燥处理后依据 GB 1447—2005 试验方法，采用 Letry 数字万能材料试验机进行轴向抗拉强度试验和偏轴法面内抗剪强度试验。同时记录老化试验期间 2010 年 6 月 7 日至 2011 年 5 月 21 日武汉和三亚平均气温和平均紫外线强度指数，分别如图 14-5-2 和图 14-5-3 所示。

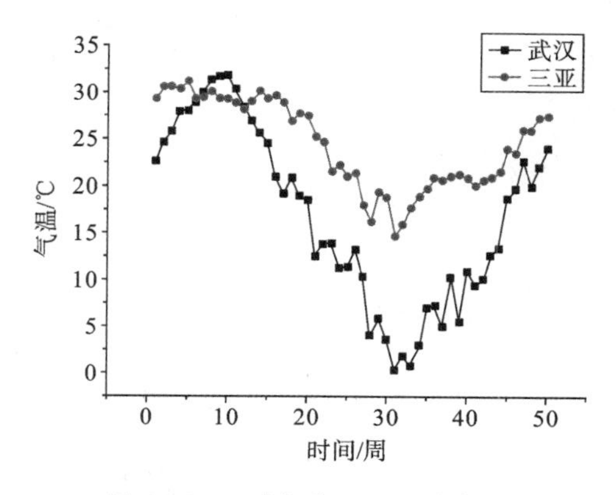

图 14-5-2　武汉和三亚平均气温

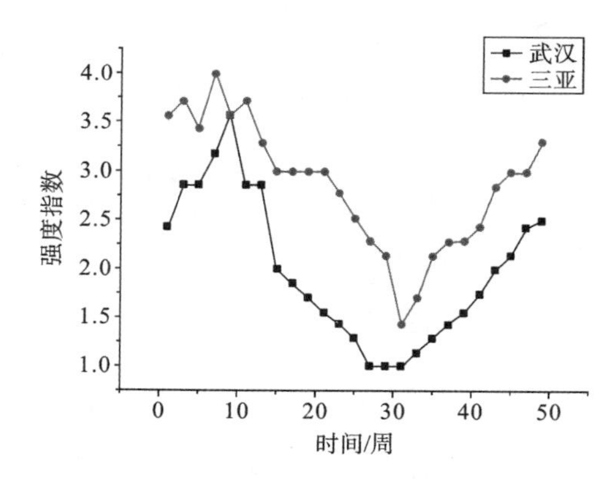

图 14-5-3　武汉和三亚紫外线强度指数

由于在环境自然循环老化试验过程中主要的老化因素为温度和太阳光照，因此式(14-5-2)可具体化为

$$S = S_1 - A_1 \ln[1 + B_1 T(x)] - A_2 \ln[1 + B_2 T(y)] \tag{14-5-4}$$

式中：$T(x)$ 为温度当量时间，其定义为

$$T(x) = \sum \frac{\text{当日平均摄氏温度}}{100\ ℃}(\text{天}) \tag{14-5-5}$$

$T(y)$为紫外线当量时间,其定义为

$$T(y) = \sum \frac{\text{当日平均紫外线强度指数}}{1}(\text{天}) \tag{14-5-6}$$

表 14-5-4 给出了各批次老化试验值及根据式(14-5-5)和式(14-5-6)计算出来的温度当量 $T(x)$,紫外线当量 $T(y)$。通过对老化后的试件进行拉伸试验得到各个批次的自然老化剩余强度。令

$$Q = \sum (S_1 - A_1 \ln[1 + B_1 T(x)] - A_2 \ln[1 + B_2 T(y)] - S_i)^2 \tag{14-5-7}$$

表 14-5-4　各批次试件自然老化试验结果及等效当量值

老化地点	武汉		三亚	
老化时间	$T(x)$	$T(y)$	$T(x)$	$T(y)$
0 天	0	0	0	0
70 天	20	108	20.94	132
140 天	36.45	172	40.95	245
210 天	43.43	219	55.5	299
280 天	47.05	259	69.2	368
350 天	58.9	327	85.3	467

代入 70 天、140 天和 210 天武汉和三亚两地等效当量值(见表 14-5-4)及强度试验数据,并令

$$S_0 = \frac{\partial Q}{\partial S_1} = 2\left(4S_1 - A_1 \sum_{i=1}^{6} \ln(1 + B_1 X_i) - A_2 \sum_{i=1}^{6} \ln(1 + B_2 Y_i) - \sum_{i=1}^{6} S_i\right) \tag{14-5-8}$$

$$S_1 = \frac{\partial Q}{\partial A_1} = -2\sum_{i=1}^{6}[S_1 - A_1 \ln(1 + B_1 X_i) - A_2 \ln(1 + B_2 Y_i) - S_i]\ln(1 + B_1 X_i) \tag{14-5-9}$$

$$S_2 = \frac{\partial Q}{\partial A_2} = -2\sum_{i=1}^{6}[S_1 - A_1 \ln(1 + B_1 X_i) - A_2 \ln(1 + B_2 Y_i) - S_i]\ln(1 + B_2 Y_i) \tag{14-5-10}$$

$$S_3 = \frac{\partial Q}{\partial B_1} = -2\sum_{i=1}^{6}[S_1 - A_1 \ln(1 + B_1 X_i) - A_2 \ln(1 + B_2 Y_i) - S_i]\frac{A_1 X_i}{1 + B_1 X_i} \tag{14-5-11}$$

$$S_4 = \frac{\partial Q}{\partial B_2} = -2\sum_{i=1}^{6}[S_1 - A_1 \ln(1 + B_1 X_i) - A_2 \ln(1 + B_2 Y_i) - S_i]\frac{A_2 X_i}{1 + B_2 Y_i} \tag{14-5-12}$$

由于材料后固化的缘故,S_1 比老化时间为 0 时的初始值大,因此采用多元非线性函数牛顿下山搜索法在约束 $A_1>0, A_2>0, B_1>0, B_2>0$ 下,在 MATLAB 软件中进行数值计算,找出数组[S_0 S_1 S_2 S_3 S_4]与数组[0 0 0 0 0]最近距离的值,从而求出 S_1、A_1、A_2、B_1、B_2 的数值解,然后代入公式(14-5-4)计算在武汉和三亚两地老化 280 天和 350 天的剩余强度,并与试验值进行对比,如表 14-5-5 所示。表中,正值表示计算值大于试验值,负值表示计算值小于试验值。通过以上分析和对比公式计算值与试验结果可看出,改进后的老化公式的计算结果与自

然老化试验结果的一致性较好。

表 14-5-5　数值计算结果和差值占比

材料工艺	试验内容	S_1	A_1	A_2	B_1	B_2	计算值/MPa		差值占比	
							武汉	三亚	武汉	三亚
手糊玻纤/环氧	轴向拉伸(280 天)	432.3	10.25	5.093	0.893	0.502	368.9	363.2	0.16%	−0.11%
手糊玻纤/环氧	面内剪切(280 天)	92.2	3	5	0.893	0.502	56.5	53.6	0.18%	−0.19%
手糊玻纤/环氧	轴向拉伸(350 天)	432.3	10.25	5.093	0.893	0.502	365.4	359.9	−0.05%	−0.14%
手糊玻纤/环氧	面内剪切(350 天)	92.2	3	5	0.893	0.502	54.7	51.8	0.37%	−0.19%
手糊 T300/环氧	轴向拉伸(280 天)	743.7	14.5	10	0.73	0.51	643.1	634.1	0.1%	−0.2%
手糊 T300/环氧	面内剪切(280 天)	63	4	3.5	0.73	0.51	31.6	28.9	0	−1.37%
手糊 T300/环氧	轴向拉伸(350 天)	743.7	14.5	10	0.73	0.51	637.6	628.8	−0.1%	−0.27%
手糊 T300/环氧	面内剪切(350 天)	63	4	3.5	0.73	0.51	29.9	27.2	−0.33%	−1.45%

14.5.5　加速老化与自然老化的时间等效

在船用复合材料的耐久性评估中，需要评估自然老化的寿命。但自然老化试验周期长、代价大，难以获得足够的试验数据来进行评估。通过加速老化的方法，在可接受的时间跨度内得到大量的老化试验数据。通过这些加速老化的试验结果，预测和评估船用复合材料在自然老化环境下的寿命，需要将复合材料加速老化的时间寿命等效为自然老化的时间寿命。

14.5.4 小节根据自然循环老化试验结果提出了复合材料自然老化剩余强度等效预测模型，根据此模型，可以依据材料本身性能和老化影响因素对复合材料的剩余强度进行等效预测分析。本小节主要是基于 14.5.4 小节的自然老化预测公式，在保持复合材料强度性能相等的条件下，将复合材料加速老化的时间/寿命等效为海洋环境自然老化的时间/寿命。

武汉一年内的日平均温度为 16.8 ℃，三亚一年内的日平均温度为 24.4 ℃，而加速老化时的试验箱温度在 20～25 ℃之间浮动，紫外线加速老化和自然老化两者的温度基本一致。湿热效应的加速老化试验实际的时间成本与自然湿热老化试验的差不多。因而本小节不考虑温度的影响，主要考虑紫外光老化即辐照老化的时间等效问题。

1. 手糊成型玻璃纤维增强复合材料

对于环氧树脂含量为 50%手糊成型高强玻璃纤维增强复合材料来说，14.5.4 小节中给出了根据试验数据拟合出来的考虑温度和紫外光辐照量的光照-浸泡等时间循环老化过程中，轴向抗拉强度预测公式：

$$S=432.3-10.25\ln[1+0.893T(x)]-5.093\ln[1+0.502T(y)] \tag{14-5-13}$$

以三亚自然老化环境为例，350 天自然老化温度当量为 85.3，紫外线指数当量为 467(175

天紫外线指数之和)，假设三亚气候不发生重大变化，则以后每年(360 天)试件的老化环境中，温度当量为 87.7，紫外线当量为 480.3，则式(14-5-13)可变为

$$S = 432.3 - 10.25\ln(1 + 0.893 \times 87.7 \times T) - 5.093\ln(1 + 0.502 \times 480.3 \times T)$$
$$= 432.3 - 10.25\ln(1 + 78.3T) - 5.093\ln(1 + 241.1T) \tag{14-5-14}$$

式中：T 表示循环老化的时间，单位为年(下同)。

从紫外线加速循环老化试验数据来看，采用 2500 mw 紫外线辐照量 45 天循环老化(其中 24 天紫外线辐照)结束时，手糊成型玻璃纤维增强复合材料试件强度为 347.6 MPa，与自然老化拟合曲线 2.2 年处的剩余强度相同。而根据紫外线辐照量和紫外线指数的等效关系(1 天的加速紫外线辐照量相当于 33.3 天的三亚紫外线辐照量)，24 天的加速紫外线辐照量相当于 799 天(2.2 年)的三亚紫外线辐照量，而在自然循环老化过程中，2.2 年的自然老化试验紫外线辐照的时间只有 1.1 年，因为根据紫外线辐照量与紫外线等效关系进行时间等效计算时，需要 50%的折减，即对于树脂含量 50%的手糊成型玻璃纤维增强复合材料循环老化来说，2500 mw 紫外线 1 天的辐照量相当于三亚紫外线 16.7 天的辐照量。

采用同样的计算分析方法对相同老化剩余强度下 9 天、15 天、27 天、39 天、45 天加速循环老化进行计算分析，如表 14-5-6。从表中可看出，平均等效倍数为 18.8 倍，即试验室加速老化 1 天相当于三亚自然光自然老化 18.8 天，与理论计算所得的 33.3 天相比，折减了 43.5%。

表 14-5-6　手糊成型玻璃纤维增强复合材料试件三亚老化等效关系计算结果

加速老化时间	紫外线辐照时间	拟合自然辐照时间	等效倍数
9 天	6 天	120.6 天	20.1
15 天	9 天	178.2 天	19.8
27 天	15 天	289.8 天	19.32
39 天	21 天	379.8 天	18.1
45 天	24 天	396.0 天	16.5

采用同样的方法，对武汉自然环境老化试验，计算手糊成型玻璃纤维增强复合材料加速老化与自然老化时间等效关系。轴向抗拉强度等效当量预测公式：

$$S = 432.3 - 10.25\ln(1 + 0.893 \times 60.6 \times T) - 5.093\ln(1 + 0.502 \times 336.3 \times T)$$
$$= 432.3 - 10.25\ln(1 + 54.1T) - 5.093\ln(1 + 168.8T) \tag{14-5-15}$$

根据武汉手糊成型试件自然老化强度衰减拟合公式，计算相同剩余强度下自然老化需要的时间，计算结果如表 14-5-7 所示。从表中看出，等效倍数的平均值约为 26.9，与相同紫外线辐照量下的理论计算值 50 相比，折减了 46.2%。

表 14-5-7　手糊成型玻璃纤维增强复合材料试件武汉老化等效关系计算结果

加速老化时间	紫外线辐照时间	拟合自然辐照时间	等效倍数
9 天	6 天	178.2 天	29.7
15 天	9 天	252.0 天	28
27 天	15 天	414.0 天	27.6
39 天	21 天	540.0 天	25.7
45 天	24 天	567.0 天	23.5

2. 真空成型玻璃纤维增强复合材料

对于环氧树脂含量为 30%的真空成型高强玻璃纤维增强复合材料来说，采用与手糊成型试件相同的计算分析方法，计算分析三亚和武汉的加速循环老化中紫外线与自然循环老化中紫外线的等效关系。

对于三亚自然循环老化，剩余抗拉强度预测公式为

$$\begin{aligned} S &= 596.2-6.11\ln(1+0.51\times 87.7\times T)-10.23\ln(1+0.7\times 480.3\times T) \\ &= 596.2-6.11\ln(1+44.7T)-10.23\ln(1+336.2T) \end{aligned} \qquad (14\text{-}5\text{-}16)$$

根据三亚真空成型试件自然老化强度衰减拟合公式，计算相同剩余强度下自然老化需要的时间，计算结果如表 14-5-8 所示。从表中的等效倍数计算结果可看出，三亚真空成型复合材料等效倍数的平均值约为 17.4，与理论计算值 33.3 相比，折减了 47.7%。

表 14-5-8　真空成型玻璃纤维增强复合材料试件三亚老化等效关系计算结果

加速老化时间	紫外线辐照时间	拟合自然辐照时间	等效倍数
9 天	6 天	99 天	16.5
15 天	9 天	162 天	18
27 天	15 天	288 天	19.2
39 天	21 天	369 天	17.6
45 天	24 天	378 天	15.8

对于武汉自然循环老化，剩余抗拉强度预测公式为

$$\begin{aligned} S &= 596.2-6.11\ln(1+0.51\times 60.6\times T)-10.23\ln(1+0.7\times 336.3\times T) \\ &= 596.2-6.11\ln(1+30.9T)-10.23\ln(1+235.4T) \end{aligned} \qquad (14\text{-}5\text{-}17)$$

根据武汉真空成型试件自然老化强度衰减拟合公式，计算相同剩余强度下自然老化需要的时间，计算结果如表 14-5-9 所示。从表中等效倍数计算结果可看出，武汉真空成型复合材料等效倍数的平均值为 24.9 倍，与理论计算值 50 相比，折减了 50.2%。

表 14-5-9　真空成型玻璃纤维增强复合材料试件武汉老化等效关系计算

加速老化时间	紫外线辐照时间	拟合自然辐照时间	等效倍数
9 天	6 天	144 天	24
15 天	9 天	225 天	25
27 天	15 天	414 天	27.6
39 天	21 天	522 天	24.8
45 天	24 天	549 天	22.9

应该指出的是，由于老化的环境不同，复合材料的性能有别，因而在不同的老化环境下，对于不同的复合材料，其加速老化与自然老化时间的等效关系肯定是不一样的。本小节给出的玻璃纤维复合材料的紫外辐照加速老化与自然老化时间的等效关系仅在思路和方法上提供借鉴，是示例性的。

第 15 章　新兴复合材料及其船舶工程应用

15.1　引　　言

随着材料科学与技术的发展以及材料加工工艺的进步，近年来，各种新兴复合材料不断涌现，带动了船舶工程领域结构设计理念和思路的变化。同时，由于新兴复合材料具有特定或优异的性质，其在船舶工程领域具有潜在的应用前景。本章将简要介绍纳米、仿生功能和智能复合材料特有的性质，并展望其在船舶工程领域的应用。

15.2　纳米复合材料

纳米复合材料是以树脂、橡胶、陶瓷和金属等基体为连续相，以纳米尺寸的金属、半导体、刚性粒子和其他无机粒子、纤维、纳米碳管等改性剂为分散相，通过适当的制备方法将改性剂均匀性地分散于基体材料中，形成一相含有纳米尺寸材料的复合体系，这一体系材料称为纳米复合材料。或者说，当复合材料中的夹杂达到某一纳米尺度，此时复合材料称为纳米复合材料，如纳米颗粒、线或板与连续基体复合构成的复合材料。当夹杂尺度减小至纳米量级时，复合材料表面或界面的影响变得突出起来，表界面效应一般使纳米尺度材料的模量和强度较体材料有大幅提高。这些高模量和强度的纳米增强相为制备高性能复合材料提供了可能。实验表明纳米复合材料宏观力学行为往往表现出与夹杂尺度的相关性，而传统复合材料宏观力学行为主要依赖夹杂的属性、含量及分布。因此，针对纳米复合材料性能的设计，首先需要估计表界面效应的影响，给出纳米尺度下材料力学性能的描述方法，在此基础上进一步分析该效应对复合材料宏观性能的影响。本节主要介绍纳米复合材料所表现出的表界面效应、有效性质，及其在船舶工程领域的应用。

15.2.1　表界面效应

纳米复合材料的表界面附近的原子所处的环境与体材料中原子不同，在外力作用下表界面附近区域材料的响应也将与体材料有较大差别，即称为表界面效应。当构件尺寸在微米量级及以上时，构件的力学响应主要由体材料的性能决定，表界面效应的影响可以忽略；但当构件尺寸减少至纳米尺寸时，表界面效应的影响变得突出起来，因此需要有相应的理论来描述这种效应的影响。实际上当两相材料形成界面时，由于扩散等作用，会存在一个界面层，在该层内原子间距、密度及组分等物理量都将发生变化，有别于相应的体材料，如图 15-2-1(a)所示。为了便于从数学上分析，人们将实际上有一定厚度的界面层简化成一个没有厚度的理想数学界面(见图 15-2-1(b))，通过定义表界面参数将界面层的影响做等效考虑，该思想源于 Gibbs 的划分界面(dividing surface) 概念。

通过理想简化，界面上物理量的定义实际为理想系统和实际系统的差值或剩余(excess)。

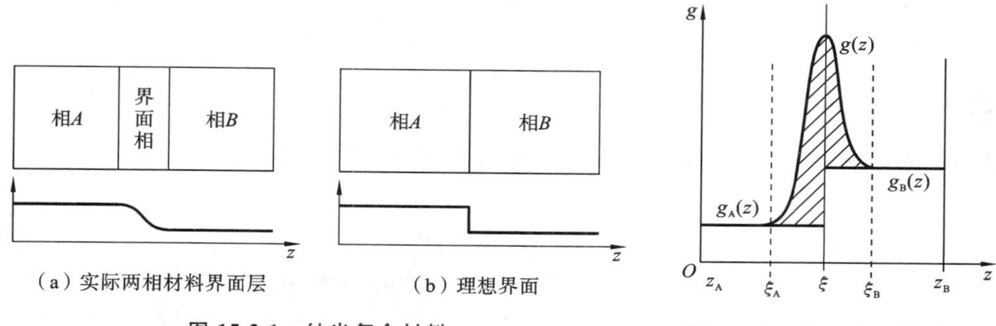

图 15-2-1　纳米复合材料

图 15-2-2　界面物理量的定义

对于图 15-2-2 中的一维系统，横坐标为 z 轴，某物理量 g 在界面上的定义为

$$g^{s}=\int_{z_A}^{z_B} g(z)\mathrm{d}z-(\xi-z_A)g_A-(z_B-\xi)g_B \tag{15-2-1}$$

式中：z_A 和 z_B 是在相 A 和相 B 内的任意位置；ξ 为理想界面位置；g_A 和 g_B 为物理量 g 在相 A 和相 B 的值，上标 s 表示界面(surface)。实际上界面量 g^s 对应于图 15-2-2 的阴影部分。

对于一个力学系统，界面上的两个重要物理量分别是剩余界面能和界面应力，以下简称界面能和界面应力。界面能 E^s 是指产生新单位界面所需要的能量，界面应力 $\boldsymbol{\sigma}^s$ 是指使界面产生变形(界面原子间距发生变化)所需要的应力。一般来讲，垂直界面应力的分量只改变界面的参考面而不使界面产生变形，因此界面应力可假设是一个投影在界面内的二维张量，其对应的应变 $\boldsymbol{\varepsilon}^s$ 也是界面内的二维张量。对于小变形的情况，界面能与界面应力满足 Shuttleworth 方程：

$$\boldsymbol{\sigma}^{s}=E_0^{s}\boldsymbol{\delta}+(\partial E^{s}/\partial \boldsymbol{\varepsilon}^{s}) \tag{15-2-2}$$

式中：$\boldsymbol{\delta}$ 是二维单位张量。对于液体和气体界面，由于液体分子的流动性使得界面能 E^s 与施加应变无关。根据 Shuttleworth 方程，此时有 $\boldsymbol{\sigma}^s=E_0^s\boldsymbol{\delta}$，即界面应力与界面能相等。对于涉及固体材料的界面，施加外力将使界面原子间距发生变化，因此界面能 E^s 是界面应变的函数。为了简化分析，对于固体材料可以假设 $E^s=(0.5\boldsymbol{\varepsilon}^s):\boldsymbol{C}^s:\boldsymbol{\varepsilon}^s$，并忽略式(15-2-2)中的残余应力项，可得界面的本构方程为

$$\boldsymbol{\sigma}^{s}=\boldsymbol{C}^{s}:\boldsymbol{\varepsilon}^{s} \tag{15-2-3}$$

式中：$\boldsymbol{C}^s$ 为材料的界面模量。对于各向同性界面，进一步有

$$\boldsymbol{\sigma}^{s}=2\mu_s\boldsymbol{\varepsilon}^{s}+\lambda_s(\mathrm{tr}\boldsymbol{\varepsilon}^{s})\boldsymbol{\delta} \tag{15-2-4}$$

式中：μ_s 和 λ_s 分别为界面的剪切模量和拉梅系数。由于界面上的物理量都是通过界面两边的差值或剩余值来定义的，因而剩余界面能可以为负值，即界面模量 $\boldsymbol{C}^s$ 所对应的矩阵不一定都是正定的。

纳米复合材料的表界面增强效应主要体现在：① 纳米材料具有巨大的比表面积。当普通材料的粒径缩小到纳米级别时，其表面积将会成倍增加。这种比表面积的增大将导致更多的原子或分子暴露在表面上，从而增强了与周围环境之间的相互作用。这样在复合材料的表界面可以大大增加接触面积，从而增大摩擦力。② 在纳米复合材料中，当两种不同的材料相互作用时，它们之间的界面可能会产生一些特殊的物理和化学性质。在纳米颗粒中，由于表面积增加，这种界面效应将变得更加显著。例如，在纳米颗粒与其他材料相互作用时，界面处可能会出现电荷转移、化学反应等现象。

总之，纳米材料效应是一种非常重要且具有广泛应用前景的现象。随着对纳米技术的深入研究和发展，我们相信这种效应将会在船舶工程领域得到广泛运用。

15.2.2　有效性质描述

对于一体积含量为 c_1 的纳米颗粒增强复合材料，其有效模量 $\bar{\boldsymbol{C}}$ 可由式(15-2-5)进行计算。

$$\bar{\boldsymbol{C}}=\boldsymbol{C}_2+c_1(\boldsymbol{C}_1-\boldsymbol{C}_2):\boldsymbol{B}_1+c_1\boldsymbol{B}_s \tag{15-2-5}$$

式中：$\boldsymbol{C}_1$、$\boldsymbol{C}_2$ 分别为纳米夹杂颗粒（以下简称夹杂）、基体的模量；$\boldsymbol{B}_1$、$\boldsymbol{B}_s$ 分别为夹杂、界面处的刚度。要计算出有效模量，需要先得到夹杂的集中因子。采用 Mori-Tanaka 方法可将多夹杂问题转化成单夹杂问题进行求解。该方法的大体思路如图 15-2-3 所示。

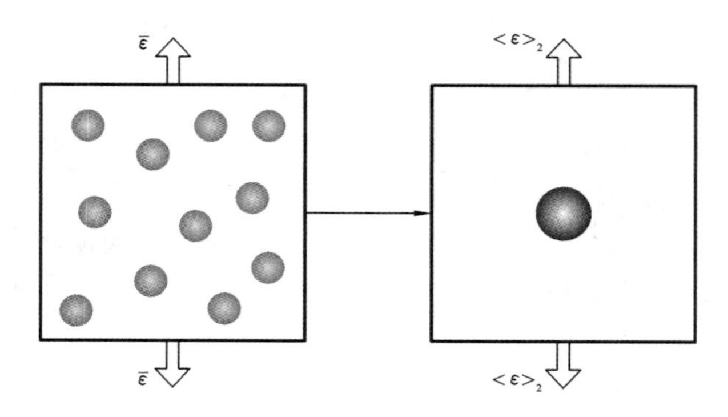

图 15-2-3　Mori-Tanaka **方法大体思路**

利用 Mori-Tanaka 方法将多夹杂问题转化成单夹杂问题时，需要求远场作用下的基体平均应变$\langle\varepsilon\rangle_2$。根据界面应力平衡方程可得到夹杂的平均应变$\langle\varepsilon\rangle_\Omega$ 为

$$\langle\boldsymbol{\varepsilon}\rangle_\Omega=\boldsymbol{B}_\Omega:\langle\boldsymbol{\varepsilon}\rangle_2 \tag{15-2-6}$$

定义复合材料宏观应力和应变时，对于代表单元局部应力和应变的平均值，考虑到在界面处位移连续、应力具有间断，于是有

$$\bar{\varepsilon}=\langle\boldsymbol{\varepsilon}\rangle=(1-c_1)\langle\boldsymbol{\varepsilon}\rangle_2+c_1\langle\boldsymbol{\varepsilon}\rangle_1 \tag{15-2-7}$$

将式(15-2-6)代入式(15-2-7)，将基体的平均应变用远场复合材料应变表示，则有

$$\langle\boldsymbol{\varepsilon}\rangle_2=[(1-c_1)\boldsymbol{I}+c_1\boldsymbol{B}_\Omega]^{-1}:\bar{\boldsymbol{\varepsilon}} \tag{15-2-8}$$

因而有

$$\langle\boldsymbol{\varepsilon}\rangle_1=[(1-c_1)\boldsymbol{B}_\Omega^{-1}+c_1 I]^{-1}:\bar{\boldsymbol{\varepsilon}}=\boldsymbol{B}_1:\bar{\boldsymbol{\varepsilon}} \tag{15-2-9}$$

复合材料的模量可通过式(15-2-5)进行计算。对于球形夹杂的情形，利用各向同性张量的计算方法，可以得到纳米颗粒增强复合材料（即纳米复合材料）的体积和剪切模量。考虑表面效应，对于具有孔洞的纳米复合材料，相应的体积模量 $\bar{\kappa}$ 和剪切模量 $\bar{\mu}$ 分别为

$$\bar{\kappa}=\frac{2\mu_2}{3}\frac{3\kappa_2(2+\kappa_s^r)-2c_1(3\kappa_2-2\kappa_s^r\mu_2)}{2\mu_2(2+\kappa_s^r)+c_1(3\kappa_2-2\kappa_s^r\mu_2)} \tag{15-2-10}$$

$$\bar{\mu}=\frac{\mu_2}{2}\frac{4\mu_2(e+2c_1 f)+3\kappa_2(2g+3c_1 f)}{2\mu_2(e-3c_1 f)+3\kappa_2(g-c_1 f)} \tag{15-2-11}$$

式中：$f=(2+\kappa_s^r)(-1+\mu_s^r)$，$e=4+8\mu_s^r+3\kappa_s^r(1+\mu_s^r)$，$g=3(1+\mu_s^r)+\kappa_s^r(2+\mu_s^r)$。其中，$\kappa_s^r=\bar{\kappa}_s/\mu_2$，$\mu_s^r=\bar{\mu}_s/\mu_2$。

下面以某纳米多孔复合材料为例，分析孔洞半径对多孔材料模量的影响，基体材料弹性参

数为$\kappa_2=72.5$ GPa，$\nu_2=0.3$，$\mu_2=34.71$ GPa，孔洞含量$c_1=0.15$。分别考察三种界面的情形：

情形A，$\kappa_s=-5.457$ N/m，$\mu_s=-6.2178$ N/m；

情形B，$\kappa_s=12.932$ N/m，$\mu_s=-0.3755$ N/m；

情形C，$\kappa_s=0$ N/m，$\mu_s=0$ N/m。

图15-2-4给出了多孔纳米复合材料（以下简称多孔材料）体积和剪切模量随孔洞半径的变化关系。图中纵坐标分别为多孔材料的体积和剪切模量与相应无表面效应的复合材料体积和剪切模量的比值。由图可知，多孔材料介质的有效模量与孔洞半径的依赖关系与材料表面性质无关。不过一般而言，当孔洞半径达到微米级时，界面效应的影响较小，可以忽略。

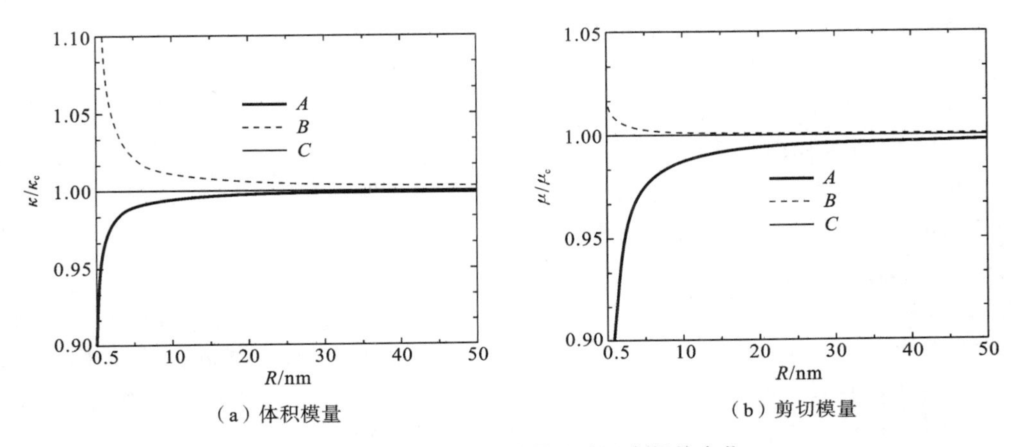

（a）体积模量　（b）剪切模量

图 15-2-4　多孔材料模量随孔洞半径的变化

15.2.3　在船舶防腐涂料中的应用

海洋环境是一种极为苛刻的腐蚀环境。在这种环境中，海水本身是一种强的腐蚀介质，其中包括高浓度的Cl^-、Mg^{2+}和SO_4^{2-}等，同时波浪、潮流又会对船舶构件产生疲劳应力和冲击，加上生物附着及它们的代谢产物等都对腐蚀过程产生加速作用。在海水环境中，船舶结构遭受到的腐蚀，会对材料组织造成破坏，降低构件的使用寿命，甚至会使构件丧失其结构功能。

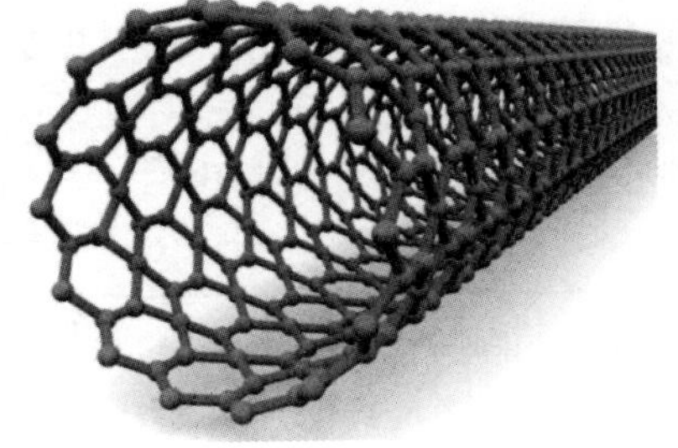

图 15-2-5　碳纳米管的三维示意图

碳纳米管（CNTs，见图15-2-5）自20世纪90年代初被发现以来，其独特的一维纳米结构和优异的物理化学性能使其成为研究的热点。近年来，CNTs因其高长径比、空心管结构以及高的热稳定性和机械稳定性在新型涂料的研发中受到了广泛关注。

在涂料中添加CNTs可以显著改善涂层缺陷而减轻对保护构件的腐蚀，CNTs提高涂层防腐能力的作用机理主要体现在以下几个方面。

① 增大涂料与基底的附着力。在涂料中添加CNTs可有效地增强涂层与基底之间的附着力，延缓涂层起泡分层的现象，提升涂层的耐腐蚀性能。例如，通过对比醇酸树脂包覆碳钢在3.5% NaCl溶液中浸泡不同时间的防腐效果发现，加入CNTs的比例极大地影响了系统阻

抗特性的变化，未添加 CNTs 的醇酸树脂膜 72h 后发生降解，而添加 0.5% CNTs 的醇酸树脂未出现起泡、针孔和分层现象。

② 增加涂层的致密性。CNTs 在涂层内形成交织的网状结构使涂层更加致密，可有效阻碍腐蚀性粒子进入涂层内部对基体材料造成腐蚀。如在 3.5% NaCl 水溶液中，对添加 CNTs 的复合涂层的防腐效果进行研究，结果表明，添加 CNTs 的复合涂层表现出了明显优于其他涂层的防腐效果：涂层致密、黏附在光滑的表面，形成对抗腐蚀性物质的物理屏障。

③ 提高涂层的力学性能。将改性后的 CNTs 分散到基体中形成有效结合界面，可以充分发挥 CNTs 高强度和高弹性模量等优异的力学性能，显著提升涂层韧性和抗拉强度，有效防止涂层产生细微裂纹，增加涂层的耐蚀性。例如，对于玄武岩鳞片环氧树脂(CNT-BF/EP)涂层，在添加 CNTs 后，涂层的界面相容性、抗拉强度和耐酸碱性能均显著提高。采用 CNTs 改性方法提高了 CNT-BF/EP 涂层的化学耐腐蚀性和力学性能。

④ 提高涂层的耐磨性。当有机涂层因划痕或磨损受到物理损坏时，失效过程会加速，从而使腐蚀性粒子进入界面。涂层的低摩擦和高耐磨性可以有效地防止涂层系统因磨损引起的失效，在聚合物基体中加入 CNTs 将会提升涂层的摩擦学性能和耐腐蚀性。在环氧涂层中添加 CNTs，涂层磨损量会随着添加量的增加而减小，CNTs 主要通过降低摩擦系数和提高复合涂层的承载能力来增加环氧复合涂层的耐磨性。

⑤ 改善聚合物的化学性质。CNTs 可以改善 PANI 的化学性质，增加其在中性甚至碱性环境中的氧化还原活性，扩大涂料的使用范围，提高 PANI 涂料的防腐蚀性能。聚苯胺(PANI)涂料凭借自身电化学氧化还原的性质，具有较高的腐蚀防护效率。然而，聚苯胺在 pH>4 时将失去电化学活性，这一点严重限制了其在海洋等高 pH 值环境中的应用。添加 CNTs 后，由于 CNT 和 PANI 之间的界面相互作用，所获得的 PANI/CNT 纳米复合材料不仅在酸性介质，而且在中性和碱性介质中都表现出优异的氧化还原能力。

CNTs 防腐涂料具有抗腐蚀能力强、耐磨性好、挥发性有机化合物(VOC)排放低等优点，在大气环境和浸没环境下可单独作为涂层系统，不需要依次涂刷底漆、中间漆、面漆，减少了施工次数，具有较短的施工周期，维护也相对方便。另外，在满足耐腐蚀需求的寿命下，CNTs 防腐涂层更薄，涂料使用量更少，更加节能环保。表 15-2-1 给出了 CNTs 改性环氧涂料与国内普通环氧涂料的各项性能对比。由表可知，添加 CNTs 改性后的环氧涂料，其耐盐雾、附着力等性能均得到了显著提升。

表 15-2-1　CNTs 改性环氧涂料与国内普通环氧涂料的各项性能对比

性能测试	CNTs 改性环氧重防腐无溶剂漆	国内环氧涂料	测试标准	备注
耐盐雾/h	6000	2000	GB/T 1771	无起泡、无锈蚀
附着力/MPa	15	8	GB/T 5210	
硬度/H	3	3	GB/T 6739	铅笔硬度
耐磨性/$(g \cdot 1000rad^{-1})$	0.015	0.055	GB/T 1768	
VOC 排放/$(g \cdot L^{-1})$	20	100	GB/T 16297	

15.2.4　在船用复合材料增韧方面的应用

通常，材料的刚性与韧性是一对矛盾体：刚性很强的材料往往易碎，比如玻璃；而弹性较好的材料往往刚性不足，比如橡胶。但是，采用碳纳米管增强的树脂可显著提高碳纤维复合材料的韧性，而不会降低其强度，甚至还能够提高其刚性。在树脂中加入碳纳米管有助于提高材料的抗磨损性，延长材料表面的磨损寿命，还有助于将能量转移到强度更高的纤维上，提高其断裂韧性。这些又长又薄的微小碳纳米管随机分散在树脂中。当复合材料出现裂纹时，裂纹总会沿着阻力最小的方向扩展。而碳纳米管的存在，延长了其裂纹的扩展路径，从而提高了复合材料的断裂强度。

理论上来讲，如果能将高强度的纳米粒子复合到各种各样的材料中，那么就能将纳米材料的强韧特性注入其他材料中，但事实并非如此。如果将碳纳米管原料直接添加到复合材料中，碳纳米管就会团聚在一起，就像满是面粉疙瘩的蛋糕糊一样。针对这个问题，美国 Zyvex 技术公司的研究人员设计了一种聚合物，其能够对碳纳米管进行改性，使其均匀地分散在树脂中，从而实现对碳纤维编织材料的增强。通过与 NASA 合作，Zyvex 技术公司研发出了使高浓度碳纳米管在环氧树脂等树脂中具有优异分散效果的技术，促进了碳纳米管在复合材料中的应用。

尽管在船舶工程领域，在新材料的应用方面较为谨慎，但由于碳纳米管增强复合材料兼具优异的韧性、强度、轻质等特性，因而具有较好的潜在应用前景。美国 Zyvex 公司正在将这种复合材料应用于船舶停靠甲板中。这些甲板允许较小的船舶驶入其中，其停靠区要求具有较高的强度和韧性，因为当小型船舶到达时，其螺旋桨仍在旋转，可能会撞坏其他船舶的甲板。采用 Zyvex 公司的复合材料，在不增加重量的情况下可提高材料的强度和韧性，而不需要增加船舶底部复合材料的厚度和重量。

15.3　仿生功能复合材料

自然界中生物体的优异结构和特性给人类研究材料带来了灵感和启发。借鉴这些生物体的优异的结构特征是仿生功能复合材料的主要设计思想和方法，近些年来也成为材料和结构领域内的研究热点。贝壳、珍珠、牙齿、龟壳等生物材料具有非常好的力学性能，一些学者研究发现这些生物材料都是由“像粉笔一样又硬又脆”的硬物质（如矿物质）和“像人的皮肤一样柔软”的软物质（如蛋白质）组成的生物复合材料，但它们同时具有与矿物质相当的高硬度和与蛋白质相当的高断裂韧性。那么是什么样的机制在发挥着这样奇特的作用呢？实验研究发现，骨骼和贝壳等材料具有多级结构，而且在最基本的层次上，它们有一个共同的纳米结构，即厚度为几纳米到几百纳米的矿物质晶体小板在胶原蛋白基体中交错排布。这种交错排布的纳米结构被认为是生物复合材料优异力学性能的一个关键结构。随着材料制备技术的进步，依据生物规律“由下而上”地制备仿生复合材料成为可能，目前的 3D 打印技术已能克服微结构的复杂性，用于复杂的高性能仿生复合材料的制造。

15.3.1　力学分析模型

以贝壳、珍珠等这类交错排布的生物复合材料为例，给出力学分析模型。此类材料由纳米微结构组成，季葆华和高华健提出“拉剪链”模型。本小节将简要介绍中心交错的二维拉剪链模型，如图 15-3-1 所示。

图 15-3-1 所示的拉剪链模型中，硬物质在软物质中心交错排布，即硬物质的中心横向对应相邻两硬物质的间隙。由于硬物质的模量远大于软物质的模量，季葆华和高华健假设

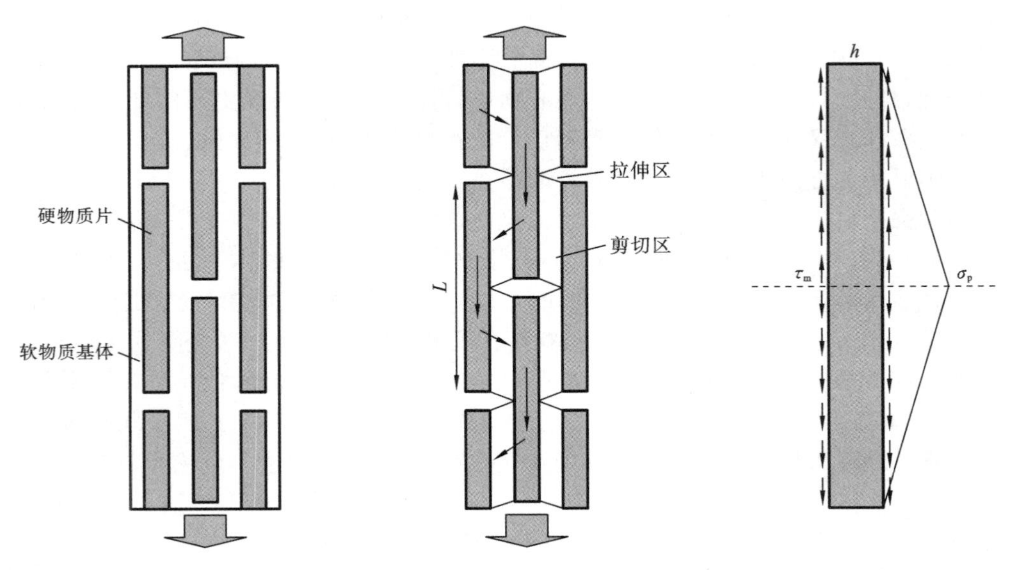

(a) 中心交错复合材料的排布示意　(b) 拉剪链模型中的应力传递　(c) 硬物质的应力分析示意

图 15-3-1　中心交错的二维拉剪链模型

在受拉过程中,硬物质两端近似认为不受任何载荷,载荷的传递主要由软物质沿着硬物质的长度方向上的剪切变形实现;而拉力则主要由硬物质承担,且假设软物质中的切应力是均匀分布的。

本小节中的硬物质块(hard platelet)用下标 p 表示,软物质基体(soft matrix)用下标 m 表示,如图 15-3-1 所示。硬物质在沿长度方向四周受均匀的切应力 τ_m 作用,考虑硬物质块在中间截面的平衡有

$$\sigma_p=\rho\tau_m \tag{15-3-1}$$

式中:$\rho=L/h$,为硬物质的长细比。假设硬物质的正应力是线性分布的,则它的平均应力为

$$\bar{\sigma}_p=0.5\rho\tau_m \tag{15-3-2}$$

根据软物质基体不承受任何应力的假设,此类仿生复合材料的等效应力为

$$\sigma=c\bar{\sigma}_p \tag{15-3-3}$$

式中:c 为硬物质的体积分数。拉伸产生的等效应变 ε 可表示为

$$\varepsilon=\frac{\Delta_p+2\gamma_m h(1-c)/c}{L} \tag{15-3-4}$$

式中:Δ_p 为硬物质块的伸长量,γ_m 为软物质基体剪切应变,它们可分别表示为

$$\Delta_p=\frac{\sigma_p L}{2E_p},\quad \gamma_m=\frac{\tau_m}{G_m} \tag{15-3-5}$$

式中:E_p 为硬物质块的弹性模量;G_m 为软物质的剪切模量。复合材料的等效刚度 E 定义为等效应力除以等效应变,即 $E=\sigma/\varepsilon$。根据上述各式,可得仿生功能复合材料的等效刚度为

$$\frac{1}{E}=\frac{4(1-c)}{G_m c^2\rho^2}+\frac{1}{cE_p} \tag{15-3-6}$$

上面仅给出了中心交错的二维拉剪链模型,考虑任意交错的情形以及三维情形,可得到任意交错的二维拉剪链模型和任意交错的三维拉剪链模型。

15.3.2　等效刚度和强度准则

1. 等效刚度

对于仿生纤维增强复合材料而言，其单根纤维上所受的平均拉应力为

$$\bar{\sigma}_{\mathrm{f}}=\frac{4\alpha_1\rho^2C_0G_{\mathrm{m}}}{\pi}\frac{\Delta}{L} \tag{15-3-7}$$

式中：

$$\alpha_1=\frac{1}{s}\sum_{i=1}^{s}\sum_{j=1}^{6}\tilde{\xi}_{i,j}(1-\tilde{\xi}_{i,j}) \tag{15-3-8}$$

为一个取决于纤维排布的无量纲参数。其中：s 表示纤维的总根数，$(\tilde{\xi}_{i,j}L)$ 表示某根纤维间隙纵向位置。当 $(\tilde{\xi}_j-\xi_i)\geqslant 0$ 时，$\tilde{\xi}_{i,j}=\xi'_j-\xi_i$；当 $(\tilde{\xi}_j-\xi_i)<0$ 时，$\tilde{\xi}_{i,j}=\xi'_j-\xi_i+1$。$(\xi_iL)$ 为第 i 根纤维的间隙在整体坐标 z 中的纵向位置，$0\leqslant\xi_i<1$，$i=1,2,\cdots,s$。

根据混合法则，复合材料的等效应力为

$$\sigma=c\bar{\sigma}_{\mathrm{f}}=\frac{4\alpha_1c\rho^2C_0G_{\mathrm{m}}}{\pi}\frac{\Delta}{L} \tag{15-3-9}$$

若将纤维视为完全刚性，则导出的等效模量会偏大，因而需将纤维的伸长量加进来。由胡克定律可得纤维的总伸长量

$$\Delta_{\mathrm{f}}=\frac{\bar{\sigma}_{\mathrm{f}}}{E_{\mathrm{f}}}L=\frac{4\alpha_1\rho^2C_0G_{\mathrm{m}}\Delta}{\pi E_{\mathrm{f}}} \tag{15-3-10}$$

此时复合材料的等效应变为

$$\varepsilon=\frac{\Delta_{\mathrm{f}}+\Delta}{L}=\frac{4\alpha_1\rho^2C_0G_{\mathrm{m}}}{\pi E_{\mathrm{f}}}\frac{\Delta}{L}+\frac{\Delta}{L} \tag{15-3-11}$$

根据等效模量的定义式，得到复合材料的等效刚度(模量)

$$E=\frac{1}{\dfrac{1}{cE_{\mathrm{f}}}+\dfrac{\pi}{4\alpha_1\rho^2C_0G_{\mathrm{m}}}} \tag{15-3-12}$$

由此式可知，当长细比 $\rho\to\infty$ 时，等效刚度(模量) $E\to cE_{\mathrm{f}}$，即趋于复合材料模量的 Voigt 上限。

2. 强度准则

当仿生纤维增强复合材料的基体最大切应力达到基体剪切强度 $\tau_{\mathrm{m}}^{\mathrm{cr}}$ 或纤维最大正应力 $\sigma_{\mathrm{f}}^{\mathrm{cr}}$ 达到纤维抗拉强度时，复合材料达到自身的强度极限。

若基体发生剪切破坏，则有

$$\tau_{\max}=\frac{T_{\max}}{2C_1R}=\frac{\chi_1C_0G_{\mathrm{m}}\Delta}{C_1R} \tag{15-3-13}$$

式中：$T_{\max}$ 为单根相邻纤维所产生的最大切应力合力值；R 为纤维的半径；χ_1 为一个取决于纤维排布的无量纲参数，它代表纤维排布与基体最大切应力的关系。

$$\chi_1=\max\{\tilde{\xi}_{i,6},\ 1-\tilde{\xi}_{i,1}\} \tag{15-3-14}$$

由此可得基体发生剪切失效时，相应的位移为

$$\Delta=\frac{C_1}{\chi_1C_0}\frac{\tau_{\mathrm{m}}^{\mathrm{cr}}}{G_{\mathrm{m}}}R \tag{15-3-15}$$

若纤维被拉断，则有

$$\sigma_{\mathrm{f}}^{\max}=\frac{2\chi_2 C_0 G_{\mathrm{m}}\Delta L}{\pi R^2}=\sigma_{\mathrm{f}}^{\mathrm{cr}}=\frac{2\chi_2}{\alpha_1 c}\sigma^{\mathrm{cr}} \tag{15-3-16}$$

其中：

$$\chi_2=\max\left\{\sum_{j\geqslant k}\left[(1-\tilde{\xi}_{i,j})\tilde{\xi}_{i,k}\right]+\sum_{j<k}\left[(1-\tilde{\xi}_{i,k})\tilde{\xi}_{i,j}\right],\ 1-\tilde{\xi}_{i,1}\right\},\quad k=1,2,\cdots,6 \tag{15-3-17}$$

为取决于纤维排布的无量纲参数，它代表排布和纤维的最大拉应力的关系。

由此得到纤维被拉断时，相应的位移为

$$\Delta=\frac{\pi R^2\sigma_{\mathrm{f}}^{\mathrm{cr}}}{2\chi_2 C_0 G_{\mathrm{m}} L} \tag{15-3-18}$$

若基体和纤维同时发生破坏，联立式(15-3-15)和式(15-3-18)得到临界的长细比

$$\rho^{\mathrm{cr}}=\frac{\pi\beta_1}{4C_1}\frac{\sigma_{\mathrm{f}}^{\mathrm{cr}}}{\tau_{\mathrm{m}}^{\mathrm{cr}}} \tag{15-3-19}$$

式中：$\beta_1=\chi_1/\chi_2$。即

$$\sigma^{\mathrm{cr}}=\begin{cases}\beta_2 c\sigma_{\mathrm{f}}^{\mathrm{cr}}\rho/\rho^{\mathrm{cr}}, & \rho<\rho^{\mathrm{cr}}\\ \beta_2 c\sigma_{\mathrm{f}}^{\mathrm{cr}}, & \rho\geqslant\rho^{\mathrm{cr}}\end{cases} \tag{15-3-20}$$

式中：$\beta_2=\alpha_1\beta_1/(2\chi_1)$。

15.3.3 泊松比影响及力学机制

仿生功能复合材料的等效刚度(模量)随泊松比的减小而降低。而且，仿生功能复合材料的等效刚度对泊松比特别敏感，特别是横向等效模量，它随泊松比的变化最多可达到两个数量级。仿生功能复合材料正是利用这一点，虽然基体很软，当其泊松比接近 0.5，近似不可压，从而提高横向刚度(模量)。

仿生功能复合材料之所以具有较好的性能，相关的力学机制主要体现在以下几方面。

1. 把小变形累积放大成大变形

对于仿生错层复合材料(见图 15-3-2(c))，如果沿纵向施加拉应变 ε，拉伸量为

$$\Delta=\varepsilon l/2 \tag{15-3-21}$$

或者可用软物质基体的切应变 γ_{m} 来表示，有

$$\Delta=\gamma_{\mathrm{m}} h_{\mathrm{m}} \tag{15-3-22}$$

式中：h_{m} 为软物质的厚度。假设硬物质比软物质要硬很多，结合上面两式可得

$$\frac{\gamma_{\mathrm{m}}}{\varepsilon}=\frac{l/2}{h_{\mathrm{m}}}\gg 1 \tag{15-3-23}$$

从式(15-3-23)可得出，对于仿生错层复合材料，很小的正应变 ε 就能产生很大的切应变 $\gamma_{\mathrm{m}}=\varepsilon l/(2h_{\mathrm{m}})$。因此，较连续层状复合材料(见图 15-3-2(a))，在相同的拉应变下，仿生错层复合材料软物质相的剪切变形更大。一般而言，软物质相比硬物质的断裂韧性和断裂应变要大，而仿生错层复合材料利用这种力学机制，通过硬物质和软物质的应变比，使得两相材料尽量同时破坏，达到等强度设计目的(见图 15-3-2(d))。而在连续层状复合材料里，软硬两相材料的应变是一样的。这样一般硬物质会先断裂，从而使得其整体的断裂韧性要比仿生错层复合材料低。

2. 利用软物质相的不可压缩性转化变形方式

对于仿生错层复合材料，如果沿横向压缩，其软物质的不可压缩性将横向的压缩变形转换

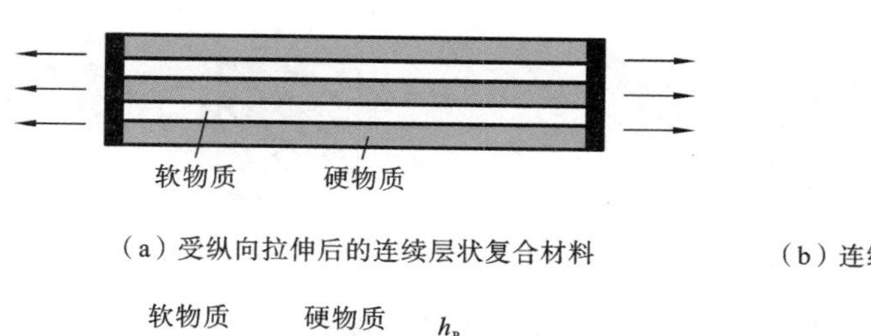

(a) 受纵向拉伸后的连续层状复合材料

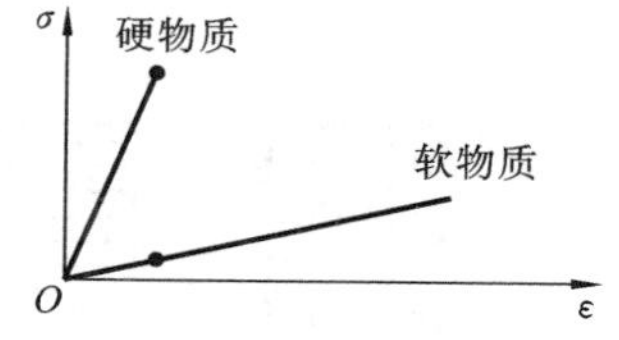

(b) 连续层状复合材料软硬两相的应力-应变关系

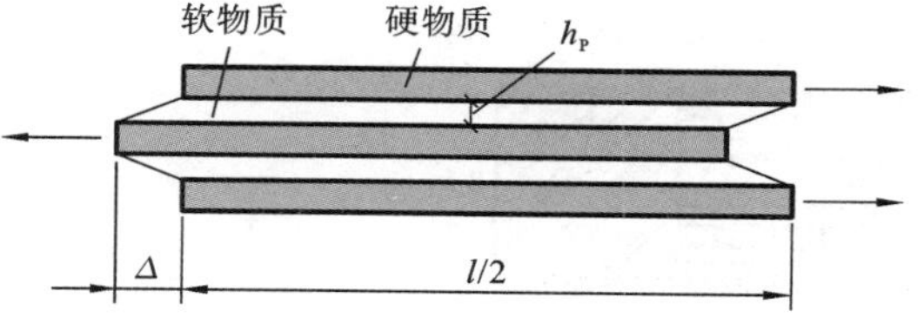

(c) 受纵向拉伸后的仿生错层复合材料

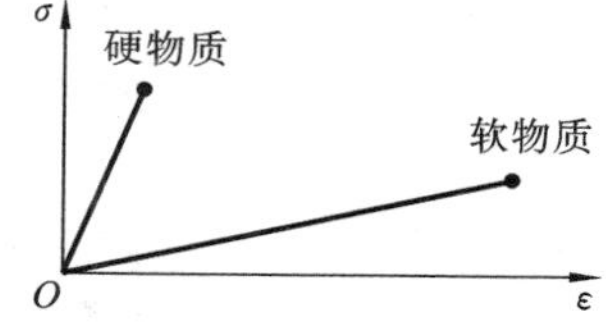

(d) 仿生错层复合材料软硬两相的应力-应变关系

图 15-3-2　把小变形累积放大成大变形的力学机制示意说明

为纵向的拉伸变形(见图 15-3-3(a)),这与图 15-3-3(c)中的液压机的原理是一样的,即当沿竖直方向压缩液压机时,水平方向的活塞会分开。

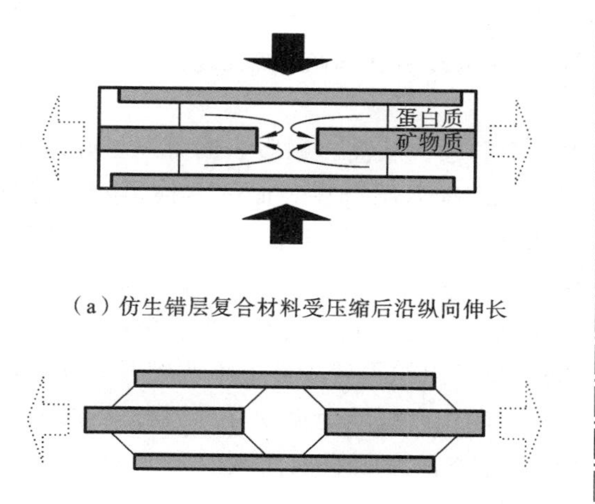

(a) 仿生错层复合材料受压缩后沿纵向伸长

(b) 沿纵向拉伸时存在拉剪链效应

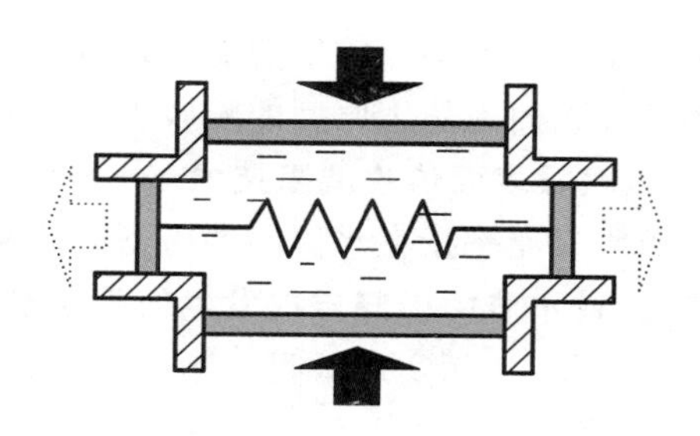

(c) 受压沿纵向伸长的液压机示意

(d) 纵向连接水平活塞的弹簧

图 15-3-3　利用软物质相的不可压缩性转化变形方式示意说明

如图 15-3-3(c)所示,如果把水平的两个活塞用刚度很大的弹簧连接起来,则系统就会有很高的横向刚度。如图 15-3-3(d)所示,在仿生错层复合材料里,这个弹簧就是 15.3.1 小节中所提到的拉剪链。

3. 多级结构提高复合材料承受复杂载荷的能力

仿生材料大多具有多级/分级构型。对于仿生错层复合材料,设计成多级结构,其承受复杂载荷的能力会大大提升,如图 15-3-4 所示。最低级(即一级)的错层复合材料具有较好的纵向拉伸刚度和横向压缩刚度,也能有效承受 45°方向的剪切变形(见图 15-3-4(a))。但是,对于其他方向载荷,由于单一级的仿生错层复合材料刚度偏低,其承载能力较低。然后,利用多级设计(见图 15-3-4(b)),仿生错层复合材料就能承受复杂的载荷。这种多级/分级微结构在自

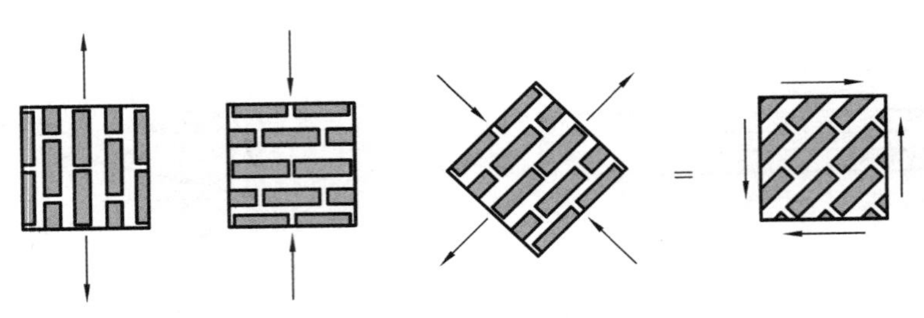

(a) 一级仿生错层复合材料只在单一方向具有很好的承载能力

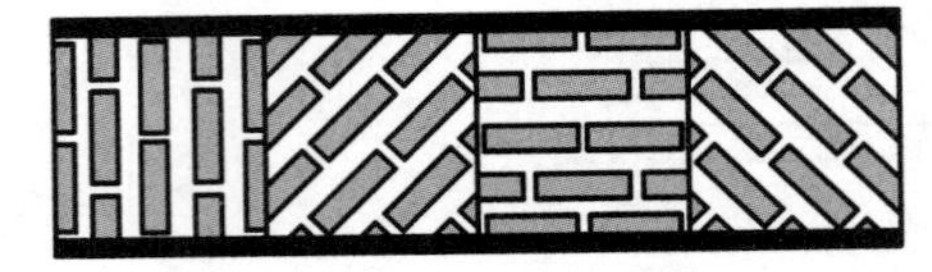

(b) 经合理组合的二级结构能承受更复杂的载荷

图 15-3-4　多级结构提高承受复杂载荷能力的示意说明

然界生物复合材料中大量存在。

15.3.4　在船舶减阻方面的应用

本小节主要介绍仿生功能复合材料/微结构在船舶减阻方面的应用。主要介绍以海豚、鲨鱼和荷叶表面为仿生原型的顺服表面行波减阻、微结构减阻和超疏水减阻技术。

1. 顺服表面仿生减阻技术

顺服表面是指在水流的冲击下会被动发生形变的柔性表面。顺服表面可以更好地适应水流流过，使水流中引起转捩发生的不稳定波变弱，进而推迟层流在表面的转捩，导致层流区域在表面变长，从而实现减阻。顺服表面是最典型的也是最早启发学者们开始研究其减阻性能的，即海豚表面。海豚表面非常光滑，平均粗糙度仅 5.3 μm 左右，如图 15-3-5(a)所示。通过进一步切片研究发现，海豚表皮下方有许多可以感受水压的结构。这些被包裹在皮下组织的液体会随着压力的变化流出或流入细管，细管嵌入皮下组织导致皮肤上下收缩或肿胀，进而产生振动，如图 15-3-5(b)所示。这种受到湍流的压力变化而被动地振动并导致行波在表皮上传播，从而推迟表面流体转捩进而减少摩擦阻力的情况被称为顺服表面减阻。而利用顺服表面减阻原理，制备的仿生功能复合材料，则可实现仿生减阻效果。

2. 微结构仿生减阻技术

海洋中高速游动的生物为减少船舶和其他水下航行器(如潜艇、鱼雷等)的阻力提供了大量的灵感，其中鲨鱼可以称为海洋中的“速度之王”，世界上游行速度最快的鲨鱼尖吻鲭鲨(*Isurus oxyrinchus*)，其速度可以超过 56 km/h。之所以可以游动得如此之快，除了完美的流线型身体将压差阻力降至最低，还与表面的三维齿状结构有关。这与海豚光滑的表面截然相反。鲨鱼皮表面含有精细的表面微结构，可以有效调控近壁面的湍流结构，从而大大降低表面的摩擦阻力。这打破了人们曾经认为只有越光滑的表面才更能有效减阻的常规认知，并为船舶减阻开启了微结构仿生减阻的新思路。

鲨鱼表面的齿状结构大小为 0.2～0.5 mm，分为外层和内层，如图 15-3-6(b)和(c)所示。外层由牙釉质组成，内层则是坚硬的骨骼结构。齿状结构表面还存在平行于水流方向的沟槽，沟槽高度约为 8 μm，宽度约为 60 μm。值得注意的是，这种齿状结构不会随着鲨鱼体形的变

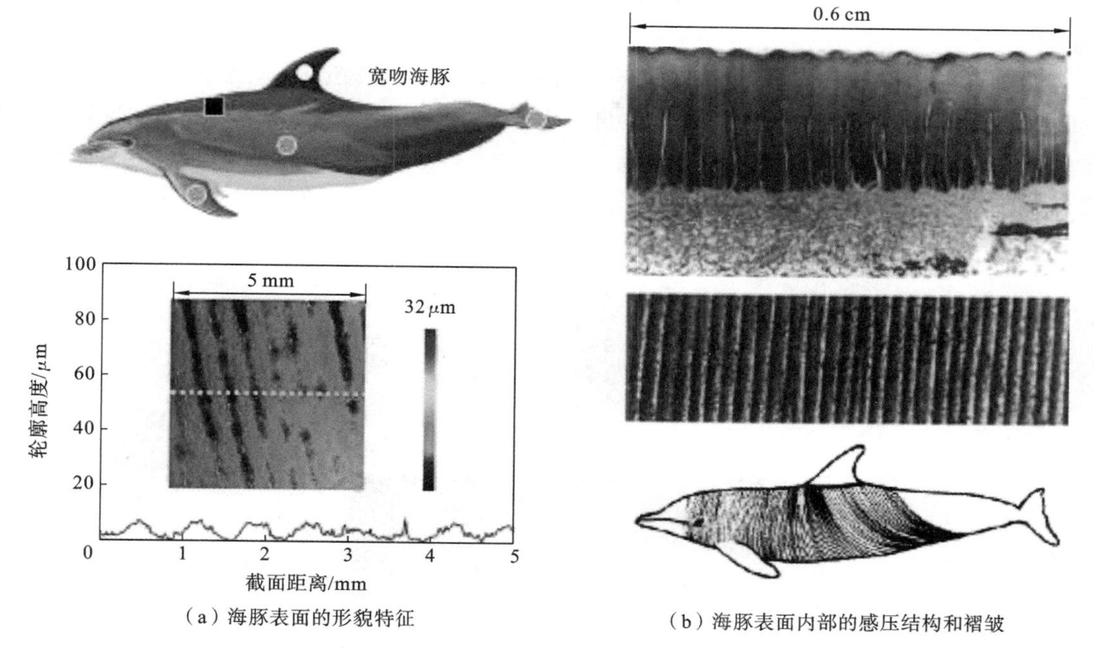

（a）海豚表面的形貌特征　（b）海豚表面内部的感压结构和褶皱

图 15-3-5　海豚表面结构

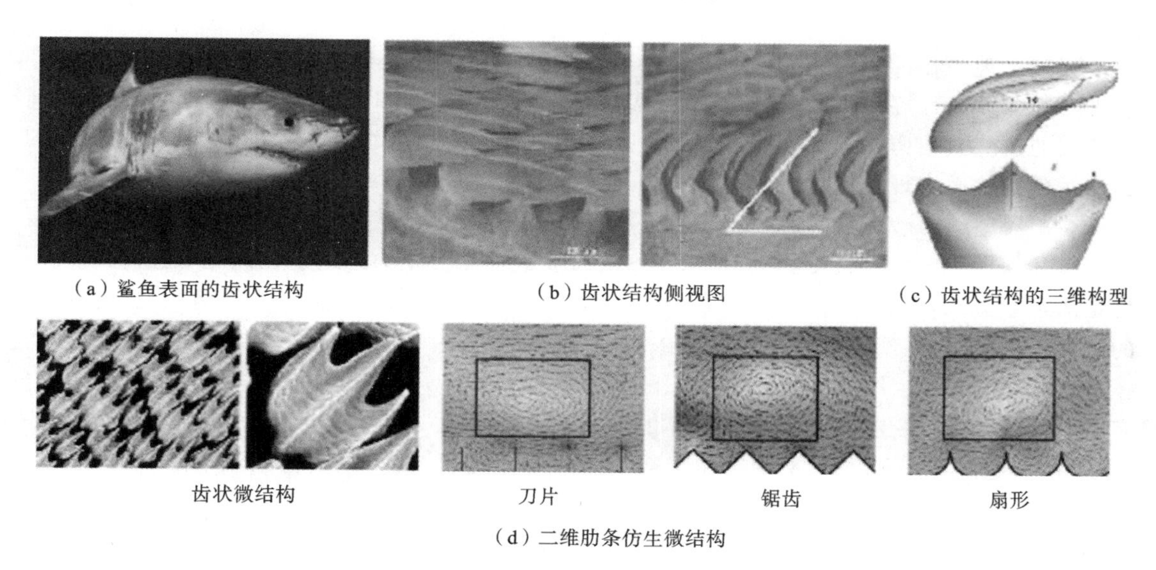

（a）鲨鱼表面的齿状结构　（b）齿状结构侧视图　（c）齿状结构的三维构型

（d）二维肋条仿生微结构

图 15-3-6　鲨鱼皮的结构

化而变化，其齿状结构大小主要取决于生长的位置和鲨鱼的种类。通过直接用新鲜鲨鱼皮或复制鲨鱼皮的齿状结构进行减阻分析，其结果表明鲨鱼皮确实可以减少阻力，提高游速和防污。由于鲨鱼皮的齿状结构复杂，难以大规模生产，为了方便研究，研究人员往往将鲨鱼皮表面精细的三维结构简化成不同形状的二维肋条结构，如图 15-3-6(d)所示。再根据不同肋条结构的形状和尺寸，在一定条件(如流体介质和流体速度)下获得最佳的减阻能力。

3. 超疏水仿生减阻技术

疏水和减阻是两个概念，不过利用超疏水表面可实现减阻效果。超疏水表面能够降低液体的流动阻力，具有良好的减阻性能，在船舶航行、管道运输和航空飞行等领域具有广泛的应用前景。

超疏水表面通常由经过化学处理的疏水的微/纳米尺度结构组成，其最普遍的区分方式是根据接触角来定义，即当水与表面的接触角大于 150°时，称该表面为超疏水表面，如图 15-3-7(a)所示。对于一般光滑的疏水表面，其与水的接触角一般不会超过 120°。因此，要想实现超疏水，即进一步增加疏水表面的接触角，需要在疏水的基础上引入微纳结构。

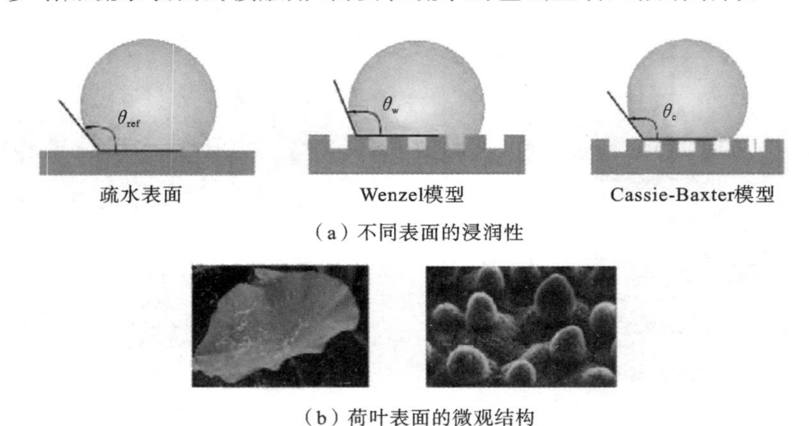

(a) 不同表面的浸润性

(b) 荷叶表面的微观结构

图 15-3-7　超疏水表面

超疏水现象在许多自然界中的生物表面都能发现，其中，最典型的例子就是荷叶表面，如图 15-3-7(b)所示。荷叶表面的结构由许多微纳米的突起结构和表层蜡晶体组成，正是由于荷叶表面的这些微结构和疏水表层蜡导致了超疏水现象，在水滴的滚动作用下可以带走表面的固体污染物从而实现自清洁。

在层流中，超疏水表面减阻主要与滑移长度和流动几何形状的特征长度有关，当滑移长度与流体几何形状的特征长度相当时，可以显著减少表面摩擦阻力。但是在湍流中，滑移长度不再是决定湍流减阻的唯一决定性因素，不仅涉及固体壁面的有效滑移，还涉及近壁面湍流结构的抑制。因此，要想实现有效的超疏水减阻，有三个基本原则：① 表面微结构之间要有足够的宽度，即产生尽可能大的滑移长度；② 微结构的高度要低，要小于流体的黏性尺度；③ 最好有多级结构来帮助保持气体和抵抗液体的浸润。

目前，超疏水减阻的主要挑战在于空气层的寿命问题，大多数实验室流动系统(如水洞)中，超疏水表面的被困空气很少受到挑战，甚至大部分是设计成对表面空气层有利的，而在真实的开放水域中，船舶航行的大部分情况下，水是欠饱和水(如海水和拖曳水池)，并且随着深度的增加，被困的气泡层还会受到越来越大的静压挑战。根据亨利定律可知，静水压的增大会增加气体在水中的扩散速率，这进一步减少了空气层的寿命，对超疏水减阻构成了根本性挑战。此外，如果开放水域处于典型的野外自然环境条件下，则水中可能还会含有大量的化学物质(如表面活性剂)和颗粒污染物，并存在大量的不确定性(如温度和盐度)，这些不确定性大多都不利于维持长效性的减阻。目前，关于延长空气层寿命方面，学者们也做了一些探索：第一种思路是增强表面束缚气体的能力，如采用多级次的结构来增强固定空气的能力；第二种思路是直接给表面补充气体，如人工地去给表面气体增加压力，或利用表面电解等方式产生气体来自我补充。

总的来说，目前关于超疏水表面的研究都展现了其在船舶减阻方面的巨大潜力，不过超疏水表面还可在自清洁、防雾、防冰、防生物黏附和防腐蚀等船舶工程其他方面发挥出令人期待的作用。

15.4　智能复合材料

随着现代航空航天、电子等高技术领域的飞速发展，人们对材料提出了更高的要求，传统的结构材料和功能材料以及先进复合材料已不能满足这些技术要求，需要发展多功能化、智能化的结构功能材料。20 世纪 80 年代末，受到自然界生物具备的某些能力的启发，美国、日本科学家首先将智能概念引入材料和结构领域，提出了智能材料和结构的新概念。智能材料在一定意义上具有感知功能、信息处理功能和执行功能，即有识别、获取、处理、执行信息等能力，并且具有可自诊断、自适应、自修复等功能。

15.4.1　智能复合材料种类

智能材料或机敏材料大多是根据需要由两种或多种不同材料按照一定比例复合或集成的复杂的材料体系，故称为智能材料系统，简称智能材料，也称为智能复合材料。智能复合材料可模仿生命系统，能感知环境变化，并能实时地改变自身的性能参数，做出所期望的、能与变化后环境相适应的复合材料或材料的复合。智能复合材料的基本组元有三部分：① 感知材料；② 执行材料；③ 信息材料。把感知材料、执行材料和信息材料三种功能材料有机地复合或集成于一体，可实现材料的智能化。

1. 压电、铁电材料

按照晶体几何外形有限对称图像，可把晶体分为 32 种点群用以描述晶体的宏观对称性，其中有 21 种晶体电介质点群不具有中心对称。其中除立方晶系 432 点群外，具有这类结构的晶体都具有压电性，属于压电材料。单晶 SiO_2 是典型的压电材料，在 20 种具有压电性的晶体中，从对称性分析，其中 10 种点群具有极轴，这类晶体表现出自发极化，而且通过电场可使自发极化方向转到相反方向，在介电强度允许的条件下可形成电滞回线，这类晶体材料称为铁电材料，例如钛酸钡（$BaTiO_3$）、磷酸二氢钾（KH_2PO_4）等。具有铁电性的材料一定有压电性，如 $BaTiO_3$，但压电材料单晶 SiO_2 不是铁电材料。根据需要，可将压电、铁电材料制作成块状、薄膜等。

2. 形状记忆材料

20 世纪 30 年代，美国和苏联的科技人员先后发现有的金属具有形状记忆效应。后来，美国的 Buehler 发现 NiTi 合金的形状记忆效应。金属形状记忆效应是指某些具有热弹性或应力诱发马氏体相变的材料处于马氏体状态，进行一定量的变形后，当加热温度超过马氏体相消失温度时，材料完全恢复到变形前的形状和体积，这类合金可恢复的应变量为 7%～8%，比一般金属材料高很多。一般金属材料出现这样的应变量时早就发生了永久变形。形状记忆合金(shape memory alloy，SMA)的变形可通过孪晶界面的移动实现，其马氏体屈服强度低很多。现已发现了多种形状记忆合金，但只有 NiTi、Cu-Zn-Al 和 Cu-Al-Ni 具有实用价值，是热驱动的功能材料，又兼有感知和驱动功能，亦称机敏材料。

3. 磁致伸缩材料

磁致伸缩材料在磁场作用下，其尺寸或体积会发生变化，即具有较强的磁致伸缩效应。它可作为智能驱动器材料，也可作为应变传感器材料。此外，超磁致伸缩材料具有更大的饱和磁致伸缩系数，是高磁致伸缩材料。

4. 电/磁流变液材料

电流变液(electrorheological fluids)简称ER流体，是由高介电常数、低电导率的电介质颗粒分散于低介电常数的绝缘液体中形成的悬浮颗粒体系，它可以快速和可逆地对电场作出反应。在电场作用下电流变液颗粒发生极化，由于极化颗粒间产生静电引力使颗粒排列成链或柱状结构；当电场减弱或消失时，它可以快速恢复到原始状态。利用电流变效应，通过电场可实现力矩的可控传递及其他在线无级可逆控制，因而在机电一体化的自适应控制机构如减振器、驱动器、制动器、印刷机械和机器人等工业领域有广泛应用前景。电流变液在外电场增加时黏度和屈服应力随之急剧增加，当电场强度达到一定值时，它从自由流动的牛顿流体转变为屈服应力很高的黏弹塑性体。转变过程中，黏度连续无级变化，固态和液态之间的转化可逆，转变极快，只需几毫秒，且所需电能很少。利用电流变液优良的机电耦合特性可解决机械中的能量传递和实时控制问题。

人工智能(AI)的兴起为仿生智能复合材料的发展注入了巨大的动力。人类的大脑在图像识别和分类等需要高强度计算的认知工作中展现出了非常独特的优势。这类仿生智能复合材料的长期目标是依赖分布式芯片网络模拟大脑，从而实现去中心化的神经形态计算，以设计出仿生智能复合材料。可以预见在不久的将来，通过将相互连通的计算模块逐步转变成连续计算组织，物质会发展出具有基本智能特征的高级形式，并以去中心化的方式学习和处理信息。这类智能物质可以通过接收和响应外源刺激，对自身结构进行调整以实现信息的分布和储存。总的来说，新兴的仿生智能复合材料主要有以下几种。

1) 集群基自组织智能材料

复杂行为的突出特点在于其对集群的依赖性——集群中的大量个体能够产生集体相互作用。例如，具有多样化响应实体可以自组织形成规模化的适应性现象(例如图案化信息)，以此来保护集体。在自然中，我们可以在昆虫、鱼和鸟等集群动物中观察到这类行为。与只能进行最近邻通信的个体不同，集体的全局响应被认为是具有智能行为的特征。这一基本智能概念对于利用纳米尺度构建模块实现智能物质的研究来说格外引人注目。而在这一尺度范围内，目前面临的主要挑战在于将所有四个关键功能化元素(传感器、致动器、网络和长期记忆)，特别是将长期记忆作为单一组分。例如，利用一群小型机器的相互作用来阐释仿生的集群行为，如图15-4-1所示，这些机器高约1 cm并且功能有限，但在外部程序预设了目标形状、给出了算法指导后，这些机器作为响应物可排列形成复杂预设形态。

2) 新型软物质智能材料

在生态系统中，柔软、弹性和可塑性是突出特征，能够凭此进行连续变形从而在拥挤的环境中实现顺滑运动。特别是天然皮肤组织，其能够展现出包括感测力、纹理、温度以及自修复等基础智能特点。而软机器研究领域的目标就是将此类性质转化到软物质中。因此，智能软物质能够辅助促使软机器器件模仿有机体。例如，在人工皮肤中，软物质为卫生保健和医学应用提供了一系列的可能性。甚至可以设想在不远的将来，具有健康参数监测功能的可穿戴器件还能实现药物递送、人类行动辅助等目标(见图15-4-2)。

3) 新型固态智能物质

尽管利用自组织和软材料可在合成物质中实现感测和致动，但想要实现物质基信息处理过程似乎依然极具挑战。相反地，固态智能材料中的信息处理技术却更加先进、提供了更引人注目的机会。事实上，物理和化学过程自身就可以看做是一种计算形式。虽然传统的计算器

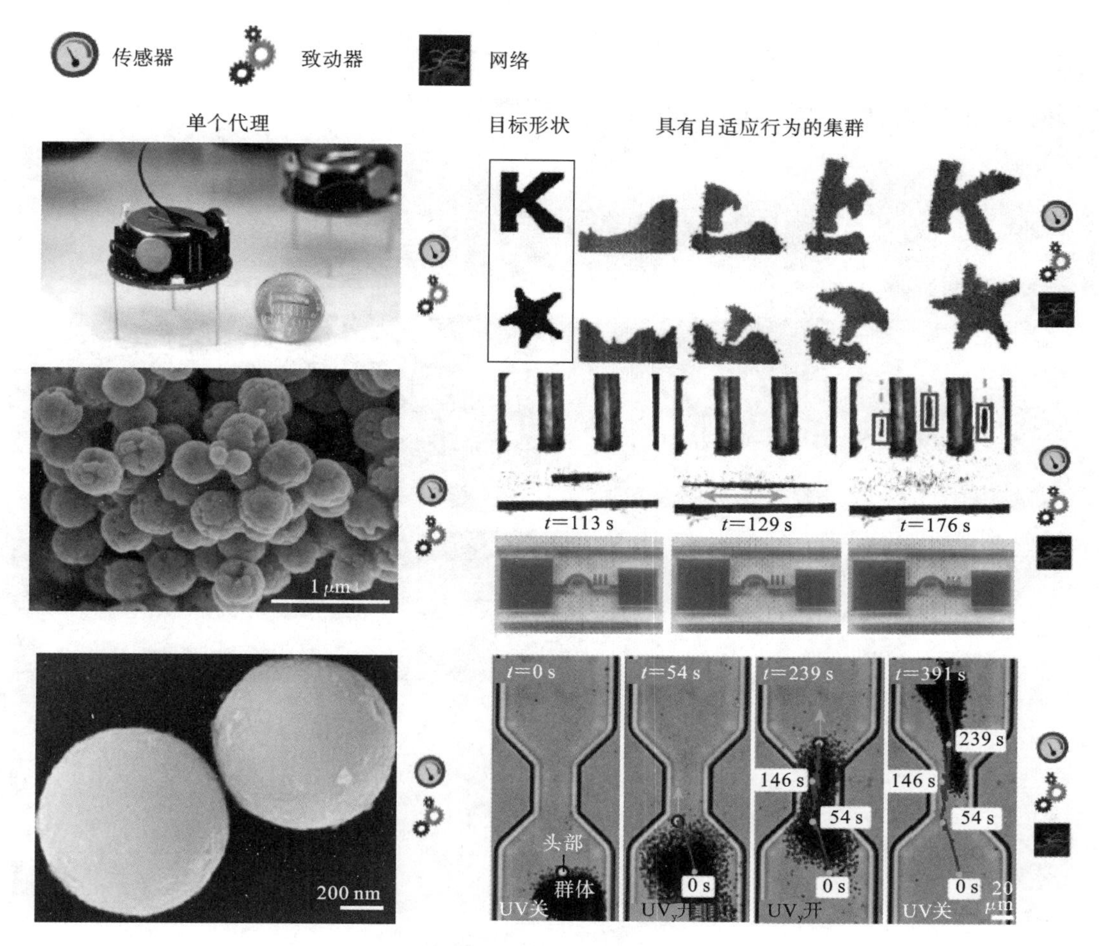

图 15-4-1　集群基自组织智能材料的适应性集群行为

建立在物理器件(如二极管)之上,但它们是基于计算的象征性概念(即基于电压是否低于/高于某个特定阈值)而出现的。与此不同,非传统的计算则超越了计算的标准模型。其中,生物体在某种程度上就可以被视为非传统的计算系统。在这类系统中,对有机生物体的详细观察揭示了信息处理的工作流程是直接建立在物理原则之上的。可程序化和高度连通的网络是特别适合进行这些计算任务的,与此同时,仿生脑的神经形态硬件则为实现这些任务提供了物理保障,如图 15-4-3 所示。就这类神经形态硬件而言,半导体工业中自上而下的制造工艺在很长一段时间里面为其提供技术支持,而目前正在探索的自下而上的纳米材料策略也为非传统、高效计算提供了新的思路。

目前的挑战主要在于为智能物质/智能复合材料的制造、量产和控制开发有效的方法和策略。智能物质/智能复合材料必须含有动态材料,这些材料需要具有丰富的构象自由度、运动性和纳米尺度组分交换能力。这些要求说明,纳米尺度组分之间的相互作用必须足够弱,以此来保证外源刺激的可操纵性。不仅如此,这类智能物质还必须能够展现一定程度的纳米组分自组织能力,以保证长期记忆和反馈作用可以被嵌入。此外,为了保证在接收和传输外部输入过程中具有时空精确度的可寻址能力也是必不可少的。目前,这些要求看来非常不相容,只能独立实现某些智能要素,但在不远的将来,应该可以通过开发杂化策略解决这些要求,以及要素间的相容性问题。

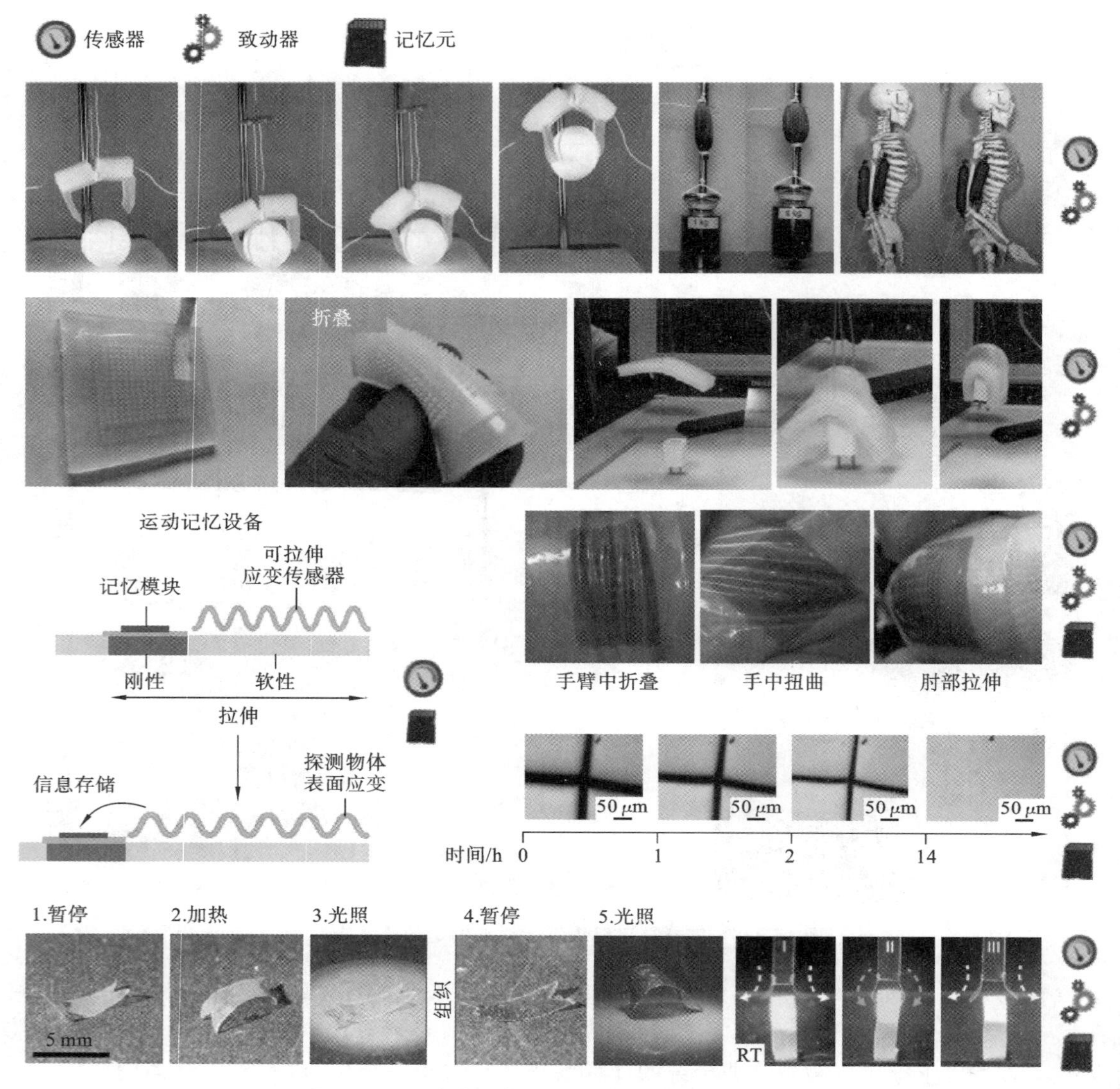

图 15-4-2　响应型软物质智能材料及其记忆功能

15.4.2　智能材料的复合准则

智能材料的多组元、多功能复合类似于生物体的整体性，各组元、各功能之间的相互作用有多重复合效应，大致有线性效应、非线性效应、相乘效应等。通常结构复合材料具有线性效应，即常称为混合律，增强材料和基体材料组成复合材料的刚度与其组分材料的刚度和体积含量呈线性关系，很多功能复合材料可用非线性效应制成，最明显的是相乘效应。例如将一种导电粉末分散在高分子树脂中，使导电粉末构成导电通道，用这种复合材料加上电极制成扁形电缆缠在管道外面通电加热，使高分子膨胀，拉断一些导电粉末通道，使材料电阻值增加，降低发热量，降温后高分子收缩，又使导电通道复原，由此控制恒热，这是热-变形与变形-变阻的相乘效应，最终变为热-变阻方式。另外还有压磁性和磁阻性的相乘效应表现为压阻性等形式。智能材料有多级结构层次，包含多个材料组元或控制组元，多种组元有不同组织、相或微结构。控制组元一般有大量分布的微电子器件组成结构。

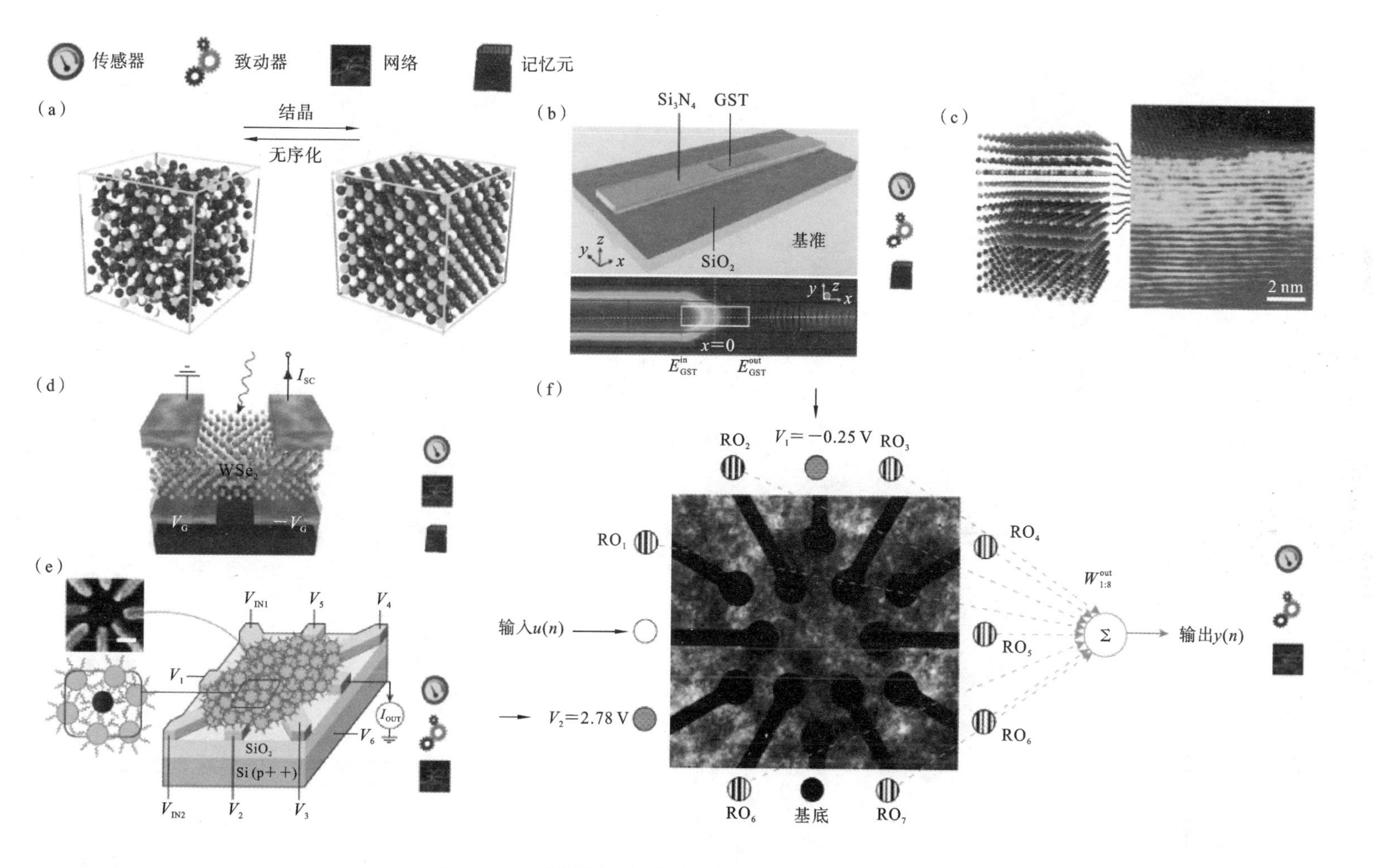

图15-4-3　新型固态智能物质的神经形态材料与系统

15.4.3 力电磁耦合介质的性能等效

对于两种智能材料或一种智能材料与一种基体材料组成的复合材料，例如磁致伸缩复合材料、磁电复合材料等，可通过细观力学方法求解其等效力学、电学、磁学以及耦合性能。本小节以两相材料为例，介绍力电磁耦合介质性能等效的大体思路。

考虑两种材料组成的复合材料，每一种材料都具有力电、力磁、磁电耦合性能，不考虑温度变化。假设材料的力电磁耦合性能符合如下的线性本构关系：

$$\sigma_{ij}=C_{ijkl}\varepsilon_{kl}+e_{kij}(-E_k)+q_{kij}(-H_k) \tag{15-4-1}$$

$$D_i=e_{ikl}\varepsilon_{kl}-\kappa_{il}(-E_l)-a_{il}(-H_l) \tag{15-4-2}$$

$$B_i=q_{ikl}\varepsilon_{kl}-a_{il}(-E_l)-\mu_{il}(-H_l) \tag{15-4-3}$$

其中：D_i、E_i 为电位移和电场强度；B_i、H_i 为磁通量和磁场强度；e_{kij} 为压电张量，反映力电之间的耦合关系；q_{kij} 为压磁张量，反映力磁之间的耦合关系；a_{il} 为磁电张量，反映磁电之间的耦合关系。

为了便于分析，将应力、应变的本构关系整理为紧凑的形式，并定义广义应力和应变张量

$$\Sigma_{iJ}=\begin{cases}\sigma_{ij}, & J=1,2,3\\ D_i, & J=4\\ B_i, & J=5\end{cases},\quad Z_{Mn}=\begin{cases}\varepsilon_{mn}, & M=1,2,3\\ -E_n, & M=4\\ -H_n, & M=5\end{cases} \tag{15-4-4}$$

定义广义弹性张量

$$\hat{E}_{iJMn}=\begin{cases}C_{ijmn}, & J,M=1,2,3\\ e_{nij}, & M=4,J=1,2,3\\ q_{nij}, & M=5,J=1,2,3\\ e_{imn}, & J=4,M=1,2,3\\ -\kappa_{in}, & J=4,\ M=4\\ -a_{in}, & J=4,\ M=5\\ q_{imn}, & J=5,M=1,2,3\\ -a_{in}, & J=5,\ M=4\\ -\mu_{in}, & J=5,\ M=5\end{cases} \tag{15-4-5}$$

式中，约定角标相同时，大写字母表示从 1 至 5 求和，小写字母表示从 1 至 3 求和。则本构关系式(15-4-1)至式(15-4-3)可统一简写为

$$\Sigma_{iJ}=\hat{E}_{iJMn}Z_{Mn} \tag{15-4-6}$$

采用广义自洽模型求解上式，可得到复合材料的等效性能。广义自洽模型的基本思想如图 15-4-4 所示。对图 15-4-4(a)所示的两相复合材料，取掺杂颗粒附近区域进行分析，将掺杂颗粒取为夹杂 1，将其附近区域的基体取为夹杂 2，其余部分看作具有复合材料等效性能的介质，如图 15-4-4(b)所示。

求解出载荷作用下的夹杂 1 和夹杂 2 内的广义应力、广义应变场，再由两种材料所占的体积分数即可得到复合材料整体的平均广义应力、广义应变场，从而得到等效性能。大体求解思路如下：

① 先求解单夹杂问题，即假设均匀材料内的一个区域存在本征场时，材料内部的力电磁场分布；

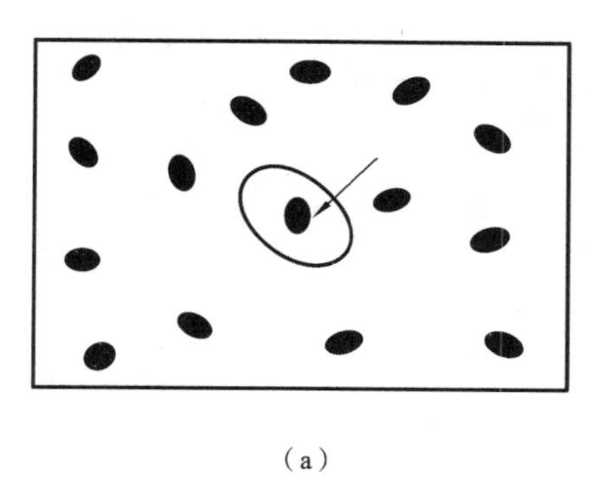

(a)

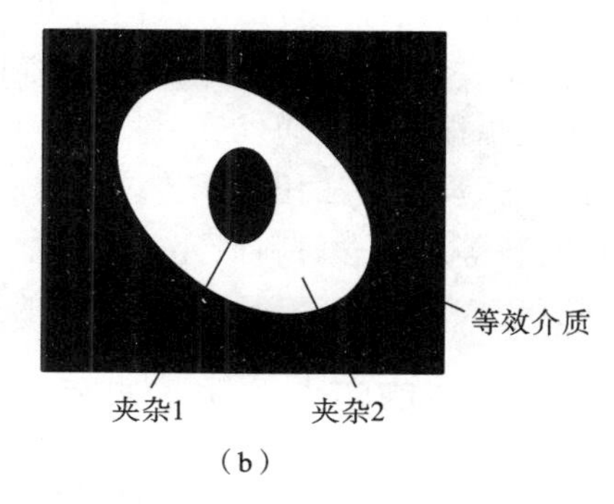

(b)

图 15-4-4　广义自洽模型示意

② 在① 的基础上，进一步求解双夹杂问题，即假设均匀材料内的两个区域存在本征场；

③ 将非均匀材料等效为均匀材料中的双夹杂问题，利用② 的结果，求解复合材料的等效性能。

15.4.4　在舰船隐身方面的应用

智能复合材料在船舶隐身方面的应用对象主要是水下航行器(如潜艇等)。智能材料是一种同时具备感知功能、信息处理功能、自我指令并对信号作出最佳响应功能的材料系统。目前，智能材料已在隐身飞行器设计中得到越来越广泛的应用。智能材料的这种特点也为舰船声隐身材料的设计提供了一种全新的思路。20 世纪 90 年代国外提出的主动消声瓦的概念就是智能材料在潜艇声隐身中应用的雏形。

潜艇噪声是机械能传递的一种表现形式。要减振降噪，必须设法将这些机械能转化成其他形式的能量释放出来。目前，吸声、阻尼、隔声等是对噪声进行控制的途径。其中，吸声和阻尼是最基本的途径，应用最广泛。潜艇采用的水声吸声材料，大多为消声瓦或消声涂层的形式。消声瓦将声能转化为热能消耗掉，敷设消声瓦是一种较为成熟的隐身方法。但由于施工方法、消声瓦厚度和重量等方面的缺陷，消声瓦的应用范围大大受限。目前的发展趋势是采用施工简单、涂覆较薄的吸声涂料来代替消声瓦。如英国和美国采用 30～40mm 聚氨酯发泡材料加多孔材料制作吸声涂料，其吸声率可达 70%～90%。

目前，潜艇用阻尼材料主要有阻尼合金、阻尼橡胶、高聚物阻尼材料和在高聚物中添加各种无机填料(如硫酸钡、硫酸钙、铅盐、均匀云母和氧化锌晶须等)的复合材料。将压电陶瓷粉体复合到传统的吸声降噪材料与阻尼减振材料中，使得传统的吸声降噪机理与传统的阻尼减振机理得以继续保留，在此基础上增加了将声能或者振动机械能转变为电能的压电效应和将电能转变为热能的焦耳定律。因而，制作出了性能更好的新型吸声降噪材料和新型阻尼减振材料。将智能的概念引入材料设计，研制出潜艇用智能复合材料/微结构，能适时地感知与响应水下环境的变化，具有自检测、自诊断、自适应、自修复等功能。智能材料技术是材料技术与现代信息处理技术、传感技术、计算机技术及控制技术的有机融合。潜艇舷外结构采用智能蒙皮材料，可降低高速航行时的流激噪声，防止发生紊流。

超材料技术是一种逆向材料设计技术，利用自然界中已存在的原材料设计和制作亚波长尺度的人工微结构，并按照预定的方式进行周期或非周期的排布，形成具有特定功能的智能新型复合材料。通过对材料关键物理尺度上的结构进行有序设计，智能新型复合材料可对电磁波、声波、机械波、热等进行赋形、透射、吸收、绕射。根据需求,其响应特性可设计为各向异性和非均匀分布。例如,智能隐身材料、智能隐身雷达罩/天线罩等技术,相比现有金属及复合材料技术,可大幅提升潜艇通气管、桅杆等部位的 RCS(雷达散射截面积)隐身性能。智能超材料的设计理念、设计方法相对于传统材料有很大区别,部分设计理论甚至是颠覆性的。通过开展智能超材料等新概念材料研究,可以赋予现有材料体系在潜艇隐身方面所不具备的性能,智能超材料有望成为未来潜艇声隐身技术的重点研究方向。

15.4.5 在舰船抗冲防护方面的潜在应用

在柔性电子和智能穿戴领域,使智能材料的力学特性可调,智能材料就可达到一定的抗冲防护效果。可控刚度智能织物(见图 15-4-5)在软的状态下可以作为柔性的可穿戴材料,在硬的状态下具有抗冲保护和支撑作用,这种先进智能材料可广泛应用于机器人等领域中。该织物受古代的链甲(锁子甲)启发,由三维结构颗粒之间的拓扑互锁连接而成。将该织物封装进柔性气囊并加负压后,互锁颗粒之间的接触点数急剧增加形成阻塞相变(jamming transition),织物的刚度和强度大幅提高。除可调节刚度以外,该智能织物还有形状重构的优点:在柔性状态下可以调整成随意形状,然后通过阻塞相变固定该形状。同时,该织物在不同刚度下还具备可控的抗冲击效果,在防护穿戴设备(如防弹衣等)领域有广泛应用。在更大的尺度上,该织物可增加结构的刚度和强度,还可以用来做成可重构的结构材料。

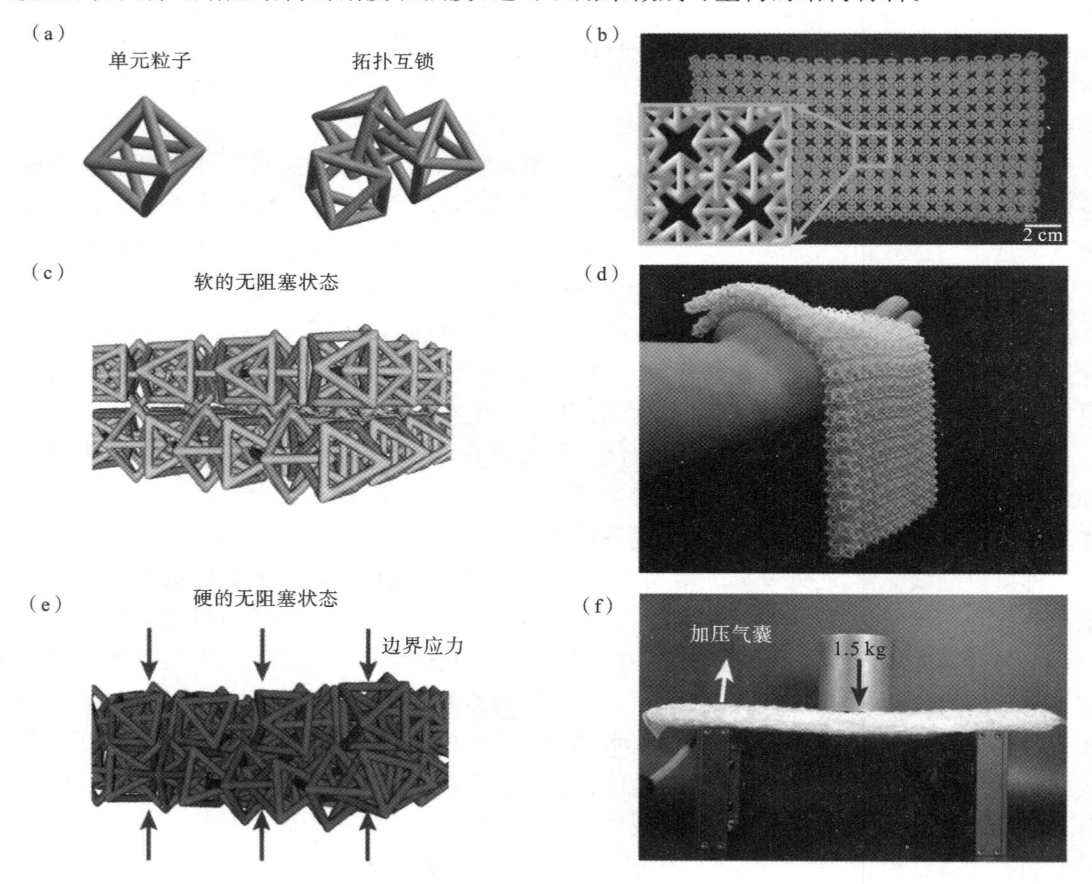

图 15-4-5 智能织物示意及其刚度控制

目前,上述可变刚度的智能材料设计思想已在人体防护领域有一定应用。中科院力学所最近报道了一种力学性能随冲击和变化而改变的高分子聚合物 FIAM,利用该聚合物可制成柔性复合防弹衣。该柔性复合防弹衣将 FIAM 用作防弹衣缓冲材料,将其制成圆饼形"护心甲"(直径 10 cm、厚度 0.5 cm),在原有缓冲层的基础上,将"护心甲"置于心脏部位,对其增强防护,然后与超高分子量聚乙烯(UHMWPE)防弹层复合形成防弹衣,如图 15-4-6 所示。通过将具有冲击相变效应的 FIAM 柔性智能抗冲击材料应用于防弹衣缓冲层,利用 FIAM 的冲击相变引起的防弹衣整体刚度和强度的变化,实现明显降低防弹衣对人体的冲击载荷和人体的凹陷深度的效果,继而达到显著降低人体损伤并有效保护人体器官的目的。

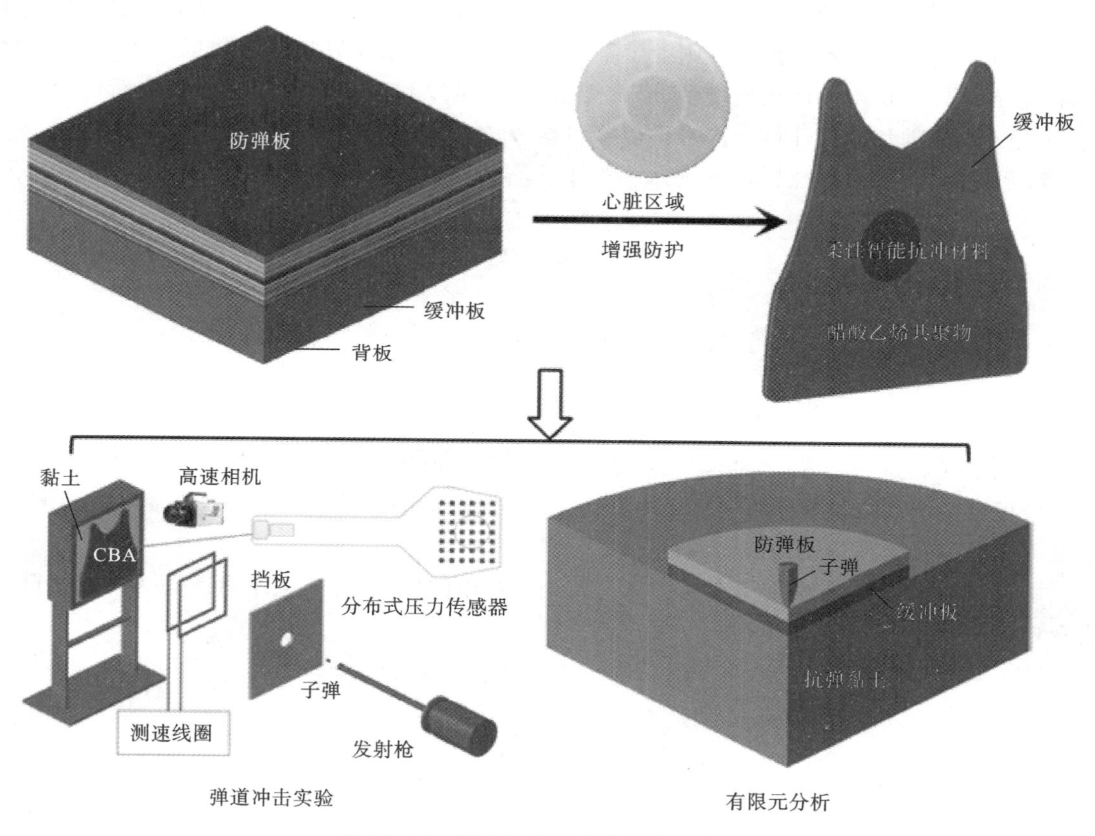

图 15-4-6　柔性复合防弹衣结构示意图

对舰船舱壁结构而言,在静态承载情形下,舱壁需要具有足够的静强度和静刚度,且在重量和空间允许的条件下,静刚度越大越好。然而,在抗爆/抗冲防护情形下,舰船舱壁结构需要尽量设计成"柔性"状态,即动刚度要小,以更好地发挥舱壁结构的拉伸大变形吸能能力,从而达到更好的抗爆/抗冲防护效果。因而,在静态结构承载与动态抗冲防护之间存在着似乎不可调和的"刚度矛盾",但智能复合材料设计思想可以为我们提供新的思路。借鉴上述可变刚度智能织物和柔性复合防弹衣的智能复合材料设计思想,未来对于舰船防护舱壁,可以设计成刚度可调的防护舱壁:在静态面内载荷作用下,舱壁结构具有足够的强度和刚度;在冲击载荷作用下,舱壁结构变得"柔软",以更大限度地发挥舱壁结构的拉伸大变形吸能能力。最终,舰船防护舱壁实现了静态承载与动态防护"刚柔并济"的效果。

附录A　各向异性三维弹性力学理论简介

弹性力学是固体力学的一个重要分支，它研究弹性物体在外力和外界其他因素作用下产生的变形和内力。基于弹性力学基本假设和原理，下面介绍具有不同对称特性材料的应力-应变关系。对于各向异性复合材料而言，静力学和动力学方程、几何关系、变形协调关系、边界条件和初始条件等与各向同性的结构相比，在基本概念和原理方面是没有明显变化的。与之相比，复合材料的本构关系和强度准则发生重大变化，几何参数和材料性能数据大大增加；控制方程、边界条件和初始条件数量增多、形式复杂，求解难度和工作量增加。要解决新出现的问题，原有力学原理和分析计算方法可供借鉴和参考。

对于各向异性的复合材料，在线弹性条件下，应力-应变关系遵循胡克定律，具体表达式为

$$\begin{bmatrix}\sigma_1\\ \sigma_2\\ \sigma_3\\ \tau_{23}\\ \tau_{31}\\ \tau_{12}\end{bmatrix}=\begin{bmatrix}C_{11} & C_{12} & C_{13} & C_{14} & C_{15} & C_{16}\\ C_{21} & C_{22} & C_{23} & C_{24} & C_{25} & C_{26}\\ C_{31} & C_{32} & C_{33} & C_{34} & C_{35} & C_{36}\\ C_{41} & C_{42} & C_{43} & C_{44} & C_{45} & C_{46}\\ C_{51} & C_{52} & C_{53} & C_{54} & C_{55} & C_{56}\\ C_{61} & C_{62} & C_{63} & C_{64} & C_{65} & C_{66}\end{bmatrix}\begin{bmatrix}\varepsilon_1\\ \varepsilon_2\\ \varepsilon_3\\ \gamma_{23}\\ \gamma_{31}\\ \gamma_{12}\end{bmatrix} \tag{A-1}$$

刚度矩阵 $\boldsymbol{C}$ 是一个 6×6 的满阵，共有 36 个分量。改变上述正交坐标系 1-2-3，将其变成另一个正交系统 $1'$-$2'$-$3'$，在新坐标系中会产生新的刚度和柔度分量，它们是原系统的刚度-柔度矩阵和前后系统轴角度构成的函数。

由式(A-1)反推，三维物体在 1-2-3 直角坐标系中的应变-应力关系可改写为柔度矩阵的表示形式：

$$\begin{bmatrix}\varepsilon_1\\ \varepsilon_2\\ \varepsilon_3\\ \gamma_{23}\\ \gamma_{31}\\ \gamma_{12}\end{bmatrix}=\begin{bmatrix}S_{11} & S_{12} & S_{13} & S_{14} & S_{15} & C_{16}\\ S_{21} & S_{22} & S_{23} & S_{24} & S_{25} & S_{26}\\ S_{31} & S_{32} & S_{33} & S_{34} & S_{35} & S_{36}\\ S_{41} & S_{42} & S_{43} & S_{44} & S_{45} & S_{46}\\ S_{51} & S_{52} & S_{53} & S_{54} & S_{55} & S_{56}\\ S_{61} & S_{62} & S_{63} & S_{64} & S_{65} & S_{66}\end{bmatrix}\begin{bmatrix}\sigma_1\\ \sigma_2\\ \sigma_3\\ \tau_{23}\\ \tau_{31}\\ \tau_{12}\end{bmatrix} \tag{A-2}$$

在刚度矩阵 $\boldsymbol{C}$ 和柔度矩阵 $\boldsymbol{S}$ 中均有 36 个常数，但在日常材料中，实际常数小于 36 个。

根据材料力学知识，在各向同性材料的情况下，可发现柔度矩阵与工程常数直接相关，且关系如下：

$$\left.\begin{aligned}S_{11}=\frac{1}{E}=S_{22}=S_{33}\\ S_{12}=-\frac{\nu}{E}=S_{13}=S_{21}=S_{23}=S_{31}=S_{32}\\ S_{44}=\frac{1}{G}=S_{55}=S_{66}\end{aligned}\right\} \tag{A-3}$$

除上述情况之外，S_{ij} 均为零。由此可以看出，因刚度矩阵的对称性，式(A-2)中的 36 个常

数实际上只有 21 个,其应力-应变关系可以写为

$$\sigma_i = \sum_{j=1}^{6} C_{ij}\varepsilon_j, \quad i = 1,2,\cdots,6 \tag{A-4}$$

其中,在缩写符号中:

$$\left.\begin{aligned}\sigma_4 = \tau_{23}, \sigma_5 = \tau_{31}, \sigma_6 = \tau_{12}\\ \varepsilon_4 = \gamma_{23}, \varepsilon_5 = \gamma_{31}, \varepsilon_6 = \gamma_{12}\end{aligned}\right\} \tag{A-5}$$

上述刚度或者柔度矩阵的对称性同样可以通过能量分析得到。不考虑温度效应,在外力作用下发生弹性变形,产生的相应弹性变形能称为应变势能,其与加载过程无关,只取决于应力或应变状态。应变能密度可表示为

$$W = \frac{1}{2}\sum_{i=1}^{6}\sigma_i\varepsilon_i \tag{A-6}$$

根据胡克定律,将式(A-4)代入式(A-6)得

$$W = \frac{1}{2}\sum_{i=1}^{6}\sum_{j=1}^{6}C_{ij}\varepsilon_j\varepsilon_i \tag{A-7}$$

对式(A-7)进行偏微分

$$\frac{\partial W}{\partial\varepsilon_i\partial\varepsilon_j} = C_{ij} \tag{A-8}$$

且

$$\frac{\partial W}{\partial\varepsilon_j\partial\varepsilon_i} = C_{ji} \tag{A-9}$$

因为微分结果与次序无关,所以

$$C_{ij} = C_{ji} \tag{A-10}$$

上述结果同样可以由式(A-11)推导得

$$\sigma_i = \frac{\partial W}{\partial\varepsilon_i} \tag{A-11}$$

上述结果表明,刚度矩阵和柔度矩阵都是对称的,且都只有 21 个独立的弹性常数。

把在弹性体内某一点具有 21 个独立弹性常数的材料称为各向异性材料。因此,在明确了该材料某点处的这些弹性常数,就可以获得其对应的应力-应变关系。需要注意的是,如果材料是非均匀的,那这些常数会因选取点的位置而异。对于均匀材料,这 21 个弹性常数需要通过实验测试或理论分析得到。

一般而言,大多数天然材料和合成材料都是具有对称性的,这在很大程度上减少了刚度矩阵和柔度矩阵弹性常数的数量,简化了各种对称性弹性材料的胡克定律关系。

附录 B　断裂力学的基本概念和原理简介

断裂力学是研究材料从裂纹起始、扩展到断裂整个过程的规律的学科，其基本原理是：在裂纹扩展过程中，作用于物体的外力功增量 $\mathrm{d}W$ 必须补偿物体增加的应变能 $\mathrm{d}U$ 和产生新裂纹表面所需的表面能 $\mathrm{d}\Gamma$，即

$$\mathrm{d}W \geqslant \mathrm{d}U + \mathrm{d}\Gamma \tag{B-1}$$

式中：$\mathrm{d}\Gamma$ 可表示为 $\gamma_s \mathrm{d}A$，γ_s 为形成单位面积新裂纹表面所需的能量，即材料的表面能；$\mathrm{d}A$ 为裂纹表面积增量；W 为外力功；U 为应变能。假定材料除了在裂纹尖端附近很小的区域内会产生塑性变形外，在其他区域均为弹性变形状态，则式(B-1)可改写成

$$\left.\begin{aligned}\frac{\mathrm{d}W}{\mathrm{d}A} &\geqslant \frac{\mathrm{d}U_e}{\mathrm{d}A} + \frac{\mathrm{d}U_p}{\mathrm{d}A} + \gamma_s \\ \frac{\mathrm{d}W}{\mathrm{d}A} - \frac{\mathrm{d}U_e}{\mathrm{d}A} &\geqslant \frac{\mathrm{d}U_p}{\mathrm{d}A} + \gamma_s\end{aligned}\right\} \tag{B-2}$$

式中：U_e 为弹性应变能；U_p 为塑性应变能。式(B-2)的第一式左边就是能量释放率 G，它表示促使裂纹扩展的动力，而式(B-2)第一式右边则为材料常数——临界能量释放率 G_c，它表示材料对裂纹扩展的阻力，又称为断裂韧性。

可能的裂纹扩展类型有 3 种：张开型、滑开型（面内剪切型）和撕开型（面外剪切型），如图 B-1 所示。其他任意形式的裂纹均由这 3 种基本类型综合得到。

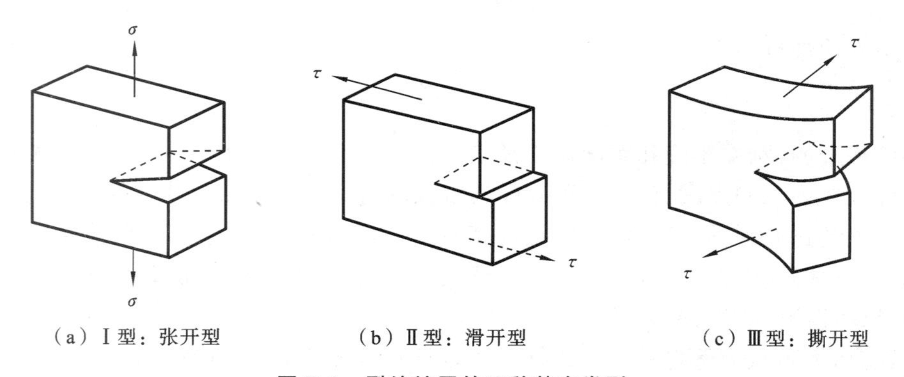

图 B-1　裂纹扩展的三种基本类型

Ⅰ型裂纹属于平面问题，通过弹性力学可求得该种裂纹的尖端应力分量为

$$\left.\begin{aligned}\sigma_x &= \frac{K_\mathrm{I}}{\sqrt{2\pi r}}\cos\frac{\theta}{2}\left(1-\sin\frac{\theta}{2}\sin\frac{3\theta}{2}\right) \\ \sigma_y &= \frac{K_\mathrm{I}}{\sqrt{2\pi r}}\cos\frac{\theta}{2}\left(1+\sin\frac{\theta}{2}\sin\frac{3\theta}{2}\right) \\ \tau_{xy} &= \frac{K_\mathrm{I}}{\sqrt{2\pi r}}\cos\frac{\theta}{2}\sin\frac{\theta}{2}\cos\frac{3\theta}{2}\end{aligned}\right\} \tag{B-3}$$

式中：K_I 为Ⅰ型裂纹的应力强度因子。式(B-3)的表述与 5.3 节中的式(5-3-4)是一致的。

对于理想二维裂纹，有

$$K_{\mathrm{I}}=\sigma\sqrt{\pi a} \tag{B-4}$$

式中:a 为裂纹半长;σ 为外加应力。

对于Ⅱ型裂纹,其裂纹尖端应力分量为

$$\left.\begin{aligned}\sigma_x&=\frac{K_{\mathrm{II}}}{\sqrt{2\pi r}}\sin\frac{\theta}{2}\left(2+\cos\frac{\theta}{2}\cos\frac{3\theta}{2}\right)\\\sigma_y&=\frac{K_{\mathrm{II}}}{\sqrt{2\pi r}}\cos\frac{\theta}{2}\sin\frac{\theta}{2}\cos\frac{3\theta}{2}\\\tau_{xy}&=\frac{K_{\mathrm{II}}}{\sqrt{2\pi r}}\cos\frac{\theta}{2}\left(1-\sin\frac{\theta}{2}\sin\frac{3\theta}{2}\right)\end{aligned}\right\} \tag{B-5}$$

式(B-5)的表述与5.3节中的式(5-3-5)是一致的。

对于Ⅲ型裂纹,其裂纹尖端应力分量为

$$\left.\begin{aligned}\tau_{xz}&=-\frac{K_{\mathrm{III}}}{\sqrt{2\pi r}}\sin\frac{\theta}{2}\\\tau_{yz}&=\frac{K_{\mathrm{III}}}{\sqrt{2\pi r}}\cos\frac{\theta}{2}\end{aligned}\right\} \tag{B-6}$$

式(B-6)的表述与5.3节中的式(5-3-6)是一致的。

上述线弹性断裂力学的基本概念要求裂纹尖端的塑性区尺寸 Δp 远小于裂纹尺寸 a,即 $\Delta p\ll a$。

附录 C　厚面板夹层梁变形微分方程的系数

表 C-1　梁两端具有非常大的伸长量 L_1 时的 $S_1 \sim S_6$ 值

θ	S_1	S'_1	S_2	S_3	S_4	S'_4	S_5	S_6
0.1	0.0031	0.0716	0.0045	0.0484	0.0038	0.0762	0.0030	0.0642
0.2	0.0115	0.1369	0.0106	0.0937	0.0142	0.1454	0.0110	0.1238
0.3	0.0241	0.1966	0.0342	0.1361	0.0297	0.2082	0.0227	0.1792
0.4	0.0399	0.2511	0.0559	0.1785	0.0490	0.2654	0.0370	0.2306
0.5	0.0582	0.3011	0.0807	0.2131	0.0711	0.3175	0.0533	0.2784
0.6	0.0784	0.3469	0.1076	0.2480	0.0952	0.3651	0.0709	0.3228
0.7	0.0998	0.3889	0.1360	0.2808	0.1208	0.4085	0.0893	0.3641
0.8	0.1221	0.4275	0.1653	0.3117	0.1471	0.4482	0.1083	0.4025
0.9	0.1450	0.4630	0.1951	0.3406	0.1739	0.4846	0.1275	0.4382
1.0	0.1681	0.4957	0.2251	0.3679	0.2008	0.5180	0.1468	0.4715
1.5	0.2809	0.6255	0.3703	0.4821	0.3294	0.6486	0.2387	0.6070
2.0	0.3808	0.7144	0.4977	0.5677	0.4393	0.7364	0.3183	0.7030
2.5	0.4643	0.7771	0.6032	0.6328	0.5282	0.7972	0.3845	0.7719
3.0	0.5328	0.8224	0.6884	0.6833	0.5987	0.8403	0.4389	0.8220
4.0	0.5886	0.8559	0.7561	0.7229	0.6545	0.8718	0.4839	0.8589
4.5	0.6341	0.8811	0.8095	0.7546	0.6988	0.8952	0.5215	0.8864
5.0	0.6716	0.9005	0.8514	0.7802	0.7344	0.9130	0.5532	0.9073
5.5	0.7027	0.9157	0.8841	0.8013	0.7632	0.9267	0.5804	0.9232
6.0	0.7508	0.9374	0.9296	0.8337	0.8065	0.9462	0.6246	0.9454
6.5	0.7860	0.9519	0.9573	0.8573	0.8370	0.9590	0.6591	0.9595
7.0	0.8126	0.9619	0.9741	0.8750	0.8595	0.9678	0.6870	0.9688
8.0	0.8334	0.9691	0.9843	0.8889	0.8766	0.9740	0.7101	0.9753
9.0	0.8500	0.9745	0.9905	0.9000	0.8900	0.9786	0.7295	0.9800
10.0	0.9000	0.9880	0.9992	0.9333	0.9289	0.9901	0.7947	0.9911
15.0	0.9250	0.9931	0.9999	0.9500	0.9475	0.9943	0.8324	0.9950
20.0	0.4643	0.7771	0.6032	0.6328	0.5282	0.7972	0.3845	0.7719
30.0	1.0000	0.9967	1.0000	0.9667	0.9656	0.9974	0.8753	0.9978
40.0	1.0000	0.9981	1.0000	0.9750	0.9744	0.9985	0.8995	0.9988

参考文献

[1] 侯海量，陈长海，李典，等. 舰船结构抗导弹防护技术基础[M]. 北京：国防工业出版社，2022.

[2] 侯海量，陈长海，白雪飞，等. 水面舰艇强度[M]. 北京：国防工业出版社，2020.

[3] 李永清，张炎冰，李典，等.舰船材料应用基础[M].长沙：国防科技大学出版社，2020.

[4] 朱锡，侯海量，吕岩松.舰艇结构[M].北京：国防工业出版社，2014.

[5] 朱锡，张振华，梅志远，等. 舰船结构毁伤力学[M]. 北京：国防工业出版社，2013.

[6] GREENE E. 舰船复合材料[M]. 赵成璧，唐友宏，译. 上海：上海交通大学出版社，2012.

[7] 沈观林，胡更开，刘彬. 复合材料力学[M]. 北京：清华大学出版社，2013.

[8] 陈建桥. 复合材料力学概论[M]. 北京：科学出版社，2006.

[9] 陈长海. 舰船舷侧多层复合防护结构抗毁伤机理研究[D]. 武汉：海军工程大学，2013.

[10] 杨娜娜，姚熊亮. 复合材料力学与船舶工程应用[M]. 北京：科学出版社，2018.

[11] WILLIS J R. Mechanics of Composites[M]. Cambridge：Cambridge University Press，2018.

[12] KAW A K. Mechanics of Composite Materials[M]. London：Taylor & Francis Group，2006.

[13] 朱锡，吴梵. 舰艇强度[M]. 北京：国防工业出版社，2005.

[14] 王璐. 复合材料夹层结构理论、设计与应用[M]. 北京：中国建筑工业出版社，2019.

[15] CMH-17 协调委员会. 复合材料手册[M]. 汪海，沈真，等译. 上海：上海交通大学出版社，2014.

[16] 张佐光. 功能复合材料[M]. 北京：化学工业出版社，2004.

[17] 侯海量. 大型舰船水上舷侧结构抗毁伤机理研究[D]. 武汉：海军工程大学，2006.

[18] 赵建生. 断裂力学及断裂物理[M]. 武汉：华中科技大学出版社，2003.

[19] 梅志远.舰艇结构[M].北京：国防工业出版社，2023.

[20] Department of the Navy. DDS-9110-9，Strength of Glass Reinforced Plastic Structural Members[S]. Washington D. C.：American National Standards Institute，1969.

[21] AZOUAOUI K，AZARI Z，PLUVINAGE G. Evaluation of impact fatigue damage in glass/epoxy composite laminate[J]. International Journal of Fatigue，2010，32：443-452.

[22] 尤凤翔，郝庆东. 复合材料层合板的瞬态特性分析[J]. 玻璃钢/复合材料，2005(3)：11-15.

[23] 彭刚，冯家臣，胡时胜，等. 纤维增强复合材料高应变率拉伸实验技术研究[J]. 实验力学，2004，19(2)：136-143.

[24] 蔡忠龙，黄元华，杨光武. 超拉伸聚乙烯的弹性模量和导热性能[J]. 高分子学报，1997：76-87.

[25] 郑震，施楣梧，周国泰. 超高分子量聚乙烯纤维增强复合材料及其防弹性能的研究进展

[J]. 合成纤维，2002,31(4):20-23,26.

[26] 郑震，杨年慈，施楣梧，等. 硬质防弹纤维复合材料的研究进展[J]. 材料科学与工程学报，2005,23(6):905-909,914.

[27] 姜春兰，李明，王在成，等. 聚乙烯纤维增强复合材料的动态力学响应特性[J]. 北京理工大学学报，2001:163-167.

[28] 许沭华，王肖钧，张刚明，等. Kevlar 纤维增强复合材料动态压缩力学性能实验研究[J]. 实验力学，2001，16(3)：26-33.

[29] 邓小清，蔡爱军，张磊. GFPP 玻璃钢的 SHPB 实验及动态性能分析[J]. 铜仁学院学报，2007，1(2)：63-68.

[30] 彭刚，刘原栋，冯家臣. 树脂基纤维增强复合材料超高应变率拉伸研究[J]. 热固性树脂，2006，21(4)：37-40，53.

[31] MARC ANDRÉ MEYERS. 材料的动力学行为[M]. 张庆明，刘彦，黄风雷，等译. 北京：国防工业出版社，2004.

[32] ARMENAKAS A E,SCIAMMARELLA C A. Response of glass-fiber reinforced epoxy specimens to high rates of tensile loading[J]. Experimental Mechanics,1973(13):433-440.

[33] HARDING J. Impact damage in composite materials[J]. Science and Engineering Composites Material,1989,1(2):41-68.

[34] 刘芳,杨柳,张传雄. 玻纤/环氧三维编织复合材料动态压缩性能研究[J]. 玻璃钢/复合材料,2005(2):10-13.

[35] CHOCRON B I S,RODRIGUEZ J,MARTINEZ M A,et al. Dynamic tensile of testing of aramid and polyethylene fiber composites[J]. International Journal of Impact Engineering,1997,19(2):135-146.

[36] 王言磊,郝庆多,欧进萍. 复合材料层合板面内剪切实验方法的评价[J]. 玻璃钢/复合材料,2007(3):6-9.

[37] IANNUCCI L, ANKERSEN J. An energy based damage model for thin laminated composites[J]. Composites Science and Technology,2006,66(8):934-951.

[38] HARDING J,LI Y L. Determination of inter-laminar shear strength for glass/epoxy and carbon/epoxy laminates at impact rates of strain[J]. Composites Science and Technology,1992(45):161-171.

[39] TSAI J L,GUO C,SUN C T. Dynamic delamination fracture toughness in unidirectional polymeric composites[J]. Composites Science and Technology,2001(61):87-94.

[40] VAN PAEPEGEM W,DE BAERE I,DEGRIECK J. Modelling the nonlinear shear stress-strain response of glass fibre-reinforced composites,Part I:Experimental results[J]. Composites Science and Technology,2006,66(10):1455-1464.

[41] VAN PAEPEGEM W,DE BAERE I,DEGRIECK J. Modelling the nonlinear shear stress-strain response of glass fibre-reinforced composites,Part II:Model development and finite element simulations[J]. Composites Science and Technology,2006,66(10):1465-1478.

[42] LIU P F,ZHENG J Y. A Monte Carlo finite element simulation of damage and failure in

SiC/Ti-Al composites[J]. Materials Science and Engineering, 2006, 425(1-2): 260-267.

[43] WU E, CHANG L C. Woven glass/epoxy laminates subject to projectile impact[J]. International Journal of Impact Engineering, 1995, 16(4): 607-619.

[44] WAMBUA P, VANGRIMDE B, LOMOV S, et al. The response of natural fibre composites to ballistic impact by fragment simulating projectiles[J]. Composite Structures, 2007, 77(2): 232-240.

[45] TAN V B C, KHOO K J L. Perforation of flexible laminates by projectiles of different geometry[J]. International Journal of Impact Engineering, 2005, 31(7): 793-810.

[46] 熊杰,顾伯洪,王善元. 高聚物基层压复合材料弹道冲击破坏机理[J]. 弹道学报,2002,14(3):63-68.

[47] FLANAGAN M P, ZIKRY M A, WALL J W, et al. An experimental investigation of high velocity impact and penetration failure modes in textile composites[J]. Journal of Composite Materials, 1999, 33(12): 1080-1103.

[48] NUNES L M, PAVIORNIK S, D'ALMEIDA J R M. Evaluation of the damaged area of glass-fiber-reinforced epoxy-matrix composite materials submitted to ballistic impacts[J]. Composites Science and Technology, 2004, 64(7-8): 945-954.

[49] 黄英,刘晓辉,李郁忠. Kevlar 织物增强复合材料层合板冲击损伤特性研究[J]. 西北工业大学学报,2002,20(3):486-491.

[50] 孙志杰,张佐光,沈建明,等. UD75 防弹板工艺参数与弹道性能的初步研究[J]. 复合材料学报,2001,18(2):46-49.

[51] 张佐光,李岩,殷立新,等. 防弹芳纶复合材料实验研究[J]. 北京航空航天大学学报,1995,21(3):1-5.

[52] 王晓强. 舰用装甲设计中几个相关问题的研究[D]. 武汉:海军工程大学,2006.

[53] 顾冰芳,龚烈航,徐国跃. 基于神经网络的 UHMWPE 复合材料防弹性能研究[J]. 兵器材料科学与工程,2006,29(6):28-31.

[54] 梅志远,谭大力,朱锡,等. 层合板抗弹混杂结构优化试验研究[J]. 兵器材料科学与工程,2005,28(4):38-41.

[55] 朱荣生. 芳纶三维编织复合材料的抗冲击性能研究[J]. 产业用纺织品,2004(8):26-30.

[56] 徐静怡,顾伯洪. 编织复合材料弹道冲击破坏形态及模式[J]. 弹道学报,2002,14(2):39-43.

[57] 顾伯洪,徐静怡. 三维编织复合材料弹道侵彻准细观层次有限元计算[J]. 复合材料学报,2004,21(3):84-90.

[58] DELUCA E, PRIFTI J, BETHENEY W, et al. Ballistic impact damage of S2-glass-reinforced plastic structural armor[J]. Composites Science and Technology, 1998, 58(9): 1453-1461.

[59] 李琦,龚烈航,张庚申,等. 芳纶与高强聚乙烯纤维叠层组合对弹片的防护性能[J]. 纤维复合材料,2004(3):3-5.

[60] 顾冰芳,龚烈航,徐国跃. UHMWPE 纤维复合材料防弹机理和性能[J]. 纤维复合材料,2006(1):20-23.

[61] JACOBS M J N, DINGGENEN J L J VAN. Ballistic protection mechanisms in personal

armour[J]. Journal of materials science,2001,36(13):3137-3142.

[62] 邱桂杰,王勇祥,杨洪忠,等. 新型复合防弹装甲结构材料的研究[J]. 纤维复合材料,2005(2):12-15.

[63] 陈薇. 纤维复合材料及其组合靶板的抗破片机理及弹道特性研究[D]. 南京:南京理工大学,2006.

[64] 王元博. 纤维增强层合材料的抗弹性能和破坏机理研究[D]. 合肥:中国科学技术大学,2006.

[65] 张华鹏. 防弹材料冲击破坏机理及其纤维的衰减规律[D]. 上海:东华大学,2002.

[66] 朱卡斯 乔纳斯 A. 碰撞动力学[M]. 北京:兵器工业出版社,1989.

[67] 张庆明,黄风雷. 超高速碰撞动力学引论[M]. 北京:科学出版社,2000.

[68] ABRATE S. Impact on laminated composite materials[J]. Application of Mechanics Review,1991,44(4):155-190.

[69] RICHARDON M O W,WISHEART M J. Review of low-velocity impact properties of composite materials[J]. Composites:Part A,1996,27(12):1123-1131.

[70] 梅志远,朱锡,刘燕红,等. 纤维增强复合材料层合板弹道冲击研究进展[J]. 力学进展,2003,33(3):375-389.

[71] 赫元恺,肖加余. 高性能复合材料学[M]. 北京:化学工业出版社,2004.

[72] 金宏彬,丁辛. 复合材料弹道冲击性能研究进展[J]. 玻璃钢/复合材料,2002(2):19-23.

[73] 陈强. 芳纶/酚醛复合材料防弹性能研究[D]. 武汉:武汉理工大学,2001.

[74] 练军. 三维编织复合材料弹道侵彻的数值模拟[D]. 上海:东华大学,2006.

[75] 梅志远. 舰用轻型复合装甲结构防护机理研究[D]. 武汉:海军工程大学,2004.

[76] 夏逸平,张凡. 柔性防弹材料抗侵彻机理分析[C]//崔京浩. 第 15 届全国结构工程学术会议论文集(第Ⅲ册). 焦作:中国力学学会工程力学编辑部,2006.

[77] 梅志远,朱锡,张立军. FRC 层合板抗高速冲击机理研究[J]. 复合材料学报,2006,23(2):143-149.

[78] HSIEH C Y,MOUNT A,JANG B Z,et al. Response of polymer composites to high and low velocity impact[C]. 22nd International SAMPE Technical Conference,November,1990.

[79] ELDER DAVID J, RODNEY S THOMSON, NGUYEN MINH Q, et al. Review of delamination predictive methods for low speed impact of composite laminates[J]. Composite Structures,2004,66(1-4):677-683.

[80] NAIK N K,SHRIRAO P,REDDY B C K. Ballistic impact behaviour of woven fabric composites: Formulation[J]. International Journal of Impact Engineering,2006,32(9):1521-1552.

[81] SKVORTSOV V, KEPLER J, BOZHEVOLNAY E. Energy partition for ballistic penetration of sandwich panels[J]. International Journal of Impact Engineering,2003,28(7):697-716.

[82] BABU M G,VELMURUGAN R. Medium velocity impact on FRP composite panels[J]. WIT Transactions on Engineering Sciences,2005(49):103-119.

[83] CHOI IK HYEON, LIM CHEOL HO. Low-velocity impact analysis of composite laminates using linearized contact law [J]. Composite Structures, 2004, 66 (1-4):

125-132.

[84] WEN H M. Predicting the penetration and perforation of FRP laminates struck normally by projectiles with different nose shapes[J]. Composite Structures,2000,49(3):321-329.

[85] 李永池,陈居伟,胡秀章,等. 纤维增强复合靶抗贯穿规律的研究[J]. 弹道学报,2000,12(2):15-21.

[86] HER S C,LIANG Y C. The finite element analysis of composite laminates and shell structures subjected to low velocity impact[J]. Composite Structures,2004,66(1-4):277-285.

[87] DUAN Y,KEEFE M,BOGETTI T A,et al. A numerical investigation of the influence of friction on energy absorption by a high-strength fabric subjected to ballistic impact[J]. International Journal of Impact Engineering,2006,32(8):1299-1312.

[88] TAN V B C,CHING T W. Computational simulation of fabric armour subjected to ballistic impacts[J]. International Journal of Impact Engineering, 2006, 32(11):1737-1751.

[89] HOU J P,PETRINIC N, RUIZ C,et al. Prediction of impact damage in composite plates[J]. Composites Science and Technology,2000,60(2):273-281.

[90] GU B H,DING X. A refined quasi-microstructure model for finite element analysis of 3-dimensional braided composites under ballistic penetration[J]. Journal of Composite Materials,2005,39(8):685-710.

[91] 徐颖,温卫东,崔海坡. 低速冲击下的层合板逐渐损伤扩展模拟[C]//薛忠民. 第十六届玻璃钢/复合材料学术年会论文集. 黄山:中国硅酸盐学会玻璃钢学会,2006.

[92] BEN-DOR G, DUBINSKY A, ELPERIN T. Ballistic impact: recent advances in analytical modeling of plate penetration dynamics-a review[J]. Applied Mechanics Review,2005,50(6):355-370.

[93] JACOBS M J N,VAN DINGENEN J L J. Ballistic protection mechanisms in personal armour[J]. Journal of materials science,2001,36(13):3137-3142.

[94] 邱桂杰,王勇祥,杨洪忠,等. 新型复合防弹装甲结构材料的研究[J]. 纤维复合材料,2005(2):12-15.

[95] WEN H M,REDDY T Y,REID S R,et al. Indentation penetration and perforation of composite laminates and sandwich panels under quasi-static and projectile loading[J]. Key Engineering Materials,1998,143(1):501-552.

[96] REDDY T Y,WEN H M,REID S R,et al. Penetration and perforation of composite sandwich panels by hemispherical and conical projectiles[J]. ASME Trans J Pres Ves Tech,1998,120(2):186-194.

[97] REID S R, WEN H M, SODEN P D, et al. Response of single skin laminates and sandwich panels to projectile impact[C]// WANG S S, WILLIAMS J J, LO K H. Composite Materials for Offshore Operation. Amer Bur Ship,1999:593-617.

[98] 覃悦,文鹤鸣,何涛. 锥头弹丸撞击下 FRP 层合板的侵彻与穿透的理论研究[J]. 高压物理学报,2007,21(2):121-128.

[99] 覃悦，文鹤鸣，何涛. 卵形弹丸撞击下 FRP 层合板的侵彻和穿透[J]. 复合材料学报，2007，24(2)：131-136.

[100] WEN H M. Penetration and perforation of thick FRP laminates[J]. Composites Science and Technology，2001，61(8)：1163-1172.

[101] 练军，顾伯洪. 三维编织复合材料弹道冲击细观结构模型的有限元计算[J]. 弹道学报，2006，18(3)：79-83.

[102] 侯治宁，谢永亮. 应用 ANSYS/LS-DYNA 进行侵彻研究初探[C]//崔京浩. 第 15 届全国结构工程学术会议论文集(第Ⅲ册). 焦作：中国力学学会工程力学编辑部，2006.

[103] 陈晓，周宏，王西亭. 叠层靶板的弹道侵彻数值仿真[J]. 兵工学报，2004，25(3)：340-344.

[104] SILVA M A G，CISMASIU C，CHIOREAN C G. Numerical simulation of ballistic impact on composite laminates[J]. International Journal of Impact Engineering，2005，31(3)：289-306.

[105] STERNBERG J. Material properties determining the resistance of ceramics to high velocity penetration[J]. Journal of Application Physics，1989(65)：3417-3424.

[106] WOODDWARD R L，GOOCH W A，et al. A study of fragmentation in the ballistic impact of ceramics[J]. International Journal of Impact Engineering，1994，15(5)：605-618.

[107] CAMANCHO G T，ORTIZ M. Computational modeling of impact damage in brittle materials[J]. International Journal of Solids Structure，1996(33)：2899-2938.

[108] 杜忠华. 动能弹侵彻陶瓷复合装甲机理[D]. 南京：南京理工大学，2002.

[109] 谢述峰. 舰船用轻型陶瓷基复合装甲的抗弹性能研究[J]. 舰船科学技术，2007，29(3)：110-113.

[110] 姜春兰，陈放，李明. 钨球对陶瓷/铝复合靶的侵彻与贯穿[J]. 兵工学报，2001，22(1)：37-40.

[111] 侯海量，朱锡，刘志军，等. 船用轻型陶瓷复合装甲抗弹性能实验研究[J]. 兵器材料科学与工程，2007，30(3)：5-11.

[112] 杜忠华，赵国志，杨大峰，等. 弹丸垂直侵彻陶瓷/金属复合靶板的简化模型[J]. 弹道学报，2001，13(2)：13-17.

[113] 井玉安，果世驹，韩静涛. 钢/Al_2O_3/钢轻型复合装甲板抗弹性能[J]. 北京科技大学学报，2007，29(4)：402-407.

[114] 张晓晴，杨桂通，黄小清. 弹体侵彻陶瓷/金属复合靶板问题的研究[J]. 工程力学，2006，23(4)：155-159.

[115] 申志强，蒋志刚，曾首义. 陶瓷/金属复合靶板工程模型及耗能分析[J]. 工程力学，2008，25(9)：229-234.

[116] 张佐光，霍刚，张大兴，等. 防弹芳纶复合材料试验研究[J]. 北京航空航天大学学报，1995，31(3)：1-5.

[117] LEE B L，SONG J W，WARD J E. Failure of spectra polyethylene fiber-reinforced composites under ballistic impact loading[J]. Journal of Composite Materials，1994，28(13)：1202-1226.

[118] ELLIS R L,LALANDE F,JIA H,et al. Ballistic impact resistance of SMA and spectra hybrid graphite composites[J]. Journal of Reinforced Plastics and Composites,1998,17(2):147-164.

[119] 黄英,刘晓辉,李郁忠.聚合物基复合材料用于人体装甲防护的研究、应用及其发展[J].玻璃钢/复合材料,1998(6):35-39.

[120] 梅志远,朱锡,刘燕红,等.纤维增强复合材料层合板弹道冲击研究进展[J].力学进展,2003,33(3):375-388.

[121] 王元博,王肖钧,胡秀章,等. Kevlar 层合材料抗弹性能研究[J].工程力学,2005,22(3):76～81.

[122] 王晓强.舰用装甲设计中几个相关问题的研究[D].武汉:海军工程大学,2006.

[123] HSIAO H M, DANIEL I M. Strain rate behaviour of composite materials[J]. Composites Part B,1998,29(5):521-533.

[124] OCHOLA R O,MARCUS K,NURICK G N,et al. Mechanical behaviour of glass and carbon fibre reinforced composites at varying strain rates[J]. Composite Structures,2004,63(3-4):455-467.

[125] NAIK N K,KAVALA V R. High strain rate behavior of woven fabric composites under compressive loading[J]. Materials Science and Engineering A,2008,474(1-2):301-311.

[126] 王晓强,朱锡,梅志远.纤维增强复合材料抗侵彻研究综述[J].玻璃钢/复合材料,2008(5):47-56.

[127] 王晓强,朱锡,梅志远,等.超高分子量聚乙烯纤维增强层合厚板抗弹性能试验研究[J].爆炸与冲击,2009,29(1):29-34.

[128] 李琦,龚烈航,张庚申,等.芳纶与高强聚乙烯纤维登层组合对弹片的防护性能[J].纤维复合材料,2004(3):3-5.

[129] JENQ S T, WANG S B. A model for predicting the residual strength of GFRP laminates subject to ballistic impact [J]. Journal of Reinforced Plastics and Composites, 1992(2):1127-1141.

[130] TAN V B C,KHOO K J L. Perforation of flexible laminates by projectiles of different geometry[J]. International Journal of Impact Engineering,2005(5):793-810.

[131] ZHU G, SMITH W G. Penetration of laminated Kevlar by projectiles-2 [J]. International Journal of Solids Structure,1992,29(4):421-436.

[132] MORYE S S, HIME P J, DUVKETT R A. Modeling of the energy absorption by polymer composites upon ballistic impact[J]. Composites Science and Technology. 2000(60):2631-2642.

[133] WEN H M,REDDY T Y,REID S R,et al. Indentation penetration and perforation of composite laminates and sandwich panels under quasi-static and projectile loading[J]. Key Engineering Materials,1998,143(1):501-552.

[134] CHEN C, ZHU X, HOU H, et al. Analytical model for high-velocity perforation of moderately thick ultra-high molecular weight polyethylene-woven laminated plates. Journal of Composite Materials, 2015, 49:2119-2136.

[135] 陈长海,朱锡,王俊森,等.高速钝头弹侵彻中厚高分子聚乙烯纤维增强复合塑料层合板的机理[J].复合材料学报,2013,30(5):14-23.

[136] 王晓强.舰船层合板抗高速弹体侵彻机理研究[D].武汉:海军工程大学,2010.

[137] WOODWARD R L. A simple one-dimensional approach to modelling ceramic composite armour defeat[J]. International Journal of Impact Engineering, 1990, 9(4): 455-474.

[138] BENLOULO I S C, SANCHEZ-GALVEZ V. A new analytical model to simulate impact onto ceramic/composite armors [J]. International Journal of Impact Engineering, 1998, 21(6): 461-471.

[139] FAWAZ Z, ZHENG W, BEHDINAN K. Numerical simulation of normal and oblique ballistic impact on ceramic composite armours[J]. Composite Structures, 2004, 63(3-4): 387-395.

[140] KRISHNAN K, SOCKALINGAM S, BANSAL S, et al. Numerical simulation of ceramic composite armor subjected to ballistic impact [J]. Composites Part B: Engineering, 2010, 41(8): 583-593.

[141] FELI S, ASGARI M R. Finite element simulation of ceramic/composite armor under ballistic impact[J]. Composites Part B: Engineering, 2011, 42(4): 771-780.

[142] BÜRGER D, DE FARIA A R, DE ALMEIDA S F M, et al. Ballistic impact simulation of an armour-piercing projectile on hybrid ceramic/fiber reinforced composite armours[J]. International Journal of Impact Engineering, 2012, 43: 63-77.

[143] 王全胜, 郭东, 李忠平,等. 纤维陶瓷复合材料抗侵彻试验与数值模拟分析[J]. 武汉理工大学学报, 2013, 35(5):90-94.

[144] 毛亮, 王华, 姜春兰,等. 钨合金球形破片侵彻陶瓷/DFRP 复合靶的弹道极限速度[J]. 振动与冲击, 2015(13):1-5.

[145] 孙非, 彭刚, 王绪财,等. 撞击位置对陶瓷/纤维复合材料板抗弹评价的影响[J]. 弹道学报, 2015(4):64-68.

[146] TANG R T, WEN H M. Predicting the perforation of ceramic-faced light armors subjected to projectile impact[J]. International Journal of Impact Engineering, 2017, 102: 55-61.

[147] CHEN C H, ZHU X, HOU H L, et al. Analytical model for high-velocity perforation of moderately thick ultra-high molecular weight polyethylene-woven laminated plates [J]. Journal of Composite Materials, 2015, 49(17): 2119-2136.

[148] 陈长海, 徐文献, 朱锡, 等. 超高分子量聚乙烯纤维增强层合厚板抗高速钝头弹侵彻的理论模型[J].中国舰船研究, 2015, 10(3): 63-69, 83.

[149] 张晓晴, 杨桂通, 黄小清. 柱形平头弹体镦粗变形的理论分析[J]. 华南理工大学学报(自然科学版), 2005, 33(1): 32-36.

[150] BACKMAN M, GOLDSMITH W. The mechanics of penetration of projectiles into targets[J]. Int. J. Engng. Sci., 1978, 16(1): 1-99.

[151] CALDER C A, GOLDSMITH W. Plastic deformation and perforation of thin plates resulting from projectile impact[J]. Int. J. Solids Structures, 1971, 7, 863-881.

[152] JOHNSON W, CHITKARA N R, IBRNHIM A H, et al. Hole flagging and punching of circular plate with conically headed cylindrical punches[J]. Journal of Strain Analysis, 1973, 8(3):228-241.

[153] 穆建春. 金属薄板在圆锥头弹体正冲击下的破裂模式[J]. 爆炸与冲击, 2005, 25(1): 74-79.

[154] KELLY J M, WIERZBICKI T. Motion of a circular viscoplastic plate subject to projectile impact[J]. Z. Angew. Math. Phys., 1967, 18, 236-246.

[155] SHEN W Q. Dynamic plastic response of thin circular plates struck transversely by nonblunt masses[J]. Int. J. Solids Structures, 1995, 32(14), 2009-2021.

[156] SHEN W Q, RIEVE N O, BAHARUN B. A study on the failure of circular plates struck by masses, Part 1: experimental results[J]. Int. J. Impact Engng., 2002, 27: 399-412.

[157] WEN H M. Deformation and perforation of clamped work-hardening plates struck transversely by blunt missiles[J]. Nuclear Engineering and Design, 1996, 160(1): 51-58.

[158] 朱锡, 冯文山. 低速锥头弹九对薄板穿孔的破坏模式研究[J]. 兵工学报, 1997, 18(1): 27-32.

[159] 朱锡, 侯海量. 防半穿甲导弹战斗部动能穿甲模拟试验研究[J]. 海军工程大学学报, 2002, 14(2): 11-15.

[160] 张颖军,朱锡,梅志远,等. 海洋环境玻璃纤维增强复合材料自然老化试验[J]. 华中科技大学学报(自然科学版),2011,39(3):14-17.

[161] 张颖军,朱锡,梅志远. 海洋环境载荷下 T300/环氧复合材料自然老化特性试验研究[J]. 材料工程,2011,343(12):25-28.

[162] CALDER C A, GOLDSMITH W. Plastic deformation and perforation of thin plates resulting from projectile impact[J]. Int. J. Solids Structures, 1971, 7, 863-881.

[163] JOHNSON W, CHITKARA N R, IBRNHIM A H, et al. Hole flagging and punching of circular plate with conically headed cylindrical punches[J]. Journal of strain analysis, 1973, 8(3):228-241.

[164] 穆建春. 金属薄板在圆锥头弹体正冲击下的破裂模式[J]. 爆炸与冲击, 2005, 25(1): 74-79.

[165] LEE E H, SYMONDS P S. Large plastic deformations of beam under transverse impact[J]. J. Appl. Mech., 1952, 19: 308-314.

[166] 席丰, 杨嘉陵, 郑晓宁, 等. 自由梁受集中质量横向撞击的刚-塑性动力响应[J]. 爆炸与冲击, 1998, 18(1): 54-61.

[167] 穆建春, 张铁光. 刚塑性自由梁中部在横向冲击下的初始变形模式[J]. 爆炸与冲击, 2000, 20(1): 7-12.

[168] 穆建春, 乔志宏, 张依芬, 等. 自由梁中部在平头子弹横向正冲击下的穿透及变形[J]. 爆炸与冲击, 2000, 20(3): 200-207.

[169] WEN H M, REDDY T Y, REID S R. Deformation and failure of clamped beams under low speed impact loading[J]. Int. J. Impact Engng, 1995, 16(3): 435-454.

[170] SHEN W Q, JONES N. A failure criterion for beams under impulsive loading[J].

Int. J. Impact Engng., 1992, 12: 101-121.
[171] 宁建国，赵永刚. 悬臂高梁在撞击载荷作用下侧向失稳的实验研究[J]. 太原理工大学学报，1999，30(1):11-14.
[172] GOATHAM J I, STEWART R M. Missile firing tests at stationary targets in support of blade containment design[J]. J. Engng. Power, 1976, 98: 159-165.
[173] DIENES J K, MILES J W. A membrane model for the response of thin plates to ballistic impact[J]. J. Mech. Phys. Solids, 1977, 25: 237-256.
[174] CALDER C A, KELLY J M, GOLDSMITH W. Projectile impact on an infinite, viscoplastic plate[J]. Int. J. Solids Structures, 1971, 7: 1143-1152.
[175] 陈发良，樊福如. 局部冲击作用下刚塑性平板的动力响应和失效模式[J]. 爆炸与冲击，1993，13(3)：233-242.
[176] SHOUKRY M K. Effect of dynamic plastic deformation on the normal penetration of metallic plates[D]. Illinois, USA: Illinois Institute of Technology, 1990.
[177] LIU D, STRONGE W J, Perforation of rigid-plastic plate by blunt missile[J]. Int. J. Impact Engng., 1995, 16(5/6): 739-758.
[178] 卢芳云，李翔余，林玉亮. 战斗部结构与原理[M]. 北京：科学出版社，2009.
[179] IQBAL M A, TIWARI G, GUPTA P K, et al. Ballistic performance and energy absorption characteristics of thin aluminium plates[J]. International Journal of Impact Engineering, 2015, 77(3): 1-15.
[180] 徐伟，侯海量，朱锡，等. 平头弹低速冲击下薄钢板的穿甲破坏机理研究[J]. 兵工学报，2018，39(5):883-892.
[181] 侯海量，朱锡，李伟，等. 低速大质量球头弹冲击下薄板穿甲破坏机理数值分析[J]. 振动与冲击，2008-总结，27(1)：40-45.
[182] 侯海量，朱锡，谷美邦. 导弹战斗部冲击下舷侧梁的动力响应及失效模式分析[J]. 船舶力学，2008，12(1)：131-138.
[183] 陈长海，朱锡，侯海量，等. 球头弹低速冲击下薄板大变形的理论计算[J]. 华中科技大学学报(自然科学版)，2012，40(12):88-93.
[184] CHEN C H, ZHU X, HOU H L, et al. A new analytical model for the low-velocity perforation of thin steel plates by hemispherical-nosed projectiles [J]. Defence Technology, 2017, 13: 327-337.
[185] IPSON T W, RECHT R F. Ballistic penetration resistance and its measurement[J]. Experimental Mechanics, 1975, 15(7): 249-257.
[186] 侯海量，朱锡，李伟，等. 低速大质量球头弹冲击下薄板塑性动力响应分析[J]. 海军工程大学学报，2010，22(5)：56-61.
[187] CHEN C H, ZHU X, HOU H L, et al. An experimental study on the ballistic performance of FRP-steel plates completely penetrated by a hemispherical-nosed projectile[J]. Steel and Composite Structures, 2014, 16(3): 269-288.
[188] 陈长海，朱锡，侯海量，等. 结构形式对舰船舷侧复合装甲结构抗穿甲性能的影响研究[J]. 振动与冲击，2013，32(14):58-63.
[189] 陈长海，朱锡，侯海量，等. 舰船舷侧复合装甲结构抗动能穿甲模拟实验[J]. 爆炸与冲

击,2011,31(1):11-18.

[190] 陈长海,朱锡,侯海量,等. 弹丸低速贯穿纤维与金属组合薄靶板的试验研究[J]. 兵工学报,2012,33(12):1473-1479.

[191] 陈长海,朱锡,侯海量,等. 球头弹低速贯穿金属/FRP组合薄板的实验研究[J]. 弹道学报,2012,24(4):51-55.

[192] 缪荣兴,宫继详. 水声无源材料技术概要[M]. 杭州:浙江大学出版社,1995:18-20.

[193] 朱金华,王源升,文庆珍,等. 水声吸声高分子材料的发展及应用[J]. 高分子材料科学与工程,2005,21(4):46-50.

[194] 张宏军,邱伯华. 消声瓦技术的现状与发展趋势[J]. 舰船科学技术,2001(4):6-14.

[195] 宫继详. 先进的潜艇声学材料[J]. 声学与电子工程,1994(3):44-46.

[196] 王曼. 水声吸声覆盖层理论与实验研究[D]. 哈尔滨:哈尔滨工程大学,2004.

[197] 王曼,何祚镛. 水下复合层吸声结构中反向声能与振动能量传输的研究[J]. 应用声学,1998,16(3):14-19.

[198] 赵艳丽. 新型功能性水声吸声覆盖层机理研究[D]. 哈尔滨:哈尔滨工业大学,2006.

[199] 黎忠文. 吸声结构的吸声特性之分析比较[J]. 地质勘探安全,1996(4):5-8.

[200] 姜闻文,陈光冶,朱彦. 静水压变化下橡胶结构吸声性能的计算与分析[J]. 噪声与振动控制,2006(5):35-40.

[201] 赵宏刚,刘耀宗,温激鸿,等. 含有周期球腔的黏弹性覆盖层消声性能分析[J]. 物理学报,2007,56(8):4701-4708.

[202] 赵汉中. 粘弹性材料覆盖层对于声波透射及反射的衰减作用[J]. 噪声与振动控制,2002,22(3):3-6.

[203] GAUNAURD G. Sonar cross section of a coated hollow cylinder in water[J]. J. Acoust. Soc. Am.,1977(61):360-368.

[204] 朱蓓丽,任克明. 等效参数法研究带圆柱通道橡胶体的声学性能[J]. 上海交通大学学报,1997,31(7):20-25.

[205] AUDOLY C,DUMERY G. Modeling of compliant tube underwater reflectors[J]. J. Acoust. Soc. Am.,1990,87:1841-1846.

[206] 汤渭霖,何世平,范军. 含圆柱形空腔吸声覆盖层的二维理论[J]. 声学学报(中文版),2005,30(4):289-295.

[207] VOVK V,GRINCHENKO V T,KONONUCHENKO L A. Diffraction of a sound wave by a plane grating formed by hollow elasticbars[J]. Akust. Zh.,1976,22:201-205.

[208] RADLINSKI R P,SIMON M M. Scattering by multiple gratings of compliant tubes[J]. J. Acoust. Soc. Am.,1982,72:607-614.

[209] RADLINSKI R P. Scattering from multiple gratings of compliant tubes in a viscoelastic layer[J]. J. Acoust. Soc. Am.,1989,85(6):2301-2310.

[210] ACHENBACH J D,LU Y C,KITAHARA M. 3-D reflection and transmission of sound by an array of rods[J]. Journal of Sound and Vibration,1988,123(3):463-476.

[211] LAKHTAKIA A,VARADAN V V,VATADAN V K. Reflection characteristics of an elastic slab containing a periodic array of circular elstic cylinders:SH wave analysis

[J]. J. Acoust. Soc. Am. ,1986,80:311-316.

[212] LAKHTAKIA A,VARADAN V V,VARADAN V K. Reflection characteristics of an elastic slab containing a periodic array of circular elstic cylinders: P and SV wave analysis[J]. J. Acoust. Soc. Am. ,1988,83(4):1267-1275.

[213] ACHENBACH J D, KITAHARA M. Reflection and transmission of an oblique incident wave by an array of spherical cavities[J]. J. Acoust. Soc. Am. ,1986,80:1209-1211.

[214] HENNION A C,BOSSUT R,DECARPIGNY J N. Analysis of the scattering of a plane acoustic wave by a periodic elastic structure using the finite element method: application to compliant tube gratings[J]. J. Acoust. Soc. Am. , 1990, 87(5):1861-1870.

[215] 何世平,汤渭霖,何琳. 变截面圆柱形空腔覆盖层吸声系数的二维近似解[J]. 船舶力学,2006,10(1):120-127.

[216] STEPANISHEN PETER R. Reflection and transmission of acoustic wideband plane waves by layered viscoelastic media[J]. J. Acoust. Soc. Am. ,1982,71(1):9-21.

[217] LAURIKS W, ALLARD J F. Inhomogeneous plane waves in layered materials including fluid,solid and porous layers[J]. Wave Motion,1991,13:329-336.

[218] CERVENKA P,CHALLANDE P. A new efficient algorithm to compute the exact reflection and transmission factors for plane waves in layered absorbing media(liquids and solids)[J]. J. Acoust. Soc. Am. ,1991,89(4):1579-1589.

[219] JACKINS P D,GAUNAURD G C. Resonance acoustic scattering from stacks of bonded elastic plates[J]. J. Acoust. Soc. Am. ,1980,80:1762-1776.

[220] GANUAURD G C. Comments on absorption mechanisms for waterborn sound in Alberich anechoic layers[J]. Ultrasonics,1985,23:90-91.

[221] STRIFORS HANS C,GAUNAURD G C. Selective reflectivity of viscoelastically coated plates in water[J]. J. Acoust. Sec. Am. ,1990,88(2):901-910.

[222] 何柞铺,王曼. 水下均匀复合结构吸声的理论研究[J]. 应用声学,1996,15(5):6-11.

[223] 赵洪,靳云姬,郭成山,等. 水下多层均匀材料的声特性[J]. 应用声学,1999,18(4):8-12.

[224] GAUNAURD G C. Elastic and acoustic resonance wave scattering[J]. Appl. Mech. Rev. ,1989,42:143-192.

[225] GAUNAURD G, CBERALL H. Resonance theory of the effective properties of perforated solids[J]. J. Acoust. Soc. Am. ,1982,71:282-295.

[226] GAUNAURD G C, OBERALL H. Resonance effects and the ultrasonic effective properties of particulate composites[J]. J. Acoust. Soc. Am. ,1983,74:305-313.

[227] LYUDMILA M S, SERGEI I S. Filler effect on formation and properties of interpenetrating polymer networks based on polyurethane and polyesteracrylate[J]. Polymer International,1996,39:317-325.

[228] 吴培熙,张留成. 聚合物共混改性[M]. 北京:中国轻工业出版社,1998.

[229] KAPLAN D S. Structure-property relationships in copolymers to composite:molecular

interpretation of the glass transition phenomenon[J]. J. Appl. Polym. Sci. ,1976,20: 2615-2629.

[230] 于小强,孟岩,李宏途,等. 聚合物材料的吸音系数、温度及频率关系的研究[J]. 高等学校化学学报,2003,24(5):913-915.

[231] 于晓强,李耀先,王静媛,等. 聚合物材料的吸音系数-温度-频率三元关系的研究[J]. 高等学校化学学报,2000(1):144-147.

[232] 龚农斌,陈士杰,王吉荣. 提高泡沫铝板低频吸声性能的实验研究[J]. 声学技术,2003,22(1):55-57.

[233] 朱孝信. 舰船用若干先进功能材料的发展[J]. 武汉造船,1998(6):30-34.

[234] 黄微波,杨宇润,刘东晖. 聚醚氨酯结构与阻尼性能的研究[J]. 高分子材料科学与工程,1995,11(2):102-105.

[235] 朱金华,姚树人. 聚氨酯弹性体结构与动态力学性能研究[J]. 高分子材料科学与工程,2000,16(5):106-108.

[236] 周成飞. 聚氨酯水声材料研究进展[J]. 聚氨酯工业,2004(6):1-4.

[237] 张同根,黄微波. 水声吸声涂料探索[C]//2000 年全国水声学会议论文集,2000:67-69.

[238] 蔡俊,周保学,蔡伟民. 导电相对压电复合材料吸声性能的影响[J]. 复合材料学报,2006,23(3):87-90.

[239] 李波,周洪,黄光速. 声阻抗梯度渐进的高分子微粒吸声材料[J]. 高分子材料科学与工程,2006,22(3):239-242.

[240] 黄其柏,朱从云,徐志云,等. 基于压电材料的主动吸声降噪方法研究[J]. 噪声与振动控制,2004(6):7-11.

[241] 朱从云,黄其柏,徐志云,等. 基于特性阻抗的半主动吸声研究[J]. 噪声与振动控制,2004(2):22-24.

[242] 朱金华,刘巨斌,姚树人,等. 分层高分子介质中的声吸收[J]. 高分子材料科学与工程,2001,17(2):34-38.

[243] 黄学辉,唐辉,陶志南. 高性能聚氨酯基多孔复合吸声材料的研究[J]. 2007,21(6):152-154.

[244] 王源升,姚树人,朱金华. 高分子溶液的水声衰减性能[J]. 胶体与聚合物,1999,17(2):16-18.

[245] 鲁先孝,马玉璞,林新志. 环氧树脂/填料功能梯度材料的微波固化及其水声性能研究[J]. 材料开发与应用,2007,22(4):22-26.

[246] 张佐先. 功能复合材料[M]. 北京:化学工业出版社,2004.

[247] 朱孝信. 舰船用高技术新材料的发展[J]. 材料开发与应用,1999,14(1):24-30.

[248] 周洪,李波,黄光速. 高分子微粒吸声材料的声学特性[J]. 高分子材料科学与工程,2004,20(3):190-193.

[249] 石勇,朱锡,李永清. 水下目标吸声材料和结构的研究[J]. 声学技术,2006,25(5):505-512.

[250] 石勇,朱锡,李永清. 水下高分子吸声材料的声学设计[J]. 噪声与振动控制,2006,26(6):87-89.

[251] 张文毓. 舰船用水声材料的发展和应用[J]. 舰船科学技术,2004,26(4):63-68.

[252] TRENY C,GARNIER B,DEMONTIGNY R. Porous anechoic systems:from the physical concept to the technology solution [C]//Conference Proceeding of UDT, 1995: 191-195.

[253] PEDERSEN P C, TRETIAK O, HE P. Impedance-matching properties of an inhomogeneous matching layer with continuously changing acoustic impedance[J]. J. Acoust. Soc. Am. ,1982,72(2):327-336.

[254] GAUNAURD G. One-dimensional model for acoustic absorption in a visco- elastic medium containing short cylindrical cavities[J]. J. Acoust. Soc. Am. ,1977,62(2): 298-307.

[255] JACKINS P D,GAUNAURD G C. Resonance reflection of acoustic waves by a perfored bilaminar rubber coating model[J]. J. Acoust. Soc. Am. ,1983, 73(5): 1456-1463.

[256] EASWARAN V,MUNJAL M L. Analysis of reflection characteristics of a normal incidence plane wave on resonant sound absorbers:a finite element approach[J]. J. Acoust. Soc. Am. ,1993,93(3):1308-1318.

[257] 张会萍,盛美萍,陈晓莉. 新型声学结构的吸声特性研究[J]. 电声技术,2007,31(1): 13-15.

[258] 陆凤华. 微穿孔板吸声结构在阶梯教室中的声反射和声吸收性能分析[J]. 声学学报, 2006,31(3):222-227.

[259] 白国峰. 水下消声覆盖层吸声机理研究[D]. 哈尔滨:哈尔滨工程大学,2003.

[260] 安俊英,陈建平,徐海亭. 钢板-空气背衬上含空腔粘弹性材料层的声反射特性[J]. 应用声学,2004,23(2):31-37.

[261] EASWARAN V,MUNJAL M L. Analysis of reflection characteristics of a normal incidence plane wave on resonant sound absorber: finite element approach [J]. J. Acoust. Soc. Am. ,1993,93(3):1308-1318.

[262] 谭红波,赵洪,徐海亭. 有限元法分析空腔周期分布粘弹性层的声特性[J]. 声学学报, 2003,28(3):277-282.

[263] 安俊英. 水下消声层的声特性研究[D]. 北京:中国科学院声学所,2004.

[264] 王仁乾. 空腔结构吸声器的吸声系数计算方法的研究[J]. 声学学报,2004,29(5): 393-397.

[265] 王仁乾,马黎黎,缪旭弘. 空腔尖劈吸声器吸声性能的研究[J]. 声学技术,1999,18(4): 146-148.

[266] 鲁先孝,马玉璞,林新志. 功能梯度材料在隐身方面的应用[J]. 材料开发与应用,2007, 22(2):52-56.

[267] EMERY P A. New cladding material[C]//UDT,1995:527-531.

[268] BERETTI S,VASSAS M. Multifunction coating(anechoic-decoupling) and enhanced anechoic coating by using multiplayer optimization[C]//UDT,1996:300-303.

[269] STEPHANE BERETTI,MARTINE VASSAS. Multifunction coating and enhanced anechoic coating by using multilayer optimization[C]//UDT,1996:300-303.

[270] FOREST L,GIBIAT V,HOOLEY A. Impedance matching and acoustic absorption in

granular layers of silica aerogels[J]. Journal of Non-Crystalline Solids,2001(285):230-235.

[271] 王源升,杨雪,朱金华,等. 梯度高分子溶液的声衰减[J]. 高分子材料科学与工程,2005,21(5):129-132.

[272] 王源升,杨雪,朱金华,等. 水溶性高分子梯度溶液吸声机理的研究[J]. 声学学报,2006,31(1):14-18.

[273] 何祚镛,王曼. 水下非均匀复合层结构吸声的理论研究[J]. 应用声学,1995,15(5):12-19.

[274] 钟爱生. 耐压低频吸声方面的橡胶材料与结构[J]. 制品与工艺,2001(2):21-30.

[275] 蔡俊,李亚红,蔡伟民. PZT/CB/PVC 压电导电高分子复合材料的吸声机理[J]. 高分子材料科学与工程,2007,23(4):215-218.

[276] 董跃清,晏雄. 压电导电型聚合物基减振复合材料研究进展[J]. 玻璃钢/复合材料,2001(3):25-28.

[277] DUBBELDAY P S. Elastic moduli of Aluminum-polyurethane composites(ALUMERS),AD-A268582[R]. Washingtaon D. C. :Naval Research Laboratory,1993.

[278] WITTEKIND DIETRICH. Reinforced Plastics for Submarine Structures[C]//UDT,1997:154-158.

[279] 林新志,于德梅,郭万涛,等. 阻尼复合材料舵板减振降噪试验研究[J]. 材料开发与应用,2004(2):12-14.

[280] CHARLES S. Composite structure:International patent,PCT/GB98 /01377[P]. 1997.

[281] 周洪,黄光速,陈喜荣,等. 高分子吸声材料[J]. 化学进展,2004,16(3):450-455.

[282] 钱军民,李旭详. 聚合物基复合泡沫材料的吸声机理[J]. 噪声与振动控制,2000(2):41-43.

[283] EL-AASSER M S, DIMONIE V L, SPERLING L H. Morphology, design and character- ization of IPN-containing structured latex particles for damping applications [J]. Colloids and Surfaces A:Physiochemical and Engineering Aspects,1999(153):241-253.

[284] 郭宝春. 湿热老化对氰酸酯树脂/酚醛环氧树脂共混结构与性能的影响[J]. 复合材料学报, 2002, 19(3): 6-9.

[285] 袁立明, 顾伯勤, 陈晔. 纤维增强橡胶基密封材料的热氧老化损伤研究(Ⅰ)热氧老化损伤模型[J]. 润滑与密封, 2006(1): 78-80.

[286] 张颖军. 船用结构复合材料老化及损伤机理研究[D]. 武汉: 海军工程大学, 2012.

[287] 王云英, 刘杰, 孟江燕, 等. 纤维增强聚合物基复合材料老化研究进展[J]. 材料工程,2011(7):85-89.

[288] 冯翌浩, 王云英, 陈新文, 等. 纤维增强树脂基复合材料湿热老化行为的研究进展[J]. 南昌航空大学学报(自然科学版), 2022,36:41-52,85.

[289] 张颖军, 朱锡, 梅志远, 等. 聚合物基复合材料老化剩余强度等效预测方法研究[J]. 材料导报, 2012,26:150-152, 60.

[290] 郑路,常新龙,赵峰,等. 湿热环境中复合材料吸湿性研究[J]. 纤维复合材料,2007(2):37-39.

[291] 王冰,李玲. 聚合物基复合材料吸湿性能研究进展[J]. 中国塑料,2013,27(2):14-18.

[292] LEMAN Z,SAPUAN S M,SAIFOL A M,et al. Moisture absorption behavior of sugar palm fiber reinforced epoxy composites[J]. Materials and Design,2008,29(8):1666-1670.

[293] NAGAE S,OTSUKA Y. Effect of sizing agent on corrosion of glass fibers in water [J]. Journal of Materials Science Letters,2004,13(20):1482-1483.

[294] CHRISTOS J,TSENOGLOU,SYLVIA P,et al. Evaluation of interfacial relaxation due to water absorption in fiber-polymer composites[J]. Composites Science and Technology,2006,66(15):2855-2864.

[295] 田莉莉,刘道新,张广来,等. 温度和应力对碳纤维环氧复合材料吸湿行为的影响[J]. 玻璃钢/复合材料,2006(3):14-18.

[296] 鲁蕾,付敏,郭宝星. 玻璃纤维增强塑料的基体/玻纤界面粘接及其老化机理研究[J]. 绝缘材料,2003(2):37-40.

[297] 李玉玲,万里强,黄发荣,等. 碳纤维/聚三唑树脂复合材料的湿热老化行为[J]. 玻璃钢/复合材料,2014(11):36-41.

[298] 栗晓飞,张琦,项民. 浸泡腐蚀对复合材料导电性能和力学性能的影响[J]. 材料工程,2009(2):1-5.

[299] 马少华,许赞,许良,等. 湿热-高温循环老化对碳纤维增强双马树脂基复合材料界面性能的影响[J]. 高分子材料科学与工程,2018,34(3):54-59.

[300] WEITSMAN Y J, GUO Y J. A correlation between fluid-induced damage and anomalous fluid sorption in polymeric composites[J]. Composites Science and Technology,2002,62(6):889-908.

[301] 吕小军, 张琦,马兆庆,等. 湿热老化对碳纤维/环氧树脂基复合材料力学性能影响研究[J]. 材料工程,2005(11):50-57.

[302] 余治国,杨胜春,宋笔锋. T700 和 T300 碳纤维增强环氧树脂基复合材料耐湿热老化性能的对比[J]. 机械工程材料,2009,33(6): 48-51.

[303] 黄业青,张康助,王晓洁. T700 碳纤维复合材料耐湿热老化研究[J]. 高科技纤维与应用,2006(3):19-21.

[304] 毛南平,陈中伟,卞荣,等. 纤维增强树脂基复合材料芯模拟湿热老化性能[J]. 工程塑料应用,2021,49(1):114-119.

[305] 张颖军, 朱锡, 梅志远, 等. 海洋环境载荷下 T300/环氧复合材料自然老化特性实验研究[J]. 材料工程, 2011(12):25-28.

[306] 马晓燕, 梁国正, 鹿海军. 纳米复合材料[M]. 北京: 科学出版社, 2009.

[307] 李学进,王娟,魏刚,等. 碳纳米管在海洋防腐涂料中的应用[J]. 化工新型材料,2023(6):241-244.

[308] DEYAB M A. Effect of carbon nano-tubes on the corrosion resistance of alkyd coating immersed in sodium chloride solution[J]. Progress in Organic Coatings, 2015, 85: 146-150.

[309] ASHASSI-SORKHABI H, BAGHERI R, REZAEI-MOGHADAM B. Sonoelectrochemical synthesis of ppy-MWCNTs-chitosan nanocomposite coatings: characterization and corrosion

behavior[J]. Journal of Materials Engineering and Performance, 2015, 24(1): 385-392.

[310] LUO L, WANG Q, MA Q, et al. A novel basalt flake epoxy resin coating modified by carbon nanotubes[J]. Coatings, 2019, 9(11): 714.

[311] KHUN N W, TROCONIS B C R, FRANKEL G S. Effects of carbon nanotube content on adhesion strength and wear and corrosion resistance of epoxy composite coatings on AA2024-T3[J]. Progress in Organic Coatings, 2014, 77(1): 72-80.

[312] RUI M, JIANG Y, ZHU A. Sub-micron calcium carbonate as a template for the preparation of dendrite-like PANI/CNT nanocomposites and its corrosion protection properties[J]. Chemical Engineering Journal, 2020, 385: 123396.

[313] 唐甜. 碳纳米管增强复合材料助力船舶和车辆发展[J]. 军民两用技术与产品, 2018(3):42-43.

[314] JI B H(季葆华), GAO H J(高华健). Mechanical properties of nanostructure of biological materials[J]. J. Mech. Phys. Solids, 2004, 52: 1963-1990.

[315] 程伟, 林新志, 韦璇. 结构仿生材料的研究进展[J]. 材料导报, 2009,23:399-403.

[316] 徐胜, 叶霞, 范振敏, 等. 仿生超疏水表面减阻性能的研究进展[J]. 江苏理工学院学报, 2021,27:49-57.

[317] 刘明杰, 吴青山, 严昊, 等. 仿生减阻表面的进展与挑战[J]. 北京航空航天大学学报, 2022,48:1782-1790.

[318] LANG A W, JONES E M, AFROZ F. Separation control over a grooved surface inspired by dolphin skin[J]. Bioinspiration & Biomimetics,2017,12(2): 1-35.

[319] CARPENTER P W. Status of transition delay using compliant wall[M]// BUSHNELL D M, HEFNER J N. Viscous drag reduction in boundary layers. Reston: AIAA,1990: 79-113.

[320] WAINWRIGHT D K,FISH F E,INGERSOLLS S,et al. How smooth is a dolphin? The ridged skin of odontocetes[J]. Biology Letters,2019,15(7): 20190103.

[321] PU X,LI G,LIU Y. Progress and perspective of studies on biomimetic shark skin drag reduction[J]. ChemBioEng Reviews, 2016,3(1): 26-40.

[322] LI W,WEAVER J C,LAUDER G V. Biomimetic shark skin: design, fabrication and hydrodynamic function[J]. Journal of Experimental Biology, 2014, 217(10): 1656-1666.

[323] BECHERTW D W,BRUSE M,HAGE W. Experiments with threedimensional riblets as an idealized model of shark skin[J]. Experiments in Fluids,2000,28(5): 403-412.

[324] YU C,LIU M,LEI J,et al. Bio-inspired drag reduction: from nature organisms to artificial functional surfaces[J]. Giant,2020,2: 100017.

[325] NEINHUIS C, BARTHLOTT W. Purity of the sacred lotus, or escape from contamination in biological surfaces[J]. Planta,1997,202(1): 1-8.

[326] QUÉRÉ D. Non-sticking drops[J]. Reports on Progress in Physics,2005,68(11): 2495-2532.

[327] BARTHLOTT W, SCHIMMEL T, WIERSCH S, et al. The salvinia paradox: Superhydrophobic surfaces with hydrophilic pins for air retention under water[J].

Advanced Materials,2010,22(21) : 2325-2328.

[328] CARLBORG C F,DO-QUANG M,STEMME G, et al. Continuous flow switching by pneumatic actuation of the air lubrication layer on superhydrophobic microchannel walls[C]//Proceedings of the 21st IEEE International Conference on Micro Electro Mechanical Systems. Piscataway: IEEE Press,2008: 599-602.

[329] LEE C,KIM C J. Underwater restoration and retention of gases on superhydrophobic surfaces for drag reduction[J]. Physical Review Letters,2011,106(1) : 014502.

[330] KASPAR C, RAVOO B J, VAN DER WIEL WG, et al. The rise of intelligent matter [J]. Nature, 2021,594:345-355.

[331] 卜文俊，李瑞彪. 新材料技术在潜艇隐身设计中的应用[J]. 舰船科学技术，2022,44: 1-6.

[332] 韦璇，马玉璞，孙社营. 舰船声隐身技术和材料的发展现状与展望[J]. 舰船科学技术，2006:22-27.

[333] TANG F, DONG C, YANG Z, et al. Protective performance and dynamic behavior of composite body armor with shear stiffening gel as buffer material under ballistic impact[J]. Composites Science and Technology, 2022, 218: 109190.

[334] WANG Y, LI L, HOFMANN D, et al. Structured fabrics with tunable mechanical properties[J]. Nature, 2021,596:238-243.